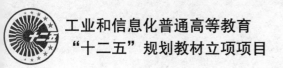

工业和信息化普通高等教育
"十二五"规划教材立项项目

熊俊俏 主编

熊俊俏 杜勇 戴丽萍 编

高频电子线路

21世纪高等院校信息与通信工程规划教材

21st Century University Planned Textbooks of Information and Communication Engineering

High-Frequency Electronic Circuits

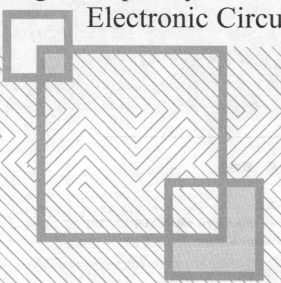

U0316173

人民邮电出版社

北京

高校系列

图书在版编目（CIP）数据

高频电子线路 / 熊俊俏主编. -- 北京：人民邮电
出版社，2013.8
21世纪高等院校信息与通信工程规划教材
ISBN 978-7-115-27668-1

Ⅰ．①高… Ⅱ．①熊… Ⅲ．①高频－电子电路－高等
学校－教材 Ⅳ．①TN710.2

中国版本图书馆CIP数据核字（2012）第035689号

内 容 简 介

　　本书重点讲述了高频电子线路的基本原理和基本概念。内容包括绪论、高频电路基础、选频回路、高频放大电路、正弦波振荡器与频率合成技术、线性频谱搬移、角度调制与解调、高频辅助电路和无线通信系统设计与测试，共9章。

　　本书可作为通信工程、电子信息工程等专业的本科生教材，也可作为高职高专学生的辅助教材和有关工程技术人员的参考书。

　◆　主　　编　熊俊俏
　　　编　　　熊俊俏　杜　勇　戴丽萍
　　　责任编辑　刘　博
　　　责任印制　彭志环　杨林杰
　◆　人民邮电出版社出版发行　　北京市崇文区夕照寺街14号
　　　邮编　100061　电子邮件　315@ptpress.com.cn
　　　网址　http://www.ptpress.com.cn
　　　大厂聚鑫印刷有限责任公司印刷
　◆　开本：787×1092　1/16
　　　印张：22.25　　　　　　2013年8月第1版
　　　字数：541千字　　　　　2013年8月河北第1次印刷

定价：52.00元
读者服务热线：(010)67170985　印装质量热线：(010)67129223
反盗版热线：(010)67171154

　　本书作者多年从事高频电路的教学工作，根据其本人教学的讲稿，在吸取国内外高频电路权威著作精华的基础上，力图编写一本适应我国当前高等教育电子电气基础课程教学改革需要的本科生教学用书。本教材在保持传统高频电子线路教材基本框架的前提下作了部分内容的更新，使其具有如下的特色：

　　1. 本教材既保持了传统高频电路教材的风格，又形成了其自身完整的结构体系；本着打好基础、注重基本概念的阐述，利于教学，便于自学；

　　2. 注意到高频器件在通信产品和高频电路中的应用，增加了高频电路中实际应用的新器件，以适应教学和科研的有机结合；

　　3. 将传统高频电路中反馈控制的内容，如 AGC、AFC、APC（PLL）分别融合到具体应用的有关章节中，这样可以使基本理论与实践更紧密地结合；

　　4. 增加了高频电路中辅助电路相关的内容，使部分高频电路的单元电路向电子系统过渡，有利于引导学生对电子系统的认识，初步建立电子系统的基本概念；

　　5. 全书的各章均分别配置了适量的高频电路分析与设计的例题，以及一定数量的思考题与习题，利于学生理解和巩固基本概念，利于培养学生分析和设计高频电路的基本能力。

　　本书的编写可以认为是一种新的尝试，可能会引起一些新的争论。然而，学术的本身就在于争鸣，只有通过同行的争论、讨论才会使一本教学用书更臻完善。诚望广大师生和同仁不吝赐教。

武汉大学　甘良才

2012 年 9 月于武昌珞珈山

　　高频电子线路是通信工程、电子信息工程等电子信息类专业的主要技术基础课，具有很强的理论性、工程性和实践性。随着微电子技术的飞速发展，高频电子线路的内容与形式都有很大的变化，各种仿真工具与设计软件的应用，简化了的电路设计，但对理论性、工程性与实践性提出了更高的要求。适合专业需要、适应技术发展、突出理论基础、加强工程性和实践性，是编写本教材的基本出发点。根据多年的教学和科研实践，对高频电子线路的内容、重点与难点有了一定的认识，在参考了国内外有关教材的基础上，确定了本教材"内容系统完整、理论基础扎实、突出工程性、便于教与学"的编写指导原则。

　　随着电子信息技术的飞速发展，对电子信息类人才培养要求的提高，从而对本课程的内容与要求也需调整更新，引入新的分析方法、新的技术和新的器件，强调功能模块的指标与设计方法，以无线通信系统的系统性贯穿全书，以期突出各功能模块的作用，试图解决教学中长期困扰学生学习——高频电子线路有什么用，学完高频电子线路后能做什么的问题。

　　本教材依据教育部高等学校电子电气基础课程教学指导分委员会编写的"电子电气基础课程教学基本要求"，力求全面反映高频电子线路的理论与技术发展，以严谨的电路理论分析高频电路的核心内容，如放大器、振荡器、调制解调器与混频等；在内容安排上，将锁相与频率合成技术应用于振荡器、调幅与鉴频，将反馈控制技术（AGC、AFC、PLL）应用于实际电路，不深入介绍其理论；从完善系统性考虑，增加了模拟调制系统抗噪声性能分析以及通信链路分析，并增加了高频辅助电路，充实系统设计中必需而历来被忽视的内容；在篇幅上，不与教学学时挂钩，内容尽量丰富，便于教学取舍与学生自学；在器件的应用方面，理论分析仍以分立元件为主，适度增加新器件的实际应用，不拘泥于器件内部分析或唯器件而器件；在仿真与设计软件应用方面，教材未作专门介绍，但在练习习题中要求使用一些工具软件；精选课后习题，题量有所控制，以分析、设计为主，压缩验证性习题。

　　全书共分 9 章。

　　第 1 章绪论，主要以介绍无线通信技术的发展、系统组成和指标、通信系统的一些基本概念以及无线信道的特点为出发点，介绍了无线通信系统原理和现代化无线通信新技术，并提出了本课程的特点与学习方法；

　　第 2 章高频电路基础，主要介绍了高频电子元器件及其模型，并对噪声与噪声系数进行了分析；

第 3 章选频回路，主要介绍了串联谐振回路、并联谐振回路、串并联转换，部分接入谐振回路，以及集中谐振滤波器等；

第 4 章高频放大电路，内容包括高频小信号放大器和高频功率放大器。如谐振回路、高频小信号放大器的工作原理与性能指标、设计方法；高频功率放大器的工作原理、分析方法、外部特性与实际电路、设计方法等；

第 5 章正弦波振荡器与频率合成技术，内容包括振荡器的工作原理、起振条件，LC 振荡器，晶体振荡器，VCO 振荡器，负阻振荡器和频率合成技术应用等；

第 6 章线性频谱搬移，内容包括非线性电路的分析方法，幅度调制与解调的方法及电路，混频器工作原理、指标与设计方法等；

第 7 章角度调制与解调，内容包括角度调制与解调的原理、方法，相位鉴频电路与调频技术应用实例等；

第 8 章高频辅助电路，内容包括高频滤波器、射频开关与衰减器、通信天线与电磁干扰等；

第 9 章无线通信系统的设计与测试，内容包括模拟调制通信系统的抗噪声性能、无线通信系统的结构与指标，典型通信系统组成，通信链路的分析设计与测试方法。

本书由熊俊俏主编，杜勇编写了第 2 章、第 3 章，戴丽萍编写了第 4 章、第 5 章、第 6 章，熊俊俏编写了其他章节，全书由熊俊俏负责统稿。在本书编写过程中，武汉虹信通信技术有限责任公司郭见兵高级工程师提供了很好的信息与建议，武汉大学电子信息学院甘良才教授在百忙中审阅了本书，提出了详细的修改意见，并为书作序，值此深表感谢。

在本书的编写过程中，作者参考了国内外教材、文献与网络资源，在此谨向这些文献的作者一并表示感谢。

由于编者水平有限，书中难免存在不妥和谬误之处，恳请读者批评指正。

编　者

2011 年 11 月于武汉黄龙山

目 录

第 1 章 绪论

高频电子线路是通信工程、电子信息工程等专业的一门主要技术基础课。随着电子科技的发展，模拟与数字集成电路规模越来越大，其器件尺度越来越小，而工作频率越来越高，如全球定位系统的载波频率达到（1 227.60～1 575.42）MHz，C 波段的卫星广播频率达到（3.7～4.2）GHz。然而，现代通信系统所涉及的功能模块与技术，如放大器、振荡器、调制与解调、混频与变频、锁相环等并没有被淘汰，而是以集成手段提高这些模块的性能，即使是在数字技术高速发展的今天，任何无线通信系统仍离不开这些模块，射频信号接收、混频、射频放大与发送等日益成为制约无线通信系统发展的瓶颈。

与系统工作频率相对应，广义的模拟电路分为低频电路、高频电路和射频电路，本书重点介绍工作频率在高频 [（1.5～30）MHz，俗称短波]、超高频段 [（30～300）MHz，俗称超短波] 的无线电通信系统的组成、器件模型，发送、接收设备的各个单元电路的工作原理，以及高频电路的理论分析、仿真与设计方法，也部分涉及射频电路的概念与实例。

1.1 无线通信系统概述

高频电路是无线通信系统的基础，是无线通信设备的重要组成部分。

1.1.1 无线通信技术的发展历程

通信已具有悠久的历史，语言、壁画、烟火、竹简、纸书等均是传递信息的方式，如古代人的烽火狼烟、飞鸽传信、驿马快递。在现代社会中，手语、旗语等仍在使用，但这些是基于人类的视听觉方式。

基于电磁波的现代无线通信是 19 世纪中叶以后发展起来的。1837 年，美国人塞缪乐·莫乐斯（Samuel Morse）发明了电报；1875 年，苏格兰人亚历山大·贝尔（Alexander Graham Bell）发明了电话；1864 年，英国人詹姆斯·克拉克·麦克斯韦（James Clerk Maxwell）发现了电磁波，人类的通信方式就此发生了根本性的变化，以电磁波进行无线通信，开创了人类通信的新时代。1888 年，德国物理学家海因里希·鲁道夫·赫兹（Heinrich Rudolf Hertz）实验证明了电磁波的存在，其后，俄国的波波夫、意大利的马可尼分别进行了无线电传输实验。从此，无线电通信进入了实用阶段。

1904 年，英国电气工程师弗莱明发明了二极管，无线电通信进入了电子学时代。1906

年，美国物理学家费森登成功地研制了无线电广播，1907，年美国物理学家德福莱斯特发明了真空三极管，以此构建了无线电通信重要的功能电路，如放大器、振荡器、变频器、调制器、检波器、波形变换等，加快了无线电通信技术的发展。1918 年，美国电气工程师 E·H 阿姆斯特朗利用电子器件发明了超外差式接收装置；1920 年，美国无线电专家康拉德在匹兹堡建立了世界上第一家商业无线电广播电台；1924 年，在瑙恩和布宜诺斯艾利斯之间建立了第一条短波通信线路，1933 年英法之间实现商用微波无线电线路，推动了无线电技术的进一步发展，到 1935 年成功实现图像信息的无线传输。

1948 年，肖特基等人发明了晶体三极管，是电子技术发展史上重要的里程碑。随着电子技术的高速发展，1946 年出现了世界上第一台电子计算机，微电子技术极大地推动了通信技术的发展。1948 年香农提出信息论理论，建立了通信统计理论，1950 年时分多路通信应用于电话系统，1962 年第一颗同步通信卫星发射，国际卫星电话开通。同时，计算机网络、程控数字交换机、光纤通信系统等进入实用。特别是 20 世纪 80 年代以后，各种无线通信技术不断涌现，光纤通信应用、综合业务数字网、公用数字网、计算机网等纷纷普及，个人通信系统成为了现实。

随着电子信息技术的发展，短波通信技术也得到了快速发展。自适应分集和自适应均衡技术的广泛应用，提高了短波通信的可通率和通信质量，实时信道估值（RTCE）自动在电离层衰落信道条件下捕获最佳传输路径，自适应天线技术和跳频技术进一步克服各种人为干扰，大大提升了短波通信的抗干扰能力，是远距离无线通信的重要方式。

从发明无线电至今，通信技术飞速发展，但其基本组成、单元电路等仍是主要研究内容，高频电子线路所涉及的单元电路、分析方法仍然适用。为方便以后的学习，有必要在本书的开始概述无线电通信系统的传输原理、基本组成以及调制信号分析，以便初步了解各单元电路的功能和相互联系。

1.1.2　无线电通信系统的组成

无线电通信系统是通过发送和接收电磁波来传送信息的。根据传输方式、频率范围、用途等可分为不同的通信系统类型。不同的无线电通信系统，其组成有较大差别，但基本结构一样，图 1-1 所示为典型的点对点无线电通信系统的基本组成。

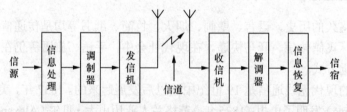

图 1-1　典型无线电通信系统的基本组成

图 1-1 所示的无线电通信系统由信源、调制器、发信机、信道、收信机、解调器和信宿七部分组成。信源将原始的语音、图像信息变化为电信号，如麦克风将声音转化为语音电信号、各种传感器获得的电信号等。这种原始的电信号，在频谱上表现为低频信号，称为基带信号。基带信号通过调制器转化为高频的已调波信号，使之适合信道中的传输，已调波信号大多为带通信号。

高频的已调波信号经过发信机进行功率放大，由发送天线产生电磁波辐射出去；电磁波经过自由空间传播，到达接收天线，在接收天线上感应电流，再通过收信机进行信号放大等处理恢复已调波信号；由接收端的解调器对已调波信号进行解调，恢复原基带信号，并经过信息处理获得信息。

调制就是利用基带信号控制高频信号（简称载波）的振幅、频率或相位，使之随基带信号的振幅大小变化而变化，从而高频信号便携带了基带信号的信息。基带信号通过调制以高频信号发送，一方面大大减小了发射天线的长度（理论上最佳天线长度为波长的 1/4），另一方面将基带信号调制到不同的载波发送，使得多路发送基带信号成为可能。因此，调制技术是现代无线通信的基础，也是高频电子线路的核心。

1.1.3 无线电通信系统的类型

根据无线电通信系统的特点，无线电通信系统可分为以下一些类型。

（1）根据工作频率的不同，分为长波通信、短波通信、超短波通信、微波通信和卫星通信。这里工作频率，是指发送和接收的射频频率（又称为载波频率），其选择的标准是适合信道传输，如中波广播为（535～1605）kHz，调频广播为（88～108）MHz，目前载波频率最高已经达到 40GHz。

（2）根据信号传递方向，分为单工、半双工通信和全双工通信三类。单工通信（Simplex Communication）是指发送端仅能发送信息而不能接收、接收端仅能接收信息而不能发送的工作模式，如电报、广播工作模式；半双工通信（Half Duplex Communication）是指收发双方均能发送或接收信息，但不能同时接收或发送信息，如传统的固定电话话音通信，任一时刻只能一端讲话另一端接听，如果双方同时处于讲话状态，则双方均不能接听对方的话音；而全双工通信（Full Duplex Communication）则收发双方可同时接收和发送信息，这是由于单工和半双工模式只有一条传输路径，而全双工模式拥有发送和接收两条传输路径，如计算机的网络传输。

（3）根据调制方式，分为未调制的基带传输系统和调制的频带传输系统。基带传输系统的传输距离短，频带利用率低，一般应用于简单的短距离数据传输。频带传输系统根据所采用的调制方式分为调幅、调频和调相三种制式。调幅（Amplitude Modulation，AM）是利用基带信号去控制高频载波信号的幅度，使其包络的变化与调制信号的幅度变化规律相同，如中、短波收音机的调制模式；调频（Frequency Modulation，FM）是利用基带信号去控制高频载波频率的变化，使其瞬时频率的变化与调制信号的幅度变化规律相同，如调频广播；调相（Phase Modulation，PM）就是利用基带信号去控制高频载波的相位变化，使其瞬时相位的变化与调制信号的幅度变化规律相同，这种调制方式在模拟通信系统中较少采用，而在数字通信系统中常使用。此外，有些系统将这几种调制方式混合使用，称为混合调制，如全电视信号，其语音信号采用调频方式，图像信号采用调幅方式。

（4）根据传输的消息类型，分为模拟通信和数字通信，具体的可分为语音通信、图像通信、数据通信和多媒体通信等。但无论是模拟还是数字通信系统，其功率放大、发射和接收端（俗称射频前端）仍采用模拟电路实现。从电路上看，现代数字通信系统实际上是数模混合的通信系统。

1.1.4　无线通信系统的指标

无线通信系统的目标是快速、准确地传递信息，信息传输的有效性和可靠性是评价一切通信系统优劣的最主要性能指标，但由于有效性和可靠性是一对矛盾，因此无线通信系统的主要性能指标是从整个系统上综合提出或规定的，一般无线通信系统的性能指标可归纳为以下几个方面。

（1）有效性：指无线通信系统传输信息的"速率"问题，即通信容量。

（2）可靠性：指无线通信系统传输信息的"质量"问题，包括失真度、误码率和抗干扰能力等。

（3）保密性：指系统对所传输的信号进行加密处理，对军用系统、个人通信系统尤为重要。

（4）标准性：指系统的接口、各种结构及协议是否合乎国家、国际标准。

对于无线模拟通信系统来说，系统的有效性和可靠性具体可用系统频带利用率（即一个信道能够同时传输独立信号的路数或信道速率）和输出信噪比（或均方误差）来衡量。对于数字通信系统而言，常用误码率和传输速率指标衡量。

传输距离也是有效性指标的一个主要方面，与通信体制、是否中继有关，决定传输距离的主要因素有系统的发送功率、接收机的灵敏度、传输信道的衰减与干扰、噪声等。信道容量与调制解调方式、已调波信号的带宽、信道状况及复用方式等有关。

1.2　无线信道的特性

信道（channel）是信号传输的媒介，分为有线信道和无线信道两大类。有线信道包括双绞线（如电话线）、同轴电缆（如有线电视网络）和光纤（光纤通信）等；无线信道是指传输无线电信号的媒介，即通常所说的无线电波，是以空间作为传输介质的信号传送通道，无线电传播方式可分为地波传播、空间波传播和天波传播。无线电波的主要传播方式如图 1-2 所示。

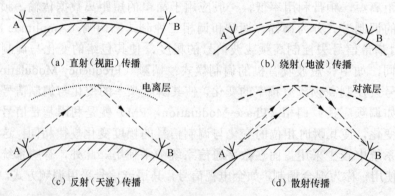

（a）直射（视距）传播　　　　　　（b）绕射（地波）传播

（c）反射（天波）传播　　　　　　（d）散射传播

图 1-2　无线电波的主要传播方式

电磁波的频率不同，其传输方式会有所差异。对频率较高的信号，电磁波为直线传输，称为空间波。由于地球曲率的影响，此时的收发天线必须足够高，电磁波才能直达，因此空间波传输也称为视距传输，如图 1-2（a）所示，长距离通信时就需要进行中继传输。而对频率较低信号，电磁波可沿地面传输，称为地波，如图 1-2（b）所示，由于波的绕射特性，地波可应用于远程通信。此外，在地球大气层中，从最低层往上依次为对流层、平流层和电离层。在地球表面 10～12km 处的对流层，存在大量随机运动的不均匀介质，能对电磁波产生折射、散射和反射，在地球上空 60km 以上的电离层，可吸收、反射电磁波，利用电磁波在大气层的折射、反射、散射的传输方式称为天波，如图 1-2（c）和图 1-2（d）所示。

1.2.1 无线电频段的划分

无线电通信是以电磁波为媒介传输信号的。在自由空间中，电磁波以光速传输，其频谱很宽，从低频（几 Hz）到宇宙射线（10^{25}Hz）。按频率大小来分，依次为宇宙射线、X 射线、紫外线、可见光、红外线和无线电波。可以看出，无线电波可以认为是一种频率相对较低的电磁波，频率范围有限，是一种宝贵的自然资源。

按频率或波长对无线电波进行分段，称为频段或波段。不同频段或波段的无线电波，其传播方式、发送和接收方法、以及应用范围也是不同的，为此，各国和国际组织对无线电频率资源均有专门的法律规范，并进行了分段，如表 1-1 所示。

表 1-1 无线电波的频（波）段划分表

波段名称		波长范围	频率范围	频段名称	传播方式	应用范围
至长波		10^8～10^{10}m	0.03～3Hz	至低频（TLE）	双线、地波	
极长波		10^7～10^8m	3～30Hz	极低频（ELF）	双线、地波	潜艇通信
超长波		10^6～10^7m	30～300Hz	超低频（SLF）	双线、地波	潜艇通信
特长波		10^5～10^6m	300～3 000Hz	特低频（ULF）	双线、地波	矿山勘探、地震
甚长波		10^4～10^5m	3～30kHz	甚低频（VLF）	双线、地波	潜艇通信、地球物理勘探、发送标准时间、无线心跳频率检测
长波（LW）		10^3～10^4m	30～300kHz	低频（LF）	地波	远距离通信、水上移动、无线电导航
中波（MW）		10^2～10^3m	0.3～3MHz	中频（MF）	地波、天波	广播、通信、导航
短波（SW）		10～100m	3～30MHz	高频（HF）	天波、地波	广播、通信
超短波（VSW）		1～10m	30～300MHz	甚高频（VHF）	直线传播、对流层散射	通信、电视广播、调频广播、雷达
微波	分米波（USW）	10～100cm	0.3～3GHz	特高频（UHF）	直线传播、散射传播	军用航空无线、手机、无线网络、蓝牙、业余无线电、电视广播
	厘米波（SSW）	1～10cm	3～30GHz	超高频（SHF）	直线传播	中继和卫星通信、雷达、微波通信
	毫米波（ESW）	1～10mm	30～300GHz	极高频（EHF）	直线传播	气象雷达、空间通信、射电天文
	丝米波	1～0.1mm	300～3 000GHz	至高频（THF）	直线传播	

1.2.2 高频信道的特点

如表 1-1 所示，中、长波的传输方式为地波，微波为直线传播，而短波与超短波大部分为天波和对流层散射。由于易受到大气环流、太阳风暴、宇宙射线等环境影响，天波传播的信道非常不稳定。下面结合大气层的构造分析高频信道的特点。

从地面到地球上空的（10～12）km 处，即大气层最底下的一层，空气密度大。地球上主要的天气现象，如云、雨、雪、雹等，均发生在这一层，称为对流层。电磁波在对流层中传播有多种方式：大气折射、波导传播、对流层散射、多径传播、大气吸收，以及水汽凝结体和其他大气微粒的吸收和散射等。按传播范围分为视距传播、超视距传播和地—空传播等，其中，视距传播为直射传播，但受对流层和地面的复杂影响，超视距对流层传播为对流层散射。

对流层散射传播是对流层散射通信的技术基础。对流层散射传输系统，可以实现超视距传输，同时具有适中的传输容量、传输性能和可靠度，以及特别强的抗核爆能力，在各种无线传输系统之中，占据不可替代的特定位置。

在对流层的上面，直到大约 50km 高的这一层，称为平流层。平流层里的空气稀薄，电磁波直线传输，较少受到衰落或干扰，可用作高空信息平台，实现天地空一体化综合信息系统。

从地面以上大约 50km 开始，到大约 1 000km 高的这一层，称为电离层。由于太阳辐射的紫外线穿过大气层时，气体的分子或原子吸收其能量而电离，分离成电子、正离子和负离子，因此，电离层实际上是电子、正离子、负离子和中性粒子等组成的混合体。电离层同时具有吸收和反射无线电波的能力，中、长波段的无线电波在白天几乎全部被电离层吸收，而微波段的无线电波，却不能被电离层反射，而直接穿透电离层射向太空，只有短波段的无线电波，以一定角度射向电离层时，将由电离层反射回地面。反射回地面的无线电波还可能再被反射回电离层，实现多次反射，即"多跳传播"，多跳传播可实现远距离短波无线通信和广播。电离层具有多变的特性，其高度、厚度和电子密度等，会随昼夜、季节、纬度的变化而变化，同时电离层还会受太阳"黑子"活动、太阳表面"耀斑"紫外线辐射等的骚扰。由于电离层的变化不定，导致接收电磁波信号的幅度发生随机性的变化，称为"衰落（Fading）"，如在收听短波广播节目时，声音时高时低，甚至断断续续。电离层的多变性及对电波的吸收作用，将会减弱短波信号，或造成较长时间的通信阻断。同时，当被调制的无线电波信号在电离层内传播时，组成信号的不同频率成分有着不同的传播路径和传播时延，因此会导致波形失真，这就是电离层的色散性。电离层的高度是变化的，甚至发生剧烈变化，会导致电磁波产生附加的频移呈现"多普勒效应"。为了提高短波无线通信的可靠性，人们研制了"自适应短波通信系统"，它具有实时监测传播情况变化、自动选择通信条件最好的工作频率等功能，保证接收信号的稳定。

1.2.3 移动信道的特点

目前，移动通信的工作频段多为分米波段，即特高频段，电磁波的传播方式为直射传播或反射。移动通信信道中，由于基站和移动台之间的反射体、散射体和折射体的数量特别多，电磁波发生散射、反射和折射，引起信号的多径传输，使到达的信号之间相互叠加，其合成信号幅度表现为快速的起伏变化，称为幅度衰落。电磁波在传播过程中，具有不同的信道时延，这将使接收信号的波形被展宽（称为时延扩展），从而导致接收信号的频率选择性衰落。同时，移动台的运动会产生多普勒频移，并由此引起衰落过程的频率扩散，称为时间选择性衰落。根据衰落特性，信道分为瑞利信道（Rayleigh Channel）和莱斯信道（Rice Channel），前者考虑移动台与基站间不存在直射波信号，接收信号完全由多径反射信号合成；而莱斯信道除考虑多径反射信号外，还有移动台与基站间的直射波信号。

移动通信的信道特性非常复杂，选择性衰落特性严重影响信号传输的可靠性。为了获得满意的通信质量，需要采用各种抗衰落的调制解调技术、编解码接收技术及扩频技术等，其中最广泛使用的是分集接收技术。

1.3 无线电通信系统原理

无线通信系统由发射机、信道和接收机组成。由于无线信道的各种影响，无线电通信必须选择可靠的传输信道。因此，无线电通信大多采用调制技术，将基带信号调制到指定的信道上传输。不同的调制方式，其时域波形是不同的，下面首先讨论不同调制方式的信号波形。

1.3.1 调制与波形

为适合信道传输，降低天线要求，适应多路传输的要求等，无线电传输均采用调制技术。在模拟调制技术中，用基带信号去控制载波信号的振幅、频率或相位的变化，即幅度调制、频率调制和相位调制。基带信号为低频信号，也称为调制信号。

1. 调幅信号

振幅调制，即利用基带信号控制载波信号的幅度变化，调幅波的包络（即振幅）是变化的，且与基带调制信号的变化规律一致。典型调幅信号的调制信号、载波与已调波的时域波形如图1-3所示。可以看出，调幅波的包络与调制信号的波形一致，即调制信号控制了载波的幅度变化，而调幅波的频率与载波的相同。

2. 调频信号

频率调制，是利用基带信号控制载波信号的频率变化，因此其瞬时频率按照基带调制信号的变化规律而变化，典型调频信号的调制信号、载波与已调波的时域波形如图1-4所示。可以看出，调制信号控制了载波的频率变化，调频波的瞬时频率与调制信号的波形一致，即调制信号的峰值分别对应已调波的最大频率处和最小频率处，而调频波的幅度为常数，与调制信号无关。

3. 调相信号

相位调制，是利用基带信号控制载波信号的相位变化，其瞬时相位与基带调制信号的变化规律一致，典型的调制信号、载波与已调波的时域图如图1-5所示。可以看出，调制信号控制了载波的相位变化，调相波的瞬时相位与调制信号的波形一致，调制信号的幅值过零点分别对应已调波的频率最大处和频率最小处，而调相波的振幅保持不变，与调制信号无关。

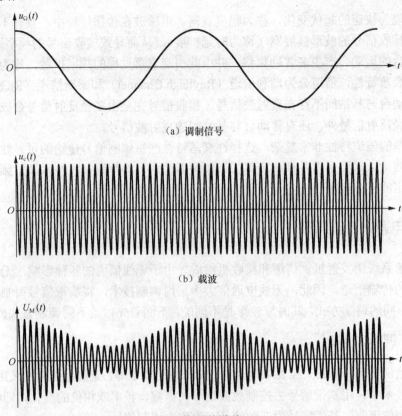

（a）调制信号

（b）载波

（c）普通调幅信号

图1-3　调制信号、载波与普通调幅信号波形

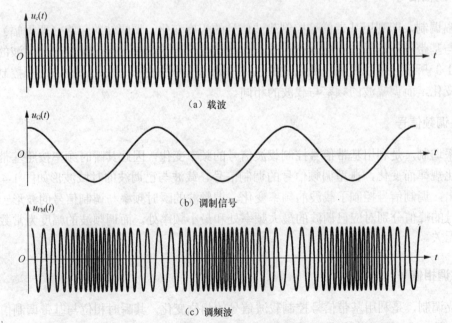

（a）载波

（b）调制信号

（c）调频波

图1-4　调制信号、载波与调频信号波形

比较调频信号与调相信号波形，以调制信号为参照，两者只有相位差 90°，因此实际上

是很难独立区分调频与调相波形的，这是因为瞬时频率的变化必然引起瞬时相位的变化，或者任何瞬时相位的变化也会引起瞬时频率的变化。通常将调频与调相统称为调角。当然，结合调制信号，调频波与调相波还是可以区别的，这将在第七章详细讨论。

从图 1-4 和图 1-5 中可以看出，调频和调相信号均为等幅信号，有用信息在载波信号的频率或相位中，幅度较小的干扰不会干扰到有用信息。而调幅信号的有用信息在调幅波的幅度上，任何的幅度干扰均会被当作有用信息处理。因此，与调幅信号相比，调频、调相具有更好的抗干扰性能，如采用调频技术的调频电台、电视伴音比中、短波电台有更好的接收效果。

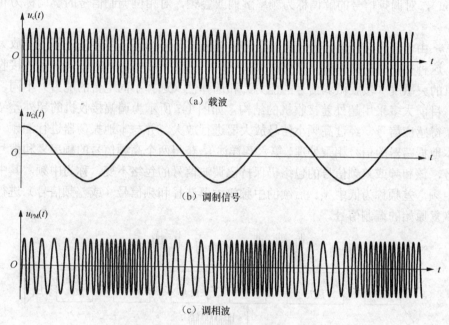

（a）载波

（b）调制信号

（c）调相波

图 1-5　调制信号、载波与调相信号波形

1.3.2　无线电信号的发送

语音或图像等信号经过放大和调制，被高频载波信号的幅度、频率或相位携带，经过功率放大，由发射天线发送。如调幅发射机的方框图如图 1-6 所示，包括高频部分和低频部分，其中，高频部分由振荡器、倍频器、高频电压放大器、功率放大器和调制器组成，高频振荡

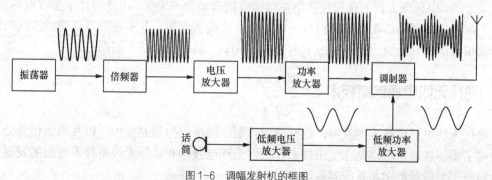

图 1-6　调幅发射机的框图

器产生的高频信号经过倍频器提高信号频率，该频率信号也称为载波，电压放大器是放大载波信号幅度，再经过功率放大，在大功率的情况下实现高频调制，直接输出至发射天线。从图 1-6 中可以看出，发射的信号波形为幅度受控的调幅信号。

1.3.3 无线电信号的接收

无线电信号的接收过程与发送过程相反。在接收端，首先通过接收天线将接收的电磁波转换为已调波电压或电流信号，从中选择出有用的已调波信号进行放大，从该已调信号中恢复原始的发送信号，该过程称为解调（Demodulation），对调幅信号的解调，称为检波（Detection），对调频信号的解调称为频率解调或鉴频，对相位调制信号的解调称为相位解调或鉴相。

通常，由于信号被衰落，接收天线获得的电磁波信号微弱，需要先进行信号放大，再进行解调，这种接收机的结构称为直接放大式接收机，该接收机结构对不同频率的接收信号，其接收机的灵敏度（接收微弱信号的能力）和选择性（选择不同电台的能力）不同，已经较少使用。目前大多采用超外差接收机的结构，如图 1-7 所示为调幅接收机的超外差结构，接收天线获得感应信号，经过高频小信号放大器进行放大，并与本地振荡器进行混频（即接收信号与本地振荡器的信号相乘处理，第六章详述），获得两个高频信号的频率之和信号或频率之差信号，该和频或差频信号的包络仍保持已调波信号的包络不变，称为中频，其中，和频称为高中频，差频称为低中频。后续的中频放大器选择和频信号（或差频信号）进行放大和检波，恢复原始的调制信号。

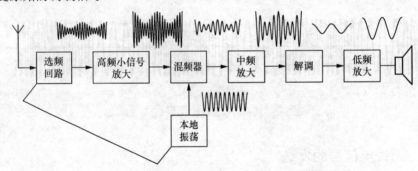

图 1-7 超外差式接收机的框图

超外差接收机的核心是混频器，混频器的作用是将接收到的不同载波频率的高频信号转变为固定载波频率的中频信号，如调幅收音机的中频频率为 465kHz。由于中频信号的载波频率是固定的，中频放大器的选择性和增益与接收的载波频率无关，因此简化了接收机的结构。图 1-7 描述的是调幅接收机的结构与各单元模块的波形变换，其实超外差式调频接收机的结构也是相同的，只是调频收音机的中频为 10.7MHz、解调的方法不同而已。

1.4 现代无线电通信新技术

现代无线电通信技术的发展，包括通信体制、编解码与调制技术，以及通信信号处理等均取得了重要进展，特别是在宽带技术、软件无线电技术和认知无线电技术方面的发展，极大地提高了频谱利用率和系统容量。

1.4.1　宽带技术

宽带通信具有更高的数据传输速率，从码分多址（Code Division Multiple Access，CDMA）到正交频分复用技术（Orthogonal Frequency Division Multiplexing，OFDM），发展到目前的超宽带（Ultra-wideband，UWB）技术，通过对冲击脉冲进行直接调制，UWB可获得 GHz 量级的带宽。超宽带技术对信道衰落不敏感，发射信号功率谱密度低，并能提供厘米级的定位精度等优点，特别适用于室内等密集多径场所的短距离高速无线通信。

UWB 采用脉冲幅度、相位或脉冲位置对信息进行编码，采用瞬时开关技术产生窄脉冲，将能量扩展到很宽的频带内，以每秒几十 MHz 至几百 MHz 的宽带天线辐射出去，在短距离范围内，UWB 具有极高的数据速率。

由于 UWB 的脉冲持续时间很短，比传统无线电信号更难以探测，提高了通信的安全性，同时，由于极短的波形持续时间，也方便实现多用户的分组突发通信。

多径衰落一直是无线电通信的障碍，UWB 非常窄的波形使信道中的多个反射可被独立地分辨出来，通过分集处理提高系统抗多径的能力。

与传统的无线收发机结构相比，UWB 收发机的结构特别简单。在 UWB 接收端，天线感应的信号经能量放大后，由匹配滤波或相关接收机处理，再经高增益门限电路恢复原来信息，与普通超外差接收机相比，节省了本地振荡器、锁相环、压控振荡器、混频器等。

全数字化 UWB 接收机，结合软件无线电技术，可动态调整数据速率、功耗等，UWB 代表了宽带无线电通信技术的发展方向。

1.4.2　软件无线电技术

软件无线电技术（Software Radio，SR）是通信领域从固定通信到移动通信、从模拟通信到数字通信之后的第三次革命，是一种可用软件进行重配置和重编程的、灵活的、多业务、多标准、多频段无线电系统的新兴通信技术。1992 年 Joeph Mitola 首次提出了软件无线电的概念，其核心是将宽带 A/D、D/A 尽可能靠近天线，用软件实现物理层连接的无线通信设计；其目标是在一个标准化、模块化的通用硬件平台上，通过软件编程，实现一种具有多通路、多层次和多模式无线通信功能的开放式体系结构，从而使一个移动终端可以在不同系统和平台间畅通无阻地使用。

软件无线电技术通过 PLD 技术实现硬件平台的重构，通过软件模块的灵活配置实现不同的功能，如信道带宽、调制及编码等都可以动态调整。

软件无线电技术具有现有无线通信体制所不具备的许多优点和广泛的应用前景。未来的无缝多模式网络要求无线电终端和基站具有灵活的射频（Radio Frequency，RF）频段、信道接入模式、数据速率和应用功能。软件无线电可以通过灵活的应变能力，并简化硬件组成，快速适应新出现的标准和管理方式。可以预见，随着现代计算机软、硬件技术与微电子技术迅猛的发展，软件无线电技术必将得到更快、更完善的发展。

1.4.3　认知无线电技术

软件无线电技术改变了现代无线通信设备，仍然无法满足人们日益增长的带宽需求。一方面，不断开发新的无线接入技术，利用新的频段来提供各种业务；不断改进各种编码调制方式，提高频谱效率。而另一方面，目前大多数频谱已经被划分给不同的许可持有者，包括移动通信、应急通信、广播电视等，但其利用并不充分。认知无线电技术（cognitive radio，CR），通过对现有频谱的动态管理，实现频谱资源在时间、空间和频率等多维度的重复利用和共享，为解决频谱资源不足、提高频谱利用率开创了崭新的局面，认知无线电技术的典型应用为无线局域网（Wireless Local Area Networks，WLAN）。

1999 年，Joseph Mitola 博士最早提出了认知无线电的概念。认知无线电也被称为智能无线电，从广义上来说是指无线终端具备足够的智能或者认知能力，通过对周围无线环境的历史和当前状况进行检测、分析、学习、推理和规划，利用相应结果调整自己的传输参数，使用最适合的无线资源（包括频率、调制方式、发射功率等）实现"频谱共享"，完成无线传输。

认知无线电技术包括一系列认知学习步骤，具备检测、分析、调整、推理、学习等能力，因此，认知无线电技术实现的关键是高灵敏度接收机探测定位可用频谱资源，通过智能处理平台，分析无线传输背景，估计用户的干扰容限，从而确定自身的传输功率和参数，并通过可重配置的无线电设备在短时间内进行信道切换。

认知无线电是无线电技术发展的下一个里程碑，将会带来历史性的变革。对于频谱管制者而言，该技术可以极大提高可用频谱数量，提高频谱利用率，有效利用资源；对于频谱持有者而言，可以在不受干扰的前提下开发新的频谱市场，在相同频段上提供不同的服务，该技术可以为设备厂商带来更多的机会，具备认知无线电功能的设备将更具竞争力；对终端用户而言，可以带来更多带宽，在认知无线电技术成熟后，用户则可以享受到单个无线电终端接入多种无线网络的优势。

作为无线通信领域的最新进展，认知无线电技术受到日益关注，相信不久的将来将会获得突破性的进展，为无线电资源管理和无线接入市场带来新的发展契机和动力。

1.4.4　现代短波通信技术

为了克服短波信道的多径衰落，现代的短波通信系统中采用了许多新的技术，提高系统性能。

1. 实时选频技术

实时选频即实时发射探测信号，根据接收端对收到的探测信号处理结果进行信道评估，自动选择最佳工作频率。目前，实时选频系统分为两类：一是自适应频率管理系统，在短时间内对全频段快速扫描和探测，不断预报各频率可用情况；二是将探测与通信合二为一的频率自适应系统，通过线路质量分析和自动线路建立，使短波通信频率随信道条件变化而自适应地改变，确保通信始终在质量最佳信道上进行。因此，自适应选频可充分利用频率资源、降低传输损耗、减少多径衰落的影响，避开强噪声与电台干扰，提高通信链路的可靠性。

2. 自适应技术

自适应技术是实时利用各种探测技术，根据探测结果自动调整设备参数，达到最佳通信效果。短波自适应通信的核心是自动选择最佳的工作频率，自动选用无线电信道和自适应数据传输。运用自适应选频、调制解调、编码、均衡以及天线等多种自适应技术，在严重干扰条件下，短波通信系统自动改变工作频率、数据速率、调制方式、编码和纠错编码方式、最大限度地降低误码率。自适应技术克服了多种信道时变所带来的复杂影响，提高了现代短波通信中数据传输的质量。

3．跳频技术

跳频（Frequency Hopping，FH）是指载波频率按照系统规定的时频图形进行跳变的扩频技术，可对抗多径干扰、邻近信道干扰、人为瞄准式干扰等，提高短波通信的保密性和可靠性。自适应技术与跳频技术相结合，实现自适应跳频，能在质量良好的信道上进行跳频，跳频信道驻留时间可随意变动。通常跳频速率越快，抗干扰的能力越强。

现代短波跳频包括频率自适应跳频和干扰自适应跳频。前者是根据对信道参数的探测，自动在最佳频率集上进行跳频，后者是基于对信道中干扰信号参数的估计，采用干扰自适应抑制和自动躲避干扰的跳频。完整的自适应跳频短波通信系统，包括频率自适应和功率自适应控制，自适应跳频控制器完成跳频序列产生、被干扰频点的检测与自动更换、跳频同步及跟踪、信令协议及执行；自适应功率控制根据信道误码测量结果，自动调整输出功率，实现以最小的发射功率获得正常通信效果。

4．差错控制与 OFDM 调制技术

调制与编码技术依旧是提高短波通信质量的保证。现代短波通信常用的差错控制技术分为两类：一类是自动请求重发（Automatic repeat request，ARQ）技术，在接收端进行检错并通知发送端重发信息，因而也称反馈纠错，它对随机差错和突发差错都有良好的效果，但频繁重发，信号时延增大；另一类是前向纠错（Forward Error Correction，FEC）技术，它利用纠错码在接收端进行自动纠错，如卷积码、Turbo 码，以及 LDPC 码等广泛应用于短波通信。

克服短波信道多径衰落，是提高短波通信质量的关键。正交频分复用技术通过并行传输、增大传输符号的周期，克服多径影响，短波信道采用 1024 路子载波的 OFDM 技术，可实现 16kb/s～64kb/s 的数据传输速率。与单载波相比，在相同速率时，符号周期延长 N 倍，远大于信道时延扩展，消除符号间串扰。子载波间正交，使信号频谱可重叠，提高频谱利用率，并有良好的频率分集效果，能抗拒严重的多径干扰和强窄带干扰。

1.5　本课程的特点与学习方法

高频信号放大和调制解调技术是高频电子线路的核心，本课程以非线性电子线路的应用为主，以信息的无线传送为主线，内容包括高频电路基础、高频小信号放大、高频功率放大、高频振荡器、幅度调制与解调、频率调制与解调以及无线通信辅助电路等。

在分析方法方面，高频电子线路的基础是模拟电子技术、信号与系统等，理论分析仍以分立元件为主，以高频环境下的三极管等效电路为核心，结合非线性的分析方法、信号的傅立叶变换等工具，分析三极管的工作状态，单元电路的指标、参数等。与模拟电路分析相比，高频电路以定性分析为主，突出工作原理，具体分析较多采用近似处理手段，这是高频电路的特点，也是学习的难点。

针对高频电路的特点，建议采用如下的学习方法。

1）掌握无线电通信的系统组成、单元电路的功能要求，是学习高频电路的首要。

2）结合时域分析、频域分析方法，掌握信号在无线电通信中的不同形态和变化。

3）对单元电路，首先掌握其功能要求、性能指标要求、电路组成及工作原理，最后了解其性能指标的计算。

4）做好高频电路的实验，通过实验进一步掌握电路工作原理，并仔细观察各种实验现象，进一步通过原理分析，解决实验中所遇到的困难。

5）结合先进的电路仿真软件，开展单元电路的电子设计自动化（EDA）仿真分析，进一步掌握单元电路的工作原理与特性。

思考题与习题

1-1 无线电通信系统由哪几部分组成？各部分的功能如何？

1-2 无线电通信为什么需要采用调制解调技术？其作用是什么？

1-3 无线电通信的接收方式有哪几种？超外差接收机有何优点？

1-4 中波、短波收音机，调频收音机各有什么特点？

1-5 电磁波有哪几种传播方式？与信道、工作频率有何关系？

1-6 查阅相关资料，了解短波信道、移动通信信道各有什么特点？

1-7 什么是基带信号、载波信号和已调波信号？各有什么特点？

1-8 为什么说调频波所占的频带比调幅波宽很多，调频波比调幅波的抗干扰能力强？

1-9 采用 MATLAB 软件绘制下列已调波的波形与频谱（例 $\Omega = 200\text{rad/s}$，$\omega_c = 1\,000\text{rad/s}$）。

（1）$u(t) = (1 + \sin\Omega t)\sin\omega_c t$

（2）$u(t) = 2\cos\Omega t\sin\omega_c t$

（3）$u(t) = 2(1 + 0.4\cos\Omega t)\sin\omega_c t$

（4）$u(t) = 2\sin(\omega_c t + 5\cos\Omega t)$

（5）$u(t) = 2\sin(\omega_c t + 5\sin\Omega t)$

第 **2** 章 高频电路基础

高频电路与低频电路中元器件的频率特性是不同的。由于工作频率的升高，在低频呈现的集总器件——电阻、电容和电感将不再是理想的元件了，还需要考虑器件的分布参数，如电阻呈现的分布电容与引线电感、电感呈现的分布寄生电容，甚至导线呈现的传输线特性等。因此，在无线通信电路中，集总器件的物理结构都尽可能的小，从而扩展器件的有效工作频率，如表面贴器件。高频电路由无源元件和有源器件组成，通常将具有电流控制能力的器件称为有源器件，如电子管、三极管、场效应管、晶闸管、可控硅等，反之称为无源器件，如电阻、电容、电感，以及二极管等，下面分别介绍常用器件在高频工作时的特性。

2.1 无源器件与模型

无源器件在低频工作时为理想的集总器件，但在高频工作时呈现不同的特性和工作模型。

2.1.1 导线

导线包括裸铜线、镀银（金）线、漆包线、塑包线、纱包线等，用于传输信号。在直流或低频工作时，可认为电流是均匀分布在其截面上，如图 2-1（a）所示。

在高频电路中，高频电流在导线周围产生感应磁场，根据法拉第电磁感应定律，该磁场又会产生感应电场，电场将在导线中产生感应电流，该感应电流方向与原始电流方向相反，其密度在导线的中心区域最强，导致中心区域的总电流密度下降，其电阻显著增加，因此，从电流密度上看，电流趋向于导线外表面附近流动，这种现象将随频率的升高而加剧，称为电流的趋肤效应，如图 2-1（b）所示。趋肤效应使信号沿导线表面传送，有效截面积减小，信号衰减很大，如图 2-1（c）所示。

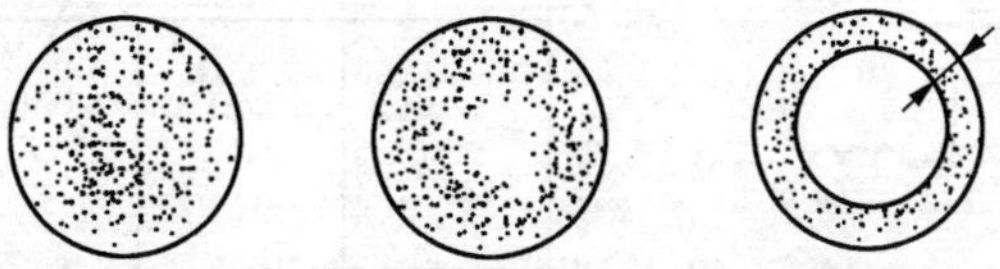

　　（a）直流　　　　　（b）交流　　　　（c）趋肤效应模型

图 2-1　趋肤效应示意图

由于导线的中心部分几乎没有电流通过，可以把这中心部分除去以节约材料。因此，在高频电路中可以采用空心导线代替实心导线。不同类型的导线在不同频率下的趋肤深度是不同的，如图 2-2 所示。

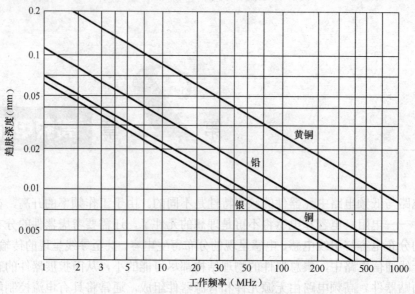

图 2-2 趋肤深度与工作频率的关系

高频电路中，导线除趋肤效应外，还会呈现电感效应，任一段导线都可以看作电感，如器件的引线电感，为寄生电感，该电感量很小，在低频工作时可以忽略，但高频工作时会对电路产生影响。此外，导线之间、导线与地还存在分布电容。对于传输信号的一对平行长导线，在高频工作时作为特殊元件，称为传输线，后文将详细介绍其分布电容、分布电感的影响。

2.1.2 电阻器

电阻在低频工作时表现为纯电阻特性，但在高频时不仅具有电阻特性，而且还具有电抗特性，其高频模型和频率特性如图 2-3 所示，图中，L_R 为电阻的引线电感，C_R 为分布电容。由于分布电容与电阻并联，因此，其阻抗随工作频率的升高而降低。通常，非线绕电阻的 L_R 约为 $0.01 \sim 0.05\mu H$，C_R 约为 $0.1 \sim 5pF$，而线绕电阻的 L_R 达几十 μH，C_R 达几十 pF，即使是无感绕法的线绕电阻，L_R 仍有零点几μH。

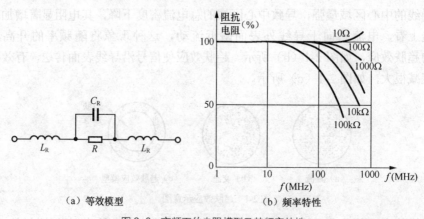

（a）等效模型   （b）频率特性

图 2-3 高频下的电阻模型及其频率特性

2.1.3　电容器

由介质隔开的两导体构成电容，电容的额定值通常在 1MHz 频率下标定，但在高频工作时，其引线电感随频率升高而增大。电容的高频模型如图 2-4（a）所示，其中 r_C 为损耗电阻，L_C 为引线电感。

由于引线电感的影响，电容的容抗呈现串联谐振特性，其阻抗—频率曲线如图 2-4（b）所示，其最小值处的频率值 f_c 对应于串联谐振点。因此，当工作频率非常高时，由于引线电感的影响，电容将可能转化为感性器件。

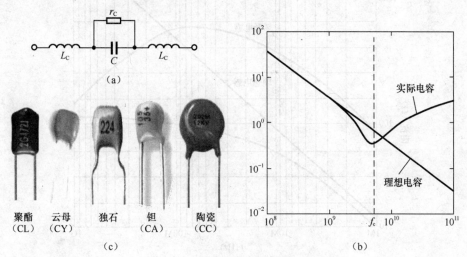

图 2-4　高频下的电容、模型与阻抗特性

电容的好坏可用品质因数 Q 评价，电容的品质因数为

$$Q_C = \frac{\text{一个周期内电容的储能}}{\text{一个周期内消耗的能量}} = \omega C r_C \tag{2-1}$$

式中，ω 为工作频率，C 为电容值，r_C 为电容的总损耗电阻。通常高频电容的 r_C 很大，电容的品质因数 Q_C 很高。

常见的高频电容有瓷介电容、聚丙烯电容（CBB 电容）、云母电容、独石电容等，如图 2-4（c）所示，用于工作频率较高的谐振、开关、耦合和退耦电路中。

2.1.4　电感器

在高频工作时，由于线圈的匝与匝之间存在分布电容，且随频率升高其影响越大，实际的电感及其高频等效模型、阻抗特性如图 2-5 所示。图 2-5（a）为常见的电感器，图 2-5（b）为电感器在高频工作时的模型，r_{Lb} 为磁芯损耗的等效电阻，C_L 为电感绕组间的分布电容，r_{La} 为电感绕组的交流电阻（由于高频的趋肤效应，可忽略直流电阻的影响），f_L 为电感 L 与分布电容 C_L 的并联谐振频率。由于分布电容 C_L 的影响，电感的阻抗—频率关系特性如图 2-5（c）所示，其电抗特性与频率并非理想的线性关系。

衡量电感损耗的指标为电感品质因数 Q，高频电感 Q 值一般为 50～300。Q 值的大小直接影响谐振回路的选择性、效率与稳定性，通常谐振回路电感的 Q 值较高，耦合线圈的 Q 值要低一些，而扼流圈则无要求。

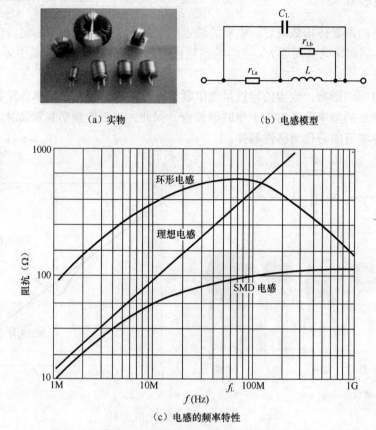

（a）实物　　　　　　　　　（b）电感模型

（c）电感的频率特性

图 2-5　高频下的电感、模型与阻抗特性

电感的品质因数为

$$Q = \frac{一个周期内电感的储能}{一个周期内消耗的能量} = \frac{\omega L}{r_L} \tag{2-2}$$

式中，ω 为工作频率，L 为线圈的电感量，r_L 为线圈串联的总损耗电阻；对电感而言，通常 $\omega L \gg r_L$。

目前，已经有部分标称值电感，但与电阻、电容不同，其标称值规格较少，有时需要制作电感线圈。如果采用单层空心线圈结构，在高频条件下，采用漆包线绕制，其电感匝数 N 估算为：

$$N = \frac{\sqrt{L(18d + 40l)}}{d} \tag{2-3}$$

式中，N 为匝数，L 为所需电感值（μH），d 为线圈的内直径（inch），l 为线圈长度（inch）。

如果采用环形铁氧磁芯制作环形线圈，其工作频率从 1kHz 到 1GHz，可用于中、小功率的高频电路。绕制环形线圈，可以根据式（2-4）和式（2-5）估算其匝数 N。

$$N = 100 \sqrt{\frac{L}{A_L}} \quad （铁粉磁芯） \tag{2-4}$$

$$N = 1\,000 \sqrt{\frac{L}{A_L}} \quad （铁氧体磁芯） \tag{2-5}$$

式中，N 为单层匝数，L 为所需电感（mH），A_L 为根据所选磁芯和磁芯数据，每 100 匝的电感值。

2.1.5 铁氧体磁珠

铁氧体磁珠是一种滤除高频噪声和干扰的元件，由铁、镍、锌氧化物混合而成的磁性材料，具有较高的磁导率和电阻率，当其串接在信号或电源通路上时，可以有效抑制共模噪声：低频电流可无衰减地通过，而高频电流受到衰减，转化为热量。铁氧体磁珠的实物、等效电路和阻抗特性曲线如图 2-6 所示。

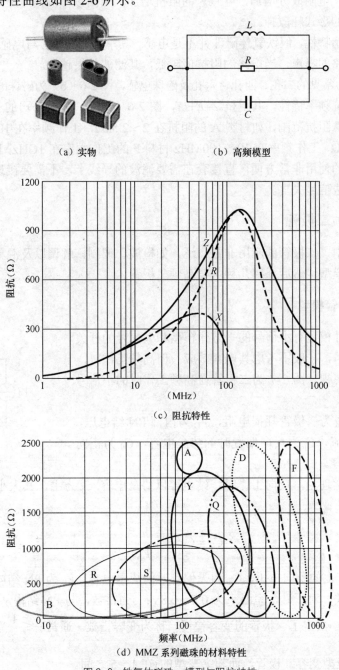

（a）实物 　　　　　　（b）高频模型

（c）阻抗特性

（d）MMZ 系列磁珠的材料特性

图 2-6 铁氧体磁珠、模型与阻抗特性

铁氧体磁珠等效为电阻与电感的串联，但电阻值和电感值都随频率的变化而变化，在低频段，R 很小，阻抗由电感的感抗构成，磁芯的磁导率较高，因此电感量较大，L 起主要作用，电磁干扰被反射而受到抑制，磁芯的损耗较小，整个器件是一个低损耗、高 Q 特性的电感，这种电感容易形成谐振。因此在低频段，有时可能出现使用铁氧体磁珠后反而干扰增强的现象。

在高频段，随着频率升高，磁芯的磁导率降低，导致电感量减小，感抗成分减小。但是磁芯的损耗增加，电阻成分增加，导致总的阻抗增加，当高频干扰信号通过铁氧体时，被吸收并转换成热能的形式耗散掉。

虽然呈现电感特性，但铁氧体磁珠并不是电感，其单位为欧姆，与电感的储能特性不同，用于滤除信号回路的噪声，当电路的阻抗值越低，其滤波效果越好。

图 2-6（a）为常见的二孔、四孔、六孔及磁珠电感，图 2-6（b）为磁珠的等效模型，图 2-6（c）为磁珠的阻抗频率特性，其阻抗 $Z=R+jX$，图 2-6（d）为 TDK 公司的 MMZ 系列采用不同磁芯材料的磁珠阻抗范围，如材料 A 的阻抗在 2～2.5kΩ，工作频率在 100MHz，而材料 B 的阻抗为 0～500Ω，工作频率在 10～100MHz 材料 F 的工作频率在 1GHz，阻抗为 0～2.5kΩ。

铁氧体磁珠的使用非常方便，直接套在需要滤波的导线上，不需要接地，作为共模扼流圈使用，不会造成信号失真。

2.1.6 高频二极管

在高频电路中，二极管的应用非常广泛，如检波、调制、解调以及混频等。下面首先介绍二极管的高频模型，然后介绍几种主要高频二极管。

1. 高频二极管模型

二极管非线性模型有小信号的平方律模型和大信号的开关模型。低频工作时，一般不考虑其电容效应；但高频工作时，其电容效应不可忽视。图 2-7 为二极管在高频工作时的小信号等效模型。

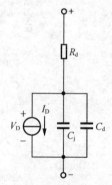

图 2-7 中，R_d 为二极管耗损电阻，V_D 为内部 PN 结电压，I_D 为直流导通电流，C_j 为反向偏置时的势垒电容，C_d 为正向偏置时的扩散电容。

图 2-7　二极管的高频小信号模型

根据微电子学理论，反向工作时，结电容以势垒电容 C_j 为主，其大小与外加反向电压 u_r 的关系为

$$C_j = C_{j0}\left(1 + \frac{u_r}{V_D}\right)^{-\gamma} \tag{2-6}$$

式中，u_r 为二极管上的反向电压，C_{j0} 为无偏置时的势垒电容，V_D 为 PN 结内建电位差，与掺杂浓度和温度有关，对于硅，室温下为 0.6～0.8V；γ 为常数，与 PN 结内从 P 区到 N 区浓度的变化方式有关，γ 决定了二极管的变容快慢，称为变容指数。通常 $\gamma \leqslant \frac{1}{3}$ 为缓变型变容二极管，$\gamma \leqslant \frac{1}{2}$ 为突变型变容二极管，而超突变型的 γ 在 1～5 之间。

正向工作时，结电容以扩散电容为主，其大小与二极管电流有关，近似关系为

$$C_d = \frac{dQ}{dV_D} = \tau_T \frac{dI_D}{dV_D} \approx \tau_T \frac{I_D}{V_T} \tag{2-7}$$

式中，τ_T 为电荷渡越时间，V_T 为热电压，常温（T=300K）下为 26mV。

实际上，势垒电容反映多数载流子电荷变化的电容效应，在低频或高频下都起主要作用，而扩散电容反映少数载流子电荷变化的电容效应，在高频下不起作用，因此，半导体二极管的最高工作频率往往取决于势垒电容。

2．高频二极管应用

高频二极管主要用于检波、混频、幅度调制和频率调制等，二极管的高频特性不同，其应用对象也不同。

1）检波二极管

检波（也称幅度解调）二极管是利用二极管单向导电性将高频或中频无线电信号中的幅度信息（如音频信号）取出来，广泛应用于半导体收音机、电视机及通信设备等，其工作频率较高，但处理信号时无增益。通常选用锗半导体材料制成的点接触型二极管，其接触面积小，不能通过大的电流，且结电容小，但具有工作频率高和反向电流小等特点。常用的检波二极管有 2AP 系列、1N34/A、1N60 等，其中 2AP 系列的检波二极管为锗点接触型，其工作频率可达 400MHz，具有正向压降小、结电容小、检波效率高和频率特性好的优点。

2）混频二极管

混频是将两个不同频率的信号（如接收的射频信号和本地振荡信号）通过非线性处理获得两频率之差的信号（简称差频）或两频率之和的信号（简称和频）的过程。混频二极管是一种肖特基势垒二极管，根据金属和 N 型半导体相接触形成金属半导体结的原理而制成。当金属与半导体相接触时，其交界面处将形成阻碍电子通过的肖特基势垒，即表面势垒。与一般二极管相比，混频二极管具有工作频率高、噪声低、反向电流小、结电容小等特点。在大信号工作时，为开关工作状态，可获得较大的动态范围（Dynamic Range），广泛应用于高频与微波电路中。

如日立公司生产的 ISS 系列混频二极管主要用于 UHF 电视调谐混频器、有线电视机顶盒的平衡混频器和调谐混频器。图 2-8 为混频二极管 ISS86/87 的正向特性、反向特性和结电容—电压特性曲线。可以看出，反向工作时，ISS86/87 的反向漏电流小，对应的混频器噪声系数小，如在 $V_R=2V$

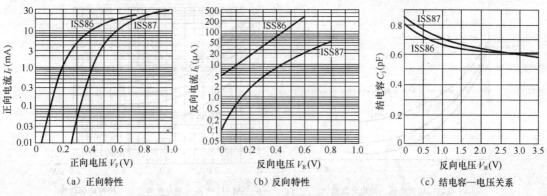

（a）正向特性　　　　　　　（b）反向特性　　　　　　　（c）结电容—电压关系

图 2-8　混频二极管 ISS86/87 的特性曲线

时，ISS86 的 I_R 为 20μA，ISS87 的 I_R 为 1μA；在 V_R=4V 时，ISS86 的 I_R 为 70μA，1SS87 的 I_R 为 4μA，表明 1SS87 的反向特性比 1SS86 好；同时结电容小，对应的工作频率高，图中，当 V_R=0V 时，1SS86/1SS87 的结电容 C_j 都小于 0.85pF；在 V_R=1V 时，它们的电容 C_j 都小于 0.7pF。

3）晶体二极管

晶体二极管又称为 PIN 二极管，是由在 P 型和 N 型半导体材料之间掺入一薄层低掺杂的本征半导体层组成，为一种静态结电容很小、用于高频开关和高频保护的特殊二极管。当工作频率超过 100MHz 时，由于少数载流子的存储效应和本征层中渡越时间效应，该二极管失去整流功能而变为阻抗器件，并且其阻抗值随偏置电压变化而改变。当正向偏置时，本征区的阻抗很小，为导通状态，如图 2-9（a）所示为 Alpha 公司的 SMP1302 系列的特性曲线，因此可以将 PIN 二极管作为可变阻抗元件使用；而反向偏置时，本征区为高阻抗状态，呈开路状态，如图 2-9（b）所示，常用于高频开关、移相、调制、限幅等电路中，作为开关和衰减器使用。

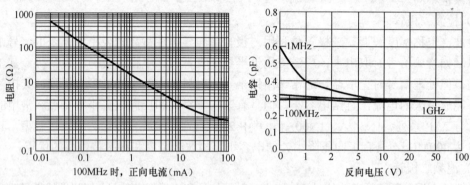

图 2-9　PIN 二极管特性曲线

4）变容二极管

变容二极管（Varactor Diodes）又称"可变电抗二极管"，是一种利用 PN 结电容（势垒电容）与其反向偏置电压 u_r 的关系制成的二极管，所用材料多为硅或砷化镓单晶，并采用外延工艺技术，通过施加反向电压，使其 PN 结的结电容发生变化，反偏电压越大，则结电容越小。其结电容与反向电压的关系如式（2-6）所示。

典型变容二极管的电容—电压曲线如图 2-10（a）所示，图 2-10（b）为 SMV12** 系列二极管的结电容—电压曲线。

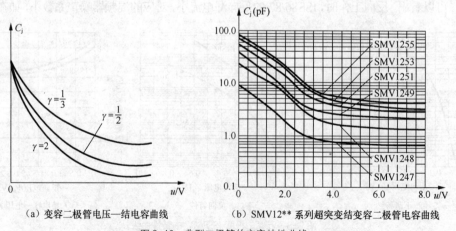

（a）变容二极管电压—结电容曲线　　（b）SMV12** 系列超突变结变容二极管电容曲线

图 2-10　典型二极管的变容特性曲线

作为谐振回路电容或电容的一部分，变容二极管常用于调谐回路、振荡电路和锁相环路，实现自动频率控制、扫描振荡、调频和调谐等，如电视机高频头的频道转换和调谐电路。常用的国产变容二极管有 2CC 系列和 2CB 系列。

5）隧道二极管

隧道二极管（Tunnel diode）是采用砷化镓（GaAs）和锑化镓（GaSb）等材料混合、在重掺杂 N 型（或 P 型）的半导体片上用快速合金工艺形成高掺杂的 PN 结而制成的，PN 结的耗尽层非常薄，使电子能够直接从 N 型层穿透 PN 结势垒进入 P 型层，称为隧道结。

隧道二极管的正向电流—电压特性具有负阻特性，如图 2-11 所示，这种负阻是基于电子的量子力学隧道效应，所以隧道二极管开关速度达 ps 量级，工作频率高达 100GHz，具有工作频率高的优点，但其热稳定性较差，隧道二极管可用于混频、检波、低噪声放大、振荡等。

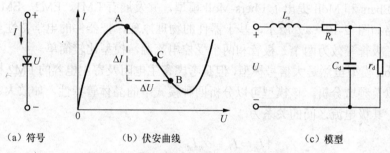

（a）符号　　　　（b）伏安曲线　　　　　（c）模型

图 2-11　隧道二极管的符号、伏安曲线与模型

在非线性器件的伏安曲线上，每个工作点上的直流电阻等于该工作点上的直流电压与直流电流之比，如图 2-11（b）中的 C 点处的直流电阻为

$$R_C = \frac{u_C}{I_C} \tag{2-8}$$

在该工作点上的交流电阻，则为该点的斜率倒数，大小为

$$r_d = \frac{\Delta U}{\Delta I}\bigg|_C = \frac{dU}{dI}\bigg|_C \tag{2-9}$$

显然，在图 2-11（b）的伏安曲线上，每一个工作点的直流电阻均大于零，即总是消耗直流功率的。但对应的交流电阻就不同了，图 2-10（b）中，O-A 段的斜率大于零，交流电阻为正电阻，为消耗交流功率，而在 A-B 段，斜率为负值，对应的交流电阻为负电阻，在该段工作，将提供交流功率，但负电阻并不能无缘无故地提供交流能量，该交流能量来源于该器件消耗的直流能量。

图 2-11（c）为隧道二极管的等效电路，图中，R_s、L_s 为电阻和引线电感，C_d 为结电容，r_d 为二极管的动态电阻，典型值为：$R_s=2\sim5\Omega$，$L_s=1\sim5\mu H$，$C_d=10\sim20pF$。通常可忽略 R_s、l_s 的影响。

2.2　有源器件与模型

高频电路中的有源器件包括三极管、场效应管和集成电路等，完成信号的放大或非线性变换。随工作频率的升高，其等效模型与低频工作的模型也有所差别。

2.2.1 高频三极管

晶体三极管的电流放大系数 β 值随着工作频率的升高而下降，当 β 值下降为 1 时对应的工作频率称为三极管的特征频率 f_T。通常将特征频率值 f_T 小于或等于 3MHz 的晶体管称为低频管，大于或等于 30MHz 的晶体管称为高频管。高频三极管主要用于高频信号放大与频率变换，如无线电设备的前置放大（高频）、混频电路、振荡电路等，而大功率高频三极管则主要用于无线电功率发射电路。

1. 高频三极管模型

为了便于电路分析，根据半导体工艺和物理结构，分别介绍几种不同精度的三极管电路模型，考虑到参数较多，这里不作详细介绍，具体可参阅相关文献。

1954 年 Ebers 和 Moll 提出了 Ebers-Moll 模型，并发展有 EM1、EM2、EM3 模型，其基本的等效电路如图 2-12（a）所示，基于器件的物理原理，把器件的电学特性与工艺参数联系起来，将三极管等效为两个二极管和两个受控电流源，模型比较简单。

Ebers-Moll 模型虽然是大信号模型，但是考虑寄生电阻及寄生电容的 EM2 模型也能用于简单的时域以及频域分析，该模型可以分析四种模式下的晶体管特性，如放大、饱和、截止和反向放大，其极电流之间的关系为

$$\begin{cases} I_E = I_F - \alpha_R I_R \\ I_C = \alpha_F I_F - I_R \\ I_B = (1-\alpha_F)I_F + (1-\alpha_R)I_R \end{cases} \tag{2-10}$$

式中，二极管电流为

$$\begin{cases} I_R = I_{CS}(e^{\frac{V_{BC}}{V_T}} - 1) \\ I_F = I_{ES}(e^{\frac{V_{BE}}{V_T}} - 1) \end{cases} \tag{2-11}$$

式中，I_{CS}、I_{ES} 为反向集电极和发射极饱和电流，其值的范围为 $10^{-9} \sim 10^{-18}\text{A}$，与三极管的饱和电流 I_S 的关系为

$$\alpha_F I_{ES} = \alpha_R I_{CS} = I_S \tag{2-12}$$

Ebers- Moll 模型局限于一阶效应的简化处理，并且忽略了基区宽度调制效应、大注入效应等二阶效应，其仿真精度有限。1970 年，H. K.Gummel 和 H.C.Poon 提出了 G-P（Gummel-Poon）模型，该模型考虑了极间电容、接触电阻等，其等效电路如图 2-12（b）所示，该模型应用广泛，如 SPICE 仿真软件；但 G-P 模型也仍存在很多缺陷，如没有考虑或者考虑较简略的效应有：小尺寸的寄生电容、集电极电阻的调制效应、衬底的寄生晶体管效应，以及温度效应、雪崩效应、自热效应等，此外，随着基区宽度的减小，输出电导的模型有明显偏差。

为此，1986 年飞利浦公司提出了 MEXTRAM 模型，2004 年被列为国际晶体管模型标准，该模型完全依据三极管的物理结构和材料划分，并考虑了基底 S 的影响，克服了 G-P 模型的不足，可应用于 SiGe 晶体管、高压功率器件，以及采用 LDMOS（Lateral Double-Diffused

Metal-Oxide Semiconductor）技术的横向 NPN 晶体管等，在 SPICE 仿真中 Level=4 时就采用该模型；MEXTRAM 模型可有效地模拟晶体管的电学特性，如厄尔利（Early）效应、大注入效应等，并建立了集电结击穿模型，通过增加参数建立精确的异质结双极晶体管（Heterojunction bipolar transistor，HBT）模型，以及准确的准饱和模型，因此，该模型可以模拟晶体管的各种寄生效应。

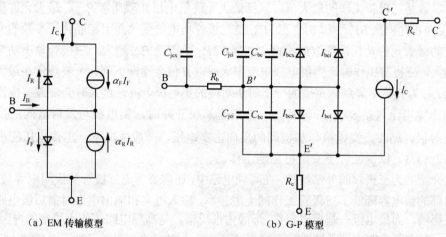

(a) EM 传输模型　　　　　　　(b) G-P 模型

图 2-12　三极管的几种电路模型

由于 MEXTRAM 模型过于复杂，1995 年由 10 余家美国公司提出了 VBIC（Vertical Bipolar Inter-Company）模型，该模型精度更高，不仅考虑了寄生衬底晶体管、集电极电阻调制效应、集电极结的雪崩倍增效应，还进一步考虑双极型三极管的基极—发射极间的寄生电容和三极管自身发热影响等，在高精度的仿真软件 Star-HSPICE 中就采用该模型描述双极型晶体三极管，附录五为三极管 Mextram 模型和 VBIC 模型，并介绍了第五代宽带晶体管 NXP BFG425W 的 G-P 模型的 SPICE 电参数。

三极管的不同电路模型是基于不同精度要求得到的，根据工作信号特性又分为直流模型（静态）、小信号模型和大信号模型，以及低频模型和高频模型等，具体应用时根据实际需要和精度要求选择使用。为分析方便，与低频电路分析对应，高频三极管仍采用比较简单 G-P 模型的π参数模型和 Y 参数描述。

2．高频三极管的主要参数

图 2-12 给出的不同精度的三极管模型，主要用于电路建模与仿真，而选择高频三极管的重要依据是三极管参数，如电流放大倍数、反向电流参数、频率参数以及极限参数。

电流放大倍数包括共发射极电流放大倍数 β（或 h_{fe}）和共基极电流放大倍数 α。在高频放大电路中，三极管的 β 值一般选用 30～80，其值太小，放大作用差；反之，工作性能不稳定。

极间反向电流包括集—基反向饱和电流 I_{CBO} 和穿透电流 I_{CEO}，前者为发射极开路时，在集电极与基极之间的反向电压所对应的反向电流，为少数载流子形成的漂移电流，是三极管工作不稳定的主要因素。I_{CEO} 是基极开路，集电极与发射极之间的反向电压形成的集电极电流，与 I_{CBO} 一样，易受温度影响。

三极管的频率参数反映了三极管的电流放大能力与工作频率关系的参数，包括共射极截

止频率 f_β 和特征频率 f_T。通常，三极管的 β 为工作频率的函数，中频段几乎与频率无关，而随频率增大，β 下降。当 β 下降到中频段 0.707 倍时，所对应的频率称为共射极截止频率 f_β；当三极管的 β 下降到 $\beta=1$ 时所对应的频率，称为特征频率 f_T。当工作频率在 $f_\beta \sim f_T$ 间，β 值与 f 几乎呈线性下降关系，当工作频率 $f > f_T$ 时，三极管既没有放大能力，也不能作振荡管使用。

极限参数是三极管工作的最大值，包括最大允许集电极耗散功率 P_{CM}、最大允许集电极电流 I_{CM}、反向击穿电压 BV_{CBO} 和 BV_{CEO}。P_{CM} 是三极管集电结受热而引起晶体管参数的变化不超过所规定的最大允许功耗，选取的原则 $P_{CM} \geqslant 0.2P_{0m}$，因此 P_{CM} 越大，三极管输出功率可以达到的值越大。三极管工作时，当集电极电流很大时，β 值会逐渐下降。一般规定在最大允许集电极电流 I_{CM} 为 β 值下降到额定值的一半时所对应的集电极电流，过大时会烧毁三极管。

反向击穿电压包括 BV_{CBO} 和 BV_{CEO}，分别是基极开路时，集电极与发射极间的反向击穿电压和发射极开路时，集电极与基极间的反向击穿电压，一般情况下，工作电压应小于击穿电压的 $1/2 \sim 1/3$，以保证管子安全可靠地工作。

以上介绍的为三极管的外部特性，在高频电路中，还需要考虑三极管的极间电容与结电容，三极管内部的结电容降低了三极管工作的上限频率，输入电容和输出电容对前后级电路的阻抗匹配存在影响，而集电极—基极电容 C_{cb} 形成内部反馈，是高频电路工作不稳定的内因。

因此，在高频电路中，尽量选择反向电流小、结电容小的三极管，对于电压放大，需要 β 大、f_T 高的三极管，对于功率放大，则更需要注意 f_T、P_{CM}，以及 V_{CBO}、V_{CEO} 等参数。

3. 基区宽度调制效应

基区宽度调制效应，又称为厄尔利（Early）效应，在三极管共射放大时，集电结上的反偏电压变化，集电结的势垒厚度也随着变化，引起基区宽度发生变化，从而引起三极管输入特性曲线、输出特性曲线的变化。

对 NPN 三极管发射结处于正向偏置，高浓度的发射区提供多数载流子（电子）扩散到基区，其浓度分布如图 2-13 中的曲线①所示，基区的起始少数载流子（电子）浓度为 $n_p(0)$，即靠近发射结的基区少数载流子浓度最高为

$$n_p(0) = n_{p0} \exp\left(\frac{u_{BE}}{V_T}\right) \tag{2-13}$$

式中，n_{p0} 为常数。

当集电结反向偏置时，$u_{CE} > V_{CES}$，对应 $u_{BC} < 0$，靠近集电结一侧的基区少数载流子浓度为

$$n_p(W_B) = n_{p0} \exp\left(\frac{u_{BC}}{V_T}\right) \approx 0 \tag{2-14}$$

对应的基区少数载流子的浓度分布如图 2-13 的曲线②所示，其梯度对应于集电极电流 I_C，为

$$I_C = I_s \exp\left(\frac{u_{BE}}{V_T}\right) \tag{2-15}$$

显然，集电极电流 I_C 与集电结电压 u_{CB} 无关，到达基区靠集电结一侧的电子都会进入集电区，形成集电极电流，其多数载流子的浓度分布如图 2-13 的曲线③所示。

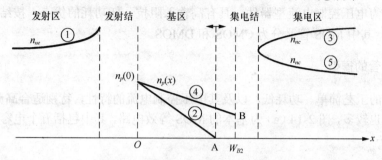

图 2-13　NPN 三极管少数载流子的浓度分布

而在饱和工作模式，当 u_{CE} 减小时，由于 $u_{BC} > 0$，集电结正向偏置，集电结变窄，基区变宽，从发射区扩散到基区的载流子（电子）由于集电结正向偏置（$V_{BC} > 0$）而积聚在基区，基区靠近集电结的基区少数载流子浓度也不再为零，且有所提高，浓度分布如图 2-13 的曲线④所示，具体为

$$n_p = n_{p0} \exp\left(\frac{u_{BC}}{V_T}\right) \tag{2-16}$$

因此，集电区的多数载流子的浓度分布如图 2-13 的曲线⑤所示，基区少数载流子的密度梯度下降，所对应于集电极电流 I_C 也有所减小，为

$$I_C = \mathrm{I}_S \left(\exp\frac{u_{BE}}{V_T} - 1\right) - \frac{I_S}{\alpha_R}\left(\exp\frac{u_{BC}}{V_T} - 1\right) \tag{2-17}$$

式中，第一项为发射结正向偏置的结果，第二项为集电结正向偏置的结果。当 $u_{BC} > -0.4\mathrm{V}$ 后，第二项的作用明显，而导致集电极电流 I_C 减小。

当 $u_{CE} < V_{CES}$ 时，基极电流的主要成分仍是基区复合电流，当 u_{CE} 增大时，u_{CB} 增大，基区宽带 W_B 变窄，复合电流减小，对应基极电流 I_B 下降；反之，当 u_{CE} 减小时，基区变宽，复合电流增大，对应基极电流 I_B 也增大。

集电结正向偏置引起的基区宽度调制效应，集电结电容将以扩散电容为主，因此，集电结电压的变化将导致集电结扩散电容的变化。

当然，基区宽度调制效应只对三极管共发射极组态的输出特性、共基极组态的输入特性有很大的影响，而对共基极组态的输出特性以及共发射极组态的输入特性，影响甚小。

4. 密勒效应

在三极管组成的反相放大电路中，若在输入与输出之间跨接电容，或之间存在分布电容或寄生电容 C，由于放大器的放大作用，可将其等效到输入端和输出端，对应的输入端电容为 $C_M = (1 + A_V)C$，输出端电容为 $C_{M'} = \dfrac{C}{(1 + A_V)}$，称为电容的密勒效应。由于放大器一般为输出低阻抗，输出电容的影响可以忽略，但输入阻抗由于电容的密勒效应而减小，甚至可能变为负阻抗而引起放大器自激。

2.2.2　高频场效应管

场效应管为电压控制电流型器件，具有高输入阻抗、低功耗的优点。按结构分为 MOS 和 JFET 两类，其中 MOS 管又分为 CMOS 和 DMOS。

1. MOS 管的模型

场效应管的工艺简单、功耗低，以及其电压控制电流的特性，特别适合高频电路。MOS 管的电路模型也较多，图 2-14（a）为基本的 MOS 等效电路，其中包括五个电容：C_{gs}、C_{gd}、C_{sb}、C_{db} 和 C_{gb}。

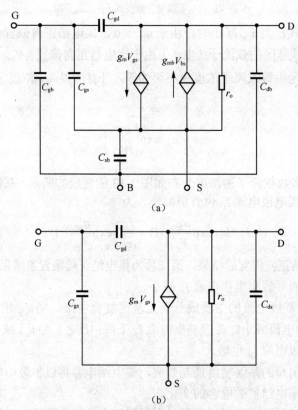

（a）

（b）

图 2-14　场效应管的高频小信号等效电路模型

使用时，通常将衬底 B 与源极 S 短接，这样可忽略电容 C_{sb}，得到简化的 MOSFET 模型，如图 2-14（b）所示。显然，输入电容 C_{gs} 降低了场效应管的输入阻抗，电容 C_{gd} 跨接在栅极和漏极间，形成内部反馈，且频率越高，反馈越强。

通常，MOS 管的器件手册提供的电容参数为测试端的分布参数：输入电容 C_{iss}、输出电容 C_{oss} 和反馈电容 C_{rss}，与器件内部的结电容 C_{gs}、C_{gd}、C_{ds} 的关系为

$$\begin{cases} C_{iss} = C_{gs} + C_{gd} & D、S短接 \\ C_{oss} = C_{gd} + C_{ds} & G、S短接 \\ C_{rss} = C_{gd} & G、S短接 \end{cases} \tag{2-18}$$

图 2-15（a）、（b）分别是场效应管 ARF448A 和 K2611 的分布电容与电压 V_{DS} 的关系曲线。

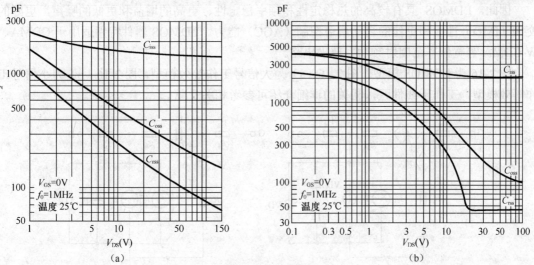

图 2-15　场效应管的高频电容效应

RF448A 为 N 沟道射频功率管，频率达到 65MHz，功率达到 250W，用于高频功率放大时，增益达到 15dB，效率达到 75%，其输入/输出阻抗与工作频率的关系如表 2-1 所示。

表 2-1　　　　　　　**场效应管 RF448A 的输入/输出阻抗与工作频率关系**

工作频率（MHz）	输入阻抗（Ω）	输出阻抗（Ω）
2.0	20.90−j9.2	56.00−j6.0
13.5	2.40−j6.8	37.00−j26.0
27.0	0.57−j2.6	18.00−j25.0
40.0	0.31−j0.5	9.90−j19.2
65.0	0.44+j1.9	4.35−j11.4

2. DMOS 管技术

DMOS 与 CMOS 器件结构类似，具有源、漏、栅等电极，但其漏极击穿电压高。DMOS 分为垂直双扩散金属氧化物半导体场效应管（vertical double-diffused MOSFET，VDMOSFET）和横向双扩散金属氧化物半导体场效应管（lateral double-dif fused MOSFET，LDMOSFET）。DMOS 的主要技术指标有：导通电阻、阈值电压、击穿电压等。DMOS 技术具有很多优点，如大电流驱动能力、低导通电阻（R_{ds}）和高击穿电压等，用于大电流控制或功率放大。

VDMOS 兼有双极晶体管和普通 MOS 器件的优点，开关速度快、损耗小，输入阻抗高、驱动功率小，频率特性好，跨导高度线性，安全工作区大。目前，VDMOS 器件已广泛应用于电机调速、逆变器、不间断电源、开关电源、电子开关、高保真音响、汽车电器和电子镇流器等低频功率控制场合。

LDMOS 是一种双扩散结构的功率器件，与 CMOS 工艺兼容，能够承受更高的电压。LDMOS 管具有较好的负温度系数特性，互调电平低、近似常数，在小信号放大时近似线性，几乎没有交调失真。与双极型晶体管相比，LDMOS 管具有更高的增益，可达 14dB 以上，采用 LDMOS 管的功率放大器的增益可达 60dB 左右，LDMOS 能提供极高的瞬时峰值功率，可承受住高驻波比的过激励信号。

因此，LDMOS 具有较高的热稳定性和频率稳定性、更高的增益和更低的噪声，更好的交调（IMD）性能和更佳的自动增益控制（AGC）能力。LDMOS 器件特别适用于 CDMA、W-CDMA 等宽频率范围射频功率放大电路。

图 2-16 为 LDMOS 模型，图 2-16（a）为大信号工作等效模型，图 2-16（b）为小信号工作等效模型，工作于线性区，相关的详细介绍可参考相关文献。

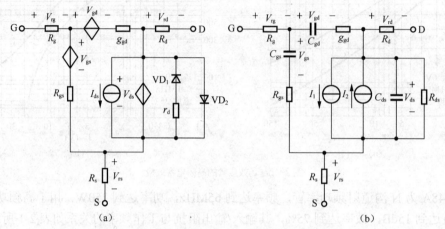

图 2-16　LDMOS 模型

2.3　传输线与微带线

电磁波既可以通过自由空间传播，又可以通过导线传播，传播速度为光速，因此，无线电波频率越高，波长越短。在低频工作时，实际电路的外形尺寸与无线电波的波长相比，滞后效应，满足 $l \ll \lambda$，可以忽略电磁波沿线传输所需的时间，即不计可以按集总参数的描述电路描述。但在有线通信或电力传输中，传输线的长度与信号波长相当或大于波长，电磁波的滞后效应不可忽略，沿线传播的电磁波不仅是时间的函数，还是空间坐标的函数，必须采用分布参数电路描述，如同轴电缆、电力传输线；在高频工作时，由于波长短，甚至小于元件尺寸，此时也不能采用集总电路分析。通常，当电缆或电线的长度大于波长的 1/7 时，就作为传输线处理；传输线的主要结构有平行双导线、平行多导线、同轴线、带状线，以及工作于准 TEM 模（即横电磁波，在传播方向上没有电场和磁场分量）的微带线条，它们都可借助简单的双线模型进行电路分析。

2.3.1　传输线模型

在长距离的电力线或有线通信系统中，存在导线电阻，电流在沿线产生电压降，同时还在导线的周围产生磁场，沿线存在电感，并在电感上产生电压降。此外，由于两导线间构成电容，在线间存在电容电流，因此，在导线不同的地方电流也不相等。

1. 传输线基本组成与模型

考虑沿线电压与电流的变化，在导线的每一无限小段上，具有很小的电阻和电感，在线间则有电容和电导，该等效电路称为传输线的分布参数模型。传输线模型将传输线表示为一个无限长序列的二端口元件，每个都代表传输线的无限短的一段，如图2-17所示。传输线由n节传输线单元组成，每一节传输线单元含分布参数R_0、L_0、C_0、G_0，其中，R_0为两根导线单位长度的电阻，单位为Ω/m；L_0为两根导线单位长度的电感，单位为H/m，串联支路单位长度的复阻抗为$Z_0 = R_0 + j\omega L_0$；C_0为单位长度导线之间的电容，单位为F/m；G_0为单位长度导线之间的电导，单位为S/m，并联支路单位长度的复导纳$Y_0 = G_0 + j\omega C_0$。

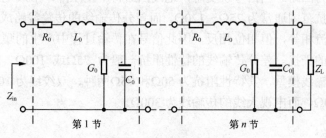

图2-17 传输线基本组成部分

2. 特性阻抗

传输线作为二端口元件，其端口的输入电流与输出电流相等。传输线和参考平面（电源或地平面）间由于电场的建立，在传输线上产生电流I，如果输出电压为U，则在电磁波传输过程中，传输线等效为一个电阻，大小为U/I，该等效电阻称为传输线的特性阻抗Z_C。在电磁波的行进过程中，如果传输路径上的特性阻抗发生变化，电磁波信号将在阻抗不连续处产生反射，在传输线上同时存在行波与反射波，两者叠加，形成合成波，其中反射波的强度将影响传输线的输入阻抗；传输线的特性阻抗仅考虑行波，不考虑反射波的影响，因此影响特性阻抗的因素为传输线与参考平面间的介电常数、介质厚度、传输线线宽、传输线的铜箔厚度等，如加粗传输线时，可降低传输线特性阻抗。实际上，传输线的特性阻抗与电磁波信号频率有关，随着频率升高而减小，并趋于常数。

若传输线上每一点的输入阻抗相等，称为均匀传输线。在最简单的情况下，均匀传输线的两个端口可以互换。下面依次计算均匀传输线的特性阻抗Z_C。

由于传输线的集总电路为每一节的无线延长，因此考虑一节模型，其输入阻抗为Z_C，负载也为Z_C。故有

$$Z_C = R_0 + j\omega L_0 + \frac{Z_C(G_0 + j\omega C_0)^{-1}}{Z_C + (G_0 + j\omega C_0)^{-1}} \tag{2-19}$$

对应有

$$Z_C = \frac{R_0 + j\omega L_0}{2} + \frac{1}{2}\sqrt{(R_0 + j\omega L_0)^2 + 4\frac{R_0 + j\omega L_0}{G_0 + j\omega C_0}} \approx \sqrt{\frac{R_0 + j\omega L_0}{G_0 + j\omega C_0}} \tag{2-20}$$

当工作频率大于100kHz时，可忽略R_0和G_0，特性阻抗为

$$Z_C = \sqrt{\frac{L_0}{C_0}} \tag{2-21}$$

当工作频率小于 1kHz 时，可忽略 L_0 和 C_0，特性阻抗为

$$Z_C = \sqrt{\frac{R_0}{G_0}} \qquad (2\text{-}22)$$

根据传输线的结构，分为单端传输线和差分传输线。单端传输线一端连接信号源，一端连接负载，以地作为回路。当信号跳变时，地线回路将产生压降，形成地线回路噪声源；单端传输线的特性阻抗范围通常为 25Ω～120Ω。而差分传输线的传输线路成对布置，两条线路上的信号电压、电流相等，但相位相反，因此信号在传输过程中产生的噪声被相互抵消，并且减小了外部噪声的干扰。差分传输线的特性阻抗一般为 75Ω 或 100Ω。除双绞线外，常见的同轴电缆也是传输线模型，其特性阻抗为 50Ω 和 75Ω 两种，双绞线为 100Ω，RG-8 以太网线的特性阻抗为 50Ω，而电视天线的传输线为 300Ω。

3. 行波与驻波

电磁波在传输线上向前传输，称为行波，但当传输线上的特性阻抗发生变化时，将产生反射波，该反射波沿传输线反向传输，在传输线上同时存在行波和反射波，若两列波的频率、幅度相等，相位相反，则两列波叠加后的波形并不向前推进，称为驻波，各处的振幅稳定不变。振幅为零的地方叫波节，振幅最大的地方叫波腹，波腹电压与波节电压幅度之比称为驻波系数，也叫电压驻波比，记为 VSWR；若两列波的频率相等，相位相反，但幅度不等，则两列波叠加后，形成行驻波，如果行波的振幅大于反射波的振幅，则行驻波依旧沿原行波的方向行进，当反射波的振幅大于原行波振幅时，叠加后的行驻波将沿反射波的方向行进。行驻波的振幅的大小与反射波的强度有关，常用反射系数Γ和驻波比ρ表示。

当传输线终端接入负载时，若负载 Z_L 不等于特性阻抗时，电磁波就将在终端产生不同程度的反射，则反射系数Γ为

$$\Gamma = |\Gamma| e^{j\varphi} = \frac{Z_L - Z_C}{Z_L + Z_C} \qquad (2\text{-}23)$$

可见，反射系数Γ是个复数。当特性阻抗 Z_C 与负载阻抗 Z_L 相等时，|Γ|=0，入射波全部被负载吸收而无反射，称为匹配负载；而当终端短路，即 $Z_L=0$ 时，|Γ|=1，入射波被负载全部反射。

驻波比ρ为驻波电场最大值和电场最小值之比，常用于描述传输线阻抗匹配的情况，驻波比ρ与反射系数Γ之间的关系应为

$$\rho = \frac{1 + |\Gamma|}{1 - |\Gamma|} \qquad (2\text{-}24)$$

因此，在负载匹配时，|Γ|=0 及 $\rho = 1$，传输线上传输的是"行波"；而在负载短路时，|Γ|=1 及 $\rho = \infty$，传输线上传输的是"纯驻波"；在其他任意负载下，$0 < |\Gamma| < 1$ 及 $1 < \rho < \infty$，传输线上传播的是"行驻波"。

传输线的目的是无损传输功率，通常要求负载阻抗匹配，即负载阻抗与传输线的特性阻抗相等。如果负载阻抗与传输线的特性阻抗不等，则需要在传输线的输出端与负载之间接入阻抗变换器，使后者的输入阻抗作为等效负载而与传输线的特性阻抗相等，从而实现传输线上|Γ|=0。阻抗变换器的作用实质上是人为地产生反射波，使之与实际负载的反射波相抵消。除此外，还要考虑传输线输入端与信号源之间的阻抗匹配。

4．传输线的终端特性

传输线上的电流（电压）可以看作是由两列以相同相位速度、相反的方向传播的衰减正弦波—入射波与反射波叠加的结果。由于波长小于线路尺寸，即在不同的位置，电流或电压的叠加值是不等的，如处于波峰、波谷等，各点的电压、电流幅值不等。因此，对于一段传输线而言，每一点的输入阻抗不等，既与特性阻抗有关，又与位置有关，也就是跟传输线的长度有关。下面考察三种特殊情形下传输线的输入阻抗。

由于传输线存在特性阻抗，因此，传输线与一般导线不同，其终端可以短路或开路。根据均匀传输线方程的正弦稳态解可得到

1．终端接 Z_C 时，则沿传输线任何一点向终点看去的输入阻抗为：$Z_{in}=Z_C$
2．终端开路时，$Z_{in} = Z_C \coth(\gamma l)$
3．终端短路时，$Z_{in} = Z_C \tanh(\gamma l)$

式中，$\gamma = \sqrt{Z_0 Y_0} = \dfrac{2\lambda}{\lambda}$，为传播相移常数，$\lambda$ 为传输线上电磁波波长，l 为传输线长度。

终端短路、开路的传输线特性如表 2-2 所示。

表 2-2	终端短路、终端短路传输线的特性

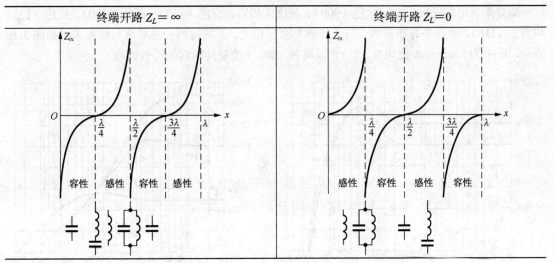

终端开路 $Z_L=\infty$	终端开路 $Z_L=0$

2.3.2　高频变压器

两个线圈紧耦合时，就可构成变压器，其性能可接近于理想变压器。按工作频率不同可分为高频变压器、中频变压器、低频变压器和脉冲变压器等。如收音机的磁性天线耦合提取电磁波感应信号，为高频变压器；收音机的中频放大级使用中频变压器进行信号滤波与传递，俗称"中周"；低频变压器有电源变压器等实现电压转换；电视机的行输出变压器，也称"高压包"，为脉冲变压器，输出非正弦波形。

高频变压器的工作频率在 10KHz 以上，几十 MHz 以下，具有电压变换、电流变换、传递功率、阻抗匹配、阻抗变换等功能。与低频变压器相比，高频变压器在磁性材料、变压器结构等方面有所不同。

1. 高频导磁材料

铁氧体磁性材料按其晶体结构可分为尖晶石型（MFe_2O_4）、石榴石型（$R_3Fe_5O_{12}$）、磁铅石型（$MFe_{12}O_{19}$）和钙钛矿型（$MFeO_3$），其中 M 为二价金属离子，R 为稀土元素。按铁氧体的用途不同，又可分为软磁、硬磁、旋磁、矩磁和压磁等几类，可用于制造能量转换、传输和信息存储的各种功能器件。

以锰锌软磁铁氧体 $Mn-ZnFe_2O_4$ 和镍锌软磁铁氧体 $Ni-ZnFeO_4$ 为代表的软磁铁氧体，矫顽力小，易磁化，在高频条件下具有高磁导率、高电阻率和低损耗的特点，其温度特性、频率特性稳定，是高频大功率器件的首选材料。

锰锌铁氧体（MX 系列）的初始导磁率 μ_i 约为 400～10 000，工作频率从几千至 500kHz，镍锌铁氧体（NX 系列）的初始导磁率 μ_i 约 10 至 1 500，工作频率约从 500kHz 至几百 MHz。如工作在 1.6MHz 以下的中波段收音机，其接收天线所采用的磁棒一般选用初始导磁率为 400 的 MX 型锰锌铁氧体磁芯；短波段收音机的接收天线所采用的磁棒一般选用初始导磁率为 60 或 40 的 NX 型镍锌铁氧体磁芯，其初始导磁率较小，在高频工作下损耗也很小，能在频率较高的短波工作。因此，软磁铁氧体广泛应用于短波、超短波无线通信系统中，如功率分配、功率合成、阻抗变换、功率输出以及接收天线等。

磁导率常用颜色标识，如绿色（900）、灰色（405）、白色（330）、蓝色（280）、红色（135）和黄色（116）。磁导率并非常数，与工作频率密切相关，不同材料的磁导率与频率关系如图 2-18 所示，图中为 Megnetics 公司 R、F、P 以及 H、W、J 型磁性材料的特性曲线。

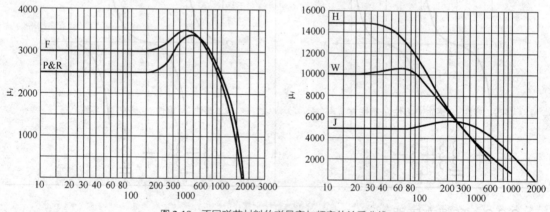

图 2-18 不同磁芯材料的磁导率与频率的关系曲线

采用磁芯制作电感，根据厂家提供磁芯的电感系数 A_L（磁芯上单匝线圈的电感量），可计算电感 L 所需的线圈匝数 N。三者的关系为

$$N = \sqrt{\frac{L}{A_L}} \tag{2-25}$$

2. 高频变压器的磁芯结构

铁氧体磁芯由模压烧结而成，主要有 E 形、罐形、U 形、环形和棒状等，如图 2-19 所示，铁氧体磁芯上绕上线圈可制成电感器或变压器，广泛用于仪器仪表和通信设备中。

(a) E 形磁性　　　(b) 罐形磁芯　　　(c) U 形磁芯　　　(d) 环形磁芯

图 2-19　几种常见的磁芯

E 形磁芯的截面均为方形（或圆形），常用于低频的普通变压器，如电源变压器。罐形磁芯空间利用率高，屏蔽性能好，漏磁和分布电容小，且电感易调节，适合高频变压器和电感元件等。U 形磁芯的截面积一致，可作输出扼流圈、输入滤波器、开关电源变压器及高频镇流器等。环形磁芯可适用于不同频段，磁导率规格广，可用于宽频变压器和传输线变压器，如电源滤波器、共模抑制滤波器和中继器等。

3. 高频变压器的等效电路

高频变压器可作阻抗匹配，使电路获得最佳负载阻抗。利用变压器所得到的阻抗，不仅包含负载的变换，还包含了变压器自身参数（自感、漏感、分布电容、铜阻），其电抗成分会随着频率的变化而变化。高频工作时，变压器的等效电路如图 2-20 所示。

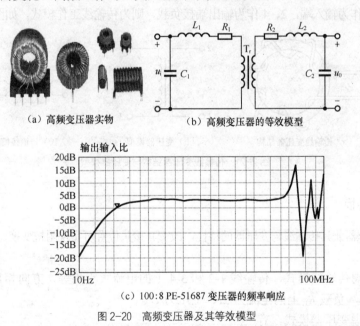

(a) 高频变压器实物　　　(b) 高频变压器的等效模型

(c) 100:8 PE-51687 变压器的频率响应

图 2-20　高频变压器及其等效模型

图 2-20（b）中，R_1、R_2 为初、次级绕组的电阻，C_1、C_2 为初、次级绕组的分布电容，L_1、L_2 代表初、次级的漏电感，T_r 为没有分布参数的理想变压器。根据变压器的工作频率、匝数、负载特性等，将分布参数折算到输入回路，可简化其电路。在低频段，不考虑分布电容的影响，但漏电感的大小直接影响输出电压 $u_0(t)$ 的大小。在中频段，不考虑分布电容和漏电感，输出电压 $u_0(t)$ 与输入电压 $u_i(t)$ 之间的关系为简单的电阻分压关系。在高频段，

随着频率升高，漏感抗增大，输出电压下降，同时分布电容的影响也不能忽略，并且分布电容、漏电感构成串联谐振电路，在其谐振点附近，输出电压会有剧烈的起伏，其回路的谐振特性影响高频变压器在高频段的特性，如图 2-20（c）所示。显然，这种模型的变压器为窄带变压器。

2.3.3　传输线变压器

随着宽带通信技术的发展，宽带变压器得到了广泛应用。目前高频宽带变压器大都采用传输线变压器结构。传输线变压器是将传输线绕在环形磁芯上构成的变压器，具有传输线和变压器的特点，其下限频率在几十 kHz 以下，上限频率可达到几 GHz。传输线变压器的宽带取决于传输线的带宽，其主要应用有阻抗变换、极性变换或平衡—不平衡变换，以及功率分配与功率合成等，如短波通信设备中的功率分配与合成网络，发射机与电缆之间以及电缆与天线之间的匹配用宽带变压器等。

1. 传输线变压器的结构及其工作模式

将一对漆包线按相同的绕向环绕磁环一周，构成的传输线变压器如图 2-21（a）所示，绕组的 1、2 为一组，3、4 为一组，两组的匝数相等。

若将 1、2 作为输入端，3、4 作为输出端，则得到如图 2-21（b）所示的变压器工作模式，为 1:1 变压器。

若将 1、3 作为输入端，2、4 作为输出端接负载，则为传输线工作模式，如图 2-21（c）所示。

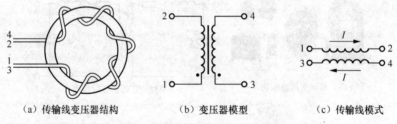

（a）传输线变压器结构　　　　（b）变压器模型　　　　（c）传输线模式

图 2-21　传输线变压器结构与变压器模型

2. 阻抗转换

传输线变压器兼具传输线与变压器的特性，改变其接头位置可实现阻抗变换，如图 2-22 所示，将 2、3 端短路。

首先，考虑传输线模式，传输线 1-2 和 3-4 上的电流大小相等，方向相反，其大小为 I，如图 2-22 所示，负载 R_L 上的电流为 $2I$、电压为 U_{24}。

其次，考虑变压器模式，有

$$U_{12}=U_{34}$$

由于 2 端与 3 端短接，则 $U_1=U_{12}+U_{34}=2U_{34}=2U_{24}$

该电路的输入阻抗为

$$Z_{in}=\frac{U_1}{I}=\frac{2U_{24}}{I}=\frac{4U_{24}}{2I}=4R_L \tag{2-26}$$

即为 4:1 的传输线变压器。

类似地，如图 2-23 所示，为两种 9:1 的传输线变压器结构。

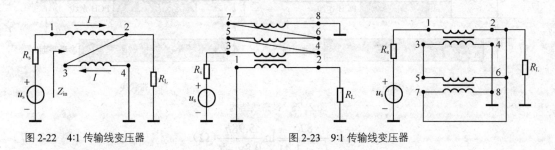

图 2-22 4:1 传输线变压器   图 2-23 9:1 传输线变压器

3. 平衡结构转换

信号的输入、输出有平衡与非平衡两种结构，非平衡为单端输入或单端输出（另一端接地），平衡为双端输入或双端输出，两个信号端一个正向，一个反向。

如图 2-24（a）所示，忽略源内阻 R_s 的影响时，信号源为不平衡输入，端点电压分别为：$U_1=u_s$，$U_3=0$，通过传输线变压器可以得到两个大小相等、对地完全反相的电压输出：$U_2=u_s/2$，$U_c=u_s/2$，即为不平衡—平衡转换，图 2-24（b）为平衡—非平衡转换电路，由两个信号源组成平衡输入：$U_1=u_s$，$U_3=-u_s$，通过传输线变压器得到一个对地不平衡的电压输出：$U_2=2u_s$，$U_4=0$。

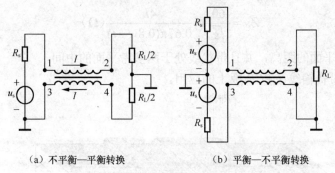

（a）不平衡—平衡转换   （b）平衡—不平衡转换

图 2-24 传输线变压器的平衡结构转换

2.3.4 微带传输线原理

微带传输线分为带状线和微带线两种结构，均用于印刷电路板（PCB）设计。

1. 微带线

微带线是一根带状导线，通过电介质与地平面隔离，可有效传输高频信号，同时还可以与电感、电容等构成一个匹配网络，是一种平面传输线，如图 2-25（a）所示。与其他传输线相比，由于线宽较大，微带线具有传播速度快、功耗低和尺寸小的优点，且易加工和集成，常用于印刷电路中，通过控制印制导线的厚度、宽度、印制导线与地层的距离以及电介质的介电常数决定微带线的特性阻抗。因此，微带线结构得到广泛应用，如网络匹配、微波传输、微带天线等。

微带线的主要参数有特性阻抗、衰减常数、延迟时间、单位长度的电感与电容等。其特性阻抗与其间距、长度、厚度以及介质的介电常数有关。

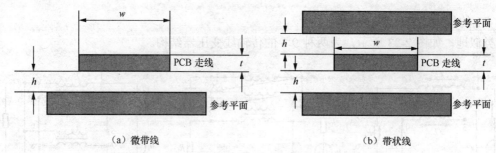

（a）微带线　　　　　　（b）带状线

图 2-25　微带线结构

$$Z_C = \frac{87}{\sqrt{\varepsilon_r + 1.41}} \ln \frac{5.98h}{0.8w + t} (\Omega) \tag{2-27}$$

式中，ε_r 为介质的介电常数，w 为微带线的长度，h 为微带线的间距，t 为厚度。

单位长度微带线的传输延迟时间仅仅取决于介电常数而与线的宽度或间隔无关。传输延迟为

$$t_{PD} = 1.017\sqrt{0.457\varepsilon_r + 0.67}(\text{ns/ft}) \tag{2-28}$$

2．带状线

带状线是处于两层导电平面之间的电介质中间的铜带线，如图 2-25（b）所示。如果线的厚度和宽度、介质的介电常数和两层导电平面间的距离可控，则其特性阻抗也是可控的。当 $w/h<0.35$、$t/h<0.25$ 时，其特性阻抗为

$$Z_C = \frac{60}{\sqrt{\varepsilon_r}} \ln \frac{4h}{0.67\pi(0.8w + t)} (\Omega) \tag{2-29}$$

式中，h 为两参考平面的距离，并且带状线处于两参考平面的中间。

图 2-26 为微带传输线在 PCB 板上的应用。

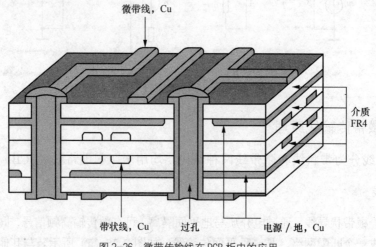

图 2-26　微带传输线在 PCB 板中的应用

2.4　Y 参数与 S 参数

2.4.1　晶体管混合 π 型等效电路

晶体管电路为双端口网络，可用 Z、Y、H 和 S 参数描述。实际使用中，生产厂家一般

提供混合 π 参数，是晶体管内部情况描述的参数。在低频工作时，只考虑混合 π 参数的电阻部分，采用 H（h_i、h_r、h_f、h_o）参数描述。中高频率工作时，采用 Y 参数描述，此时考虑电容容抗的影响。图 2-27 为三极管共射放大电路的混合 π 参数等效电路，其参数有

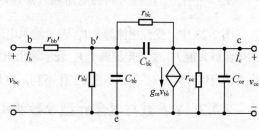

（1）基极体电阻 $r_{bb'}$：5～100Ω。$r_{bb'}$ 较小时，三极管可获得高增益和低噪声特性。

图 2-27 三极管混合 π 型等效电路

（2）发射结等效电阻 $r_{b'e}$：500～2000Ω，

$$r_{b'e} = \beta r_e = \beta \frac{V_T}{I_E} \quad （常温下，\ V_T 为 26mV）$$

（3）发射结电容 $C_{b'e}$：100～500pF

（4）集电结电阻 $r_{b'c}$：2～5MΩ（可忽略）

（5）集电结电容 $r_{b'c}$：0.5～5pF 为内部反馈元件，严重影响放大器的性能指标。

（6）受控电流源 $g_m V_{b'e}$：表征晶体管的放大作用。g_m 称为晶体管的跨导，$g_m = \dfrac{1}{r_e} = \dfrac{\beta}{r_{b'e}}$。

（7）集—射极电阻 r_{ce}：10～100kΩ（可忽略）

（8）集—射极电容 C_{ce}：2～10pF（可忽略）

通常，当三极管的工作点确定后，便确定了混合 π 型等效电路的各元件参数。但该电路模型比较复杂，在不同频率工作时，可以进行简化。如低频工作时，采用 H 参数描述，只考虑电阻，忽略电容的影响；高频工作时，则采用 Y 参数描述，考虑电阻、电容的影响。

2.4.2 晶体管 Y 参数等效电路

高频工作时，三极管采用 Y 参数等效电路分析，这主要基于两点考虑：1）高频工作时，需要考虑三极管的电容容抗特性，因此三极管的端口参数为复数表征；2）三极管在高频工作时，与信号源、负载大都为并联结构，如并联谐振回路，采用 Y 参数描述便于分析计算。

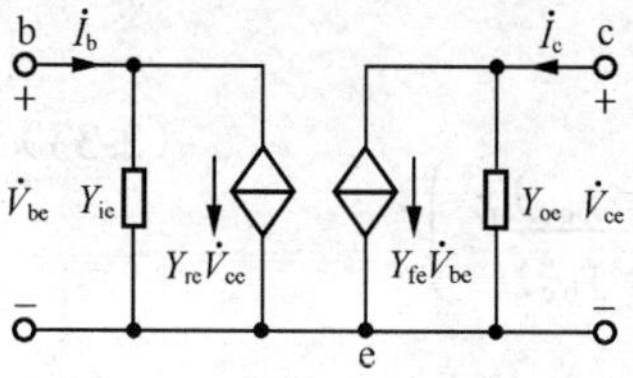

图 2-28 三极管 Y 参数等效电路

共射放大电路的 Y 参数等效电路如图 2-28 所示，以端口电压为变量描述输入、输出电流，其定义为

$$\begin{cases} \dot{I}_b = Y_{ie}\dot{V}_{be} + Y_{re}\dot{V}_{ce} \\ \dot{I}_c = Y_{fe}\dot{V}_{be} + Y_{oe}\dot{V}_{ce} \end{cases} \tag{2-30}$$

式中，$Y_{ie} = \dfrac{\dot{I}_b}{\dot{V}_{be}}\bigg|_{\dot{V}_{oc}=0}$，称为共射电路输出短路时的输入导纳；

$Y_{oe} = \dfrac{\dot{I}_c}{\dot{V}_{ce}}\bigg|_{\dot{V}_{oc}=0}$，称为共射电路输入短路时的输出导纳；

$Y_{fe} = \dfrac{\dot{I}_c}{\dot{V}_{be}}\bigg|_{\dot{V}_{oc}=0}$，称为共射电路输出短路时的正向传输导纳；

$$Y_{re} = \frac{\dot{I}_b}{\dot{V}_{ce}}\bigg|_{\dot{V}_{be}=0}$$ ，称为共射电路输入短路时的反向传输导纳。

图 2-28 中，受控电流源 $Y_{fe}\dot{V}_{be}$ 表示输入电压对输出电流的正向控制作用，系数 Y_{fe} 表示三极管的电流放大能力，受控电流源 $Y_{re}\dot{V}_{ce}$ 表示输出电压对输入电流的反向控制作用，系数 Y_{re} 表示三极管内部的反馈作用，对三极管正常工作不利，也是三极管放大器自激的根本内因。

2.4.3 Y 参数与混合 π 型参数的关系

对图 2-27，以节点 e 为参考点，令

$$\begin{cases} y_{b'e} = \dfrac{1}{r_{b'e}} + j\omega C_{b'e} \\[2mm] y_{b'c} = \dfrac{1}{r_{b'c}} + j\omega C_{b'c} \\[2mm] y_{ce} = \dfrac{1}{r_{ce}} + j\omega C_{ce} \end{cases} \tag{2-31}$$

设节点 b、b′、c 的节点电压分别为 $\dot{V}_b$、$\dot{V}_{b'}$ 和 $\dot{V}_c$，输入端电流为 $\dot{I}_b$，输出端电流为 $\dot{I}_c$，得节点方程：

$$\begin{cases} \left(\dfrac{1}{r_{bb'}} + y_{b'e} + y_{b'c}\right)\dot{V}_{b'} - \dfrac{1}{r_{bb'}}\dot{V}_b - y_{b'c}\dot{V}_c = 0 \\[2mm] -y_{b'c}\dot{V}_{b'} + (y_{ce} + y_{b'e})\dot{V}_c = \dot{I}_c - g_m\dot{V}_{b'} \end{cases} \tag{2-32}$$

将 $\dot{V}_{b'} = \dot{V}_b - r_{bb'}\dot{I}_b$ 代入式（2-32），整理得到

$$\begin{cases} \dot{I}_b = \dfrac{y_{b'e} + y_{b'c}}{1 + r_{bb'}(y_{b'e} + y_{b'c})}\dot{V}_b - \dfrac{y_{b'c}}{1 + r_{bb'}(y_{b'e} + y_{b'c})}\dot{V}_c \\[3mm] \dot{I}_c = \dfrac{g_m - y_{b'c}}{1 + r_{bb'}(y_{b'e} + y_{b'c})}\dot{V}_b + \left(\dfrac{1}{r_{ce}} + y_{b'c} + \dfrac{y_{b'c}r_{bb'}(g_m - y_{b'c})}{1 + r_{bb'}(y_{b'e} + y_{b'c})}\right)\dot{V}_c \end{cases} \tag{2-33}$$

对应图 2-27 的 Y 参数描述，考虑下列条件：$g_m \gg |y_{b'e}|$，$|y_{b'e}| \gg |y_{b'c}|$，$r_{b'c} \gg r_{ce}$，有

$$\begin{cases} Y_{ie} = \dfrac{y_{b'e} + y_{b'c}}{1 + r_{bb'}(y_{b'e} + y_{b'c})} \approx \dfrac{y_{b'e}}{1 + r_{bb'}y_{b'e}} = \dfrac{g_{b'e} + j\omega C_{b'e}}{(1 + r_{bb'}g_{b'e}) + j\omega r_{bb'}C_{b'e}} \\[3mm] Y_{re} = \dfrac{y_{b'c}}{1 + r_{bb'}(y_{b'e} + y_{b'c})} \approx \dfrac{y_{b'c}}{1 + r_{bb'}y_{b'e}} = \dfrac{g_{b'c} + j\omega C_{b'c}}{(1 + r_{bb'}g_{b'e}) + j\omega r_{bb'}C_{b'e}} \\[3mm] Y_{fe} = \dfrac{g_m - y_{b'c}}{1 + r_{bb'}(y_{b'e} + y_{b'c})} \approx \dfrac{g_m}{1 + r_{bb'}y_{b'e}} = \dfrac{g_m}{(1 + r_{bb'}g_{b'e}) + j\omega r_{bb'}C_{b'e}} \\[3mm] Y_{oe} = y_{ce} + y_{b'c} + \dfrac{r_{bb'}y_{b'c}(g_m - r_{b'c})}{1 + r_{bb'}(y_{b'e} + y_{b'c})} \approx \dfrac{1}{r_{ce}} + j\omega C_{b'c} + \dfrac{r_{bb'}y_{b'c}g_m}{1 + r_{bb'}y_{b'e}} \\[3mm] \quad = \dfrac{1}{r_{ce}} + j\omega C_{b'c} + g_m r_{bb'}\dfrac{g_{b'c} + j\omega C_{b'c}}{(1 + r_{bb'}g_{b'e}) + j\omega r_{bb'}C_{b'e}} \end{cases} \tag{2-34}$$

上述四个 Y 参数均为复数，为计算方便，通常表示为

$$Y_{ie} = g_{ie} + j\omega C_{ie}$$
$$Y_{oe} = g_{oe} + j\omega C_{oe}$$
$$Y_{fe} = |y_{fe}| \angle \varphi_{fe}$$
$$Y_{re} = |y_{re}| \angle \varphi_{re}$$

式中，g_{ie}、C_{ie} 为输入电导和输入电容，g_{oe}、C_{oe} 为输出电导和输出电容。φ_{re}、φ_{fe} 分别为三极管的反向传输导纳的相移和正向传输导纳的相移。

2.4.4 S 参数与三极管的 Smith 图

S 参数和 Smith 图是射频电路设计的基本参数和工具，这里作简要介绍，有关其详细应用可参考相关文献。

1. S 参数定义

散射参数 S（Scattering-parameter）用于描述射频设备在不同的偏置点和频率上的复杂特性，根据 S 参数可以快速获得无线设备的增益、回波损耗、稳定性、反向隔离、匹配网络以及其他重要参数。S 参数主要用于高频小信号线性电路中，若用于非线性电路中将产生较大的误差。

散射参数 S 还可用于描述无源网络的特性，根据端口及端口间的反射系数和传输系数，衡量高速器件和传输线之间的阻抗匹配情况。实际的信号传输线路等效为传输线，也可采用散射矩阵（即 S 参数矩阵）来描述端口的入射电压波和反射电压波的关系。以二端口网络为例，其结构和参数如图 2-29 所示。

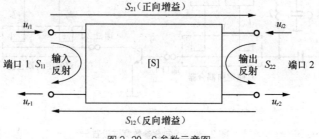

图 2-29 S 参数示意图

图 2-29 所示的二端口，端口 1 的激励电磁波 u_{i1}、反射电磁波 u_{r1}，端口 2 的激励电磁波 u_{i2}、反射电磁波 u_{r2}，其中反射电磁波 u_{r1} 可能包含激励电磁波 u_{i1} 在端口 1 的反射波和端口 2 的激励电磁波 u_{i2} 的反向传播；同样的，反射电磁波 u_{r2} 可能包含激励电磁波 u_{i2} 在端口 2 的反射波和端口 1 的激励电磁波 u_{i1} 的正向传播。对应的二端口网络有四个 S 参数，S_{ij} 是能量从 j 口注入，在 i 口测量的能量，如 S_{11} 定义为从端口 1 反射的能量与输入能量比值的平方根，各参数的物理含义和特殊网络的特性如下：

$$S_{11} = \frac{u_{r1}}{u_{i1}}\bigg|_{u_{i2}=0} = \frac{\text{端口1返回的信号幅度}}{\text{端口1输入的信号幅度}}$$

$$S_{21} = \frac{u_{r2}}{u_{i1}}\bigg|_{u_{i2}=0} = \frac{\text{端口 2 正向传输的信号幅度}}{\text{端口 1 输入的信号幅度}}$$

$$S_{22} = \frac{u_{r2}}{u_{i2}}\bigg|_{u_{i1}=0} = \frac{\text{端口 2 返回的信号幅度}}{\text{端口 2 输入的信号幅度}} \qquad (2-35)$$

$$S_{12} = \frac{u_{r1}}{u_{i2}}\bigg|_{u_{i1}=0} = \frac{\text{端口 1 返回的信号幅度}}{\text{端口 1 输入的信号幅度}}$$

式中，S_{11} 为端口 1 的反射系数（Γ），通常被称为回波损耗（RL），S_{22} 为端口 2 的反射系数，S_{12} 为端口 2 到端口 1 的反向增益，S_{21} 为端口 1 到端口 2 的正向增益，也称为插入损耗。

对于互易网络，有：$S_{12}=S_{21}$；

对于对称网络，有：$S_{11}=S_{22}$；

对于无耗网络，有：$(S_{11})^2+(S_{12})^2=1$。

如果以端口 1 作为信号的输入端口，端口 2 作为信号的输出端口，则回波损耗 S_{11} 越小越好，通常要求小于 0.1；而插入损耗 S_{21} 表征传输的效率，其值越大越好，理想值是 1。

2. S 参数的测量

以三极管为例，为了测量其 S 参数，需要基极偏置电压 E_{BB} 和集电极偏置电压 E_{CC} 来控制基极电流 I_B、集电极电流 I_C 和集电极电压 V_{CE}，如图 2-30 为正向 S 参数测量电路，图中，L、C 为去耦合元件。需要说明的是，在测量过程中，S 参数对应于指定的三极管的工作参数（工作频率 f_0、I_C、V_{CE}），并且信号源内阻和负载均为 $50\,\Omega$，矢量电压表 M_i 测量各端口的信号幅度和相位。

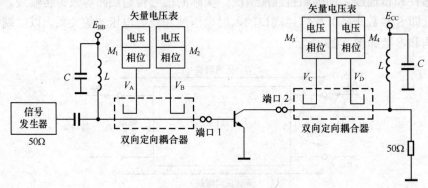

图 2-30　正向 S 参数测试设置

根据图 2-30 的正向测试，可以获得正向 S 参数

$$S_{11} = \frac{V_B}{V_A} \angle \varphi_B - \varphi_A$$

$$S_{21} = \frac{V_C}{V_A} \angle \varphi_C - \varphi_A \qquad (2-36)$$

将图 2-30 的信号源与负载交换位置，其他电路不变，可以获得三极管的反向 S 参数

$$S_{22} = \frac{V_C}{V_D} \angle \varphi_C - \varphi_D$$

$$S_{12} = \frac{V_B}{V_D} \angle \varphi_B - \varphi_D \qquad (2-37)$$

三极管 S 参数的值也可表示为 dB

$$
\begin{aligned}
\left|S_{11}\right|_{dB} &= 20\lg\left|S_{11}\right| \\
\left|S_{21}\right|_{dB} &= 20\lg\left|S_{21}\right| \\
\left|S_{22}\right|_{dB} &= 20\lg\left|S_{22}\right| \\
\left|S_{12}\right|_{dB} &= 20\lg\left|S_{12}\right|
\end{aligned}
\tag{2-38}
$$

通常，总希望输入端的正向增益 S_{21} 越大越好，反射系数 S_{11}、S_{22} 和反向增益 S_{12} 越小越好，反射系数是由于阻抗不匹配引起的，反向增益也代表了两个端口的隔离度，关于利用 S 参数设计放大器的输入和输出匹配电路的内容将在第四章详细讨论。

3. S 参数与其他双端口参数的关系

双端口参数有 Z、Y、H 参数等，与 S 参数的关系分别为

$$
\begin{cases}
[Z] = Z_C([S]+[E])([E]-[S])^{-1} \\
[Y] = Y_C([E]-[S])([E]+[S])^{-1} \\
[S] = (Y_C[E]-[Y])(Y_C[E]+[Y])^{-1}
\end{cases}
\tag{2-39}
$$

式中，$[E]$ 为单位矩阵，$Z_C = 1/Y_C$ 为端口特性阻抗。

详细的展开表达式可参考文献[9]。

4. Smith 图

Smith 图用于工程设计，可直接获得相关参数，如 Z-smith 图、Y-smith 图和 S-Smith 图等。以传输线与负载情况为例，特性阻抗 $Z_C = 50\Omega$，负载为 Z_L，则反射系数 Γ_0 为

$$
\Gamma_0 = \frac{Z_L - Z_0}{Z_L + Z_0} = \Gamma_{0r} + j\Gamma_{0i} = \left|\Gamma_0\right|e^{j\varphi_L}
\tag{2-40}
$$

例：（a）$Z_L=0$，终端短路，$\Gamma_0=-1$

（b）$Z_L=\infty$，终端开路，$\Gamma_0=1$

（c）$Z_L=50\Omega$，终端匹配，$\Gamma_0=0$

（d）$Z_L=(16.67-j16.67)\Omega$，$\Gamma_0=0.54\angle 221^\circ$

（e）$Z_L=(50+j150)\Omega$，$\Gamma_0=0.83\angle 34^\circ$

复 Γ 平面极坐标如图 2-31（a）所示，该图直接不同相角时的模值和相位角。

考虑传输线长为 d，其反射系数 $\Gamma(d)$ 为

$$
\Gamma(d) = \left|\Gamma_0\right|e^{j\varphi_L}e^{-j\frac{2\pi}{\lambda}d} = \Gamma_r + j\Gamma_i
\tag{2-41}
$$

其输入阻抗 Z_{in} 为

$$
Z_{in}(d) = Z_C\frac{1+\Gamma(d)}{1-\Gamma(d)}
\tag{2-42}
$$

归一化输入阻抗 Z_{in} 为

$$z_{in} = \frac{Z_{in}(d)}{Z_C} = r + jx = \frac{1 + \Gamma_r + j\Gamma_i}{1 - \Gamma_r - j\Gamma_i} \qquad (2\text{-}43)$$

对应有

$$\begin{cases} \left(\Gamma_r - \dfrac{r}{r+1} \right)^2 + \Gamma_i^2 = \left(\dfrac{1}{r+1} \right)^2 \\ (\Gamma_r - 1)^2 + \left(\Gamma_i - \dfrac{1}{x} \right)^2 = \left(\dfrac{1}{x} \right)^2 \end{cases} \qquad (2\text{-}44)$$

因此，坐标（r,x）与(Γ_r, Γ_i)的映射关系为两个圆，圆$\left(\dfrac{r}{r+1}, 0 \right)$在横轴上，如图 2-31（b）所示，最大圆对应于 $r = 0$；圆心$\left(1, \dfrac{1}{x} \right)$对应的是一段弧线。圆与圆弧的交点对应于（r,x）值，若取(Γ_r, Γ_i)坐标取值，可得到相应的Γ_r、Γ_i值，如图 2-31（b）所示。

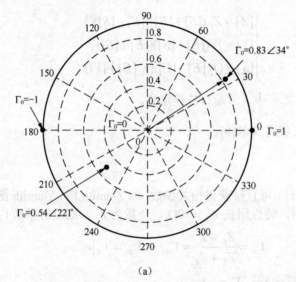

(a)

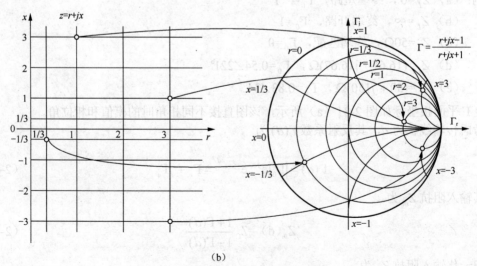

(b)

图 2-31　反射系数的 smith 图与阻抗 smith 图

　　将图 2-31（a）和图 2-31（b）合并在一起成为完整的反射系数 smith 图或阻抗 smith 图。显然，在分析反射系数与阻抗关系时，从负载 Z_L 到 Γ_0、计算相移、从 Γ 到输入阻抗 Z_{in}，需要注意：

　　1）阻抗归一化处理，一般取特征阻抗 $Z_C = 50\Omega$；

　　2）根据式（2-41），传输线长度的影响仅限于相位，Γ_0 和 Γ 为同心圆。

　　例：某负载 $Z_L = 30+j60$（Ω）接入传输线，特征阻抗 $Z_C = 50\Omega$，工作在 2GHz 频率上，若传输线长 2cm，相速 V_p 为光速的一半。试用反射系数的概念分析输入阻抗。

　　解　利用反射系数分析阻抗，通常采用六步法计算，也可采用 Smith 图解法，为了比较两种计算方法，现将他们的计算过程列入表 2-3 所示，作图的步骤如图 2-32 所示。

表 2-3　　　　　　　　　　　　　　　传输线输入阻抗的计算

步骤	公式计算法	Smith 圆图分析法
1		归一化负载阻抗 $z_L = \dfrac{Z_L}{Z_C} = 0.6 + j1.2$
2		在 Smith 圆图上，找 r=0.6 的圆和 x=1.2 的弧，其交点为 z_L
3	负载反射系数：$\Gamma_0 = \dfrac{Z_L - Z_C}{Z_L + Z_C} = 0.2 + j0.6$	连接圆和 z_L，得到 Γ_0
4	传输线相移：$\varphi = \dfrac{2\pi}{0.5\lambda}d = 191.99°$	计算相移：$\varphi = 2\dfrac{2\pi}{0.5\lambda}d = 191.99°$
5	输入端反射系数： $\Gamma = \Gamma_0 e^{-j\frac{2\pi}{\lambda}d} = \Gamma_r + j\Gamma_i = -0.32 - j0.55$	以 z_L 为半径画圆，Γ_0 顺时针移动相位 φ，得到 Γ，对应的 $z_{in} = 0.3 - j0.53$
6	输入阻抗：$Z_{in} = E_C \dfrac{1+\Gamma}{1-\Gamma} = r + jx = 14.7 - j26.7(\Omega)$	去归一化，得到输入阻抗 $Z_{in} = 15 - j26.5$

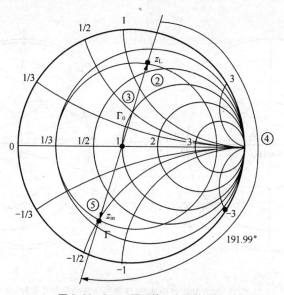

图 2-32　Smith 圆图输入电阻的计算

5. 三极管 S 参数

目前高频三极管的参数也常由 S-smith 图给出，即在给定的工作点绘制 S 参数极坐标。图 2-33 所示为 BFG-425W 宽带 NPN 三极管 S 参数的 Smith 图，其工作条件为 V_{CE}=2V，三极管的 Smith 图分别为增益系数 S_{21}、S_{12} 和反射系数 S_{11}、S_{22}。在电压参数一定时，S 参数与工作频率有关，因此其 Smith 图为频率的函数曲线。当确定了工作频率时，正向增益系数和反向增益系数可直接读出其模值和相位，如图 2-33（b）、图 2-33（c）；反射系数的 Smith 图可获得在工作频率时的输入匹配和输出匹配电路参数，当然也可以直接读出反射系数的大小，如图 2-33（a）、图 2-33（d）所示。在不同频率下，根据 Smith 图得到的三极管 BFG425W 的 S 参数如表 2-4 所示，这里反射系数也换算为模值与相位角。

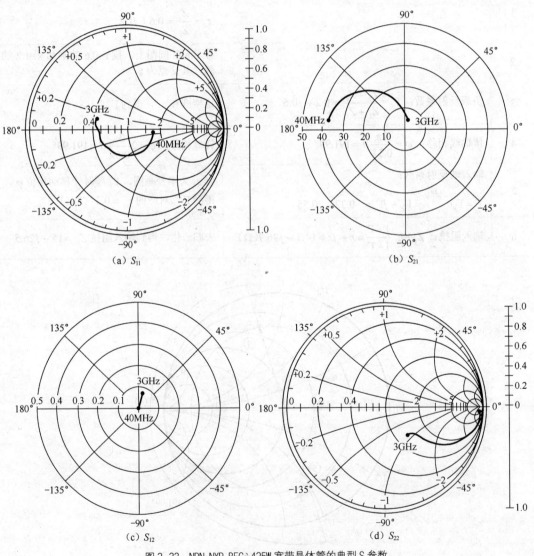

(a) S_{11} (b) S_{21}

(c) S_{12} (d) S_{22}

图 2-33　NPN NXP BFG-425W 宽带晶体管的典型 S 参数

表 2-4   三极管 BFG425W 部分 S 参数值

| 频率 | S_{11} | | S_{21} | | S_{12} | | S_{22} | |
（GHz）	模值	角度	模值	角度	模值	角度	模值	角度
0.040	0.950	−1.927	3.575	177.729	0.003	83.537	0.996	−1.116
0.100	0.954	−5.309	3.518	175.247	0.007	87.057	0.996	−3.082
0.200	0.951	−10.517	3.504	170.441	0.014	82.341	0.991	−6.343
0.300	0.947	−15.891	3.496	166.534	0.020	78.681	0.988	−9.405
0.400	0.941	−20.987	3.493	161.221	0.027	75.109	0.982	−12.576
0.500	0.935	−26.297	3.476	156.531	0.033	71.254	0.974	−15.593
0.600	0.928	−31.508	3.433	151.954	0.040	67.636	0.965	−18.605
0.700	0.919	−36.669	3.384	147.515	0.046	63.875	0.954	−21.674
0.800	0.910	−41.871	3.350	143.152	0.051	60.357	0.943	−24.600
0.900	0.898	−46.948	3.317	138.801	0.057	56.929	0.930	−27.559
1.000	0.886	−52.161	3.272	134.309	0.062	53.488	0.916	−30.396
1.100	0.874	−57.181	3.223	130.114	0.067	50.181	0.903	−33.098
1.200	0.861	−62.218	3.171	125.837	0.071	46.955	0.888	−35.859
1.300	0.849	−67.154	3.119	121.786	0.075	43.791	0.873	−38.531
1.400	0.835	−72.157	3.072	117.682	0.079	40.631	0.857	−41.151

偏置条件：$V_{CE} = 2V, I_C = 1mA$

2.5　噪声与噪声系数

噪声是对电子系统造成影响的干扰信号总称。有确定来源、有规律的无用信号称为干扰，如 50 Hz 的电源干扰、工业干扰、天电干扰等；而电子线路中内部某些元器件产生的随机起伏的电信号称为噪声，如电阻热噪声、天线热噪声、有源半导体器件的噪声等。由于噪声具有随机性，因此噪声的分析通常采用统计分析方法，如均值、均方值、频谱与功率谱密度来表征。干扰与抗干扰通信已经成为专门的通信体制研究，如扩频与跳频通信等，下面主要讨论电阻热噪声和半导体噪声模型，以及噪声的表示方法。

2.5.1　电阻热噪声

电阻中的带电粒子在导体内作无规则的运动，从而导致发生电子碰撞，产生持续时间极短的脉冲电流，该电流的方向是随机的。因此，在一段时间内，电阻内部的电流均值为零，但瞬时电流在平均值上下变动，称为起伏电流。起伏电流在电阻两端产生噪声电压，其噪声功率谱密度为

$$S_n(f) = 4kTR \tag{2-45}$$

式中，k 为波耳兹曼常数，等于 $1.38 \times 10^{-23} J/K$；T 为电阻的绝对温度，单位为 K；R 为电阻值，单位为 Ω。

由于起伏噪声在很宽的频带内具有均匀的功率谱密度，因此起伏噪声也称为白噪声。在有限带宽 Δf_n 内，噪声电压均方值为

$$\overline{v_n^2} = 4kTR\Delta f_n \tag{2-46}$$

式中，Δf_n 为电路的噪声带宽。

噪声功率也可采用电流均方值表示

$$\overline{i_n^2} = \frac{4kT}{R}\Delta f_n \qquad (2\text{-}47)$$

纯电抗元件没有损耗电阻，不产生噪声。同时，电阻产生的噪声仅与温度、电阻值有关，与外部的电压、电流无关。因此，当电阻上外加电压时，噪声的计算是独立的，实际电阻可以等效为如图 2-34 所示的等效电路。

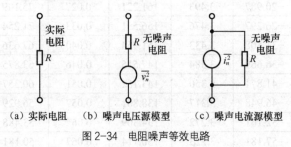

（a）实际电阻　　（b）噪声电压源模型　　（c）噪声电流源模型

图 2-34　电阻噪声等效电路

2.5.2　晶体管噪声

晶体管的噪声主要有热噪声、散粒噪声（Shot noise）、分配噪声（Distribution noise）和闪烁噪声（Flicker noise）。其中，热噪声和散粒噪声为白噪声，其余的为有色噪声（也称粉红噪声，其噪声功率谱为非均匀分布）。热噪声主要存在于基极电阻，而发射极和集电极电阻的热噪声一般很小，可以忽略。散粒噪声是由于少数载流子通过 PN 结注入基极时，在单位时间内注入的载流子数目不等，因而到达集电极的载流子数目不等而引起的噪声，其表现是发射极电流和集电极电流的起伏现象。分配噪声也与载流子数目有关，发射区注入到基区的少数载流子，一部分经基区进入集电极形成集电极电流，另一部分在基区复合；其中，载流子复合时，其数量时多时少而形成噪声；闪烁噪声，也称 $1/f$ 噪声，是由于晶体管在制造过程中的表面损伤或晶格缺陷，引起表面和体内电导受到无规则的调制，从而产生的噪声。主要在低频处产生，高频时通常不予考虑。

下面以三极管的高频共基极电路组态为例，分析其噪声等效电路。

基极的噪声由 r_b 产生的热噪声为主，噪声电压均方值为

$$\overline{v_{bn}^2} = 4kTr_b\Delta f_n \qquad (2\text{-}48)$$

发射极的噪声以载流子不规则运动所产生的散粒噪声为主，其电流均方值为

$$\overline{i_{en}^2} = 2qI_E\Delta f_n \qquad (2\text{-}49)$$

式中，q 为电子电荷，其值为 1.6×10^{-19}，I_E 为发射极的直流电流。

集电极的噪声以少数载流子复合不规则而引起的分配噪声为主，其电流均方值为

$$\overline{i_{cn}^2} = 2qI_C\left(1-\left|\frac{\alpha}{\alpha_0}\right|^2\right)\Delta f_n \qquad (2\text{-}50)$$

式中，I_C 为集电极的直流电流。α 为共基极放大状态的电流放大倍数，α_0 为直流工作时的电流放大倍数，两者的关系为

$$\alpha = \frac{\alpha_0}{1 + j\dfrac{f}{f_\alpha}} \tag{2-51}$$

式中，f_α 为共基极晶体管截止频率；f 为晶体管工作频率。

显然，晶体管的分配噪声不是白噪声，其功率谱密度随工作频率变化而变化，频率越高噪声越大。

因此，如图 2-35 所示，随三极管工作频率的增大，其呈现的噪声类型依次为闪烁噪声、白噪声、高频分配噪声。

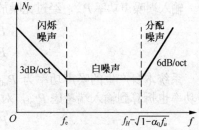

图 2-35　晶体管噪声系数与频率关系

此外，晶体管中还存在雪崩噪声（Avlanche Noise）和爆裂噪声（Burst Noise）。

雪崩噪声是 PN 结反向工作在击穿状态时产生的，PN 结耗尽层内，由于反向电压的作用，电子与晶体发生碰撞，产生雪崩倍增效应，形成多余的电子—空穴对，而碰撞是随机发生的，产生与散粒噪声类似的随机电流脉冲，但其幅度要大得多。

爆裂噪声是流过半导体 PN 结电流突然变化所引起的，通常爆裂噪声电流只在两种电流值之间切换，为电流型噪声，在高阻电路中影响更大。爆裂噪声表现为失调电压的幅度随机跳变，与半导体材料的缺陷和高浓度离子注入相关。

对于 CMOS 工艺，其中的散粒噪声、爆裂噪声和雪崩噪声通常影响较小，可忽略。

2.5.3　噪声的表示与计算

噪声的描述有噪声系数、噪声温度、噪声等效带宽等。噪声系数是从系统的信噪比降低的角度考虑噪声的影响，噪声温度和噪声等效带宽是将噪声与温度、带宽的关系量化处理。

1. 噪声系数

噪声系数，是指放大器或电子系统的输入信噪比和输出信噪比的比值。即

$$N_F = \frac{P_{si}/P_{ni}}{P_{so}/P_{no}} = \frac{\text{输入信噪比}}{\text{输出信噪比}} \tag{2-52}$$

用分贝表示

$$N_F(\text{dB}) = 10\lg\frac{P_{si}/P_{ni}}{P_{so}/P_{no}} \tag{2-53}$$

由于系统总存在噪声，因此，$N_F \geqslant 1$，噪声系数表述了信号通过系统后，信噪比变坏的程度。

考虑到信号功率的增益 $G_p = \dfrac{P_{so}}{P_{si}}$，因此有

$$N_F = \frac{P_{no}}{P_{ni}G_p} = \frac{P_{no1} + P_{no2}}{P_{no1}} = 1 + \frac{P_{no2}}{P_{no1}} \tag{2-54}$$

式中，P_{no1} 为输入端噪声经过系统放大后的噪声功率，P_{no2} 为系统本身产生的噪声功率。这说明噪声系数与信号大小无关，仅与输入端和输出端的噪声功率有关。

2. 噪声温度

噪声的大小与温度密切相关。系统内部的噪声将降低输出端的信噪比，若把系统当作无噪系统，将输出端噪声功率增大的部分等效为输入端源内阻在温度上升时所产生的噪声，该等效温度称为噪声温度。

输入端噪声功率 P_{ni1}，经过无噪放大器放大后，输出噪声功率为 P_{n01}，对应的温度 T_{e1} 关系为

$$P_{ni1} = kT_{e1}\Delta f_n$$
$$P_{n01} = G_p P_{ni1} = G_p kT_{e1}\Delta f_n \tag{2-55}$$

系统本身产生的噪声功率为 P_{n02}，如果考虑系统为无噪声系统，将系统本身所产生的噪声功率也折算到输入端考虑 P_{ni2}，对应的噪声功率与噪声温度 T_{e2} 关系为

$$P_{n02} = G_p P_{ni2} = G_p kT_{e2}\Delta f_n$$
$$P_{ni2} = kT_{e2}\Delta f_n \tag{2-56}$$

则噪声系数 N_F 为

$$N_F = \frac{P_{no1} + P_{no2}}{G_p P_{ni1}} = 1 + \frac{P_{no2}}{P_{no1}} = 1 + \frac{T_{e2}}{T_{e1}} \tag{2-57}$$

因此，等效噪声温度 T_{e2} 为

$$T_{e2} = (N_F - 1)T_{e1} \tag{2-58}$$

当放大器为无噪声系统时，对应 $T_{e2} = 0$ 时，噪声系数 $N_F = 1\,(0\text{dB})$，当 $T_{e2} = T_{e1} = 297K$ 时，$N_F = 2\,(3\text{dB})$。

采用噪声温度表示，放大器输出噪声功率 P_{no} 为

$$P_{no} = P_{no1} + P_{no2} = G_p k(T_{e1} + T_{e2})\Delta f_n \tag{2-59}$$

因此将系统本身产生的噪声，折算为输入端温度上升，该噪声温度，实际上也描述了噪声功率的大小。

3. 等效噪声带宽

放大器的电压传输系数为 $A(f)$，则输出功率谱密度为

$$S_0(f) = |A(f)|^2 S_i(f) \tag{2-60}$$

对应输出端的噪声电压均方值为

$$\overline{v_{on}^2} = \int_0^\infty S_0(f)\mathrm{d}f = \int_0^\infty |A(f)|^2 S_i(f)\mathrm{d}f \tag{2-61}$$

根据功率相等的条件，有

$$\int_0^\infty S_0(f)\mathrm{d}f = S_0(f_0)\Delta f_n \tag{2-62}$$

式中，$S_0(f_0)$ 为输出噪声功率谱密度函数在频率 f_0 处的强度，Δf_n 为等效噪声带宽。

若输入端噪声的功率谱密度 $S_i(f)$ 是均匀的，有

$$\Delta f_n = \frac{\int_0^\infty S_0(f)\mathrm{d}f}{S_0(f_0)} = \frac{\int_0^\infty A^2(f)\mathrm{d}f}{A^2(f_0)} \tag{2-63}$$

系统输出的噪声电压均方值为

$$\overline{v_{on}^2} = \int_0^\infty S_0(f)\mathrm{d}f = S_i(f)\int_0^\infty |A(f)|^2 \,\mathrm{d}f$$
$$= S_i(f)A^2(f_0)\Delta f_n = 4kTRA^2(f_0)\Delta f_n \tag{2-64}$$

电阻的热噪声通过线性系统后，输出的噪声电压均方值 $\overline{v_{on}^2}$ 为该电阻的热噪声在频带 Δf_n 内均方值的 $A^2(f_0)$ 倍。通常系统的传输函数 $A^2(f_0)$ 是已知的，只需求出等效带宽 Δf_n，就可以计算噪声的电压均方值 $\overline{v_{on}^2}$。

4. 级联网络的噪声系数

通信系统的发射机或接收机的信号通道一般由多级网络级联。对于级联电路的噪声系数，可以通过各级的噪声系数和额定功率增益获取。图 2-36 所示的两级放大电路，设各级的噪声系数和额定功率增益分别为 N_{F1}、G_{p1} 和 N_{F2}、G_{p2}，则根据式（2-54）所表示的噪声系数，可求出各电路自身产生的输出噪声功率分别为

$$P_{no1} = (N_{F1}-1)G_{p1}kT\Delta f_n$$
$$P_{no2} = (N_{F2}-1)G_{p2}kT\Delta f_n \tag{2-65}$$

每一级放大器自身产生的噪声功率与外部输入的噪声功率无关，两级放大器自身噪声功率计算采用相同的噪声源。

首先考虑第一级放大器输入噪声功率为 P_{ni0}，噪声系数为 N_{F1}，功率增益为 G_{p1}，自身产生的噪声功率为 P_{n1}，因此第一级放大器输出的总噪声功率 P_{no1} 为

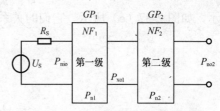

图 2-36 两级级联电路噪声分配示意图

$$P_{no1} = G_{p1}P_{nio} + P_{n1} = N_{F1}G_{p1}kT\Delta f_n \tag{2-66}$$

第二级放大器输入噪声功率为 P_{no1}，第二级电路的噪声系数 N_{F2}，自身产生的噪声功率 P_{n2}，结合式（2-59），其第二级输出的总噪声功率为

$$P_{no2} = G_{p2}P_{no1} + P_{n2} = N_{F1}G_{p1}G_{p2}kT\Delta f_n + (N_{F2}-1)G_{p2}kT\Delta f_n \tag{2-67}$$

式中，第一项为第一级输出噪声的放大项，第二项为本级产生的噪声功率 P_{n2}。

而根据式（2-54）的定义，两级放大器的总噪声系数 F_{n12} 为

$$N_{F12} = \frac{P_{no2}}{G_{p1}G_{p2}kT\Delta f_n} = \frac{N_{F1}G_{p1}G_{p2}kT\Delta f_n + (N_{F2}-1)G_{p2}kT\Delta f_n}{G_{p1}G_{p2}kT\Delta f_n}$$
$$= N_{F1} + \frac{N_{F2}-1}{G_{p1}} \tag{2-68}$$

依此类推，N 级放大器级联的总噪声系数为

$$N_{F12\cdots N} = N_{F1} + \frac{N_{F2}-1}{G_{p1}} + \frac{N_{F3}-1}{G_{p1}G_{p2}} + \cdots + \frac{N_{FN}-1}{G_{p1}G_{p2}\cdots G_{p(N-1)}} \tag{2-69}$$

由式（2-69）可知，当前两级功率增益足够大时，级联电路的总噪声系数主要决定于第

一级的噪声系数，后级放大电路对总噪声系数的影响小。因此，在多级级联电路中，降低噪声系数的关键是第一级，不仅要求它的噪声系数小，而且还希望它的功率增益尽可能大。

2.5.4 集成放大器的噪声分析

运算放大器内部的噪声来自于 PN 结和内部电阻等，存在五种噪声源：散粒噪声、热噪声、闪烁噪声、爆裂噪声和雪崩噪声。目前，放大器的噪声模型有三种，分别是 En-In 模型、Rn-Gn 模型和 An-Bn 模型。

En-In 模型为低频、宽带放大器的噪声模型，如图 2-37（a）所示，将放大器等效为无噪声器件，并将放大器内的噪声源全部等效到输入端的噪声电压源和噪声电流源，其中同相端串接噪声电压源 v_{en}，等效放大器内部的噪声电压源有效值，同相端与反向端对地分别接入噪声电流源 i_{nn}、i_{np}，为等效放大器内部的噪声电流源有效值。

Rn-Gn 模型为高频（微波段）、窄带放大器的噪声模型，考虑噪声源之间的相互影响，即用等效噪声电阻 R_n、等效噪声导纳 G_n 和噪声源间的复相关系数 $Y_{cor}=G_{cor}-jB_{cor}$ 噪声参数表示，如图 2-37（b）所示。

当工作频率上升到微波段，此时采用 An-Bn 噪声模型，将放大器内部噪声用外部噪声和 S 参数表示，将内部噪声电压 v_{en} 和噪声电流 i_n 转换为端口输入噪声 a_n 和网络反射噪声 b_n 表示，如图 2-37（c）所示，它们的关系为

$$\begin{cases} a_n = \dfrac{v_{en} + Z_C i_n}{2\sqrt{\mathrm{Re}(Z_C)}} \\ b_n = \dfrac{v_{en} - Z_C i_n}{2\sqrt{\mathrm{Re}(Z_C)}} \end{cases} \tag{2-70}$$

式中，Z_C 为传输线的归一化的复特性阻抗。

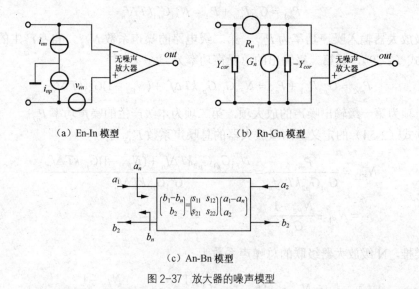

(a) En-In 模型　　　　　　　(b) Rn-Gn 模型

(c) An-Bn 模型

图 2-37　放大器的噪声模型

表 2-5 为常用的几款集成运算放大器的等效噪声电压和等效噪声电流参数指标，图 2-37 为低噪声运算放大器的 OP-07 和宽带运算放大器 AD811 的等效输入噪声电压与频率的关系。

表 2-5　　　　　　　　　几种常用运算放大器的噪声参数（ $f = 1\text{kHz}$ ， $T_A = 25℃$ ）

型 号	$v_{en}(nV/\sqrt{\text{Hz}})$	$i_n(pA/\sqrt{\text{Hz}})$	测试条件	增益带宽积（MHz）
LT1077A	27	0.02	$E_{CC}=5V$	0.23
OP-07	9.6	0.12	$E_{CC}=\pm15V$	0.6
μA741	23	0.55	$E_{CC}=\pm15V$	1
OP-27	3	0.7	$E_{CC}=\pm15V$	8
NE5532	5	0.7	$E_{CC}=\pm15V$	10
MAX410	1.5	1.2	$E_{CC}=\pm5V$	28
AD811	1.9	20	$E_{CC}=\pm15V$	140
THS3001	1.6	13,16	$E_{CC}=\pm15V, f=10kHz$	420

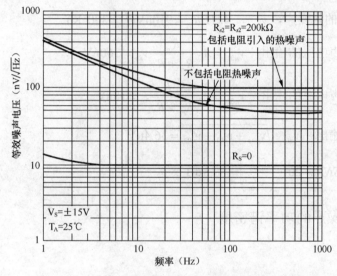

（a）OP-07 的输入噪声电压与频率关系

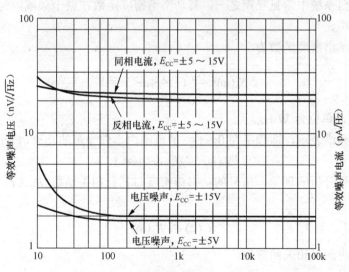

（b）AD811 的输入噪声电压与频率关系

图 2-38　运放的输入噪声电压与频率关系

例：某三极管放大电路，输入信号源 $U_s = 25\text{mV}$、$R_s = 50\Omega$，放大电路的参数：输入电阻 $R_{in} = 200\Omega$、电压增益 $A_V = 50$，带宽 $B = 1\text{MHz}$，等效噪声电压 $\overline{v_{en}} = 9nV/\sqrt{\text{Hz}}$、等效噪声电流 $\overline{i_n} = 9\,fA/\sqrt{\text{Hz}}$，分析输出信噪比。

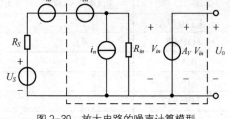

解：其模型如图 2-39 所示。输入有 1 个信号源和 3 个噪声源，独立计算。

图 2-39　放大电路的噪声计算模型

信号输出：$U_{0s} = A_V \dfrac{R_{in}}{R_{in} + R_S} U_S = 1\text{V}$

源内阻的噪声输出：$v_{n0s} = A_V \dfrac{R_{in}}{R_{in} + R_S} v_{ns} = 36400\text{nV}$

式中，v_{ns} 为源内阻的热噪声，$v_{ns} = \sqrt{4kTBR_S} = 910\text{nV}(T = 300^{\circ}\text{K})$。

放大器等效噪声电压的输出：$v_{n01} = A_V \dfrac{R_{in}}{R_{in} + R_S} v_{en} = 360\text{nV}$

放大器等效噪声电流的输出：$v_{n02} = A_V \dfrac{R_{in} R_S}{R_{in} + R_S} i_n = 18\text{nV}$

总的噪声电压输出：$v_{n0} = \sqrt{v_{n0s}^2 + v_{n01}^2 + v_{n02}^2} = 36.4\mu\text{V}$

输出信噪比：$SNR = 20\lg\left(\dfrac{U_{0s}}{v_{n0}}\right) = 88.8\text{dB}$

2.5.5　常见噪声的功率谱密度

1. 白噪声

白噪声是通信系统中常见噪声之一，其功率谱密度函数在整个频域内为常数，即服从均匀分布，如热噪声。

白噪声的功率谱密度函数为

$$S_n(\omega) = \frac{N_0}{2} \quad (-\infty < \omega < +\infty) \tag{2-71}$$

式中，N_0 为常数，单位为 W/Hz。

若采用单边频谱表示，即频率在 $0 \sim +\infty$ 的范围内，白噪声的功率谱密度函数为

$$S_n(\omega) = N_0 \quad (0 < \omega < +\infty) \tag{2-72}$$

根据有关信号分析的理论，信号的功率谱密度与其自相关函数 $R_n(\tau)$ 互为傅立叶变换对，即

$$R_n(\tau) \leftrightarrow R_n(\omega) \tag{2-73}$$

因此，白噪声的自相关函数为

$$R_n(\tau) = \frac{1}{2\pi} \int_{\infty}^{+\infty} \frac{N_0}{2} e^{j\omega\tau} d\omega = \frac{N_0}{2} \delta(\tau) \tag{2-74}$$

白噪声的功率谱与其自相关函数关系如图 2-40 所示。

实际上，完全理想的白噪声是不存在的，通常只要噪声功率谱密度函数均匀分布的频率范围远远超过通信系统工作频率范围时，就可近似认为是白噪声。例如，热噪声的频率可以高到 10^{13}Hz，且功率谱密度函数在 $0 \sim 10^{13}$Hz 内基本均匀分布，因此可以将它看作白噪声。

2. 高斯噪声

在实际信道中，另一种常见噪声是高斯噪声，概率密度函数服从高斯分布，即正态分布。其一维概率密度函数为

$$p(x) = \frac{1}{\sqrt{2\pi}\sigma_n} \exp\left(-\frac{(x-\alpha_n)^2}{2\sigma_n^2}\right) \tag{2-75}$$

式中，α_n 为噪声的均值；σ_n^2 为噪声的方差。

噪声的平均功率为

$$P_n = \frac{1}{2\pi} \int_{\infty}^{+\infty} p_n(\omega) \mathrm{d}\omega = R_n(0) \tag{2-76}$$

而噪声的方差为

$$\sigma_n^2 = \mathrm{E}\{[n(t)]^2\} = \mathrm{E}\{n^2 - (t)\} - \{\mathrm{E}[n(t)]\}^2 = R_n(0) - \alpha_n^2 \tag{2-77}$$

高斯噪声的概率密度函数如图 2-41 所示。

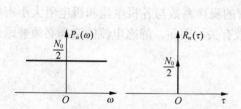

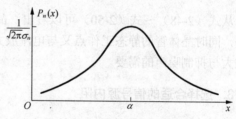

图 2-40　白噪声的功率谱密度与自相关函数　　　　图 2-41　正态分布的密度函数

3. 窄带高斯噪声

高斯白噪声，是指噪声的概率密度函数满足正态分布统计特性，同时其功率谱密度函数为常数的一类噪声。在通信系统中，经常假定系统中信道噪声为高斯型白噪声。

实际的通信系统，其信号所占带宽是一定的，因此在接收机前端一般加有带通滤波器，一方面让信号畅通无阻，同时最大限度地抑制带外噪声。所以实际通信系统往往是一个带通系统，如谐振回路作为选频回路，其频带宽度 Δf 远远小于其中心频率 f_c，接收机通道为窄带。因此，当高斯噪声通过时，形成窄带高斯噪声。

窄带高斯噪声的频谱被局限在中心频率 ω_c 附近很窄的频率范围内，其包络和相位均缓慢随机变化。因此，窄带高斯噪声 $n(t)$ 可表示为

$$n(t) = A(t)\cos(\omega_c t + \varphi(t)) \tag{2-78}$$

式中，$A(t)$ 为噪声 $n(t)$ 的随机包络；$\varphi(t)$ 为噪声 $n(t)$ 的随机相位。相对于载波 $\cos\omega_c t$ 的变化而言，包络和相位的变化要缓慢得多。

将式（2-78）展开，即

$$n(t) = A(t)\cos\varphi(t)\cos\omega_c t - A(t)\sin\varphi(t)\sin\omega_c t$$
$$= n_c(t)\cos\omega_c t - n_s(t)\sin\omega_c t$$

$$(2\text{-}79)$$

式中，$n_c(t)$、$n_s(t)$分别为同相分量和正交分量

$$n_c(t) = A(t)\cos\varphi(t)$$
$$n_c(t) = A(t)\sin\varphi(t)$$

$$(2\text{-}80)$$

根据窄带高斯噪声 $n(t)$ 的统计分析，$n_c(t)$、$n_s(t)$ 和 $n(t)$ 具有相同的统计特性。

2.5.6 减少噪声的措施

根据上面的讨论，减小噪声对通信系统的影响，可以采用以下几个方面的措施：

1．选用低噪声的元器件

在通信发送或接收电路中，电阻与有源器件是内部噪声的主要来源，因此选择低噪声器件，特别是接收机前端电路，如采用低噪声的场效应管替代双极型三极管，场效应管的噪声系数低至 0.5～1dB，或选择低噪声的运算放大器；高频电路中大多选用较小阻值的电阻，降低电阻的热噪声影响，同时为了降低闪烁噪声，常选用线绕式电阻替代金属膜电阻和碳膜电阻。总之，选择低噪声器件的标准就是选取 v_{en}、i_n 值小的器件。

2．选择晶体管合适的工作点

从式（2-48）～式（2-50）可以看出，晶体管的噪声系数与各极电流和极电阻大小密切相关，同时晶体管的静态工作点又与电流放大倍数有关，因此，静态电流的选择必须兼顾信号放大与抑制噪声的需要。

3．选择合适的信号源内阻

从图 2-37 可见，运算放大器的噪声与信号源的内阻也是密切相关的。一方面，信号源内阻也是热噪声源之一，因此总希望信号源内阻越小越好（电压源），但信号在传输过程中，若阻抗发生变化将导致信号反射和损耗，因此要求信号源内阻与放大器的输入阻抗必须匹配，才能获得最大功率增益，故信号源内阻的选择一方面取决于放大器的输入阻抗大小，同时也需要考虑不同组态的放大器结构，使阻抗匹配，又能获得最小噪声系数。

4．选择合适的工作带宽和放大电路

噪声电压与带宽有关，带宽越宽，对应的噪声功率越大，而有用信号的带宽是有一定范围的，因此，需要选择合适的带宽，使有用信号不失真的通过，又不至于带宽过宽而使噪声功率过大。

在高频电路中，大多采用滤波器实现有用信号的选择，滤除带宽外的噪声，对于有用信号为低频或直流信号时，还可以在电路中增加负反馈电路抑制噪声。

在低噪声电路中，一般在低噪声运放电路前再加一高稳定和低噪声的共源—共基极串接的前置差分式放大电路。当信号源内阻较大或信号为电流源时，宜选用 FET 对管；信号源内阻较小时宜选用超 β 对管组成的前置差分放大电路。

5. 降低工作温度

热噪声是所有电子系统的噪声来源之一，其大小与温度相关，因此，降低放大器，特别是接收机的前端电路的工作温度，可明显抑制其热噪声。

6. 采用信号处理的方法降低噪声

在时域上看，噪声是随机的，通常采用差分电路消除；同时，噪声的功率谱也可通过信号处理的方法进行噪声频谱对消，降低系统噪声。

思考题与习题

2-1 采用 LCR 电桥测试仪，分别测试电阻、电感、电容的分布参数，分析其指标意义。

2-2 查阅功率管 MRF137 相关资料，了解三极管各模型的电路参数含义与物理意义。

2-3 试分析图 2-23 的 9:1 传输线变压器的阻抗变换原理。

2-4 设计电子噪声测试系统，观测电阻在不同电压条件下的噪声情况，并与集成放大器（如 OP07、OP27、OP37）的噪声情况进行比较。

2-5 无源集总器件在高频工作时的等效模型，Philips 公司给出了如题图 2-1 所示模型，试分析其模型含义，并就其响应特性与本章介绍的等效模型进行比较，说明其合理性。

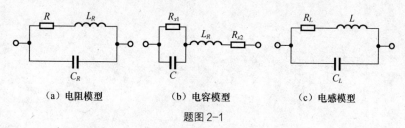

（a）电阻模型   （b）电容模型   （c）电感模型

题图 2-1

2-7 如题图 2-2 所示某无源器件的阻抗频率特性，试画出其等效电路，分析该器件是电阻、电容或电感？

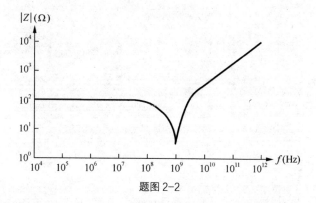

题图 2-2

2-8 将负载 $Z_L = (80 + j40)\Omega$ 接在有损的传输线上，其特性阻抗为 $Z_C = \sqrt{\dfrac{0.1 + j200}{0.05 - j0.003}}\,\Omega$，

试求其负载处的反射系数和驻波比。

2-9 如题图 2-3 所示三种情况，其中电容、电感的电抗值是工作频率 100MHz 时阻抗值，单位为欧姆。试计算该点电容，电感的大小，并在 BFG425W 晶体管输出的阻抗圆图中画出它们的阻抗图。

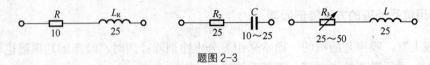

题图 2-3

2-10 采用仿真软件 CASCADE7.0，查询放大器 QHB-115 的增益与隔离曲线、S 参数和噪声系数曲线。

第 3 章 选频回路

选频回路即选频滤波器，从复杂的电磁波或信号中，选择所需要的高频信号，如接收机前端选择所需高频信号进行放大、从混频电路产生的信号中选择所需要的中频信号进行放大；选频回路还可以实现阻抗变换和阻抗匹配。常用的选频回路有 LC 选频回路、石英晶体谐振器、声表面波（SAW）滤波器和陶瓷滤波器，以及集中选择性滤波器等。

LC 谐振回路由电感 L 和电容 C 组成，其特点是能在电抗元件上产生最大的电压（即电压谐振）或最大的电流（即电流谐振）。按电路结构可分为串联谐振回路、并联谐振回路和耦合谐振回路三种。根据谐振回路的谐振特性，可将谐振回路用于接收或发送天线回路，获得最强的接收信号或辐射电磁波；也可作为选频网络，在放大、调制、解调、混频等信号处理电路中选择所需要的信号。

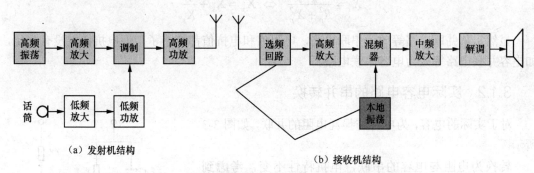

图 3-1　无线电发射机与超外差接收机的结构框图

图 3-1 为超外差无线通信系统的基本结构，图中的发送与接收的每一个高频模块中，均涉及到选频回路。这是由于高频模块大多工作在非线性区，易产生大量新的频率成分，需要选频回路从中选择所需要的信号。在发送端，高频振荡器含有选频回路，决定振荡器的工作频率；高频功放工作在非线性区，需要从失真的信号中选择所需要的基波信号或已调波信号；发送天线需要谐振回路将高频电压信号转换为大电流信号辐射，获得大的辐射功率；在接收端，接收机首先经过选频回路从接收天线感应的高频信号中选择所需要的信号进行放大；混频器工作在非线性区，也产生大量新的频率成分，需要选频回路从中选择所需要的中频信号进行放大，中频放大一般为多级选频放大。

因此，在高频电路中，选频回路几乎无处不在，选频回路的性能决定了通信系统的质量。

本章介绍基本的 LC 选频回路及其性质，除接收机的选频回路应用外，后续介绍的各高频模块中将可见到其具体应用。同时，还介绍石英晶体谐振器、声表面波（SAW）滤波器和陶瓷滤波器等集中滤波器。

3.1 串并联电路的阻抗转换

3.1.1 串并联电路的阻抗转换

实际电容等效为电容与损耗电阻并联，实际电感等效为电感与损耗电阻串联，下面首先分析串并电路的阻抗转换。

图 3-2 为电阻与电抗元件的并联电路及其等效串联电路。考察并联电路，其阻抗为

$$Z = \frac{1}{\frac{1}{R_p} + \frac{1}{jX_p}} = \frac{R_p X_p^2}{R_p^2 + X_p^2} + j\frac{R_p^2 X_p}{R_p^2 + X_p^2} \tag{3-1}$$

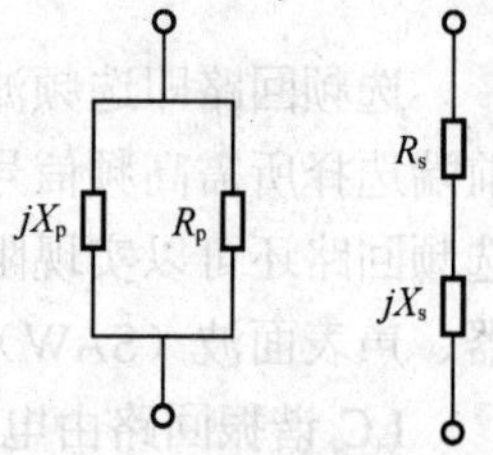

因此，对应的串联等效电阻和电抗的关系分别为

图 3-2 串并联电路的转换

$$R_s = \frac{R_p X_p^2}{R_p^2 + X_p^2} \iff R_p = R_s + \frac{X_s^2}{R_s}$$

$$\tag{3-2}$$

$$X_s = \frac{R_p^2 X_p}{R_p^2 + X_p^2} \iff X_p = X_s + \frac{R_s^2}{X_s}$$

显然，从并联电路等效为串联电路，电阻值和电抗值都变小了，但电抗特性没有变化，如电容并联电路等效为电容串联电路。

3.1.2 实际电容电路的串并转换

对于实际的电容，为电容与损耗电阻的并联，如图 3-3所示。

转换为电阻与电容的串联，电抗特性不变，考虑到 $\omega C << \frac{1}{r_c}$，有

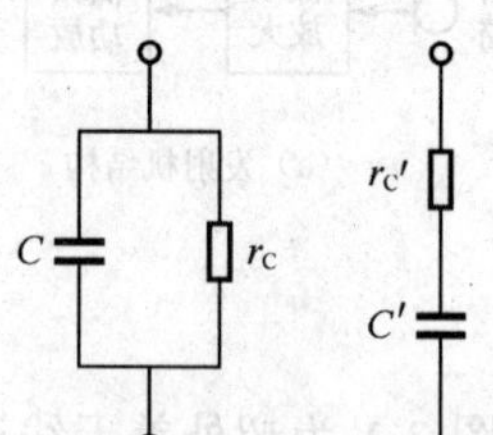

图 3-3 实际电容电路及其串联等效电路

$$r_c' = \frac{r_c}{1 + (\omega C r_c)^2} \approx \frac{1}{\omega^2 C^2 r_c}$$

$$\tag{3-3}$$

$$C' = \frac{1 + (\omega C r_c)^2}{\omega^2 C r_c^2} \approx C$$

显然，当把电容并联电路等效为串联电路时，电容值大小基本不变，而与之串联的等效电阻值则非常小，可近似为零。

3.1.3 实际电感电路的串并转换

如图 3-4 所示,将串联的电感模型等效为并联结构,考虑到实际电感器件,有 $\omega L \gg r_L$,对应的关系为

$$r_L' = r_L + \frac{(\omega L)^2}{r_L} \approx \frac{(\omega L)^2}{r_L}$$

$$L' = L + \frac{r_L^2}{\omega^2 L} \approx L$$

(3-4)

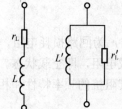

因此,电感器件转换为并联模型时,其并联的损耗电阻变大,而电感值大小基本不变。

图 3-4 实际电感电路及其并联等效电路

3.1.4 串并联电路的品质因数

对给定电容或电感元件,不论串联电路或其等效并联电路,其品质因数是固定的,下面仍以图 3-2 所示电路为例,分析其串联电路及其等效并联电路的品质因数 Q。

如图 3-2 所示串联电路,根据品质因数的定义,其品质因数 Q 为

$$Q = \frac{X_s}{R_s}$$

(3-5)

将式(3-2)代入上式,得到并联电路的 Q 值表达式为

$$Q = \frac{X_s}{R_s} = \frac{\dfrac{R_p^2 X_p}{R_p^2 + X_p^2}}{\dfrac{R_p X_p^2}{R_p^2 + X_p^2}} = \frac{R_p}{X_p}$$

(3-6)

将电容、电感的值代入上式,可得到与式(2-1)和式(2-2)相同的品质因数表达式。

3.2 串联谐振回路

把电容与电感串接在一起,构成串联谐振回路。此时电容的损耗电阻与电容并联,电感的损耗电阻与电感串联,为便于分析,将电容并联的损耗电阻等效为串联损耗电阻,利用式(3-3)得到的串联谐振回路如图 3-5(a)所示。图中的损耗电阻为

$$r = r_L + r_C' = r_L + \frac{1}{\omega^2 C^2 r_C} \approx r_L$$

(3-7)

因此,串联谐振电路的损耗电阻以电感的损耗电阻为主。

3.2.1 回路阻抗与谐振频率

当 L、C 串联时,构成串联谐振回路,如图 3-5(a)所示,回路阻抗和阻抗相角分别为

$$Z = r + j\omega L + \frac{1}{j\omega C} = r + j\left(\omega L - \frac{1}{\omega C}\right)$$

(3-8)

$$\varphi(j\omega) = \arctan\frac{\omega L - \dfrac{1}{\omega C}}{r}$$

式中，r 为回路损耗电阻，包括电感的损耗电阻和电容的损耗电阻。这里没考虑信号源内阻和负载电阻，即空载状态。

其阻抗的频率特性和相位—频率特性如图 3-5（b）和图 3-5（c）所示。

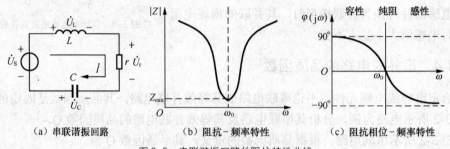

（a）串联谐振回路   （b）阻抗－频率特性   （c）阻抗相位－频率特性

图 3-5　串联谐振回路的阻抗特性曲线

当 $\omega L = \dfrac{1}{\omega C}$ 时，回路阻抗最小，且为纯电阻，回路电流最大，该现象称为串联谐振。此时的信号频率称为谐振频率 ω_0，为

$$\omega_0 = \sqrt{\frac{1}{LC}}$$

(3-9)

回路的最大电流 I_m 为

$$I_m = \left.\frac{U_s}{r + j\omega L + \dfrac{1}{j\omega C}}\right|_{\omega=\omega_0} = \frac{U_s}{r}$$

(3-10)

谐振频率 ω_0 也称为谐振回路的固有频率，当输入信号频率 ω 与谐振频率 ω_0 相等时即发生谐振。

3.2.2　回路品质因数

品质因数 Q 是评价储能元件的重要参数，第二章分别介绍了电感元件和电容元件的品质因数，当电感与电容元件串联时，就共同决定了回路的品质因数。

串联谐振回路的储能元件有电感和电容，其中电感的储能与电容的储能是时刻在彼此交换的，即电场能和磁能不停地进行转换，在一个周期内电路的总储能是恒定的，根据储能与耗能的大小之比计算回路 Q 值，既可以采用电感的储能，也可以采用电容的储能计算，因此，串联谐振回路的空载品质因数 Q_0 为

$$Q_0 = \frac{一个周期内电感的储能}{一个周期内消耗的能量} = \frac{\omega_0 L}{r} = \frac{1}{\omega_0 Cr}$$

(3-11)

回路谐振时，电感 L 和电容 C 的端电压分别为

$$\dot{U}_L = \mathrm{j}\omega_0 L\dot{I} = \mathrm{j}\frac{\omega_0 L}{r}\dot{U}_s = \mathrm{j}Q\dot{U}_s \qquad (3\text{-}12)$$

$$\dot{U}_C = \frac{\dot{I}}{\mathrm{j}\omega_0 C} = \frac{1}{\mathrm{j}\omega_0 Cr}\dot{U}_s = -\mathrm{j}Q\dot{U}_s \qquad (3\text{-}13)$$

显然，串联谐振时，电感与电容上的电流相等，而电压大小相等、相位相反，谐振电压为回路输入电压源的 Q_0 倍（一般 Q_0 值远大于 1），其向量图如图 3-6 所示。因此，串联谐振也称为电压谐振。

回路的品质因数与回路参数有关，且限于谐振频率点，这与电感或电容器件的品质因数不同。

$$Q_0 = \frac{\omega_0 L}{r} = \frac{1}{\omega_0 Cr} = \frac{1}{r}\sqrt{\frac{L}{C}} = \frac{\rho}{r} \qquad (3\text{-}14)$$

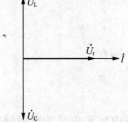

图 3-6　串联谐振回路的向量图

式中，$\rho = \sqrt{\dfrac{L}{C}}$ 为谐振回路的特性阻抗，即谐振时的感抗或容抗。

3.2.3　串联谐振回路的能量关系

串联振荡回路由电感、电容和损耗电阻构成，电抗元件电感和电容不消耗的能量，消耗能量的只有损耗电阻。电容和电感的伏安特性方程分别为

$$i_C = C\frac{\mathrm{d}u_C}{\mathrm{d}t}$$
$$u_L = L\frac{\mathrm{d}i_L}{\mathrm{d}t} \qquad (3\text{-}15)$$

电容和电感的瞬时功率分别为

$$p_C = i_C \cdot u_C = Cu_C\frac{\mathrm{d}u_C}{\mathrm{d}t}$$
$$p_L = i_L \cdot u_L = Li_L\frac{\mathrm{d}i_L}{\mathrm{d}t} \qquad (3\text{-}16)$$

设起始储能为零，则有电容和电感的瞬时储能分别为

$$w_C = \int_0^t p_C\,\mathrm{d}t = C\int_0^t u_C\frac{\mathrm{d}u_C}{\mathrm{d}t}\mathrm{d}t = \frac{1}{2}Cu_C^2$$
$$w_L = \int_0^t p_L\,\mathrm{d}t = L\int_0^t i_L\frac{\mathrm{d}i_L}{\mathrm{d}t}\mathrm{d}t = \frac{1}{2}Li_L^2 \qquad (3\text{-}17)$$

设 $u_s = U_s\sin\omega t$，当回路谐振时，回路中电流为

$$i(t) = \frac{u_s}{r} = \frac{U_s}{r}\sin\omega t \qquad (3\text{-}18)$$

电容上电压为

$$u_C(t) = \frac{1}{C}\int i(t)\,\mathrm{d}t = \frac{U_s}{\omega Cr}\sin(\omega t - 90°) = -Q_0 U_s\cos\omega t \qquad (3\text{-}19)$$

电容与电感的瞬时储能分别为

$$\begin{cases} w_C = \dfrac{1}{2}Cu_C^2 = \dfrac{1}{2}CQ_0^2U_s^2\cos^2\omega t \\[2mm] w_L = \dfrac{1}{2}Li_L^2 = \dfrac{1}{2}L\left(\dfrac{U_s}{r}\right)^2\sin^2\omega t \end{cases} \tag{3-20}$$

回路的空载品质因数

$$Q_0 = \frac{\omega_0 L}{r} = \frac{1}{r}\cdot\sqrt{\frac{L}{C}} \tag{3-21}$$

则有

$$\frac{L}{r^2} = CQ_0^2 \tag{3-22}$$

电容和电感的瞬时储能分别为

$$\begin{cases} w_C = \dfrac{1}{2}Cu_C^2 = \dfrac{1}{2}CQ_0^2U_s^2\cos^2\omega t \\[2mm] w_L = \dfrac{1}{2}L\left(\dfrac{U_s}{r}\right)^2\sin^2\omega t = \dfrac{1}{2}CQ_0^2U_s^2\sin^2\omega t \end{cases} \tag{3-23}$$

回路总的瞬时储能

$$w = w_L + w_C = \frac{1}{2}CQ_0^2U_s^2\sin^2\omega t + \frac{1}{2}CQ_0^2U_s^2\cos^2\omega t = \frac{1}{2}CQ_0^2U_s^2 \tag{3-24}$$

得到如图 3-7 所示的瞬时储能的曲线，谐振回路的总储能不变，而在信号瞬时变化中，电感储能与电容储能在不断交换，因此就能量关系而言，所谓"谐振"就是回路中储存在电感上的磁场能与电容上的电场能之间相互转换过程，外加激励源除提供初始储能外，只提供回路电阻所消耗的能量，维持回路的等幅振荡，而且谐振回路中电流最大。

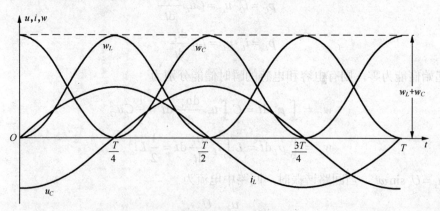

图 3-7　串联谐振回路中的能量关系

3.2.4　幅频与相频特性

输入信号频率 ω 与回路的固有谐振频率 ω_0 不相等时，称为失谐，此时串联回路的阻抗会变大，回路电流减小，且出现复电流。进一步考虑电流与频偏的关系，可得到串联谐振回路的电流响应幅频特性和相频特性。失谐时，回路电流为

$$\dot{I}(\omega) = \frac{\dot{U}_s}{r + j\omega L + \dfrac{1}{j\omega C}} = \frac{\dot{U}_s}{r}\frac{1}{1 + j\dfrac{1}{r}\sqrt{\dfrac{L}{C}}\left(\omega\sqrt{LC} - \dfrac{1}{\omega\sqrt{LC}}\right)}$$

$$= \dot{I}_s\frac{1}{1 + jQ_0\left(\dfrac{\omega}{\omega_0} - \dfrac{\omega_0}{\omega}\right)} = \dot{I}_s\frac{1}{1 + jQ_0\dfrac{2\Delta\omega}{\omega_0}} = \dot{I}_s\frac{1}{1 + j\xi} \qquad (3\text{-}25)$$

式中，$Q_0 = \dfrac{1}{r}\sqrt{\dfrac{L}{C}} = \dfrac{\omega_0 L}{r} = \dfrac{1}{\omega_0 Cr}$，$\dot{I}_s = \dfrac{\dot{U}_s}{r}$，失谐 $\Delta\omega = \omega - \omega_0$，即信号频率与谐振频率的偏差，广义失谐 $\xi = Q_0\dfrac{2\Delta\omega}{\omega_0}$。

串联谐振回路电流的归一化幅频特性和相频特性分别为

$$a(\omega) = \left|\frac{\dot{I}(\omega)}{\dot{I}_s}\right| = \left|\frac{1}{1 + j\xi}\right| = \frac{1}{\sqrt{1 + \left(Q_0\dfrac{2\Delta\omega}{\omega_0}\right)^2}} \qquad (3\text{-}26)$$

如图 3-8（a）所示，在谐振频率点 $\omega = \omega_0$ 处，回路电流最大，随着频偏增大，回路电流减小。同时，不同的品质因数 Q_0 对幅频曲线的形状影响不同，如 Q_0 值越大，则曲线越尖锐。

图 3-8（b）为串联谐振，回路电流的归一化相频特性曲线，在 $\omega = \omega_0$ 时，处于谐振状态，当 $\omega < \omega_0$ 时，回路呈现容性，当 $\omega > \omega_0$ 时，回路呈现感性。

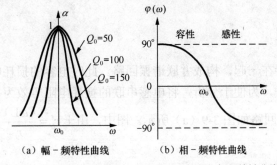

（a）幅－频特性曲线　　（b）相－频特性曲线

图 3-8　串联谐振回路的归一化电流响应幅频与相频特性曲线

串联谐振回路的相频特性为

$$\varphi(\omega) = -\arctan\xi = -\arctan\left(2Q_0\frac{\Delta\omega}{\omega_0}\right) \qquad (3\text{-}27)$$

相频曲线如图 3-8（b）所示，显然其相频关系有

$$\frac{\mathrm{d}\varphi(\omega)}{\mathrm{d}\omega} < 0 \qquad (3\text{-}28)$$

串联谐振回路可获得最大电流，因此常用于无线发射的天线回路，通过串联谐振回路获得最大辐射电流，提高天线的电磁波辐射功率。

3.2.5　带宽与矩形系数

从谐振回路的幅频特性曲线可以看出，谐振回路实质上也是一个带通滤波器，其通带的中心频率为 ω_0，半功率点（$\xi=1$）处的频偏为

$$\Delta\omega=\frac{\omega_0}{2Q_0} \tag{3-29}$$

半功率点即功率下降一半，所对应的电压下降为 3dB，此时对应的带宽称为 3dB 带宽，记为 $\mathrm{BW_{3dB}}$（或 $\mathrm{BW_{0.7}}$）

$$\mathrm{BW_{3dB}}=2\Delta\omega=\frac{\omega_0}{Q_0} \tag{3-30}$$

显然，回路品质因数与带宽密切相关，也就是说，品质因数决定了回路的选择性。因此，在谐振回路中，品质因数 Q_0 也作为回路选择性的标准，$Q_0=\dfrac{\omega_0}{\mathrm{BW_{3dB}}}$，而不再强调其储能与能耗之比。

为评价滤波器的特性能，常采用矩形系数 $K_{r0.1}$ 表示滤波器与理想带通滤波器的接近程度，用幅度下降到 10% 的带宽与 3dB 带宽之比表示

$$K_{r0.1}=\frac{\mathrm{BW_{0.1}}}{\mathrm{BW_{3dB}}}=9.95 \tag{3-31}$$

显然，串联谐振回路的矩形系数为常数，对不同 Q_0 值的串联谐振回路，其 3dB 带宽不同，但矩形系数相等。

3.3　并联谐振回路

把电感与电容并接在一起，构成并联谐振回路。此时电容的损耗电阻与电容并联，电感的损耗电阻与电感串联，为便于分析，将电感串联的损耗电阻等效为并联损耗电阻，利用式（3-4）得到的并联谐振回路如图 3-9（a）所示。图中，由于 $r_L'=\dfrac{(\omega L)^2}{r_L}<<r_C$，并联回路的损耗电阻为

$$R_0=\frac{r_L' r_C}{r_L'+r_C}=\frac{\dfrac{(\omega L)^2}{r_L}r_C}{\dfrac{(\omega L)^2}{r_L}+r_C}\approx\frac{(\omega L)^2}{r_L} \tag{3-32}$$

因此，并联谐振电路的损耗电阻仍以电感的损耗电阻为主，当然并联的损耗电阻除电感损耗电阻外，还应该包含与之并联的信号源内阻以及负载电阻。

3.3.1　回路阻抗与谐振频率

实际的电感与电容构成的并联谐振回路为谐振电阻、电感与电容的并接，此时考虑电流

激励源激励，如图 3-9（a）所示。回路的导纳 $Y(j\omega)$ 及其相角分别为

$$Y(j\omega) = \frac{1}{R_0} + \frac{1}{j\omega L} + j\omega C$$

$$\varphi(j\omega) = \arctan R_0 \left(\omega C - \frac{1}{\omega L} \right)$$

（3-33）

其导纳的频率特性和相频特性如图 3-9（b）和图 3-9（c）所示。

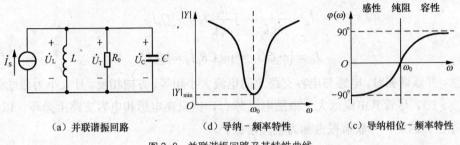

（a）并联谐振回路　　　　（d）导纳－频率特性　　　　（c）导纳相位－频率特性

图 3-9　并联谐振回路及其特性曲线

如图 3-9（b）所示，当 $\omega L = \frac{1}{\omega C}$ 时，回路导纳最小，阻抗最大，此时回路端电压也最大，称为并联谐振。

谐振频率 ω_0 为

$$\omega_0 = \sqrt{\frac{1}{LC}}$$

（3-34）

回路端电压为

$$\dot{U}_T = \dot{U}_L = \dot{U}_C = \frac{\dot{I}_S}{Y(j\omega)} = \dot{I}_S R_0$$

（3-35）

对应的电感支路上电流为

$$\dot{I}_L = \frac{\dot{U}_L}{j\omega_0 L} = -j\frac{R_0}{\omega_0 L}\dot{I}_S$$

（3-36）

电容支路上的电流为

$$\dot{I}_C = j\omega_0 C\dot{U}_C = j\omega_0 C R_0 \dot{I}_S$$

（3-37）

式（3-35）～式（3-37）中，电阻 R_0 为并联谐振电阻，与电感串联的损耗电阻 r_L 不同。

由于电容 C 的损耗电阻 r_C 远大于电感 L 串联的损耗电阻 r_L，并联谐振回路只考虑电感 L 串联的损耗电阻 r_L。

3.3.2　回路品质因数

不考虑源内阻和负载时，结合式（3-32），考虑到并联电阻 R_0 主要由电感串联的损耗电阻 r_L 所致，两者有相同的 Q_0 值，因此有

$$R_0 = \frac{(\omega_0 L)^2}{r_L} = Q_0 \omega_0 L \tag{3-38}$$

对于并联谐振回路，其回路的品质因数 Q_0 为

$$Q_0 = \frac{\omega_0 L}{r_L} = \frac{R_0}{\omega_0 L} = \omega_0 C R_0 \tag{3-39}$$

因此，并联谐振时，电感和电容上的电流分别为

$$\dot{I}_L = \frac{\dot{U}_L}{j\omega_0 L} = -j\frac{R_0}{\omega_0 L}\dot{I}_S = -jQ_0\dot{I}_S \tag{3-40}$$

$$\dot{I}_C = j\omega_0 C \dot{U}_C = j\omega_0 C R_0 \dot{I}_S = jQ_0\dot{I}_S \tag{3-41}$$

显然，并联谐振时，电感与电容支路上的电流大小相等、方向相反，且大小为激励源的 Q_0 倍（$Q_0 \gg 1$）。尽管其电流远大于激励电流源 $\dot{I}_S$，但只在电感和电容支路上循环，以电场能或磁能存在。因此，并联谐振也称为电流谐振。

3.3.3 幅频与相频特性

当信号频率 ω 与回路固有频率 ω_0 不一致时，回路失谐，由式（3-35）得回路电压为

$$\dot{U}_T(j\omega) = \frac{\dot{I}_S}{Y(j\omega)} = \frac{\dot{I}_S}{\dfrac{1}{R_0} + j\omega C + \dfrac{1}{j\omega L}} = \frac{\dot{I}_S R_0}{1 + jR_0\sqrt{\dfrac{C}{L}}\left(\omega\sqrt{LC} - \dfrac{1}{\omega\sqrt{LC}}\right)} \tag{3-42}$$

$$= \frac{\dot{I}_S R_0}{1 + jQ_0\left(\dfrac{\omega}{\omega_0} - \dfrac{\omega_0}{\omega}\right)} = \frac{\dot{I}_S R_0}{1 + jQ_0\dfrac{2\Delta\omega}{\omega_0}} = \frac{\dot{I}_S R_0}{1 + j\xi}$$

式中，品质因数 $Q_0 = R_0\sqrt{\dfrac{C}{L}} = \dfrac{R_0}{\omega_0 L} = \omega_0 C R_0$，广义失谐 $\xi = Q_0\dfrac{2\Delta\omega}{\omega_0}$。

显然，归一化电压响应为

$$\frac{\dot{U}_T}{\dot{U}_{Tm}} = \frac{1}{1 + jQ_0\dfrac{2\Delta\omega}{\omega_0}} = \frac{1}{1 + j\xi} \tag{3-43}$$

比较式（3-26）与式（3-43），两式是相似的，因此并联谐振回路电压响应与串联谐振回路电流响应有相同的幅频特性、相频特性、带宽与矩形系数。但由于两者的激励信号、响应信号不同，其应用对象也不同。串联回路适合于信号源和负载串接，从而使信号电流有效地送给负载，如发射天线回路，因此串联回路要求激励源为电压源，且要求源内阻尽量小。并联回路适合于信号源和负载并接，在负载上得到的电压振幅最大，如高频电压放大器负载，因此并联回路要求激励源为电流源，对应的源内阻要求尽量大。

有关并联谐振回路的储能分析与串联情形相同，其结论也相同，具体分析可参照串联回路的分析过程，表 3-1 为串并联谐振回路的比较。

表 3-1   串、并联谐振回路的性能比较

	串联回路	并联回路
电路形式		
阻抗或导纳	$Z = r + j\omega L + \dfrac{1}{j\omega C}$	$Y = G_0 + j\omega C + \dfrac{1}{j\omega L}$
谐振频率	$\omega_0 = \sqrt{\dfrac{1}{LC}}$	$\omega_0 = \sqrt{\dfrac{1}{LC}}$
品质因数	$Q_0 = \dfrac{\omega_0 L}{r} = \dfrac{1}{\omega_0 Cr} = \dfrac{1}{r}\sqrt{\dfrac{L}{C}}$	$Q_0 = \dfrac{R_0}{\omega_0 L} = \omega_0 C R_0 = \dfrac{1}{G_0}\sqrt{\dfrac{C}{L}}$
谐振电阻	$r = \dfrac{1}{Q_0}\sqrt{\dfrac{L}{C}}$	$R_0 = Q_0 \sqrt{\dfrac{L}{C}}$
阻抗: $f < f_0$	容抗	感抗
阻抗: $f > f_0$	感抗	容抗

例 3-1 设一放大器以简单并联振荡回路为负载,信号中心频率 $f_0 = 10\text{MHz}$ ，回路电容 $C = 50\text{pF}$ 。

（1）试计算所需的线圈电感值 L。

（2）若线圈品质因数为 $Q = 50$ ，试计算回路谐振电阻及回路带宽。

（3）若放大器所需的带宽 $BW_{3\text{dB}} = 0.5\text{MHz}$ ，则应在回路上并联多大电阻才能满足放大器所需带宽要求？

解 通常为了提高谐振回路的选择性，LC 并联回路中不会人为增加损耗电阻，回路的损耗电阻均来自于电感元件和电容元件自身，尤以电感的损耗电阻为主。

（1）计算 L 值，可得

$$L = \frac{1}{\omega_C^2} = \frac{1}{(2\pi)^2 f_0^2 C}$$

将 f_0 以兆赫兹（MHz）为单位， C 以皮法（pF）为单位， L 以微亨（μH）为单位，上式可变为一实用计算公式

$$L = \left(\frac{1}{2\pi}\right)^2 \frac{1}{f_0^2 C} \times 10^6 = \frac{25330}{f_0^2 C}$$

将 f_0=10 MHz 代入，得

$$L = 5.07 \mu\text{H}$$

（2）回路谐振电阻和带宽

回路的谐振电阻为

$$R_0 = Q\omega_0 L = 50 \times 2\pi \times 10^7 \times 5.07 \times 10^{-6} = 15.9\text{k}\Omega$$

回路带宽为

$$BW_{3dB} = \frac{f_0}{Q} = 200\text{kHz}$$

（3）求满足 0.5 MHz 带宽的并联电阻。

回路空载的带宽为 200kHz，要求带宽进一步增大，可通过并联电阻降低回路品质因数 Q 实现。设回路上并联电阻为 R_1，并联后的总电阻为 $R_1 // R_0$，总的回路有载品质因数为 Q_T。 由回路带宽公式，有

$$Q_T = \frac{f_0}{B}$$

此时要求的带宽 $BW_{3dB} = 0.5$ MHz，故

$$Q_T = 20$$

回路总电阻为

$$\frac{R_0 R_1}{R_0 + R_1} = Q_T \omega_0 L = 20 \times 2\pi \times 10^7 \times 5.07 \times 10^{-6} = 6.37\text{k}\Omega$$

$$R_1 = \frac{6.37 \times R_0}{R_0 - 6.37} = 7.97\text{k}\Omega$$

此时需要在回路上并联 7.97 kΩ 的电阻，以降低品质因数，增大带宽。

3.4 部分接入的选频回路

前面分析了串联选频回路和并联选频回路，其中影响选频回路性能指标的参数为回路损耗电阻。不考虑源内阻和负载对回路的影响时，称为空载，此时损耗电阻只包括电感和电容自身的损耗电阻，下面以并联选频回路为例，分析源内阻和负载对回路的影响。

3.4.1 信号源与负载对并联回路的影响

考虑到信号源输出阻抗包括输出电阻 R_S 和输出电容 C_S，负载除纯负载电阻 R_L 外，还含有负载电容 C_L，如图 3-10 所示。回路总电导和总电容分别为

$$\begin{aligned} G_\Sigma &= g_S + g_0 + g_L \\ C_\Sigma &= C_S + C + C_L \end{aligned} \tag{3-44}$$

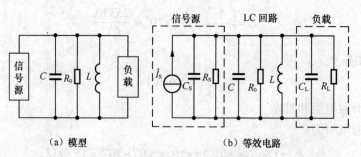

（a）模型　　　　　　　　　　　（b）等效电路

图 3-10　信号源、负载与并联谐振回路

回路的谐振频率为

$$\omega_T = \sqrt{\frac{1}{LC_\Sigma}} = \sqrt{\frac{1}{L(C_S + C + C_L)}} = \sqrt{\frac{1}{LC(1 + \dfrac{C_S + C_L}{C})}}$$

$$= \omega_0 (1 + \frac{C_S + C_L}{C})^{-\frac{1}{2}}$$

(3-45)

显然，由于信号源和负载电容的接入，回路的谐振频率 ω_T 相对固有频率 ω_0 有所下降。

回路的品质因数为

$$Q_T = \frac{\omega_T C_\Sigma}{G_\Sigma} = \frac{\omega_T C_\Sigma}{g_s + g_0 + g_L} = \frac{Q_0}{1 + (g_s + g_L)/g_0}$$

(3-46)

与空载相比，回路的品质因数 Q_T 也下降了。

其带宽 $\mathrm{BW_{3dB}} = \dfrac{\omega_T}{Q_T}$ 较空载时变宽了，源内阻和负载导致回路的品质因数下降，回路选择性下降。为了提高回路品质因数，应尽量降低回路的损耗电阻，除选择损耗电阻小的电感、电容元件外，减小源内阻和负载的影响也是减少回路损耗电阻的重要措施。在串联选频回路中，源内阻和负载直接与回路元件串联，而并联选频回路中，源内阻和负载直接与回路元件并联，这两种直接接入的方式称为全部接入。全部接入对回路影响甚大，直接影响了回路品质因数。为此，考虑将源内阻和负载部分接入回路，既实现了信号的传递，又减少了外部参数对选频回路的影响，提高回路的品质因数，常用的部分接入方法有变压器耦合部分接入、电感耦合部分接入和电容耦合部分接入，如图 3-11 所示，这里部分接入首先只考虑电阻的影响。

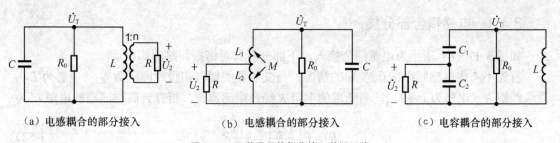

(a) 电感耦合的部分接入　　　　　(b) 电感耦合的部分接入　　　　　(c) 电容耦合的部分接入

图 3-11　几种常见的部分接入谐振回路

3.4.2　变压器耦合部分接入

图 3-11（a）为变压器部分接入方式，负载电阻 R（或导纳 g）通过 n：1 的变压器接入回路，回路为 LC 并联回路，回路谐振电阻为 R_0（或谐振导纳 g_0）。

根据变压器的阻抗比与匝数比关系，有

$$R' = R\left(\frac{U_T}{U_2}\right)^2 = \frac{1}{n^2}R = \frac{1}{p^2}R$$

(3-47)

式中，R' 为接入电阻，$p = \dfrac{U_2}{U_T}$，称为接入系数，正常时 $p<1$。

此时，回路总电阻 R_Σ 为固有谐振电阻 R_0 与接入电阻 R' 的并联，因此回路谐振电阻减小，回路的谐振阻抗和导纳分别为

$$R_\Sigma = \frac{R_0 R'}{R_0 + R'} = \frac{R_0 R}{p^2 R_0 + R} \tag{3-48}$$

$$G_\Sigma = g_0 + p^2 g$$

回路谐振频率为

$$\omega_0 = \sqrt{\frac{1}{LC}} \tag{3-49}$$

有载品质因数 Q_T 为

$$Q_T = \frac{R_\Sigma}{\omega_0 L} = \omega_0 C R_\Sigma \tag{3-50}$$

式中，接入负载，使回路电阻减小，有载品质因数 Q_T 小于空载品质因数 Q_0。

带宽 $\mathrm{BW_{3dB}}$ 为

$$\mathrm{BW_{3dB}} = \frac{\omega_0}{Q_T} \tag{3-51}$$

显然，由于回路电阻减小，品质因数下降，带宽相应增加，但品质因数的下降幅度较全部接入方式小，因此，部分接入改善了回路的选择性。而回路选择系数 $K_{r0.1}$ 与回路电阻无关，单调谐的谐振回路的矩形系数仍为 9.95。

虽然变压器部分接入电路简单，但体积较大，工作频率较低。实际应用中常采用电感部分接入或电容部分接入。

3.4.3　电感耦合部分接入

如图 3-11（b）所示为电感部分接入，下面分析其对谐振回路的影响。

首先不考虑电感间存在互感 M 的情况。与变压器类似，初级线圈匝数 N_2（电感为 L_2），次级线圈 N（电感为 $L_1 + L_2$），则低端的电阻 R 经过电感耦合，折算到高端回路的电阻 R' 为

$$R' = R\left(\frac{U_2}{U_T}\right)^2 = \frac{1}{p^2} R \tag{3-52}$$

式（3-52）中，p 为接入系数，$p = \dfrac{U_2}{U_T} = \dfrac{N_2}{N} = \dfrac{L_2}{L_1 + L_2}$，其值总小于 1。显然，式（3-52）没有考虑低端电阻 R 的分流，故采用部分接入计算时，必须满足 $R \gg \omega L_2$。式（3-52）用电导表示为：$G' = p^2 G$。

此时，回路总电阻 R_Σ 为固有谐振电阻 R_0 与接入电阻 R' 的并联，因此回路谐振电阻减小。

如果电感间存在互感 M，则接入系数 p 为

$$p = \frac{U_2}{U_T} = \frac{L_2 + M}{L_1 + L_2 \pm M} \tag{3-53}$$

式中，电感线圈绕向一致时取+号，否则取−号。

部分接入后，谐振回路的相关参数为

谐振频率 ω_0 为

$$\omega_0 = \sqrt{\frac{1}{LC}} \qquad (3\text{-}54)$$

式中，$L = L_1 + L_2 \pm M$。

谐振电阻 R_Σ 为

$$R_\Sigma = \frac{R_0 R / p^2}{R_0 + R / p^2} \qquad (3\text{-}55)$$

式（3-55）采用电导表示为 $G_\Sigma = g_0 + p^2 g$。

有载品质因数 Q_T 为

$$Q_T = \frac{R_\Sigma}{\omega_0 L} = \omega_0 C R_\Sigma \qquad (3\text{-}56)$$

式中，由于部分接入，并联回路电阻减小，有载品质因数 Q_T 小于空载品质因数 Q_0。

带宽 $\text{BW}_{3\text{dB}}$ 为

$$\text{BW}_{3\text{dB}} = \frac{\omega_0}{Q_T} \qquad (3\text{-}57)$$

显然，由于回路电阻减小，品质因数下降，带宽相应增加。而回路选择系数 $K_{r0.1}$ 与回路电阻无关，单调谐的谐振回路的矩形系数仍为 9.95。

3.4.4 电容耦合部分接入

图 3-11（c）为电容耦合部分接入，其接入系数 p 为

$$p = \frac{U_2}{U_T} = \frac{\dfrac{1}{\omega C_2}}{\dfrac{1}{\omega C_1} + \dfrac{1}{\omega C_2}} = \frac{C_1}{C_1 + C_2} \qquad (3\text{-}58)$$

部分接入后，谐振回路的相关参数为

谐振频率 ω_0 为

$$\omega_0 = \sqrt{\frac{1}{LC}} \qquad (3\text{-}59)$$

式中，$C = \dfrac{C_1 C_2}{C_1 + C_2}$。

谐振回路总电阻 R_Σ 为

$$R_\Sigma = \frac{R_0 R / p^2}{R_0 + R / p^2} \qquad (3\text{-}60)$$

式（3-60）采用电导表示：$G_\Sigma = g_0 + p^2 g$。

与电感部分接入一样，低端电阻接入的条件是该支路不从回路中分流，即需要满足 $R \gg \dfrac{1}{\omega C_2}$。

有载品质因数 Q_T 为

$$Q_T = \frac{R_\Sigma}{\omega_T L} = \omega_T C R_\Sigma \tag{3-61}$$

式（3-61）中，由于部分接入，回路电阻 R_Σ 减小，有载品质因数 Q_T 小于空载品质因数 Q_0。

带宽 $\mathrm{BW_{3dB}}$ 为

$$\mathrm{BW_{3dB}} = \frac{\omega_T}{Q_T} \tag{3-62}$$

显然，由于回路电阻减小，品质因数下降，带宽相应增加。而回路矩形系数 $K_{r0.1}$ 与回路电阻无关，单调谐的谐振回路的矩形系数仍为 9.95。

前面分析了纯电阻的部分接入情况，而当外接负载包括电抗成分时，上述的等效变换关系仍然适用。如图 3-12 所示，电感部分接入的负载为容性负载，将负载电阻与电容从低端等效变换到高端的谐振回路两端。

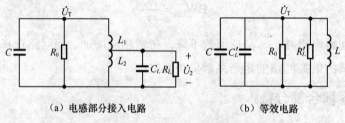

（a）电感部分接入电路　　　　　（b）等效电路

图 3-12　电感部分接入的容性负载

根据式（3-52），有

$$R_L' = \frac{1}{p^2} R_L$$
$$C_L' = p^2 C_L \tag{3-63}$$

式中，接入系数 $p = \dfrac{L_2}{L_1 + L_2}$

对应的谐振频率和品质因数分别为

$$\omega_T = \sqrt{\frac{1}{LC_T}} = \sqrt{\frac{1}{L(C + p^2 C_L)}} = \frac{\omega_0}{\sqrt{1 + p^2 \dfrac{C_L}{C}}}$$

$$Q_T = \frac{1}{\omega_T L G_\Sigma} = \frac{1}{\omega_T L(g_0 + p^2 g_L)} = \frac{1}{\omega_0 L g_0} \frac{\sqrt{1 + p^2 \dfrac{C_L}{C}}}{1 + p^2 \dfrac{g_L}{g_0}} = Q_0 \frac{\sqrt{1 + p^2 \dfrac{C_L}{C}}}{1 + p^2 \dfrac{g_L}{g_0}} \tag{3-64}$$

若负载为纯电阻，则部分接入负载后，品质因数 $Q_T < Q_0$，但回路谐振频率不变；若为纯

电容负载，则回路谐振频率 $\omega_T < \omega_0$，但回路品质因数 $Q_T > Q_0$。通常并联谐振回路作为信号选频和信号传递使用，回路满足 $g_0 < \omega_T C$，并联的负载满足 $g_L > \omega_T C_L$，因此，谐振回路驱动容性负载时，回路谐振频率下降 $\omega_T' < \omega_0$，回路品质因数也下降 $Q_T < Q_0$。

例3-2 图 3-13 所示电容部分接入的并联谐振回路，试求：1）谐振频率；2）有载品质因数；3）带宽；4）输出信号 $u_0(t)$；5）在 3dB 带宽处，输出电压与激励电流源的相位差。

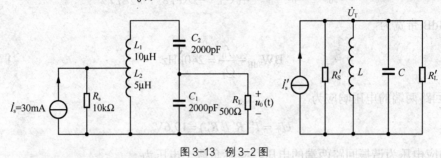

图 3-13 例 3-2 图

解 本例为信号源电感部分接入，负载为电容部分接入，为计算参数方便，通常将源、负载均等效到谐振回路两端计算。

1. 信号源与源内阻的部分接入

接入系数为

$$p_1 = \frac{L_2}{L_1 + L_2} = \frac{1}{3}$$

电流源部分接入到回路两端，其方向不变，根据功率守恒定律，其值减小 p_1 倍，等效电流源 $\dot{I}_s'$ 为

$$\dot{I}_s' = p_1 \dot{I}_s = 10\text{mA}$$

内阻 R_s 部分接入到回路两端后的等效电阻为

$$R_S' = \frac{1}{p_1^2} R_S = 90\text{k}\Omega$$

2. 负载部分接入回路

$$p_1 = \frac{C_2}{C_1 + C_2} = \frac{1}{2}$$

负载部分接入后在回路两端的等效电阻为

$$R_L' = \frac{1}{p_2^2} R_L = 2\text{k}\Omega$$

显然，部分接入时，从低端到高端，电流源的等效值减小，但电阻值增大，从而减小源内阻和负载对回路的影响。

3. 原 LC 回路没有损耗，为理想并联回路，其固有谐振频率为

$$\omega_0 = \frac{1}{\sqrt{LC}} = \frac{1}{\sqrt{(L_1 + L_2)\left(\dfrac{C_1 C_2}{C_1 + C_2}\right)}} = 14.1 \times 10^6 \text{rad/s}$$

对应的频率为 $f_0 = 2.24\text{MHz}$

4. 空载的理想谐振回路的品质因数为 $Q_0 = \infty$，但增加负载后会急剧下降，有载品质因数 Q_T 为

$$Q_T = \frac{R_\Sigma}{\omega_0 L} = \frac{1}{\omega_0 L G \Sigma} = \frac{1}{\omega_0 (L_1 + L_2)(p_1^2 g_s + p_2^2 g_L)} = 9.25$$

5. 3dB 带宽为

$$\text{BW}_{3\text{dB}} = \frac{f_0}{Q_T} = 240\text{kHz}$$

6. 回路两端的电压响应为

$$\dot{U}_T = \dot{I}'_s (R'_s /\!/ R'_L) = 19.6\text{V}$$

该响应电压为谐振回路两端的电压，实际负载上电压为

$$\dot{U}_0 = p_2 \dot{U}_T = 9.78\text{V}$$

输出信号为

$$u_0(t) = 13.8\sin(2\pi \times 2.24 \times 10^6 t)(\text{V})$$

7. 在 3dB 带宽处，广义失谐 $\xi = 1$，对应输出电压与激励电流源的相位差为 $-45°$。

3.5 双调谐回路

前面介绍的均为单谐振回路，在通频带内幅频特性不够平坦，如距离谐振频率近的信号衰减小，而距谐振频率远的信号衰减大，造成通频带内的"不公平"现象；同时通频带较窄、且可调节性较差；部分接入也仅仅考虑了减小外部电阻对回路的影响。为了减小前后级电路的相互影响，提高电路的稳定性，改善电路的阻抗特性，常采用双调谐回路。双调谐回路由有公共阻抗的两个谐振回路组成，根据公共阻抗元件的不同，双调谐回路可分为电感耦合、电容耦合、变压器耦合三类，如图 3-14 所示。

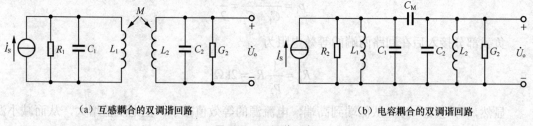

（a）互感耦合的双调谐回路　　　　　　　（b）电容耦合的双调谐回路

图 3-14　双调谐回路

下面以电感耦合的双谐振回路为例，分析其性能。为了便于分析，将图 3-14（a）的并联回路变换为串联回路（将回路电阻 R_1 视为电感串联的损耗电阻 r，电容视为信号源内阻抗或负载），有如图 3-15 所示的等效电路。

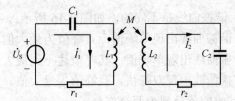

图 3-15 电感耦合的双谐振回路的等效电路

回路方程为

$$\begin{cases} \left(r_1 + j\omega L_1 + \dfrac{1}{j\omega C_1}\right)\dot{I}_1 - j\omega M\dot{I}_2 = \dot{U}_S \\ -j\omega M\dot{I}_1 + \left(r_2 + j\omega L_2 + \dfrac{1}{j\omega C_2}\right)\dot{I}_2 = 0 \end{cases} \tag{3-65}$$

整理上式，有

$$\left(r_1 + j\omega L_1 + \frac{1}{j\omega C_1} - \frac{(j\omega M)^2}{r_2 + j\omega L_2 + \dfrac{1}{j\omega C_2}}\right)\dot{I}_1 = \dot{U}_S \tag{3-66}$$

式（3-66）中，系数第四项阻抗为次级回路对初级回路的影响，称为反射阻抗 Z_f。

$$Z_f = \frac{(\omega M)^2}{r_2 + j\omega L_2 + \dfrac{1}{j\omega C_2}} \tag{3-67}$$

显然，次级回路失谐时，Z_f 为复阻抗，将影响初级回路的谐振频率。为了分析方便，假设初、次级回路的参数相同：$L_1 = L_2 = L$、$C_1 = C_2 = C$、$R_1 = R_2 = R$，则有 $r_1 = r_2 = r$。通过计算得

$$\dot{I}_2 = \frac{j\omega M}{r^2\left(1 - \xi^2 + \left(\dfrac{\omega M}{r}\right)^2 + j2\xi\right)}\dot{U}_S \tag{3-68}$$

式中，ξ 为广义失谐，$\xi = Q_T \dfrac{2\Delta\omega}{\omega_0}$，谐振频率为 $\omega_0 = \dfrac{1}{\sqrt{LC}}$，品质因数 $Q_T = \dfrac{\omega L}{r}$。

上式取模值，得

$$|\dot{I}_2| = \frac{\eta I_S}{r\sqrt{\left(1 - \xi^2 + \eta^2\right)^2 + 4\xi^2}} \tag{3-69}$$

式中，令耦合系数 $k = \dfrac{M}{\sqrt{L_1 L_2}} = \dfrac{M}{L}$；耦合常数 $\eta = kQ_T = \dfrac{\omega M}{r}$，表示回路间耦合的强弱。

对式（3-69），通过求导取极值，可得到耦合回路的归一化电流响应的谐振曲线表达式为

$$a = \frac{|\dot{I}_2|}{|\dot{I}_2|_{\max}} = \frac{2\eta}{\sqrt{\left(1 - \xi^2 + \eta^2\right)^2 + 4\xi^2}} \tag{3-70}$$

对于不同的耦合常数，谐振曲线是不同的，如图 3-16 所示。

$\eta=1$，称为临界耦合，谐振曲线出现单峰值，且峰值为最大值。

$\eta<1$，称为弱耦合，谐振曲线出现单峰值，其峰值达不到最大值。

$\eta>1$，称为强耦合，谐振曲线出现双峰值，且峰值为最大值。当 η 过大时，其中部下凹的部分下降超过 3dB 时，其带宽就分裂为两个部分了。

在临界耦合时，$\eta=1$，根据式（3-70），双调谐回路的带宽、矩形系数分别为

$$BW_{3dB} = \sqrt{2}\frac{\omega_0}{Q_T} \tag{3-71}$$

$$K_{r0.1} = \frac{BW_{0.1}}{BW_{3dB}} = 3.15 \tag{3-72}$$

显然，双调谐回路的矩形系数远小于单谐振回路的，而带宽却大于单谐振回路，说明其通带比单调谐回路的单峰曲线平坦，因此，双谐振回路比单谐振回路的选择性要好。

对于强耦合，虽然形成中间下凹的双峰曲线，但此时带宽远大于临界耦合的，但要求下凹最低点的幅度衰减不得大于 3dB，否则就分裂为两个通带的特性曲线。在下凹处衰减等于 3dB 时（此时，耦合因子 $\eta=2.41$），强耦合的双谐振回路的带宽与矩形系数分别为

$$BW_{3dB} = 3.1\frac{\omega_0}{Q_T} \tag{3-73}$$

$$K_{r0.1} = \frac{BW_{0.1}}{BW_{3dB}} = 1.44 \tag{3-74}$$

前面分析了两个谐振回路参数相同的特殊情况，当两个回路的参数不一致时，其谐振特性有所差别，如图 3-17 所示。两个回路谐振频率相等，但品质因数不等时，临界耦合时可获得最大输出电压，失谐时急剧下降。谐振频率不等，类似两个独立的单调谐回路的级联，形成了两个谐振频率的谐振曲线，其形状与两个谐振频率的间距有关。

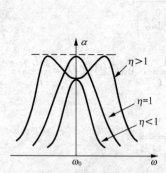

图 3-16　互感耦合双调谐回路的幅频特性曲线

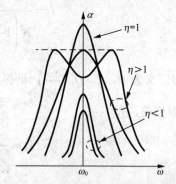

图 3-17　两个谐振回路参数不等时的谐振曲线

不论单调谐回路或双调谐回路，其选择性和阻抗变换的特性距离理想特性还存在一定的差距，如其通带的平坦度并不高，其阻抗变换的特性与工作频率有关。为了获得更好的选频特性，可选用集中选择性滤波器，包括 LC 集中选择性滤波器、石英晶体滤波器、声表面波滤波器和陶瓷滤波器等。

3.6 集中选择性滤波器

选频回路用于对窄带信号的选择，单个谐振回路不易获得较宽的通频带，选择性也不够理想，采用双调谐回路可改善其特性，但调试困难。随着电子技术的发展，窄带信号的多级选频越来越多地采用集中选频回路。集中选频滤波器可充分发挥集成电路的优势，相对带宽达到 0.5%～50%，矩形系数达到 1.1，选频特性好，几乎接近于理想的矩形特性。

集中选择性滤波器包括 LC 集中选择性滤波器，以及石英晶体滤波器、陶瓷滤波器和声表面波滤波器。

3.6.1 LC 集中选择性滤波器

LC 集中选择性滤波器是由多级 LC 滤波器级联组成，如图 3-18（a）所示，每个单节滤波器是由电容耦合的两个并联谐振回路组成，如图 3-18（b）所示，因此图 3-18（a）为 3 节 LC 集中选择性滤波器。LC 集中选择性滤波器的带内波动小、插入损耗小、矩形系数可达到 1.1，选频特性好、性能稳定可靠，常用于雷达、通讯、遥测遥控、通信机接收系统、发射机以及各类电子对抗系统中。目前，LC 集中选择性滤波器的频率范围达到 2.5GHz，如 OMF2300-240P3 的中心频率为 2.3GHz，–1dB 的带宽为 2.18～2.42GHz，插入损耗小于 1.5dB，带外衰减大于 70dB。

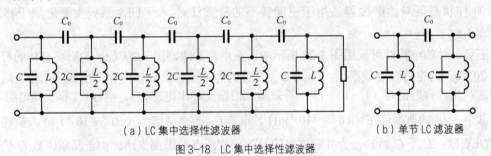

（a）LC 集中选择性滤波器　　　　　　　（b）单节 LC 滤波器

图 3-18　LC 集中选择性滤波器

图 3-19 为某 60MHz 宽带中频滤波器的实物，其外部为屏蔽封装，中心频率为 60MHz，1dB 带宽 20MHz，插入损耗小于 1.6dB，为 LC 集中选择性滤波器结构。

图 3-19　60MHz 宽带中频滤波器

3.6.2　石英晶体滤波器

由于环境、元器件等影响，LC 回路的 Q 值一般不超过 300，其选频性能往往难以满足现代无线通信的要求，可以采用具有更高选频性能的石英晶体滤波器

1.　石英晶体的模型与结构

石英晶体的成分为 SiO_2，具有压电效应，如果在晶体表面施加一定的电压，晶体会产生变形，如果外加交流信号，晶体将产生机械振荡。与其他弹性体一样，石英晶体也存在惯性和弹性，存在固有振荡频率，当外加电信号频率与固有频率一致时产生谐振。因此，石英晶体具有谐振回路的特性，其 Q 值可达到几万，其阻带具有非常陡峭的衰减特性。

石英晶体的振动具有多谐特性，除基频振动外，还有奇次谐波频率附近的泛音振动。因此，石英谐振器既可以工作在基频，也可工作在泛音，前者为基频晶体谐振器，后者为泛音晶体谐振器。这里需要注意的是，泛音虽然称为奇次谐波，但实际频率值并不等于谐波大小，而在其谐波频率附近。

石英晶体结构为两端角锥形的六棱柱，如果从不同的方位进行切割，得到的石英片具有不同的特性，如窄带带通滤波、带阻滤波等石英晶体谐振器，按外型结构分为 HC-49U、HC-49U/S、HC-49U/S·SMD、UM-1、UM-5 及柱状晶体等，不同的结构应用于不同的场合，如 柱状石英晶体谐振器适用于空间狭小的稳频计时，而 UM 系列主要应用于移动通信产品。

石英晶体的电特性可采用图 3-20 所示的谐振电路等效，图 3-20（a）为石英晶体的符号，图 3-20（b）为电特性等效模型，C_0 为石英晶体的静态电容及分布电容，由石英晶体两端所镀金属膜产生，典型值为（1～10）pF，等效基频谐振支路由电感 L_{q1}、电容 C_{q1} 和损耗电阻 r_{q1} 组成，其中，L_{q1} 的典型值在（10^{-5}～10^{-3}）μH，电容 C_{q1} 的典型值为（10^{-4}～10^{-1}）pF，损耗电阻 r_{q1} 约几百欧；L_{qn}、C_{qn} 和 r_{qn} 为并联支路的等效 n 次泛音的谐振支路。由于品质因数 Q 一般为几万甚至几百万，可忽略损耗电阻 r_q。

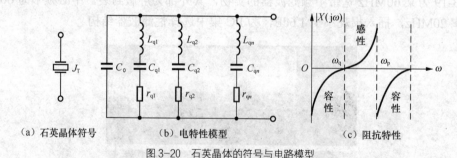

（a）石英晶体符号　　　（b）电特性模型　　　（c）阻抗特性

图 3-20　石英晶体的符号与电路模型

与 LC 谐振回路相比，石英晶体的 Q 非常大；同时两个电容的结构为电容部分接入方式，由于 $C_0 > C_{q1}$，部分接入系数 $p = \dfrac{C_{q1}}{C_{q1} + C_0}$，其值非常小，因此外部电路的影响非常小，石英晶体的谐振频率非常稳定，稳定度达到 10^{-5}～10^{-7}。下面计算石英晶体的等效阻抗，分析其特点。

以基频晶振的谐振特性为例，根据图 3-20（b）可以得到石英晶体的基频阻抗为

$$Z(j\omega) = \frac{1}{j\omega C_0} // \left(r_{q1} + j\omega L_{q1} + \frac{1}{j\omega C_{q1}} \right) \approx \frac{\dfrac{1}{j\omega C_0}\left(j\omega L_{q1} + \dfrac{1}{j\omega C_{q1}} \right)}{\dfrac{1}{j\omega C_0} + j\omega L_{q1} + \dfrac{1}{j\omega C_{q1}}}$$

(3-75)

$$= -j\frac{\dfrac{1}{\omega C_0}\left(\omega L_{q1} - \dfrac{1}{\omega C_{q1}} \right)}{\omega L_{q1} - \dfrac{1}{\omega C_{q1}} - \dfrac{1}{\omega C_0}}$$

计算零点，可得到串联频率为

$$\omega_q = \sqrt{\frac{1}{L_{q1}C_{q1}}} \tag{3-76}$$

计算极点，可得到并联谐振频率为

$$\omega_p = \sqrt{\frac{1}{L_{q1}\left(\dfrac{C_0 C_{q1}}{C_0 + C_{q1}} \right)}} = \omega_q\left(1 + \frac{C_{q1}}{C_0} \right)^{\frac{1}{2}} \approx \omega_q\left(1 + \frac{1}{2}\frac{C_{q1}}{C_0} \right) \tag{3-77}$$

若工作频率处于 $\omega_q < \omega \leqslant \omega_p$，石英晶体的等效电感为

$$L_e = -\frac{1}{\omega^2 C_0}\frac{\omega L_{q1} - \dfrac{1}{\omega C_{q1}}}{\omega L_{q1} - \dfrac{1}{\omega C_{q1}} - \dfrac{1}{\omega C_0}} = -\frac{1}{\omega^2 C_0}\frac{1 - \left(\dfrac{\omega_q}{\omega} \right)^2}{1 - \left(\dfrac{\omega_p}{\omega} \right)^2} \tag{3-78}$$

式中，等效电感 L_e 不等于石英晶体本身的电感 L_{q1}，与工作频率 ω 有关。

由于电容 $C_0 \gg C_{q1}$，因此两个谐振频率点（ω_p、ω_q）非常接近，有如图 3-20（c）所示的阻抗特性，晶体电抗只在很窄的一段频率 $\omega_q \sim \omega_p$ 之间呈现电感特性。因此，晶体可以工作在串联谐振频率点、并联谐振频率点，也可作为电感使用。通常，频率在 30MHz 以下的石英晶体，工作时的频率处于串联谐振频率与并联谐振频率之间，此时石英晶体呈现感性阻抗。频率在 30MHz 以上（到 200MHz）的石英晶体，通常工作于串联谐振模式，工作时的阻抗最小。对于更高的振荡频率，可选择工作在石英晶体的泛音频率上，一般只使用奇次谐波，例如 3 倍、5 倍与 7 倍的泛音晶体。

实际应用时，可以给晶体串联一个小电容 C_S，对振荡频率进行校正，此时电路的电抗为

$$Z(j\omega) = \left(\frac{1}{j\omega C_q} + j\omega L_q \right) // \frac{1}{j\omega C_0} + \frac{1}{j\omega C_S}$$

(3-79)

$$= -j\frac{1}{\omega C_S}\frac{C_0 + C_q + C_S - \omega^2 L_q C_q(C_0 + C_S)}{C_0 + C_q - \omega^2 L_q C_q C_0}$$

对应的串联谐振频率为

$$\omega_q' = \sqrt{\frac{C_0 + C_q + C_S}{L_q C_q (C_0 + C_S)}} = \omega_q \left(1 + \frac{C_q}{C_0 + C_S}\right)^{\frac{1}{2}} \approx \omega_q \qquad (3\text{-}80)$$

并联谐振频率为

$$\omega_p' = \sqrt{\frac{C_0 + C_q}{L_q C_q C_0}} = \omega_q \left(1 + \frac{C_q}{C_0}\right)^{\frac{1}{2}} = \omega_p \qquad (3\text{-}81)$$

显然，晶体串联小电容可以微调晶体的串联谐振频率，而并联谐振频率并没有改变。

实际应用中，根据晶体的温度特性，进行温度补偿，石英晶体分为一般型（XO）、温度补偿型（TCXO）、恒温型（OCXO）和电压控制型（VCXO），具有不同的温度特性。

2．石英晶体谐振器

以石英晶体谐振器作为主要元件而构成的滤波器称为晶体滤波器。由于晶体的品质因数特别高，特别适合高选择性的窄带滤波器。

晶体滤波器有串联和并联两种谐振模式，串联谐振呈现纯电阻特性，并联谐振呈现高阻抗特性。

晶体滤波器除串联、并联谐振模式外，还有泛音模式和谐波模式。由于晶体结构的相移影响，晶体在奇次谐波间隔、但与奇数倍稍有不同的频率上工作，为泛音模式。

在高频滤波器中，晶体可单独使用或通过各种组合方式使用，如晶格滤波器、梯形滤波器等。晶格滤波器是在一个独立模块内包含几个晶体，适合制作锐利的带通滤波，如图 3-21（a）所示，输入与输出采用高频变压器和谐振回路，中间每一组晶体被切割成不同的频率，如 Y_1 与 Y_2 匹配组、Y_3 与 Y_4 匹配组，前者的谐振频率比后者的要低，组成带通滤波器。图 3-21（b）所示为梯形晶体带通滤波器，为短波收发信机中常见的核心部件，其性能的优劣直接影响到短波接收机的性能。

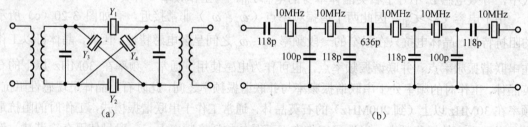

图 3-21　晶格带通滤波器与晶体梯形滤波器

3.6.3　声表面波滤波器

声表面波滤波器（Surface Acoustic Wave Filter，SAWF），是以压电陶瓷、铌酸锂、石英等压电晶体振荡器材料的压电效应和声表面波传播的物理特性制成的一种换能式无源带通滤波器。以石英、铌酸锂或钛酸铅等压电晶体为基片，经表面抛光后在其上蒸发一层金属膜，通过光刻工艺制成两组具有能量转换功能的交叉指型的金属电极，分别称为输入叉指换能器和输出叉指换能器，其结构如图 3-22 所示。

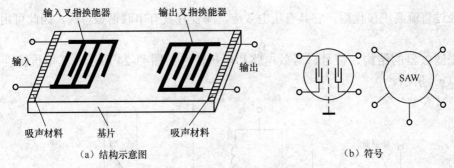

（a）结构示意图　　　　　　　（b）符号

图 3-22　声表面波滤波器结构及符号

当输入叉指换能器接上交流电压信号时，压电晶体基片的表面就产生振动，并激发出与外加信号同频率的声波，此声波沿着基片的表面与叉指电极升起的方向传播，故称为声表面波，其中一个方向的声波被吸声材料吸收，另一方向的声波则传送到输出叉指换能器，被转换为电信号输出，由于制作时，将输入叉指换能器、输出叉指换能器的中心频率设为相同，尽管输入叉指换能器产生不同频率成分的声表面波，输出叉指换能器只选择与固有频率相近的声表面波转换为电信号输出。因此叉指换能器具有了选频特性。在信号的电能—机械能—电能变换过程中，将有用成分选出，对无用信号进行衰减和滤除。滤波器的中心频率和通带宽度由梳状换能器的形状和晶片的大小决定。图 3-23（a）为电视中频前置放大与滤波器电路，前置放大器将混频后的信号放大 20dB，用于补偿声表面波滤波器的插入损耗，图中电容 C_N 为中和电容，图 3-23（b）为电视用声表面波滤波器的幅频特性。

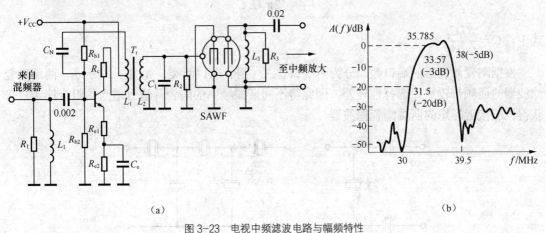

（a）　　　　　　　　　　　　（b）

图 3-23　电视中频滤波电路与幅频特性

声表面波滤波器的频率响应不平坦度仅为 ±0.3～±0.5dB、群时延±30～±50ns，同时，SAWF的矩形系数好，带外抑制可达 40dB 以上，虽然插入损耗高达 25～30dB，但可以利用放大器补偿。声表面波滤波器广泛用于电视广播、卫星通讯、移动系统等通信设备中作选频元件，取代了中频放大器的输入吸收回路和多级调谐回路，如声表面波电视图像中频滤波器、电视伴音滤波器、电视频道残留边带滤波器等。

3.6.4　陶瓷滤波器

陶瓷滤波器是由钛钛酸铅陶瓷材料制成的，当把这种材料制成片状，两面覆盖银层作为电极，经过直流高压极化后，它具有压电效应。陶瓷片具有串联谐振特性，因此可用来制作滤波器。

陶瓷滤波器的结构、符号、等效电路和电抗特性如图 3-24 所示，其电抗特性曲线如图 3-24（c）所示。

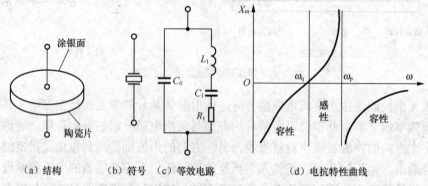

（a）结构　　（b）符号　（c）等效电路　　　（d）电抗特性曲线

图 3-24　陶瓷滤波器的结构、等效电路与电抗特性

与晶体滤波器类似，陶瓷滤波器的串联谐振频率和并联谐振频率分别为

$$\begin{cases} f_q = \dfrac{1}{2\pi\sqrt{L_1 C_1}} \\ f_p = \dfrac{1}{2\pi\sqrt{L_1 C}} \end{cases} \tag{3-82}$$

式中，$C = \dfrac{C_1 C_2}{C_1 + C_2}$

根据陶瓷滤波器的端口数，分为两端口、三（四）端口两类，如图 3-25 所示，两端陶瓷滤波器的通频带较窄、选择性较差，因此将不同谐振频率的陶瓷片进行适当的组合连接，可获得性能接近理想的四端陶瓷滤波器。

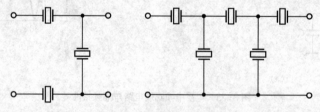

图 3-25　四端陶瓷滤波器

陶瓷滤波器的工作频率可从几百 kHz 到几百 MHz，其等效 Q 值约为几百，具有 Q 值高，幅频、相频特性好，体积小，信噪比高等优点，但其频率特性的一致性较差，且通频带也不够宽。根据频率配置，陶瓷滤波器既可以为陷波器，也可作带通滤波器，主要用于选频网络、中频调谐、鉴频和滤波等电路，已广泛应用在彩电、收音机等家用电器及其他电子产品中，如彩电中的带通滤波器常用型号有 LT5.5M、LT6.5M、LT6.5MA、LT6.5MB 陶瓷滤波器。调频收音机常用的 10.7MHz 中频滤波器有 LT10.7MA、LT10.7MB、LT10.7MC 等；调幅收音机的中频滤波器有 LT455、LT465 等。而常用的带阻滤波器（陷波器）有 XT4.43M、XT5.5MA、

XT5.5MB、XT6.0MA、XT6.0MB、XT6.5MA、XT6.5MB 等。表 3-2 比较了几类集中选择性滤波器的性能。

表 3-2 　　　　　　　　　几类集中选择性滤波器的比较

	LC 集中选择滤波器	陶瓷滤波器	晶体滤波器	声表面波滤波器
工作频率	几百 MHz 以下	几百 kHz～10MHz	100 MHz 以下	1～1000 MHz
3dB 相对带宽	可以得到较宽或较窄的频带	0.5%～6%	千分之几	0.5%～40%
选择性（矩形系数）	较大	小	较小	近似为 1
其他优点	可根据需要获得要求的衰减特性	体积小、重量轻，加工方便，成本低，使用时无需复杂调整	体积小，工作稳定性好，使用时无需复杂调整	用平面加工工艺制作，易于实现要求特性，体积小，使用时无需复杂调整
主要缺点	体积大，不易集成化、调整麻烦	稳定性稍差	通频带较差	带内衰减较大
应用场合	在以前生产的各种无线电接收机中广泛地应用	用作电视机、收音机、调频机中频放大器的滤波器	用于窄频带的通信接收机及仪表中	可工作于高频、超高频、微波波段。用于通信系统、雷达、彩色电视机宽带中频放大器的滤波器

集中选择性滤波器的封装有塑料封装、金属封装和厚膜封装等，如图 3-26 所示，其中图（a）为中波收音机的中频 455kHz 陶瓷滤波器，图（b）为调频收音机中中频 10.7MHz 陶瓷滤波器，图（c）为 32.768kHz 石英晶体谐振器，常用于电子手表中，图（d）为 12MHz 的无源石英晶体，图（e）为频率为 2.4576MHz 的有源石英晶体，图（f）为频率为 433MHz 的声表面波滤波器，图（g）为频率为 38MHz 的电视接收中频声表面波滤波器。

图 3-26　常见集中选择性滤波器

思考题与习题

3-1　LC 串联谐振回路和并联谐振回路的特点各是什么？在电路中各有何作用？

3-2　当 LC 串联谐振回路谐振于 f_0 时，回路阻抗_____且为_____；当激励信号频率 $f < f_0$ 时，回路呈现_____特性，当 $f > f_0$ 时，回路呈现_____特性。

3-3　当 LC 并联谐振回路谐振于 f_0 时，回路阻抗_____且为_____；当激励信号频率 $f < f_0$ 时，回路呈现_____特性，当 $f > f_0$ 时，回路呈现_____特性。

3-4　某 LC 并联谐振回路的固有频率为 f_0，当其串联在电路中时，能阻止信号通过的频率为_____，相当于_____滤波器；当其并接在电路中时，却允许信号通过的频率为_____，相当于_____滤波器。

3-5 部分接入系数为 p，则对应的阻抗和信号源接入后的值为

$$R' = \_\_R \quad G' = \_\_G$$
$$C' = \_\_C \quad L' = \_\_L$$
$$I_s' = \_\_I_s \quad U_s' = \_\_U_s$$

3-6 收音机的中频放大器，其中频频率为 465kHz，带宽为 9kHz。

（1）若一级中频电路实现，回路电容为 200pF，试计算回路电感和品质因数；若电感线圈的品质因数为 100，则回路上需要并联多大的电阻才能满足要求？

（2）一般收音机采用三级中频级联，试重新计算上一题。

3-7 接收机的波段内调谐的回路如题图 3-1 所示。可变电容 C 的变化范围为 12～260pF，C_t 为微调电容。当要求该回路调谐范围为 535～1 605kHz，求回路的电感 L 和电容 C_t 的值，使电容的 C 的范围与调谐频率范围一致。

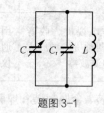

题图 3-1

3-8 试分析图 3-14（b）所示，电容耦合双调谐回路的归一化输出电压幅频特性。

第 **4** 章 高频放大电路

　　根据工作带宽划分，高频放大器可分为窄带高频放大器和宽带高频放大器两类。宽带高频放大器大都以传输线变压器为负载，实现宽带的阻抗匹配，窄带高频放大器大多以调谐回路为负载，实现选频放大。

　　图 4-1 为超外差无线通信系统的基本结构，图中的高频放大环节有：发射端的载波高频放大、已调波的高频功率放大，接收端的小信号高频放大、混频后的中频信号放大。其中，发射端的载波高频放大，接收端的高频放大、中频放大均为小信号高频电压放大，工作在线性区，要求有较高的放大增益，以及良好的选频特性，如接收端的高频放大需要从接收天线的感应电流中选择有用的信号进行放大，中频放大也是需要从混频所获得的信号中选择有用信号放大；而发射端的高频放大是将载波信号进行幅度放大，提供大信号调制所需电压；高频功放的目的是增大发送功率，在增大输出功率的同时，由于工作在非线性区将导致信号严重失真，需要调谐回路选频，恢复所放大的信号。

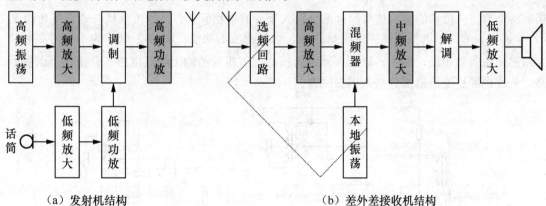

（a）发射机结构　　　　　　　　　　　　　（b）差外差接收机结构

图 4-1　无线电发射机与超外差接收机的结构框图

　　因此，从信号发送到接收，高频放大器包括高频小信号放大器和高频功率放大器，两者的目的与要求不同，也决定了其工作状态不同，下面分别介绍。

4.1　高频小信号放大器

　　如图 4-1 所示，高频小信号放大器主要用于无线信号的接收端、混频后的中频放大等，这里强调"小信号"是指信号幅度小，放大器工作在线性状态，高频是指中心频率在几百 kHz 到几百 MHz、频带宽度在几 kHz 到几十 MHz。

按工作频带来分，高频小信号放大器也分为窄带放大器和宽带放大器。窄带放大器的带宽通常只有其中心频率的百分之几，甚至千分之几，常采用串联谐振回路或并联谐振回路作为负载，兼具选频滤波和阻抗变换的功能。宽带放大器一般不采用选频网络作负载，而采用宽带变压器、传输线变压器等作负载。

对于窄带信号放大，高频小信号放大器的主要指标有

① 高增益，对接收天线感应信号、混频后的中频信号放大，电压放大倍数达到 80dB～100dB，这往往需要多级放大器级联才能完成。

② 频率选择性好，就是从干扰信号中选出有用信号的能力，这依靠选频网络实现，如串联谐振回路和并联谐振回路的带宽和矩形系数就是衡量选择性的重要指标。

③ 稳定性高，即要求放大器在放大有用信号的同时，尽量减小温度、电源等外界因素的影响，以及放大器内部噪声的影响，特别是防止高增益引起的放大器自激。

④ 动态范围要宽，接收的电磁波信号受信道衰落的影响，其强度变化范围大，对应要求接收机的前置高频放大器的动态范围要宽。

4.1.1　高频小信号放大器的工作原理

根据高频小信号放大器所使用的有源器件的不同，可分为以分立元件为主的高频放大器和以集成电路为主的集中选频放大器。这里以高频三极管应用为例，分析高频小信号放大器的工作原理。

图 4-2（a）为高频小信号谐振放大器，其中的电阻 R_{b1}、R_{b2}、R_e 为直流偏置电阻，决定三极管的静态工作点（I_{BQ}、I_{CQ}、V_{CEQ}），使三极管工作在 A 类线性状态，电容 C_b、C_c 为高频旁路电容，三极管的输出信号经过部分接入至并联谐振回路，经变压器耦合输出至负载 Y_L（$Y_L = g_L + j\omega C_L$），谐振回路完成阻抗匹配、选频滤波的功能。图 4-2（b）为小信号高频放大器的交流等效电路，图中，以谐振回路为核心，三极管的输出经过电感部分接入至谐振回路，负载也经过变压器部分接入谐振回路。

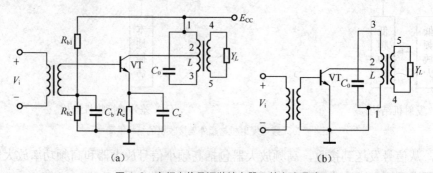

图 4-2　高频小信号调谐放大器及其交流通路

4.1.2　高频小信号谐振放大器的性能分析

在小信号工作条件下，三极管仍采用微变等效电路分析。考虑到负载为并联谐振回路，

为便于分析，三极管的等效参数采用 Y 参数（可参见 2.4 节），得到高频小信号谐振放大器的微变等效电路，如图 4-3（a）所示。

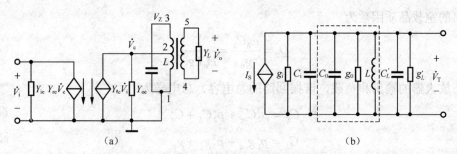

图 4-3 高频小信号谐振放大器的微变等效电路

图 4-3（a）中，三极管采用 Y 参数描述，为简化分析，首先忽略反馈参数 Y_{re} 的影响，三极管输出端的等效电路为输出导纳 Y_{oe} 和受控电流源 $Y_{fe}V_i$。

输出导纳为

$$Y_{oe} = g_{oe} + j\omega C_{oe} \tag{4-1}$$

输出等效电流源为

$$\dot{I}_c = Y_{fe}\dot{V}_i \tag{4-2}$$

不考虑三极管的谐振回路负载，则集电极电压增益为

$$A_{VC} = \frac{\dot{V}_c}{\dot{V}_i} = \frac{\dot{I}_c / Y_{oe}}{\dot{V}_i} = \frac{-Y_{fe}}{g_{oe} + j\omega C_{oe}} \tag{4-3}$$

集电极的输出端部分接入谐振回路，负载也通过变压器接入谐振回路，为了计算分析方便，将三极管的输出、负载均折算到谐振回路内计算。

电感耦合的接入系数为

$$p_1 = \frac{L_{12}}{L_{13}} = \frac{N_{12}}{N_{13}} \tag{4-4}$$

变压器耦合的接入系数为

$$p_2 = \frac{N_{45}}{N_{13}} \tag{4-5}$$

因此，三极管输出导纳与输出电流折算到谐振回路端后，等效导纳和等效电流源分别为

$$y_i = g_i + j\omega C_i = p_1^2 g_{oe} + jp_1^2 \omega C_{oe} \tag{4-6}$$

$$\dot{I}_S = p_1 \dot{I}_c = p_1 y_{fe}\dot{V}_f \tag{4-7}$$

变压器耦合到谐振回路的导纳折算为

$$Y_L' = g_L' + j\omega C_L' = p_2^2 g_L + jp_2^2 \omega C_L \tag{4-8}$$

将三极管输出、负载等折算到谐振回路，得到图 4-3（b）所示的等效电路，图中 C_0、L、g_0 为谐振回路空载时的电容、电感和谐振电导。谐振回路空载时，谐振回路的固有谐振频率为

$$\omega_0 = \sqrt{\frac{1}{LC_0}} \tag{4-9}$$

回路的空载品质因数为

$$Q_0 = \frac{\omega_0 C_0}{g_0} = \frac{1}{\omega_0 L g_0} \tag{4-10}$$

考虑放大器的输出和负载，谐振回路的总电容、总电导为

$$C_\Sigma = p_2^2 C_{oe} + p_2^2 C_L + C_0 \tag{4-11}$$

$$G_\Sigma = p_1^2 g_{oe} + p_2^2 g_L + g_0 \tag{4-12}$$

则谐振回路的有载谐振频率 ω_T 为

$$\omega_T = \frac{1}{\sqrt{LC_\Sigma}} = \frac{1}{\sqrt{L(p_2^2 C_{oe} + p_2^2 C_L + C_0)}} = \omega_0 \frac{1}{\sqrt{\left(p_1^2 \dfrac{C_{oe}}{C_0} + p_2^2 \dfrac{C_L}{C_0} + 1\right)}} \tag{4-13}$$

回路的有载品质因数 Q_T 为

$$Q_T = \frac{\omega_T C_\Sigma}{G_\Sigma} = \frac{1}{\omega_T L C_\Sigma} = \frac{1}{\omega_T L g_0 \left(p_1^2 \dfrac{g_{oe}}{g_0} + p_2^2 \dfrac{g_L}{g_0} + 1\right)} = \frac{Q_o}{p_1^2 \dfrac{g_{oe}}{g_0} + p_2^2 \dfrac{g_L}{g_0} + 1} \tag{4-14}$$

回路带宽 BW_{3dB} 为

$$\text{BW}_{3dB} = \frac{\omega_T}{Q_T} = \frac{G_\Sigma}{C_\Sigma} \tag{4-15}$$

由于谐振回路为单调谐回路，因此，放大器的矩形系数仍为 $\text{K}_{r0.1} = 9.95$。

谐振回路的端电压为

$$\dot{V}_T = \frac{-\dot{I}_S}{\dfrac{1}{j\omega L} + G_\Sigma + j\omega C_\Sigma} = \frac{-p_1 y_{fe} \dot{V}_i}{\dfrac{1}{j\omega L} + G_\Sigma + j\omega C_\Sigma} \tag{4-16}$$

放大器的增益为

$$\dot{A}_{VT} = \frac{\dot{V}_T}{\dot{V}_i} = \frac{-p_1 y_{fe}}{\dfrac{1}{j\omega L} + G_\Sigma + j\omega C_\Sigma} \tag{4-17}$$

回路谐振时，可获得最大电压增益为

$$\dot{A}_{VT\max} = \frac{-p_1 y_{fe}}{G_\Sigma} \tag{4-18}$$

进一步考虑负载电阻 R_L 上的电压增益为

$$\dot{A}_{VL\max} = \frac{-p_1 p_2 y_{fe}}{G_\Sigma} \tag{4-19}$$

显然，从式（4-12）、式（4-19）可以看出：由于三极管的输出电容以及负载电容的影响，高频小信号谐振放大器的谐振频率变小；由于三极管的输出电阻以及负载的影响，其放大倍数也变小。

考察放大器的增益与带宽关系。整个放大器的增益带宽积为

$$G_{BP} = |A_{VT}(\mathrm{j}\omega)| \mathrm{BW}_{3\mathrm{dB}} = \left| \frac{p_1 y_{fe}}{G_\Sigma} \right| \frac{G_\Sigma}{C_\Sigma} = \left| \frac{p_1 y_{fe}}{C_\Sigma} \right| \approx \frac{p_1 g_m}{C_\Sigma} \tag{4-20}$$

对三极管放大器而言，其增益带宽积近似常数。

4.1.3 小信号谐振放大器的输出功率分析

下面分析高频小信号放大器的功率增益情形，首先分析谐振回路谐振的理想情况。

这里只考虑有功功率，三极管的小信号输入功率为

$$P_i = V_i^2 g_{ie} \tag{4-21}$$

考虑负载电阻 R_L 获得的有功功率 P_0 为

$$P_0 = V_{0L}^2 g_L = \left(\frac{-p_1 p_2 y_{fe}}{G_\Sigma} \right)^2 g_L V_i^2 \tag{4-22}$$

对应的功率增益 A_P 为

$$A_P = \frac{P_0}{P_i} = \left(\frac{-p_1 p_2 y_{fe}}{G_\Sigma} \right)^2 \frac{g_L}{g_{oe}} \tag{4-23}$$

如果忽略谐振回路的损耗，即理想谐振网络 $(g_0 = 0)$，则有 $G_\Sigma = p_1^2 g_{oe} + p_2^2 g_L$，输出功率为

$$P_0 = \left(\frac{-p_1 p_2 y_{fe}}{p_1^2 g_{oe} + p_2^2 g_L} \right)^2 g_L V_i^2 \tag{4-24}$$

同时，若满足 $p_1^2 g_{oe} = p_2^2 g_L$ 时，称为阻抗匹配，最大输出功率为 $P_{0\max} = \dfrac{|y_{fe}|^2}{4 g_{oe}} V_i^2$。因此，在理想匹配网络条件下，谐振放大器的功率增益可达到最大。

当谐振网络存在损耗时，若输出与负载阻抗匹配，则有：$G_\Sigma = 2 p_1^2 g_{oe} + g_0$，此时输出功率为

$$P_{0\max}' = \left(\frac{-p_1 p_2 y_{fe}}{2 p_1^2 g_{oe} + g_0} \right)^2 g_L V_i^2 \tag{4-25}$$

显然，由于谐振回路存在固有损耗电阻，导致输出功率下降，称为插入损耗。插入损耗 η 是衡量谐振回路损耗影响的指标，定义为插入网络前获得的输出功率与插入网络后的输出功率之比。

$$\eta = \frac{P_{0\max}}{P_{0\max}'} = \left(\frac{2 p_1^2 g_{oe}}{2 p_1^2 g_{oe} + g_0} \right)^{-2} = \left(1 - \frac{g_0}{2 p_1^2 g_{oe} + g_0} \right)^{-2} = \left(1 - \frac{Q_T}{Q_0} \right)^{-2} \tag{4-26}$$

4.1.4 高频小信号宽带放大电路

随着语音、图像等多媒体通信技术的发展，通信带宽越来越宽，窄带放大器已经不能满足其需要。为此，一方面直接采用宽带放大器，另一方面采取改进措施扩展放大器的带宽。常用的扩展方法有：（1）多级宽放与集中带通滤波方法；（2）多级宽放与调谐放大器组合方法。

1．基本宽带放大器概述

对分立元件构成的放大器而言，如果没有谐振回路等频率选择性回路，都可认为是宽带放大器，其带宽完全由三极管的工作带宽决定。三极管的组态不同，其工作频率范围、输入阻抗、输出阻抗等是不同的，如表 4-1 所示。

表 4-1 三种组态的三极管宽带放大器比较

	电流放大	电压放大	输入电阻	输出电阻	带宽
共基放大器	小	大	小	大，容性	宽
共射放大器	大	大	中	中，容性	窄
共集放大器	大	小	大	小，容性	宽

从表 4-1 可以看出，当单个三极管放大器的增益不能满足要求时，可以通过级联提高电压增益。高频工作时，不同组态的输入、输出阻抗不再是纯电阻。在保持宽带工作时必须考虑阻抗匹配，否则会影响放大器的工作带宽和增益，常见的宽带放大器结构有：级联宽带放大器和补偿式宽带放大器，而负反馈宽带放大器是通过牺牲增益来展宽带宽的，这里不再讨论。

2．共射—共基级联宽带放大电路

级联放大器的带宽取决于带宽最窄的一级放大器。共射—共基级联放大器的带宽取决于共射放大器的带宽。共基放大器具有较高的带宽，但其输入阻抗小，因此一般在其前级增加一级共射放大电路，构成级联宽带放大器，如图 4-4 所示。通过减小第一级放大器的负载，以降低增益的代价来提高三极管的工作上限频率。

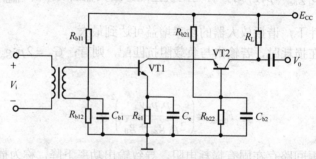

图 4-4 共射—共基级联宽带放大电路

由于后一级放大器的输入电阻较小，导致第一级放大器的电压增益下降，但提高了第一级放大器的上限频率，同时第二级的电压增益较大，所以总的电压增益仍较大；虽然第二级的电流增益较小，但第一级的电流增益较大，所以总的电流增益也较大。同时由于提高了第一级放大器的上限频率，级联后的放大器具有较高的上限频率。

3. 补偿式宽带放大电路

补偿式宽带放大器是在窄带放大器的基础上，通过串并联电感补偿，扩展放大器的上限频率。如谐振回路谐振时，其电压或电流响应比激励信号大 Q 倍，因此，在合适的频率点通过电感串并联补偿的方法，可提高上限截止频率，达到扩展带宽的目的。根据输出信号的不同，可在输出端选择不同的谐振回路进行补偿，如电压输出时选用并联谐振回路，电流输出时选择串联谐振回路，如图 4-5 所示。

1）并联补偿电路

如图 4-5（a）所示，输出为电压信号，集电极接有扼流线圈 L_C，将会与负载电容 C_L 发生并联谐振，当其谐振频率点刚刚高于放大器的转折频率，则可提高工作频率上限。这里，集电极上的偏置电阻 R_L 可视为扼流圈的损耗电阻，因此谐振回路的 Q 值较小，曲线比较平坦，其频率扩展示意图如图 4-5（b）所示。

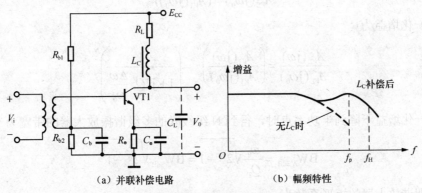

（a）并联补偿电路　　　　　　（b）幅频特性

图 4-5　并联补偿电路及其幅频特性

2）串并联补偿电路

如图 4-6（a）所示，补偿前，电路为单纯的单管共射电压放大电路，其上限频率较低。当增加电感 L_C，将与负载电容 C_L 发生并联谐振，在谐振频率 f_p 点，增大了放大器的负载，放大器增益提高，扩展工作频率上限；当工作频率高于 f_p 时，负载为容性负载，与电感 L 串联，又构成串联谐振网络，其谐振频率为 f_q。如图 4-6（b）所示的幅频特性，形成了两个谐振峰，回路的 Q 值较小，可获得曲线比较平坦的幅频特性。

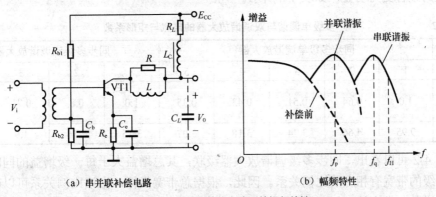

（a）串并联补偿电路　　　　　　（b）幅频特性

图 4-6　串并联补偿电路及其幅频特性

4.1.5 多级谐振放大器

在实际应用中，常将多个单级小信号谐振放大器级联，构成多级谐振放大器，以满足增益或选择性的需要。如果每一级放大器的谐振频率相同，称为同步谐振放大器，此时可获得较大的增益，但带宽变窄；如果级联放大器的谐振频率不完全相同，称为参差调谐放大器，合理配置谐振频率点，可得到宽带放大。

1. 同步调谐

由于每一级谐振放大器完全相同，因此，N 级谐振放大器的总增益为

$$A_{V\Sigma}(j\omega) = A_{V1}(j\omega)A_{V2}(j\omega)\cdots A_{VN}(j\omega) = (A_{V1}(j\omega))^N \tag{4-27}$$

发生谐振时

$$A_{V\Sigma}(j\omega_0) = (A_{V1}(j\omega_0))^N \tag{4-28}$$

故归一化增益为

$$\frac{A_{V\Sigma}(j\omega)}{A_{V\Sigma}(j\omega_0)} = \left(\frac{A_{V1}(j\omega)}{A_{V1}(j\omega_0)}\right)^N = \left(\frac{1}{1 + j2Q_T\dfrac{\Delta\omega}{\omega_0}}\right)^N \tag{4-29}$$

当归一化增益下降到半功率点时，得到 N 级级联的多级谐振放大器的带宽为

$$\text{BW}_{N3dB} = \frac{\omega_0}{Q_T}\sqrt{2^{\frac{1}{N}} - 1} = \text{BW}_{3dB}\sqrt{2^{\frac{1}{N}} - 1} \tag{4-30}$$

多级调谐放大器的矩形系数为

$$\text{K}_{r0.1} = \frac{\text{BW}_{N0.1}}{\text{BW}_{N3dB}} = \frac{\sqrt{100^{\frac{1}{N}} - 1}}{\sqrt{2^{\frac{1}{N}} - 1}} \tag{4-31}$$

显然，同步调谐总增益增大，带宽变窄，但增益带宽积仍为常数。同时，矩形系数随 N 增大而减小。但 N 大于 2 以后，矩形系数的改善就缓慢了，即使 N 很大，矩形系数的极限为 2.56，这是由于每一级调谐放大器为单调谐回路的缘故。如果采用双调谐放大器，其带宽、矩形系数的改善更为明显，如表 4-2 所示。

表 4-2 多级单调谐与双调谐放大器的带宽与矩形系数

N	同步多级单调谐放大器					同步多级双调谐放大器			
	1	2	3	4	5	1	2	3	4
$\dfrac{\text{BW}_{N3dB}}{\text{BW}_{3dB}}$	1.0	0.64	0.51	0.43	0.35	1.0	0.8	0.71	0.66
$\text{K}_{r0.1}$	9.95	4.66	3.74	3.18	3.07	3.15	2.16	1.9	1.8

从表 4-2 可以看出，同步多级调谐放大器级联，其总增益大于每一级增益的同时，总带宽与每一级的带宽有相应的比例关系。因此，根据总带宽指标，由该比例关系可以确定每一级的实际增益、带宽等。如调幅收音机的中频放大为同步多级单调谐放大器，若三级中放级

联时，其中频频率为 465kHz，总带宽为国际电信联盟规定的 9kHz，则每级中频放大器的实际带宽为 18kHz，回路 Q 值为 26。

同步多级调谐可有效提高多级放大器的增益，而带宽越来越窄。如果需要展宽带宽，则需要采用参差调谐放大器。

2. 参差调谐

两个或三个单调谐放大器的中心频率不同，而且有一定的间距，其谐振曲线经过合成后构成参差调谐，展宽频带，如图 4-7 所示。

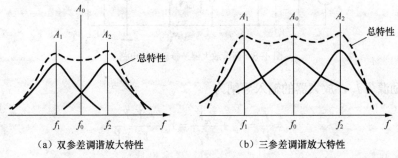

（a）双参差调谐放大特性　　　　（b）三参差调谐放大特性

图 4-7　参差调谐放大器特性

图 4-7（a）为中心频率为 f_0 的双调谐参差放大器的幅频特性，通过控制 f_1 和 f_2 的取值，可形成单峰或双峰的总特性，其带宽、增益与双调谐接近，但选择性比双调谐回路的差。

图 4-7（b）为三参差调谐放大器的幅频特性，显然三个谐振频率值的配置决定了幅频特性的通带起伏，如间隔过大，则成为三个独立的窄带滤波曲线；若频率间隔过小，就形成与同步调谐相近的单峰曲线；为兼顾带宽和通带平坦，可按如下关系配置三个谐振放大器的中心频率、品质因数。

$$\begin{cases} f_1 = f_0 - 0.215\mathrm{BW}_0 \\ \mathrm{BW}_1 = 0.5\mathrm{BW}_0 \\ Q_1 = 2Q_0 \end{cases} \tag{4-32}$$

$$\begin{cases} f_2 = f_0 - 0.215\mathrm{BW}_0 \\ \mathrm{BW}_2 = 0.5\mathrm{BW}_0 \\ Q_2 = 2Q_0 \end{cases} \tag{4-33}$$

式中，f_0、f_1、f_2 分别为三个谐振放大器的中心频率；BW_0、BW_1、BW_2 分别为三个谐振放大器的 3dB 带宽；Q_0、Q_1、Q_2 分别为三个谐振放大器的品质因数。

为了获得平坦的通带特性和矩形系数，也可以通过不同类型的谐振放大器组合构成，如：单调谐与双调谐两级参差调谐放大器，其性能兼具两者的优点。如电视接收机的中频放大器采用集总滤波器（声表面波滤波器）、宽带放大器和调谐放大器级联组合等。

4.1.6　谐振放大器的稳定性

图 2-26 所示的三极管混合 π 型等效电路中，集电极结电容 $C_{b'c}$ 跨接在基极和集电极间，为内部反馈元件，将输出信号反馈到输入端；当频率升高时，$C_{b'c}$ 的反馈作用将严重影响放

大器的性能。这种反馈体现在三极管的 Y 参数等效电路中，即反向传输导纳 Y_{re}。

1. 调谐放大器的输入导纳和输出导纳

如图 4-3 所示，上面分析的小信号谐振放大器的模型没有考虑 Y_{re} 的影响。仍以图 4-3（a）为例，将谐振回路、负载折算到三极管的集电极考虑，得到调谐放大器的 Y 参数等效电路如图 4-8 所示。

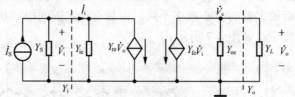

图 4-8 调谐放大器 Y 参数等效电路

考虑激励源为 $\dot{I}_S$，放大器的输入导纳为

$$Y_i = \frac{\dot{I}_i}{\dot{V}_i} = Y_{ie} + \frac{Y_{re}\dot{V}_0}{\dot{V}_i} = Y_{ie} - \frac{Y_{re}Y_{fe}}{Y_{oe} + Y_L} \tag{4-34}$$

将输出负载断开，原信号源 $\dot{I}_S$ 开路，放大器的输出导纳为

$$Y_o = Y_{oe} + \frac{Y_{fe}\dot{V}_i}{\dot{V}_0} = Y_{oe} - \frac{Y_{re}Y_{fe}}{Y_{ie} + Y_S} \tag{4-35}$$

显然，由于内部反馈 Y_{re} 的存在，输入导纳 Y_i 和输出导纳 Y_o 不再为常数，不仅与三极管内部参数有关，还与负载 Y_L、源导纳 Y_S 有关，并可能小于零，这意味着谐振放大器可能产生自激振荡，即无信号输入时也有信号输出。

2. 放大器内部反馈的影响

放大器的内部反馈将引起放大器工作不稳定。式（4-34）中，当信号频率小于谐振频率时，由于 Y_o 呈容性，输出导纳 $Y_{oe} + Y_L$ 呈感性，令 $\dfrac{Y_{re}Y_{fe}}{Y_{oe} + Y_L} = G_T - jB_T$，则输入导纳可表示为

$$Y_i = Y_{ie} - \frac{Y_{re}Y_{fe}}{Y_{oe} + Y_L} = (g_{ie} + j\omega C_{ie}) + (-G_T + jB_T) = (g_{ie} - G_T) + j(\omega C_{ie} + B_T) \tag{4-36}$$

式（4-36）中，$g_{ie} - G_T$ 使输入电导减小，则相应的前一级放大电路的增益增大，有载品质因数 Q_T 也相应增大；而 $\omega C_{ie} + B_T$ 增大，使输入等效电容变大，作为前一级的负载，将使前一级的谐振频率降低。

因此，由于谐振频率 ω_0 发生偏移，对于原谐振频率 ω_0 附近的上下边带信号，放大器的增益不再均匀，如图 4-9 所示，甚至可能由于中心频率偏移而误放大了干扰信号，并对目标信号形成强烈干扰。

由于输入电导 $g_{ie} - G_T$ 减小，甚至为负，有可能

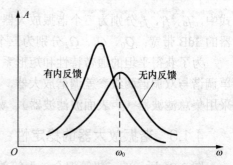

图 4-9 含内部反馈的谐振放大器幅频特性

使前一级放大器的谐振回路电导为零，从而产生自激振荡。同时由于输入、输出相互影响，也增加了电路调试的困难。

为了克服自激振荡，尽可能选择反向导纳 Y_{re} 小的三极管，减小内部反馈。从式（4-35）、式（4-36）也可看出，增大负载导纳和信号源内部导纳也可减小内部反馈的影响，防止自激。

3. 稳定系数

放大器自激的临界条件是 $Y_s + Y_i = 0$，即

$$Y_s + Y_{ie} - \frac{Y_{re}Y_{fe}}{Y_{oe} + Y_L} = 0 \tag{4-37}$$

有

$$\frac{(Y_s + Y_{ie})(Y_{oe} + Y_L)}{Y_{re}Y_{fe}} = 1 \tag{4-38}$$

定义稳定系数 S

$$S = \frac{(Y_s + Y_{ie})(Y_{oe} + Y_L)}{Y_{re}Y_{fe}} \tag{4-39}$$

当 $S=1$ 时，放大器自激，当 $S \gg 1$ 时，放大器稳定；一般要求 $S=5 \sim 10$。

将 Y 参数以电导和电容表示

$$\begin{cases} Y_S = g_S + j\omega C_S + \dfrac{1}{j\omega L_S} \\ Y_{ie} = g_{ie} + j\omega C_{ie} \\ Y_{oe} = g_{oe} + j\omega C_{oe} \\ Y_L = g_L + j\omega C_L + \dfrac{1}{j\omega L_L} \end{cases} \tag{4-40}$$

对应的输入导纳为

$$Y_S + Y_{ie} = g_S + j\omega C_S + \frac{1}{j\omega L_S} + g_{ie} + j\omega C_{ie} = (g_S + g_{ie})(1 + j\xi_1) = g_1\sqrt{1 + \xi_1^2}\,e^{j\varphi_1} \tag{4-41}$$

式中，g_1、ξ_1、φ_1 分别为输入回路的总电导、广义失谐和回路失谐时的相位。

输出导纳为

$$Y_{oe} + Y_L = g_L + j\omega C_L + \frac{1}{j\omega L_L} + g_{oe} + j\omega C_{oe} = (g_L + g_{oe})(1 + j\xi_2) = g_2\sqrt{1 + \xi_2^2}\,e^{j\varphi_2} \tag{4-42}$$

式中，g_2、ξ_2、φ_2 分别为输出回路的总电导、广义失谐和回路失谐时的相位。

考虑放大器阻抗匹配时，输入回路与输出回路参数相同，令 $g_1 = g_2 = g_T$、$\xi_1 = \xi_2 = \xi_T$、$\varphi_1 = \varphi_2 = \varphi_T$，将式（4-41）、式（4-42）代入式（4-38），得到放大器自激的条件为

幅度条件：$\dfrac{g_T^2(1 + \xi_T^2)}{|Y_{re}| \, |Y_{fe}|} = 1$

相位条件：$2\varphi_T = \varphi_{re} + \varphi_{fe}$

4. 稳定系数与放大器增益的关系

考虑到放大器的工作频率远小于三极管的特征频率 f_T，有 $Y_{re} = -j\omega C_{b'c}$（起主导作用的是电纳部分），$|Y_{fe}| = y_{fe}$，此时，$\varphi_{re} = -\pi/2$，$\varphi_{fe} \approx 0$，有 $\xi_T = \tan\varphi_T = \tan\dfrac{\varphi_{re}+\varphi_{fe}}{2} = -1$，稳定系数 S 为

$$S = \frac{2g_T^2}{|Y_{re}\|Y_{fe}|} = \frac{2g_T^2}{\omega_0 C_{b'c} y_{fe}} \tag{4-43}$$

显然，$C_{b'c}$ 越小、g_T 越大，稳定系数 S 就越大，放大器也就越稳定。

考虑到谐振放大器的增益（全部接入，$p_1=p_2=1$）

$$|A_{V0}| = \frac{y_{fe}}{g_T} \tag{4-44}$$

将式（4-44）代入式（4-43），得到放大器的增益与稳定系数的关系为

$$|A_{V0}|_S = \sqrt{\frac{2y_{fe}}{S\omega_0 C_{b'c}}} \tag{4-45}$$

从式（4-45）可以看出，放大器的增益与工作频率有关，频率增大时增益下降；增益越大，则稳定系数越小，因此增益的选择必须确保放大器的稳定，通常，单级放大器保持稳定的最大增益为 25dB。

5. 提高放大器稳定性的措施

克服内部反馈的影响，提高放大器的稳定性，首先选择合适的三极管，要求 $C_{b'c}$ 小、特征频率 f_T 高；其次是降低工作频率。此外，在电路设计中，可采用中和法和失配法进一步消除 Y_{re} 的反馈作用。

1）中和法

极间电容 $C_{b'c}$ 将输出信号反馈到输入端，如果在输入、输出间增加一条正向传输支路，将 $C_{b'c}$ 引入的量重新返回到输出端，消除其对输入回路的影响，称为中和法。如在反馈电容 $C_{b'c}$ 的基极与集电极间跨接电感，形成谐振回路，电容反馈电流全部经由电感支路返回到集电极。但由于 $C_{b'c}$ 的不确定性与工作频率的不确定性，该方法没有普适性。

如图 4-10（a）为一种常用的中和电路，在基极和谐振线圈之间增加了中和电容 C_N，图 4-10（b）为内部反馈电容 $C_{b'c}$ 和中和电容 C_N 的电流示意图，反馈电流 $\dot{I}_{C_{b'c}}$ 不通过三极管基极影响放大器，而通过电容 C_N 反馈到输出端，这里要求 $\dot{I}_{C_N} = \dot{I}_{C_{b'c}}$。

图 4-10 中，反馈电流 $\dot{I}_{C_{b'c}}$ 由输出电压 $\dot{V}_c$ 引起，仅考虑 $\dot{V}_c$ 的作用（令原输入信号 $\dot{V}_b = 0$，即基极为零电位），有

$$\begin{cases} \dot{I}_{C_{b'c}} = j\omega C_{b'c}\dot{V}_c = j\omega C_{b'c}\dot{V}_{12} \\ \dot{I}_{C_N} = j\omega C_N \dot{V}_{23} \end{cases} \tag{4-46}$$

由 $\dot{I}_{C_N} = \dot{I}_{C_{b'c}}$，因此有

$$C_N = \frac{\dot{V}_{12}}{\dot{V}_{23}} C_{b'c} = \frac{N_{12}}{N_{23}} C_{b'c} \tag{4-47}$$

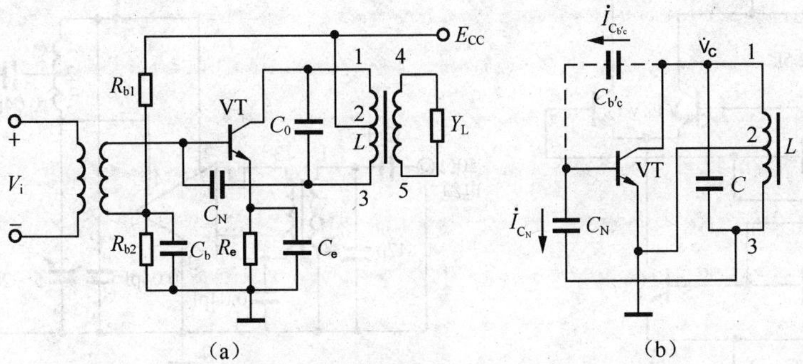

图 4-10　调谐放大器的中和补偿电路

2）失配法

理论上，中和法可以完全消除内部反馈的影响，但实际中，反馈电容 $C_{b'c}$ 的值与工作频率有关，因此选择中和电容 C_N 非常困难。根据式（4-34），通过增大 Y_L，输出失配，使 $Y_i \approx Y_{ie}$，也可消除自激，共射—共基放大电路就是典型的失配法电路，共射放大电路的 Y_L 就是后一级共基放大电路的输入导纳 Y_{ib}（通常 Y_{ib} 较 Y_{ie} 大得多），产生失配，放大器的稳定系数增大，工作稳定性提高，且工作上限频率提高。图 4-11 为典型的共射—共基放大电路，该方法特别适合集成电路的处理。

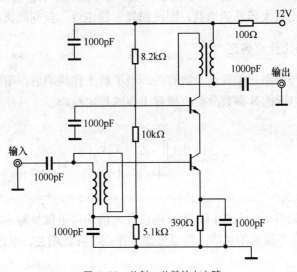

图 4-11　共射—共基放大电路

4.1.7　集成高频小信号谐振放大器

小信号谐振放大器广泛应用于收音机、电视接收机、通信接收机中，随着集成电路技术的发展，集成的小信号谐振放大器已经获得了广泛的应用，如 MC1110、TA7060A 等。如图 4-12 所示为 TA7060A 及其典型应用，放大器内部为两级放大，共射—共基组态提高放大器的稳定性。但应用中，谐振回路尚需外接，以适合不同的工作频率需要。

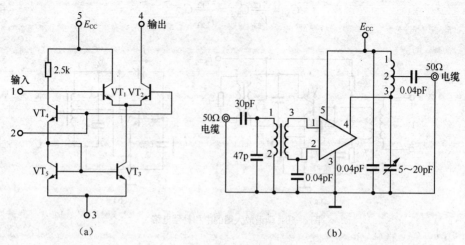

图 4-12　TA7060A 内部结构及典型应用

4.1.8　高频小信号放大器的设计

高频小信号放大器通常工作在线性区域，用于接收机的前端，要求低噪声、高增益，如低噪声放大器（LNA），重点考虑的因素有：有源器件的选择、输入/输出阻抗的匹配、偏置电路和稳定性。

高频工作的有源放大器件参数，大多为 S 参数，为不同频率和静态工作点上的工作特性。参考 S 参数可以计算出放大器件的增益、回波损耗、稳定性、反向隔离度和输入/输出阻抗。

1．稳定性分析与工作点确定

三极管的 S 参数与频率、偏置点参数有关。当了解工作频率后，需要根据该工作频率下不同的工作点偏置所对应的 S 参数分析三极管工作的稳定性。

1）稳定性值 S

$$S = \frac{1 + (|D_s|^2 - |S_{11}|^2 - |S_{22}|^2)}{2|S_{21}||S_{12}|} \qquad (4-48)$$

式中，$D_s = S_{11}S_{22} - S_{12}S_{21}$

若 $S > 1$，则有源器件对输入端口、输出端口任何值均可以保持稳定，否则，说明该器件在该偏置条件下，存在不稳定的风险，需要更改工作点、降低增益，或选择合适的输入/输出阻抗。

2）晶体管最大增益（MAG）

选择晶体管，在稳定的条件下，其最大增益必须大于实际增益的 20%或更高。

令 $B_1 = 1 + |S_{11}|^2 - |S_{22}|^2 - |D_s|^2$，若 $B_1 < 0$，则 S 取负值，否则，S 取正值。对应晶体管的最大增益为

$$MAG = 10\lg\frac{|S_{21}|}{|S_{12}|} + 10\lg\left(\left|S \pm \sqrt{S^2 - 1}\right|\right) \qquad (4-49)$$

当 $S>1$，MAG 且大于实际需要的 20% 时，可计算三极管实际的输入阻抗 Z_{in}、输出阻抗 Z_{out}。

3）计算输入阻抗 Z_{in}、输出阻抗 Z_{out}

令 $D=S_{11}S_{22}-S_{12}S_{21}$，计算 $C=S_{22}-DS_{11}^*$（*为复数的共轭运算，下同）、$B_2=1+|S_{22}|^2-|S_{11}|^2-|D_s|^2$，得到负载反射系数 $|\Gamma_L|$ 为

$$|\Gamma_L|=\frac{B_2\pm\sqrt{|B_2|^2-4|C|^2}}{2|C|} \tag{4-50}$$

式中，若 $B_2<0$，则取+号，否则取–号。

因此有输出阻抗 Z_{out} 为

$$Z_{out}=Z_L\frac{1+\Gamma_L^*}{1-\Gamma_L^*} \tag{4-51}$$

式中，Z_C 为三极管的负载阻抗。

输入阻抗 Z_{in} 为

$$Z_{in}=Z_{source}\frac{1+\Gamma_S^*}{1-\Gamma_S^*} \tag{4-52}$$

式中，$\Gamma_S=\left(S_{11}+\frac{S_{12}S_{21}\Gamma_L}{1-S_{22}\Gamma_L}\right)^*$ Γ_S 与 C 有相同值的相位，但符号相反。

Z_S 为三极管输入端的信号源阻抗。

4）高频信号放大器，在输入端与信号源内阻匹配，在输出端与负载匹配，在了解工作频率和三极管输入阻抗、输出阻抗的条件下，需要增加输入匹配网络、输出匹配网络。常用的匹配网络有 L 型、T 型和 π 型，具体分析详见第八章内容。

例：设计某放大器所用三极管在工作频率为 1.5GHz、$V_{CE}=10V$，$I_C=6mA$ 时的 S 参数为：$S_{11}=0.195\angle167.6$，$S_{22}=0.508\angle-32$，$S_{12}=0.139\angle61.2$，$S_{21}=2.5\angle62.4$，要求在源内阻、负载均为 50Ω 的条件下获得最大增益。

根据上述的计算流程，有相关参数

1）稳定性 S 值　S=1.1

2）最大增益 MAG 值　MAG=10.63dB

3）晶体管输入阻抗　$Z_{in}=12.4+j7.9(\Omega)$

4）晶体管输出阻抗　$Z_{out}=70.5-j132(\Omega)$

5）采用 L 型匹配网络，得到如图 4-13 所示的匹配网络。

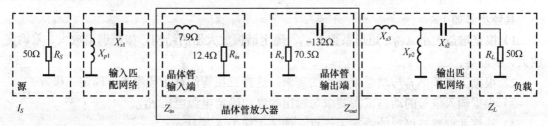

图 4-13　放大器的输入/输出匹配网络

根据 L 型匹配网络的原则，在输入端口，$R_S > R_{in}$，采用的结构如图 4-13 所示的输入匹配网络，对应的参数为

$$\begin{cases} Q_{Ls} = \sqrt{\dfrac{R_s}{R_{in}} - 1} = 1.74 \\[2mm] X_{s1} = -\sqrt{R_{in}(R_s - R_{in})} - 7.9 = -29.49\Omega \\[2mm] X_{p1} = R_s\sqrt{\dfrac{R_{in}}{R_s - R_{in}}} = 28.71\Omega \end{cases} \tag{4-53}$$

在输出端口，$R_o > R_L$，采用的结构如图 4-13 所示的输出匹配网络，对应的参数为

$$\begin{cases} Q_{L2} = \sqrt{\dfrac{R_0}{R_L} - 1} = 0.64 \\[2mm] X_{s2} = -\sqrt{R_L(R_0 - R_L)} = 32.02\Omega \\[2mm] X_{P2} = R_0\sqrt{\dfrac{R_L}{R_0 - R_L}} = 109.32\Omega \\[2mm] X_{s3} = 132\Omega \end{cases} \tag{4-54}$$

2. 通用小信号谐振放大电路

前面分析了输入与输出匹配网络，具体到实际的高频小信号谐振放大电路，还需要提供稳定的偏置电路，控制集电极电压 V_{CE} 和集电极电流 I_C，并调整参数，控制增益、带宽、矩形系数、失真度等，提高稳定性，降低噪声。其完整的原理图如图 4-14 所示。

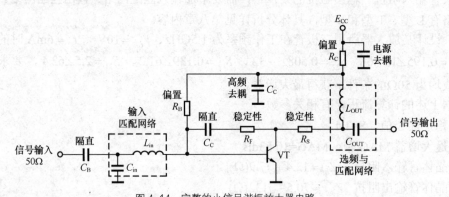

图 4-14　完整的小信号谐振放大器电路

具体步骤如下：

1）根据增益大小 A_{V0}、矩形系数 $K_{r0.1}$，确定谐振放大器的结构，如单调谐放大、双调谐放大、级联等；

2）根据工作频率 f_0 与增益带宽积的需求，选择三极管的截止频率 f_T，确定三极管；

3）根据输入信号的动态范围要求与输出幅度，确定电源电压 E_{CC}；

4）计算并调整三极管的静态工作点，使之工作于 A 类状态；

5）根据中心频率，选择合适的谐振回路参数；

6）根据输入阻抗要求，确定输入匹配网络的具体参数；

7）根据带宽的要求及三极管参数、负载等，确定输出匹配网络参数 L_{out}、C_{out}；

8）设计中和电容和稳定电阻，进行电路稳定性处理，电源滤波与抗干扰处理；

9）调整参数，测试性能指标。

例：设计一个具有集电极反馈偏置和50Ω匹配的高频小信号谐振放大器，其规格参数为 $E_{CC}=5\text{V}$，$f_0=2.4\text{GHz}$，$N_F=2.8\text{dB}$，$I_C=10\text{mA}$，$V_{CE}=2\text{V}$，$S_{21}=19\text{dB}$，晶体管型号为 NEC NESG2021M05。

电路如图 4-14 所示，查阅晶体管参数，在 $I_C=10\text{mA}$ 时，电流放大倍数 $h_{fe}=190$，基极电流 $I_B=53\text{uA}$，偏置电阻 $R_b=24.7\text{k}\Omega$、$R_c=300\Omega$（$R_c<500\Omega$，需考虑增加串联的扼流圈 RFC）；根据稳定性的需要考虑，$R_s=2\Omega$、$R_F=2.2\text{k}\Omega$、$C_C=22\text{pF}$；根据选频和匹配需要，$C_{in}=22\text{pF}$、$L_{in}=1.6\text{nH}$、$L_{out}=3.5\text{nH}$、$C_{out}=0.7\text{pF}$、$R_b=24.7\text{k}\Omega$。

3．小信号宽带放大器的设计

与小信号调谐放大器相比，高频小信号宽带放大器没有谐振回路，其带宽由三极管内部参数决定。

常用的高频小信号宽带放大器的电路如图 4-15 所示，电容 C_B、C_C 为去耦电容，要求其电抗在通带内小于3Ω，电感 L_c 为高频扼流圈，通常在 R_C 小于500Ω时才起作用；负反馈支路，L_F、C_F 串联谐振于通带的低频端频率上，调整 R_F，获得最优增益、回波损耗和稳定性。

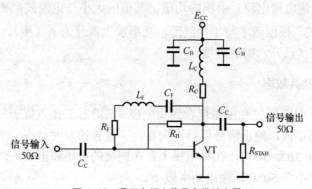

图 4-15 通用高频小信号宽带放大器

例：设计如图 4-15 所示的小信号宽带放大器，具体规格和参数为：输入与输出电阻为 50Ω，$E_{CC}=3.3\text{V}$、$I_C=12\text{mA}$、$V_{CE}=2\text{V}$、$S_{21}=21\text{dB}$，选用晶体管为 NXP BFG425，通带为 430～930MHz。

根据偏置电路与交流参数，确定参数分别为：

$C_B=C_C=100\text{pF}$，$R_B=8.2\text{k}\Omega$、$R_C=110\Omega$；$R_F=960\Omega$，$L_F=150\text{nH}$、$C_F=1.4\text{pF}$；$R_{STAB}=130\Omega$、$L_C=160\text{nH}$。

图 4-16 为 10～500MHz 的宽带放大器电路，三极管为特征频率 9GHz 的小功率管 BFR540，输入阻抗和输出阻抗均为 50Ω，电阻 R_2、R_3 控制电路增益，噪声系数 3.5dB，

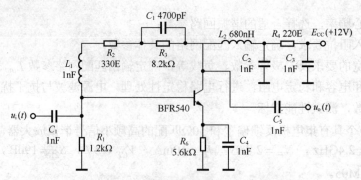

图 4-16 500MHz 宽带小信号放大电路实例

4.2 高频功率放大器

高频发射实际是将高频电流转化为电磁波辐射出去，传送的距离越远，则要求辐射功率越大。与低频功率放大一样，为了输出足够大的功率，放大器必须工作在大的动态电压范围和大的动态电流范围内，并接近极限应用状态。因此，分析功率放大器的指标时，总认为输入信号可以达到极限。

功率放大器的主要参数指标有：最大输出功率 P_{omax}、最大功耗 P_{cmax}、效率 η_c、失真度、功率增益 A_p、频率特性和工作稳定性。

4.2.1 静态工作点与功耗

提高功率放大器的输出功率和效率，必须降低三极管的功耗。功耗是三极管的集电极—发射极的电压 U_{ce} 与集电极电流 i_c 乘积的均值，其值的大小与电流波形密切相关，因此也就与静态工作点 Q 相关。根据效率与工作波形，功率放大器分为 A（甲）、B（乙）、C（丙）、D（丁）、E（戊）、F（己）六类放大器。

1. A 类放大器及其效率

如图 4-17 所示，负载通过变压器耦合到集电极，其静态工作点位于三极管输出曲线的中间，在信号工作的周期内，输出信号保持不失真，三极管的发射结在一个信号周期内均处于导通状态，即导通角 2θ 为 360°，在集电极上存在连续的电压和电流，即存在功耗，该状态的功耗大、效率低（小于 50%），输出功率较小。

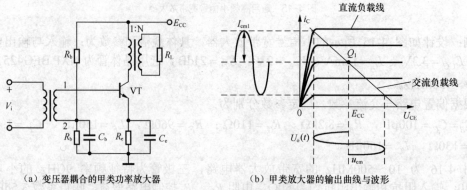

(a) 变压器耦合的甲类功率放大器　　　　(b) 甲类放大器的输出曲线与波形

图 4-17 A 类功率放大器与输出曲线

集电极电流为

$$i_C(t) = I_{CQ} + I_{cm}\sin\omega t \tag{4-55}$$

集电极—发射极电压（忽略 R_E 的影响）为

$$u_{CE}(t) = V_{CEQ} - V_{cm}\sin\omega t = E_{CC} - I_{CQ}R_E - V_{cm}\sin\omega t \tag{4-56}$$

$$\approx E_{CC} - V_{cm}\sin\omega t = E_{CC} - I_{cm}R_L'\sin\omega t$$

式中， $R_L' = N^2 R_L$ 。

输出功率 P_0 为

$$P_0 = \frac{1}{2}V_{cm}I_{cm} \tag{4-57}$$

直流供电功率 P_D 为

$$P_D = \frac{1}{T}\int_0^T E_{CC}i_C(t)dt = E_{CC}I_{CQ} \tag{4-58}$$

效率 η_C 为

$$\eta_C = \frac{P_0}{P_D} = \frac{1}{2}\frac{V_{cm}I_{cm}}{E_{CC}I_{CQ}} \tag{4-59}$$

在负载匹配、忽略饱和压降等条件下， $V_{cm} = E_{CC}$ ， $I_{cm} = I_{CQ}$ ，效率 η_C 最大达到 50%。通常 A 类功率放大器的效率只能达到 35%～40%。

2．B 类功率放大器与功率

如图 4-18 所示，B 类放大器的工作点位于三极管输出曲线的临界截止区，静态时没有功耗。在输入信号的正半周内， T_2 管处于截止区，无功耗， T_1 管为电压跟随器工作，输出信号保持不失真，且集电极上存在连续的电压、电流，即存在功耗，但负半周内情形相反，因此每只三极管的发射结在一个信号周期内只有半个周期是导通状态，因此其导通角 2θ 为 180°。此时虽然单管波形失真（仅有半个周期输出），但通过两管推挽工作，可以输出完整的信号波形，该状态的功耗降低、比 A 类效率高，效率达到 50%～78.5%，输出功率大。

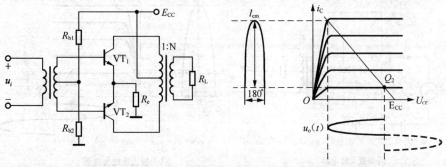

（a）乙类推挽功率放大器   （b）乙类放大器的输出曲线与波形

图 4-18 B 类功率放大器与输出曲线

若忽略晶体管的饱和压降 V_{CES}，则负载 R'_L 上的最大电压 $V_{om} = E_{CC}$、电流 $I_{cm} = \dfrac{E_{CC}}{R'_L}$（式中 $R'_L = N^2 R_L$），输出功率为

$$P_{o\max} = \frac{E_{CC}}{\sqrt{2}} \frac{E_{CC}}{\sqrt{2}} \frac{1}{R'_L} = \frac{E_{CC}^2}{2R'_L} \tag{4-60}$$

电源提供的平均电流为

$$I_{av} = \frac{1}{2\pi} \int_0^\pi \frac{E_{CC}}{R'_L} \sin \omega t d(\omega t) = \frac{E_{CC}}{\pi R'_L} \tag{4-61}$$

两个电源提供的总功率为

$$P_D = P_{D1} + P_{D2} = 2E_{CC} \frac{E_{CC}}{\pi R'_L} = \frac{2E_{CC}^2}{\pi R'_L} \tag{4-62}$$

则最大效率为

$$\eta_{\max} = \frac{P_{0\max}}{P_D} = \frac{E_{CC}^2}{2R'_L} \bigg/ \frac{2E_{CC}^2}{\pi R'_L} = \frac{\pi}{4} = 78.5\% \tag{4-63}$$

从图 4-17 和图 4-18 可以看出，A、B 类功率放大器均采用变压器输出方式才获得最大功率，但变压器输出方式的放大器带宽窄、体积大。

3. C 类功率放大器及其效率

如果将静态工作点 Q 进一步下移，设置在截止区，克服静态功耗，此时三极管的导通角 2θ 小于 $180°$，称为 C 类状态，如图 4-19 所示。此时，输入信号的幅度必须大于一定的值，三极管才有电流输出。以输入正弦信号为例，输出电流只是同周期的电流脉冲，失真非常严重，因此需要谐振回路作为负载进行选频，输出为正弦信号，如图 4-19（b）所示静态工作点 Q_3，发射结导通后，基极电流在超过点 B 后才有集电极电流输出。三极管的导通角进一步减小，其功耗也进一步下降，因此，C 类放大器的效率可进一步提高。

高频功率放大器的输出功率远高于常用的音频放大器的输出功率，同时对效率的要求更优于对信号失真的要求（高频功率放大器主要放大载波信号或已调波信号）。因此，高频功率放大器一般不采用 A 类、B 类放大，而选择 C 类放大。为便于功率和效率的分析，下面首先将集电极脉冲电流分解为直流成分、基波和谐波成分。

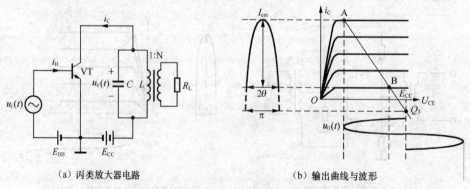

（a）丙类放大器电路　　　　　　　　　　（b）输出曲线与波形

图 4-19　C 类放大器的工作点与工作波形

如图 4-19（b）所示，电流脉冲的周期与输入信号的相同，根据周期信号的傅里叶级数

分解原理，集电极电流分量为

$$i_C(t) = I_{c0} + I_{c1}\cos\omega_0 t + I_{c2}\cos 2\omega_0 t + \cdots + I_{cn}\cos n\omega_0 t + \cdots \tag{4-64}$$

直流分量为

$$I_{c0} = \frac{I_{cm}(\sin\theta - \theta\cos\theta)}{\pi(1-\cos\theta)} = \alpha_0 I_{cm} \tag{4-65}$$

与输入信号同频率的基波分量为

$$I_{c1} = \frac{I_{cm}(\theta - \sin\theta\cos\theta)}{\pi(1-\cos\theta)} = \alpha_1 I_{cm} \tag{4-66}$$

n 次谐波分量为

$$I_{cn} = \frac{2I_{cm}(\sin(n\theta)\cos\theta - n\cos(n\theta)\sin\theta)}{\pi n(n^2-1)(1-\cos\theta)} = \alpha_n I_{cm} \tag{4-67}$$

式中，I_{cm} 为余弦脉冲电流的幅度，θ 为导通半角，α_0、α_1、α_n 为余弦脉冲的分解系数，由导通半角决定。

如图 4-20 所示，为余弦脉冲的系数与导通半角的关系曲线，具体数值可参见附录 2。

因此，集电极电源 E_{CC} 提供的直流功率为

$$P_D = E_{CC}I_{c0} = \alpha_0 E_{CC}I_{cm} \tag{4-68}$$

集电极输出的基波功率为

$$P_0 = \frac{1}{2}I_{c1}^2 R_p = \frac{1}{2}V_{c1}I_{c1} = \frac{1}{2}\xi E_{CC}\alpha_1 I_{cm} \tag{4-69}$$

式中，V_{c1} 为输出基波电压幅度，$\xi = \dfrac{V_{c1}}{E_{CC}}$ 为电压利用系数，R_p 为谐振回路的谐振电阻。

集电极的耗散功率为

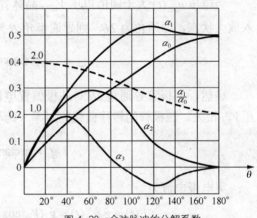

图 4-20　余弦脉冲的分解系数

$$P_c = P_D - P_0 = \left(\alpha_0 - \frac{1}{2}\xi\alpha_1\right)E_{CC}I_{cm} \tag{4-70}$$

放大器的效率为

$$\eta_C = \frac{P_0}{P_D} = \frac{1}{2}\xi g_1(\theta) \tag{4-71}$$

式中，$g_1(\theta) = \dfrac{I_{c1}}{I_{c0}} = \dfrac{\alpha_1}{\alpha_0}$，称为波形系数。

显然，C 类功率放大器的效率与导通角密切相关，由图 4-20 可知，在极端条件下，$\xi = 1$，导通半角 $\theta = 0°$ 时，波形系数 $g_1(\theta) = 2$，效率可达到 100%，但此时输出功率较小；而导通半角 $\theta = 90°$ 时（B 类状态），波形系数 $g_1(\theta) = \pi$，效率可达到 78.5%，但此时功耗较大，为了兼顾功率与效率，最佳导通半角取 70° 左右。

4.2.2　C 类功率放大电路的分析

1. 电路组成与工作原理

如图 4-19（a）所示，C 类高频功率放大电路由五部分组成：基极偏置电路、集电极偏置

电路、输入激励电路、大功率晶体管、输出谐振回路。基极偏置电路通过电源 E_{BB} 提供基极偏置电压，通常 E_{BB} 略小于或等于 0，使三极管静态工作点 Q_3 处于截止区，如图 4-21 所示，导通半角的大小由偏置电压 E_{BB}、输入信号幅度 V_{im} 决定；在三极管输出曲线上，Q_3 点处于截止区下方，静态集电极电流为零。输入激励电路直接将激励信号加在三极管的基极上，当电压 $u_{BE} > V_{BZ}$，三极管导通，形成基极电流脉冲 i_b；基极脉冲电流经过三极管放大，获得集电极脉冲电流 i_c，该脉冲电流包含直流分量 I_{c0}、基波分量 I_{c1} 和谐波分量 I_{cn}。通过谐振回路选频获得基波信号 V_{c1}，并通过变压器传输给负载 R_L，而谐波成分被滤掉。

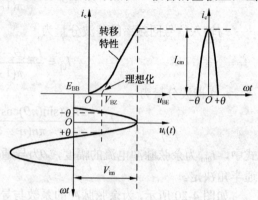

图 4-21 基极偏置与集电极脉冲电流

如图 4-21 所示，基极输入端电压为

$$u_{BE}(t) = E_{BB} + V_{im} \cos(\omega_0 t) \qquad (4\text{-}72)$$

当电压 $u_{BE}(t)$ 大于阈值电压 V_{BZ}，晶体管进入放大状态，导通角为 2θ，则导通半角 θ 为

$$\theta = \arccos \frac{V_{BZ} - E_{BB}}{V_{im}} \qquad (4\text{-}73)$$

显然，三极管导通角 2θ 与基极偏置电压 E_{BB}、输入信号幅度 V_{im}、三极管发射结阈值电压 V_{BZ} 相关。三极管的转移曲线的斜率（跨导）为

$$g_c = \arctan \frac{I_{cm}}{V_{im} - V_{BZ} + E_{BB}} \qquad (4\text{-}74)$$

集电极电流为

$$i_c(t) = g_c u_{be}(t) = g_c(V_{im} \cos \omega_0 t - V_{BZ} + E_{BB}) \quad (-\theta < \omega_0 t < \theta) \qquad (4\text{-}75)$$

2. 高频功率放大器动态特性

晶体管的静态特性是在集电极电路无负载阻抗的条件下获得的，如维持基极电压 V_{BE} 不变，改变集电极电压 V_{CE}，就可求出 $i_c \sim U_{CE}$ 静态特性曲线族。如果集电极电路含负载阻抗，则当改变 V_{BE} 使 i_c 变化时，由于负载上有电压降，就必然同时引起 u_{CE} 的变化。动态特性是和静态特性相对应而言的，在考虑了负载的反作用后，所获得的 u_{CE}、u_{BE} 与 i_c 的关系曲线，即谐振功率放大器瞬时工作点的轨迹称为动态特性曲线，也称为动特性曲线，以示与负载线的区别。在低频放大电路中，负载为纯电阻，集电极电流与输出电压波形一致，而高频功率放大电路中，负载为谐振回路，集电极电流为余弦脉冲，输出电压为正弦波，两者之间似乎没有直接的伏安关系。

根据图 4-19 所示，集电极电压为

$$u_{CE}(t) = E_{CC} + u_0(t) = E_{CC} + V_{c1} \cos \omega_0 t \qquad (4\text{-}76)$$

输出基波电压为

$$u_0(t) = V_{c1} \cos \omega_0 t = -I_{c1} R_p \cos \omega_0 t = -\alpha_1 I_{cm} R_p \cos \omega_0 t \qquad (4\text{-}77)$$

式中，R_p 为谐振回路的谐振电阻，忽略三极管输出阻抗的影响，$R_p = n^2 R_L$，该式反映了输出基波电压与集电极电流脉冲幅度的关系。

结合式（4-76）和式（4-77），有

$$u_{CE}(t) = E_{CC} - \alpha_1 I_{cm} R_p \cos \omega_0 t \tag{4-78}$$

由式（4-75）和式（4-78），得到三极管的动特性表达式为

$$i_c(t) = g_c u_{be}(t) = g_c \left(V_{im} \frac{E_{CC} - u_{CE}(t)}{V_{c1}} - (V_{BZ} - E_{BB}) \right) \tag{4-79}$$

$$= -g_c \frac{V_{im}}{V_{c1}} u_{CE}(t) + g_c V_{im} \frac{E_{CC}}{V_{c1}} - g_c(V_{BZ} - E_{BB})$$

结合图 4-19（b），进一步分析电流与电压的关系

当 $i_c(t) = 0$ 时，即图中 B 点，$u_{CE}(t) = E_{CC} - (V_{BZ} - E_{BB}) \dfrac{V_{c1}}{V_{im}} = E_{CC} - V_{c1} \cos \theta$

当 $u_{CE} = E_{CC}$ 时，即图中 Q_3 点，$i_c(t) = -g_c V_{im}(V_{BZ} + E_{BB}) < 0$，显然 Q_3 点为假想点。

由式（4-79）可以看出，动态特性曲线为线性方程，即集电极电流脉冲 $i_c(t)$ 与集电极电压 $u_{CE}(t)$ 成线性关系，这与图 4-19（b）所示的集电极电流脉冲幅度 I_{cm} 与集电极电压关系一致，可用动态电阻 R_c 表示动态特性曲线 AB 段的斜率为

$$R_c = -\frac{V_{c1}(1 - \cos \theta)}{I_{cm}} = -\frac{\alpha_1 I_{cm} R_p(1 - \cos \theta)}{I_{cm}} = -\alpha_1 R_p(1 - \cos \theta) \tag{4-80}$$

根据式（4-80），可以看出

（1）C 类放大器的动态电阻 R_c 与负载回路的谐振电阻 R_p、导通半角 θ 有关；显然，与纯电阻负载的放大器特性不同，动态线一般为曲线，这里近似直线处理；当然，如果导通半角 θ 一定时，则动态电阻 R_c 与回路谐振电阻 R_p 呈现线性关系，当负载改变时，R_p 和 R_c 同时改变。

（2）$R_c < 0$，说明放大器能将直流功率转换为交流功率；

（3）尽管输出电流脉冲与输出电压存在映射关系，但 R_c 本身与偏置电压、输入信号、输出信号幅度等相关，因此，绘制动态曲线时，与非谐振放大器的负载特性不同，其曲线是由预先设定的 E_{BB}、E_{CC}、V_{im}、V_0 决定，并根据基波分量确定负载电阻与匹配关系。

（4）A 类放大时，$\theta = 180°$，$\alpha_1 = 0.5$，此时，$R_c = R_p$；

　　B 类放大时，$\theta = 90°$，$\alpha_1 = 0.5$，此时，$R_c = 0.5R_p$。

（5）实际负载电阻 R_L，谐振电阻 $R_p = N^2 R_L$，以及动态电阻 R_c，三个电阻间为线性关系，因此，在讨论动态线斜率变化时，既是动态电阻、谐振电阻的变化引起，也是负载电阻变化引起的，下文讨论时均考虑负载电阻的影响。

3. 高频功率放大器电压、电流关系

结合式（4-75）～式（4-76），得到三极管的电压与电流波形，如图 4-22 所示。

从图 4-22 可以看出

1）共射放大电路，输出电压波形 $u_0(t)$ 与输入电压波形 $u_i(t)$ 的相位反向；

2）基极电压超过三极管发射结阀值电压 V_{BZ} 时，形成基极和集电极电流脉冲，两者满足三极管的电流放大关系；否则，三极管处于截止状态；

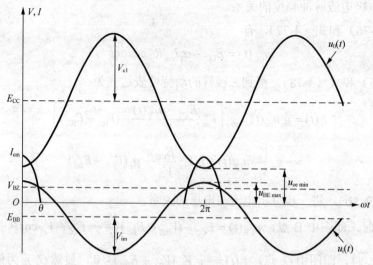

图 4-22　三极管的电压、电流波形

3）集电极电流脉冲经过谐振回路选频，在回路两端获得余弦波信号输出；

4）谐振回路谐振时，在集电极脉冲电流最大值时，恰好是集电极电压最小处，因此，三极管的功耗最低；若回路失谐，其电流脉冲波形与输出电压波形存在相移，即脉冲电流的峰值与集电极电压波形的最低处不对应，三极管的功耗将上升。

5）如果减小导通角，功耗可以进一步降低，但同时电流脉冲的幅度降低，输出功率也会减小。

4．高频功率放大器的工作状态

高频功率放大器的工作点 Q_3 处于截止区，当基极输入信号幅度增大时，进入放大状态，甚至到饱和状态，其工作状态是由负载阻抗 R_L、激励电压幅度 V_{im}、供电电压 E_{BB}、E_{CC} 等四个参量决定的，其中，负载阻抗决定了动态线的斜率，集电极电源 E_{CC} 决定了工作点 Q_3 的水平位置，基极电源 E_{BB} 决定了 Q_3 点的上下位置，集电极输出脉冲电流的最大幅度 I_{cm} 由三极管的转移曲线、输入信号幅度和静态工作点决定。

根据三极管的输入特性曲线，$i_b = f(u_{BE}, u_{CE})$，u_{CE} 的变化影响 i_b 的大小，称为基区宽度调制效应，其实根据影响的程度，如当 $u_{CE} > u_{CES}$ 时，可忽略 u_{CE} 的影响，但当三极管进入深度饱和状态时，即 $u_{CE} < V_{CES}$，i_b 随 u_{CE} 减小而增大。

当输出基波电压幅度较小时，$u_{CE\min} = E_{CC} - V_{c1} > u_{CES}$，可以忽略 u_{CE} 对 i_b 的影响，即 $i_b = f(u_{BE})$，i_b 和 i_c 为余弦脉冲，此时电压利用系数 $\xi = \dfrac{V_{c1}}{E_{CC}}$ 较低，称为欠压状态，即电源电压的利用率低，其波形如图 4-23 所示。

图 4-23（a）为相同负载条件，动态线相同，此时基极偏置不变条件下（Q_3 点不变），基极激励信号的幅度 V_{im} 不同，产生的电流脉冲幅度 I_{cm} 不等，对应于集电极输出基波电压幅度 V_{c1} 不等，但集电极脉冲电流幅度 I_{cm} 与输出基波电压幅度 V_{c1} 呈现线性关系。

图 4-23（b）为不同负载条件下，基极偏置相同，因此绘制了三种不同斜率的动态线曲线，此时负载变化时，最大脉冲电流幅度 I_{cm}、I_{ca}、I_{cb} 几乎没有变化，但输出基波电压变化明显。

在高频功率放大器分析中，一般只考虑最大输出电压，因此对于输入小信号的放大，如图 4-23（a）中的 a、b 沿动态线变化的情形不再考虑，而仅仅考虑沿 $u_{BE\max}$ 特殊情况。

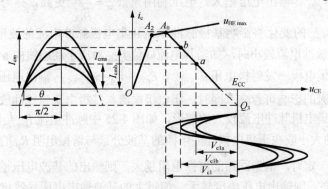

（a）相同负载条件下不同脉冲电流幅度与输出基波电压关系

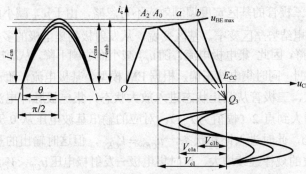

（b）不同负载条件下同一基极偏置的脉冲电流幅度与基波电压关系

图 4-23　欠压状态下集电极脉冲电流与基波电压关系

考察 A_2 点，如图 4-24 所示，为三极管饱和线与 $u_{BE\max}$ 线的交点，对应的动态线，集电极脉冲电流为余弦脉冲，此时脉冲电流幅度较欠压状态的减小，但输出基波电压幅度较大，因此电压利用系数 $\xi = \dfrac{V_{c1}}{E_{CC}}$ 较高，并具有较高的输出功率和效率，集电极—发射极电压 $u_{CE\min} = E_{CC} - V_{c1} = u_{CES}$，称为临界状态，对应的负载电阻称为最佳负载电阻，记为 R_{Lopt}，此时动态线的斜率较欠压状态的斜率小，因此负载电阻也比欠压状态的大。

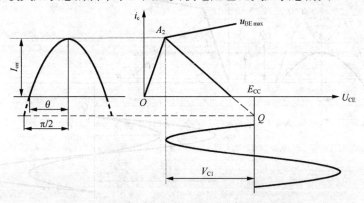

图 4-24　临界状态下集电极脉冲电流与基波电压关系

若负载电阻 R_L 进一步增大时，动态线将与饱和线相交，如图 4-25 所示，此时 $u_{CE\min} = E_{CC} - V_{c1} < V_{CES}$，输出电压增大，电压利用系数 $\xi = \dfrac{V_{c1}}{E_{CC}}$ 更高，称为过压状态，这时由于进入饱和区，$u_{CE\min}$ 的变化将影响基极脉冲电流和集电极脉冲电流的波形形状。

图中，集电极脉冲电流较小时，如当其电流峰值 I_{cma} 对应于动态线的 a 点，基波电压输出幅度为 V_{c1a}，此时集电极—发射极电压 $u_{CE\min} = E_{CC} - V_{c1a} > V_{CES}$，输出电压 V_{c1a} 对基极脉冲电流和集电极脉冲电流的影响可忽略，同时，集电极电流与基极电流为线性放大关系，具有相同的脉冲形状。但当集电极脉冲电流较大的情形，如图 4-25 中脉冲电流 I_{cm} 与输出基波电压 V_{c1}，由于基波电压 V_{c1} 的大小取决于集电极脉冲电流的基波分量与谐振电阻 R_p 的大小，当集电极脉冲电流的基波分量一定时，谐振回路的谐振电阻越大，则输出的基波电压越大，也就是说，谐振回路的 Q 值越高，则输出电压幅度越大，但过大的基波输出电压导致集电极—发射极电压 $u_{CE\min} = E_{CC} - V_{c1a} < V_{CES}$，三极管进入深度饱和状态，集电极电流 i_c 与基极电流 i_b 的大小没有放大关系了；同时，三极管的基区宽度调制效应不可忽略，由于 u_{CE} 减小而使集电结从反向偏置转为正向偏置，集电结势垒区变窄、基区变宽，从发射极到集电极的多数载流子浓度下降，集电极电流 i_c 急剧下降，因此 集电极电流 i_c 随 u_{CE} 减小而急剧下降，从而出现如图 4-25 所示的集电极脉冲电流 i_c 下凹；同时集电结正偏，根据 EM 模型，基极电流 i_b 随 u_{CE} 减小而稍有增大。

随输入信号增大，三极管从截止状态进入放大状态，集电极脉冲电流 i_c 从点 1（幅值为 0mA）开始增大，增大到点 2（幅值为 I_{cm}），对应的输出基波电压从 0 开始增大，沿动态曲线经过点 a 到交点 b，此时进入饱和状态，$u_{CEb} = V_{CES}$，但这时输出的基波电压并没有达到峰值，而是以正弦波的规律继续增大，这时集电极—发射极电压 $u_{CE} < V_{CES}$，且继续减小，集电极脉冲电流与基极脉冲电流变化无关，集电极电流由于 u_{CE} 减小而减小，出现下凹的电流曲线，这时集电极电流与输出基波电压的对应关系是沿饱和线下降，即从点 b 到点 d，达到电流的最低点 3（幅值为 I_{cd}），对应于输出电压的最高点幅值为 V_{c1}。其中点 d 是由延长动态线与 $u_{BE\max}$ 线延长线的交点为 c，再从点 c 向下垂直与饱和线相交得到的。图中标识的方向为输入信号的正半周增大时，集电极脉冲电流、动态线变化的方向；当输入信号为正半周下降时，脉冲电流则沿点 3-4-5 变化，动态线沿点 d-b-a-Q_3，与之对应的是输出基波电压的负半周下降部分，至于输出基波电压的正半周，此时集电极电流为零，其波形由谐振回路的选频特性和储能完成。

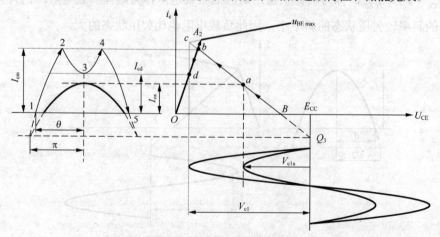

图 4-25 过压状态下的集电极脉冲电流与基波电压关系

　　显然，由于三极管的负载为谐振回路，并非纯电阻，因此集电极脉冲电流波形与输出基波电压波形并非一一对应，由于 C 类功率放大器工作点处于截止区，基极电流、集电极电流为脉冲波形，其中含有基波和谐波成分，经过负载的谐振回路选频，输出为余弦波形。谐振回路的谐振电阻决定了三极管动态曲线的斜率，也决定了输出余弦波形的幅度大小，由于基区宽度调制效应，因此也影响到基极脉冲电流和集电极脉冲电流波形的形状，如果负载谐振电阻不等，即使基极脉冲电流或集电极脉冲电流幅度相等，其输出的基波电压幅值也不等。表 4-3 为 C 类功率放大器的不同工作状态时的性能比较。

表 4-3　　　　　　　　　　　　　　C 类功率放大器的三种工作状态比较

	欠 压 状 态	临 界 状 态	过 压 状 态
三极管工作点	截止区	截止区	截止区
基极电流	余弦脉冲	余弦脉冲	余弦脉冲
集电极电流	余弦脉冲，幅度较平稳	余弦脉冲	出现下凹的余弦脉冲
输出基波电压	余弦波	余弦波	余弦波，输出幅度较平稳
输出功率	较小	较大	较大
三极管效率	较低	最佳	弱过压最高
三极管功耗	较大	较小	较小
应用场合	基极调幅	末级功放	中间放大级，集电极调幅

4.2.3　C 类高频功率放大器的外特性

　　C 类高频功率放大器的外特性是指影响放大器工作的四个参量（负载电阻 R_L、集电极供电电源 E_{CC}、基极偏置电源 E_{BB}、输入信号幅度 V_{im}）变化时，对放大器的工作状态，放大器的电压、电流的影响，以及功率与效率的影响。由于四个参数的影响是综合的，下面分别讨论四个参数单独变化时，高频功率放大器的特性。

1．C 类高频功率放大器的负载特性

　　E_{CC}、E_{BB}、V_{im} 不变时，负载电阻 R_L 变化引起输出电压、功率、效率变化的特性称负载特性。如图 4-21 所示，E_{CC} 决定工作点 Q_3 的位置不变，E_{BB}、V_{im} 决定了导通角 2θ 不变，同时输出曲线的饱和曲线 $u_{BE\max}$ 不变。因此，负载电阻 R_L 从小到大变化时，动态特性曲线的斜率将逐渐变小，观察图 4-23～图 4-25 中 A_1（欠压区）、A_2（临界区）和 A_3（过压区）的电流脉冲幅度变化，得到如图 4-26 所示的集电极电流脉冲波形与负载电阻的关系。

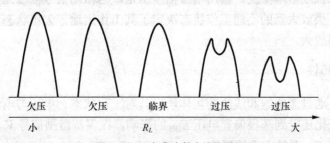

图 4-26　R 与集电极电流波形

显然，在欠压区，随负载电阻增大，脉冲电流幅度变化较小，比较平稳，只稍许变小，但电压变化较大，输出电压幅度与负载电阻几乎成线性变化，同时输出功率也增大，效率亦相应增大，但整体的输出功率、效率均较低；随负载电阻进一步增大，工作状态进入临界状态，此时输出功率达到最大，效率也增大；当负载电阻继续增大时，进入过压状态，此时，集电极电流脉冲呈现下凹，且电流幅度急剧下降，虽然输出电压随负载电阻增大而增大，但此时输出功率、效率仍然下降，其变化如图 4-27 所示。

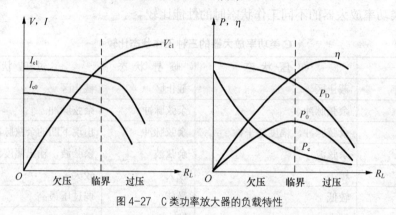

图 4-27　C 类功率放大器的负载特性

临界状态具有最大输出功率和高效率，常用于末级功放，而稍过压状态具有最高的效率，可作为末前级功放、集电极调幅使用。

2．C 类功率放大器的放大特性

放大特性即只考虑输入信号 V_{im} 与输出信号幅度 V_{c1} 的关系，此时，E_{CC}、E_{BB}、R_L 不变，对应静态工作点 Q_3 不变，动态曲线斜率不变，当 V_{im} 变化时，受影响的是脉冲电流幅度。同时，由于 $u_{BE\max} = E_{BB} + V_{im}$，改变 V_{im} 时，将改变三极管的饱和曲线 $u_{BE\max}$ 的位置。如图 4-28（a）所示，$u_{BE\max} = u_{BE\max1}$，处于临界状态，与动特性曲线交于 A_1 点；当 V_{im} 减小，$u_{BE\max} = u_{BE\max2}$，饱和线也下移，与动特性曲线交于 A_2，动特性曲线落在欠压区，脉冲电流幅度基本不变；当 V_{im} 增大，$u_{BE\max} = u_{BE\max3}$，饱和线上移，与动特性曲线交于 A_3，原动特性曲线落在过压区，脉冲电流出现下凹，其电压、电流波形如图 4-28（b）所示。需要注意的是：从式（4-73）可以看出，改变 V_{im} 将影响导通角的大小，增大 V_{im}，导通角将增大。

从图 4-28（c）可以看出，激励信号 V_{im} 较小时，放大器处于欠压区，集电极电流、输出电压幅度与激励信号幅度成比例关系，两者之间成"线性"放大关系；在过压区，集电极基波电流、输出电压幅度基本不变，输出信号幅度恒定，与激励信号幅度无关，具有限幅或稳幅功能。因此，C 类放大器的不同工作状态决定了其工作用途，欠压状态可用于线性放大，过压状态用于限幅放大。

3．基极调制特性

激励信号 V_{im} 通过影响饱和线的变化体现出其对工作状态、电压与电流幅度的影响。实际上，饱和线的变化还受到基极偏置电压 E_{BB} 的影响，在保持激励信号 V_{im}、E_{CC}、R_L 不变的前提下，下面分析 E_{BB} 对放大器的影响。

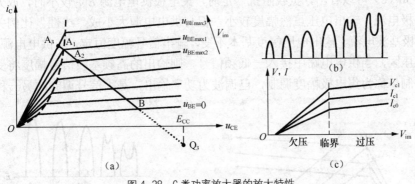

图 4-28　C 类功率放大器的放大特性

E_{BB} 对饱和线的影响与 V_{im} 的影响类似，如图 4-29（a）所示，$u_{BE\max} = E_{BB} + V_{im}$，临界状态的动特性曲线交于 A_1 点，当 E_{BB} 减小，饱和线也下移，与动特性曲线交于 A_2，动特性曲线落在欠压区，电流脉冲幅度基本不变；当 E_{BB} 增大，饱和线上移，与动特性曲线交于 A_3，原动特性曲线落在过压区，电流脉冲出现下凹，其电压、电流波形如图 4-29（b）所示。

从图 4-29（c）可以看出，激励信号较小时，放大器处于欠压区，集电极电流、输出电压幅度 V_{c1} 与基极偏置电压 E_{BB} 成比例关系，两者之间成"线性"关系；在过压区，集电极基波电流、输出电压幅度基本不变，输出信号幅度恒定，与偏置电压无关。因此，在欠压区，当偏置电路中接入低频信号时，则输出的高频基波信号幅度将受到这一低频信号的控制，称为基极幅度调制，已调波为功率输出，是一种大信号调制方式。

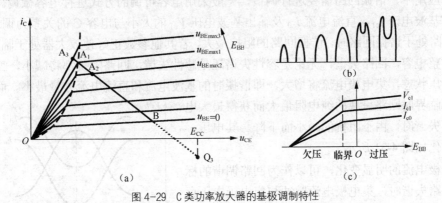

图 4-29　C 类功率放大器的基极调制特性

4. 集电极调制特性

E_{CC} 对工作状态的影响，表现在工作点 Q 的移动，Q 点由 E_{CC} 和导通角 2θ 决定。E_{BB}、V_{im}、R_L 不变，决定了导通角和动特性曲线斜率不变，因此，E_{CC} 的变化决定动特性曲线左右平移。

如图 4-30（a）所示，当电源电压为 E_{CC1} 时，临界状态的动特性曲线的静态工作点为 Q_1，交于 A_1 点；当 E_{CC} 增大到 E_{CC2}，动特性曲线向右平移到静态工作点 Q_2，交于 A_2，动特性曲线落在欠压区，脉冲电流幅度基本不变；若当 E_{CC} 减小到 E_{CC3}，动特性曲线左移到静态工作点 Q_2，与饱和线交于 A_3，动特性曲线落在过压区，电流脉冲出现下凹，其电压、电流波形如图 3-34（b）所示。

从图 4-30（c）可以看出，负载阻抗一定时，集电极供电电源 E_{CC} 较小时，放大器处于过压区，集电极电流、输出电压虽然幅度较小，但与供电电源大小成"线性"比例关系；在欠压区，集电极基波电流、输出电压幅度基本不变，输出信号幅度恒定，与供电电源大小无关。因此，在过压区，当供电电路中接入一低频信号，则输出的高频基波信号幅度将受到这一低频信号的控制，称为集电极幅度调制，已调波为功率输出，是大信号调制的另一种方式。

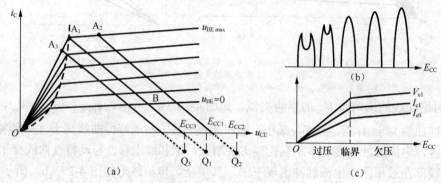

图 4-30　C 类功率放大器的集电极调制特性

5．调谐特性

前面讨论的 C 类放大器特性，均假设谐振回路处于谐振状态，谐振回路呈现纯电阻特性。而在实际应用中，谐振回路需要进行调谐，一般采用电容可调的方式进行电容微调。那么，集电极的基波电流 I_{c1}、直流电流 I_{c0} 及输出基波电压 V_{c1} 的大小与电容 C 的关系为调谐特性。

当回路处于谐振回路时，谐振回路的阻抗最大，若其他参数正好使放大器处于临界状态，此时，调整电容，回路失谐，无论是容性失谐还是感性失谐，回路阻抗都将减小，三极管都将进入欠压状态，集电极电流将增大，即谐振时的基波电流和直流电流分量最小。而输出电压 V_{c1} 在临界时回路呈现的纯电阻最大而获得最大电压输出，失谐时，由于阻抗的减小而下降。其电压、电流的变化如图 4-31 所示。

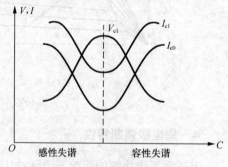

集电极电流的明显变化，可以作为回路调谐的标志。当回路失谐时，集电极电流脉冲与集电极电压存在相位差，此时 $u_{ce\min}$ 与 $I_{c\max}$ 不在同一时刻出现，将导致三极管功耗快速上升。因此，功率放大器的谐振回路必须经常保持谐振状态，即使调谐，也应在短时间内调整到谐振状态，否则极易发生功率管过热而损坏。

图 4-31　高频功率放大器的调谐特性

4.2.4　高频功率放大器的高频效应

前面分析的高频功率放大器工作情况，是在工作频率小于 $0.5f_T$ 时，晶体管的特性是由静态特性曲线（即三极管的输入曲线、输出曲线）获得的。当工作频率高于 $0.5f_T$ 时，晶体管的特性不能仅由静态特性曲线表示，还必须考虑晶体管中基区非平衡少子渡越时间、引线电感、饱和压降等因素的影响，称为高频效应。

1. 基区少子渡越时间的影响

在基区内，非平衡少子从发射结扩散到集电结是需要一定时间的，该时间称为平均渡越时间 τ_0。若三极管的工作频率为 ω，则 $\omega\tau_0$ 为平均渡越角。当信号频率较低时，少数载流子的渡越时间远小于信号周期，基区载流子的分布与外加瞬时电压一致，因此晶体管各极电流与外加电压一致，如图 4-32（b）所示，平均渡越角 $\omega\tau_0$ 为 0°；但高频信号工作，三极管的少数载流子的渡越时间与信号周期相当时，在某一瞬间基区载流子的分布与当前的电压无关。如图 4-32（c）所示，渡越角 $\omega\tau_0$ 为 0°的情形。当发射结电压 $u_{b'e}$ 大于阀值电压时，发射结正向导通，基区的少数载流子向集电极扩散，电流 i_b、i_c、i_e 随电压 $u_{b'e}$ 增大而增大，随 $u_{b'e}$ 下降而减小。但到了截止区，基极电压 $u_{b'e}$ 反向，部分少数载流子尚没到达集电极，因此一部分少数载流子继续向集电极扩散，形成集电极电流 i_c，另一部分由于电压反向而返回发射结，形成发射结反向电流 i_e。因此，在 $u_{b'e}$ 处于反向偏置后集电极电流仍然存在，集电极电流脉冲 i_c 被展宽（导通角增大为 $2\theta_e+2\omega\tau_0$），由于 i_c 的滞后且最大值下降，因此在基极，基极电流 i_b 增大，同时出现负脉冲。这是由于 i_e 与 $u_{b'e}$ 同相，而 i_c 滞后 $u_{b'e}$ 所致。

当频率上升时，I_{cm} 相应减小，从而使 I_{c1}、V_{c1} 下降，输出功率减小，而同时由于 I_{bm} 上升，输入信号功率剧增，功率增益下降；由于集电极电流 i_c 的导通角增大，三极管的功耗也相应增大，效率降低。

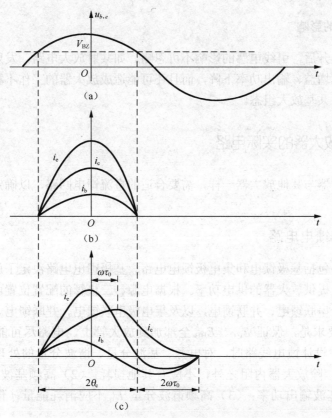

图 4-32 高频功率管的载流子渡越时间对电流波形的影响

2. 非线性电抗效应

三极管的集电结和发射结均存在扩散电容与势垒电容。扩散电容与空间电荷区外侧的多数载流子电荷累积直接相关，结电压正向偏置时扩散电容显著增大。高频功率放大管中，由于导通角小，扩散电容不太显著，而在反向偏置时，扩散电容基本消失，因此，高频功率三极管中，集电极电容（即π参数模型中的$C_{b'c}$）只考虑与耗尽层宽度相关的非线性势垒电容，与集电结电压u_{bc}密切相关，其值达到几十到几百 pF。当频率升高时，极易形成正反馈，造成自激振荡。

3. 基区体电阻 $r_{bb'}$ 的影响

由于结电容$C_{b'e}$的影响，当工作频率上升时，基极电流I_{bm}急剧上升，此时电阻$r_{bb'}$的影响不可忽视。若要求加到发射结上的电压u_{be}保持不变，则必须增大输入信号幅度V_{im}，使输入信号功率上升，放大器的功率增益下降。

4. 饱和压降 V_{CES} 的影响

大信号注入时，功率管的饱和压降V_{CES}增大，而频率上升时，由于趋肤效应，集电极体电阻r_{ce}增大，致使饱和压降进一步增大。当集电极电源E_{CC}恒定时，则输出基波电压幅值V_{c1}下降，从而使输出功率P_o、效率η_c下降。

5. 引线电感的影响

当工作频率上升后，引线电感的影响不可忽略。如共射放大电路，发射极引线电感将引入负反馈，使功率增益、输出功率下降，而且还可能造成放大器的工作不稳定。因此，高频工作时，大多采用共基放大组态。

4.3 高频功率放大器的实际电路

高频功率放大器与其他放大器一样，需要合适的直流馈电回路，以确定静态工作点，以及交流匹配网络。

4.3.1 直流馈电电路

直流馈电电路包括基极馈电和集电极馈电电路。基极馈电电路决定了放大器的导通角，集电极馈电主要是提供放大器的供电功率。根据电源、三极管的配置位置可将基极馈电和集电极馈电分为基极串联馈电、并联馈电，以及集电极串联馈电、并联馈电。

馈电的基本要求是，保证E_{CC}、E_{BB}全部加到放大管上，电路尽可能少地消耗高频信号功率，因此，在设计馈电线路时，对电源、基波分量、谐波分量的处理原则是：（1）电源提供的直流I_{c0}，除放大器内阻之外，不应有其他损耗；（2）高频基波分量I_{c1}应通过负载回路，以产生基波输出功率；（3）高频谐波分量I_{cn}不应消耗能量（倍频除外），即I_{cn}对地短路。

1. 集电极馈电电路

三极管的集电极、直流电源、谐振回路若串接在一起，称为串联馈电方式，如图 4-33（a）所示；如果三者并联在一起，如图 4-33（b）所示，则称为并联馈电方式。

图 4-33（a）中，直流电源 E_{CC}，通过高频扼流圈 L_C 以及回路电感给集电极供电，为串联馈电。高频扼流圈 L_C 可通过直流电流 I_{c0}，而交流信号通过旁路电容 C_C 接地，高频扼流圈 L_C 可防止交流信号对电源 E_{CC} 的干扰，同时 L_C 对地分布电容较大，但由于旁路电容 C_C 接地，减小了扼流圈 L_C 对谐振回路的影响，提高了回路谐振频率的稳定性。但谐振回路处于高频高压回路中，给更换谐振元件带来不便，同时谐振回路一端接三极管，一端通过旁路电容接地，回路对高频信号的稳定不利，这是由于三极管的输出阻抗中的电抗成分（输出电容）与谐振回路、扼流圈分布电容为串联关系，由于三极管的输出电容远小于扼流圈的分布电容，三极管的输出电容将会直接影响回路的谐振频率而导致输出高频信号不稳定。

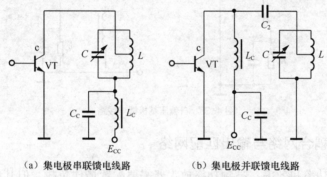

（a）集电极串联馈电线路　　　　（b）集电极并联馈电线路

图 4-33　集电极馈电线路

图 4-33（b）所示并联馈电，由于扼流圈 L_C 处于高频高电位，对地分布电容大，直接影响回路谐振频率的稳定性，但回路一端接地，提高了回路工作的稳定性，此时，三极管的输出电容较小，与较大的扼流圈分布电容并联，因此三极管的输出电容基本不影响谐振回路的谐振频率。

2. 基极馈电电路

根据输入回路、偏置电源和三极管基极的连接关系，基极馈电也分为基极串联馈电和基极并联馈电两种方式。

如图 4-34 所示，激励信号 u_i 经过谐振回路选频，进入基极回路。图 4-34（a）所示，激励信号 u_i、偏置电源 E_{BB} 和三极管 VT 处于一个回路，为串联馈电，偏置电压 E_{BB} 经过变压器次级线圈加在三极管基极，旁路电容 C_b 提供交流通路；而图 4-34（b）所示，激励信号、偏置电源和三极管均接在基极，为并联馈电，偏置电压通过扼流圈 L_C 加在三极管基极，激励信号通过电容 C_{b1} 耦合到基极。

实际工作中，采用外加电源 E_{BB} 并不方便，基极馈电大多采用自给偏压工作方式，如图 4-35 所示，由于功率放大器工作在 C 类状态，基极电流也为余弦脉冲，其分量中包括直流分量、基波和谐波分量，图 4-35（a）中的直流成分 I_{B0} 通过电阻 R_b，形成基极偏置电压 $E_{BB} = -I_{bo}R_b$，图 4-35（b）中的基极直流电流 I_{bo} 经过三极管放大，在发射极上获得直流电流 I_{eo}，通过电阻 R_e，形成基极偏置电压 $E_{BB} = -I_{eo}R_e$，而交流成分被与电阻并接的旁路电容 C_e 旁路，确保基极偏置电压的稳定。

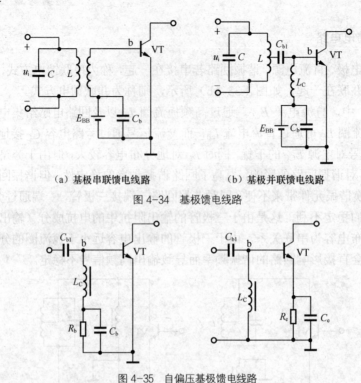

（a）基极串联馈电线路　　　　（b）基极并联馈电线路

图 4-34　基极馈电线路

图 4-35　自偏压基极馈电线路

4.3.2　级间耦合网络与输出匹配网络

为了获得最大功率和效率，高频功率放大器需要配置最佳负载，但其前一级电路的输出阻抗或后一级电路的输入阻抗变化，都将影响功率放大器的工作状态。

对于中间级，放大器的主要作用是保证其输出电压稳定，以供给下一级功率放大器稳定的激励电压，而效率则降为次要问题。但后级放大器的输入阻抗随激励电压的大小及三极管本身的工作状态变化而变化，这将使前一级放大器的工作状态发生变化。例如，若前一级电路原来工作在欠压状态，则由于负载的变化，其输出电压将不稳定。因此对前一级电路而言，若要求输出电压恒定，输出阻抗小，那将前一级放大电路置于过压状态，输出的基波电压幅度 V_{c1} 变化小，近似恒压源输出，输出阻抗小，减小对本级功率放大器的影响。

输出匹配网络是指末级功放与天线或其他负载间的匹配网络，分为 L 型、π 型、T 型网络及由它们组成的多级网络，其主要功能与要求是匹配、滤波、隔离和高效率，其中，L 型网络的 Q 值较小，而 π 型、T 型网络的 Q 值范围较大。

高频调谐功率放大器的阻抗匹配就是在给定的电路条件下，如给定输出阻抗和负载大小，改变负载回路的可调电抗元件，将负载阻抗转换为放大器所要求的最佳负载阻抗 R_p，使功率管发送的功率 P_0 能尽可能多的馈送到负载，称为匹配。对匹配网络，兼具谐振选频，因此，匹配网络一定谐振于所指定的信号频率，作为选频网络，对回路 Q 值也是有一定的要求。这里只简要介绍 π 形匹配网络，详细的推导可参见第八章相关内容。

1. π 形匹配网络

π 形匹配网络由三个电抗元件组成，如图 4-36 所示。三极管输出电阻 R_1、负载 R_2、工

作频率 ω_0 是已知的参数，回路品质因数 Q_L 可根据中心频率 ω_0 和带宽 B_{3dB} 计算，$Q_L = \dfrac{\omega_0}{B_{3dB}}$，由此可以得到匹配网络的电路参数。

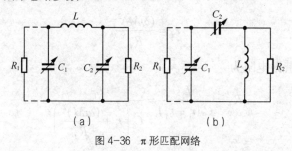

图 4-36 π 形匹配网络

图 4-36（a）的电路参数为

$$\begin{cases} X_{C_1} = \dfrac{R_1}{Q_L} \\[4mm] X_{C_2} = \dfrac{R_2}{\sqrt{\dfrac{R_2}{R_1}(Q_L^2+1)-1}} \\[6mm] X_L = \dfrac{Q_L R_1}{Q_L^2+1}\left(1 + \dfrac{R_2}{Q_L X_{C_2}}\right) \end{cases} \tag{4-81}$$

图 4-36（b）的电路参数为

$$\begin{cases} X_{C_1} = \dfrac{R_1}{Q_L} \\[4mm] X_{C_2} = \dfrac{Q_L R_1}{Q_L^2+1}\left(\dfrac{R_2}{Q_L X_{C_1}} - 1\right) \\[6mm] X_L = \dfrac{R_2}{\sqrt{\dfrac{R_2}{R_1}(Q_L^2+1)-1}} \end{cases} \tag{4-82}$$

2．复合输出回路

最典型的复合输出回路是将天线回路（作为负载）通过互感或其他形式与集电极调谐回路相耦合。如图 4-37 所示，介于功率管与天线回路之间的 $L_1 C_1$ 回路称为中介回路，r_1 为中介回路中电感元件 L_1 的损耗电阻；R_A、C_A 分别代表天线的辐射电阻与等效电容；L_n、C_n 为天线回路的调谐元件，其作用是使天线回路处于串联谐振状态，以获得最大的天线回路电流 I_A，产生的天线辐射功率 P_A 达到最大。因此，复合回路存在两个谐振回路：集电极负载的并联谐振回路和天线串联谐振回路，两个谐

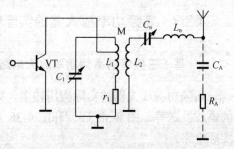

图 4-37 天线复合输出回路

振回路通过电感耦合联系在一起，相互影响。

根据耦合电路理论，当天线回路调谐到串联谐振状态时，其反射到 L_1C_1 中介回路的等效电阻为

$$r_A = \frac{(\omega M)^2}{R_A} \tag{4-83}$$

因而中介回路的谐振电阻为

$$R_p = \frac{L_1}{C_1(r_1 + r_A)} = \frac{L_1}{C_1\left(r_1 + \dfrac{(\omega M)^2}{R_A}\right)} \tag{4-84}$$

从式（4-84）可以看出，改变 M 就可以在不影响回路调谐的情况下，调整中介回路的等效阻抗，以达到阻抗匹配的目的。

耦合越紧，即互感 M 越大，则反射等效电阻 r_A 越大，回路的等效阻抗 R_P 也就下降越多。

衡量中介回路传输能力的标准是其输出至负载的有效功率与输入到回路的总功率之比，即中介回路的传输效率 η_k，简称中介回路效率。

$$\eta_k = \frac{I_k^2 r_A}{I_k^2(r_A + r_1)} = \frac{r_A}{r_A + r_1} = \frac{(\omega M)^2}{r_1 R_A + (\omega M)^2} \tag{4-85}$$

考虑中介回路空载品质因数 $Q_0 = \dfrac{\omega L_1}{r_1}$，有载品质因数 $Q_L = \dfrac{\omega L_1}{r_1 + r_A}$，则中介回路效率为

$$\eta_k = \frac{r_A}{r_A + r_1} = 1 - \frac{r_1}{r_A + r_1} = 1 - \frac{Q_L}{Q_0} \tag{4-86}$$

从回路传输效率高的观点来看，应使 Q_L 尽可能地小。但从回路滤波作用来考虑，则 Q_L 值又应该足够大。从兼顾这两方面出发，Q_L 值一般不小于 10。

考虑功率管的直流供电功率 P_D 和效率 η_c，则整个放大器复合回路的效率 η

$$\eta = \frac{P_A}{P_D} = \frac{P_0}{P_D}\frac{P_A}{P_0} = \eta_c \eta_k \tag{4-87}$$

进一步考虑，当功放管处于临界最佳工作状态，如果天线短路，回路电阻减小，功率管将进入欠压状态，功耗上升，有可能烧毁功率管；如果天线开路，则回路电阻增大，进入过压状态，输出电压增大，功率管的集电极电压增大，有可能击穿功率管。因此，功率管匹配网络还需要减小负载故障对功率管的影响。

4.3.3 高频功率放大器的实际电路

1. 基于三极管的高频功率放大电路

高频功率放大器的实际应用较多，如中短波广播电台、电视有线与无线发送、移动通信的电波发送等。图 4-38（a）和图 4-38（b）分别是 50MHz 谐振功放和 160MHz 谐振功放的实际电路。

实际的高频功率放大电路，包括基极（自偏压并馈方式）、集电极馈电方式（并馈），输

入网络，输出网络。此外，重要指标是输出功率、输入阻抗、输出阻抗，为了提供较大的输入驱动电流和输出电流，选用输入电阻和输出电阻较小的功率管。

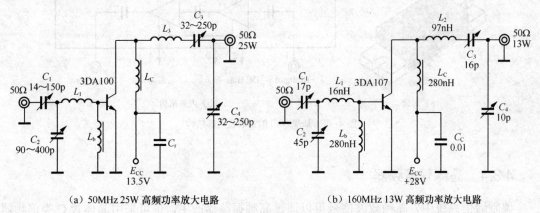

（a）50MHz 25W 高频功率放大电路　　　　（b）160MHz 13W 高频功率放大电路

图 4-38　实际高频功率放大电路

2．基于场效应管的高频功率放大电路

场效应管 ARF448A/B 为 65MHz、250W 射频功率放大管，特别适合中波、短波无线通信、广播电台发射机使用。在 C 类放大状态工作时，最大效率达到 75%、增益达到 15dB。其典型应用如图 4-39 所示，工作频率为 40.68MHz，此时场效应管的输入阻抗为 $Z_{in} = 0.31 - j0.5(\Omega)$，输出阻抗 $Z_{out} = 9.90 - j19.2(\Omega)$，在栅极增加电阻 $R = 25\Omega$ 进行分流，同时由 $L_1 C_2$ 实现输入阻抗匹配，输出端负载为部分接入，实现输出阻抗匹配。

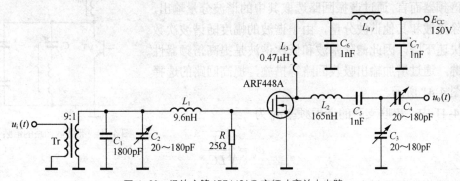

图 4-39　场效应管 ARF448A/B 高频功率放大电路

3．集成高频功率放大器电路

集成高频功率放大器具有体积小、外接元件少、稳定性高的优点，其输出功率一般在几瓦至十几瓦之间。日本三菱公司的 M57704、美国 Motorola 公司的 MHW930、MHL9838 等便是其中的代表产品。

图 4-40 为 Motorola 的高频功放集成电路 MHW930/D 的封装及内部结构，该模块工作在 925～960MHz，功率增益 27～31dB，输出功率最大 50W，最低效率 44%，输入/输出阻抗为 50Ω，图中②为放大器增益控制端，封装的外壳为接地端。

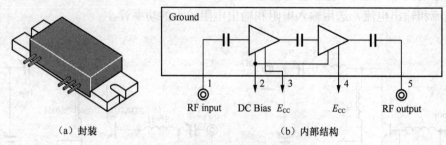

（a）封装　　　　　　　　　　　（b）内部结构

图 4-40　MHW930/D 的封装及内部结构

4.3.4　晶体管倍频器

调制通信系统中，高频载波信号可以通过高频振荡器产生，也可采用晶体管 C 类倍频器来获取。高频功率放大器工作在 C 类状态，输出电流为余弦脉冲，包含丰富的谐波分量，当回路的谐振频率为基波时，则为高频功率放大器；若回路的谐振频率设置为其谐波分量，则称为倍频器，此时输出为谐波分量。

为了提高发射信号频率的稳定程度，载波振荡器常采用石英晶体振荡器，但限于工艺，普通的石英谐振器的基波频率目前只能达到几十 MHz，对载波振荡器而言，降低振荡器的频率，便于提高频率稳定，但通过倍频器提高载波频率，可保持与基波相同的频率稳定度。同时，倍频器的输入信号与输出信号的频率不同，也削弱了前后级寄生耦合，可提高发射机的稳定性。

对倍频器而言，通过谐振回路选取其中的谐波分量输出，需要滤除基波和其他谐波分量，由于谐波的幅度随谐波次数增大而快速下降，因此滤除基波和低次谐波是提高倍频器性能的关键，通过增加输出吸收回路等措施，提高回路的选择性，如图 4-41 所示。

图 4-41 中，串联支路的谐振频率 ω_q 为

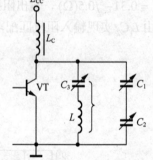

图 4-41　带吸收回路的倍频器电路

$$\omega_q = \sqrt{\frac{1}{LC_3}} \tag{4-88}$$

并联回路的谐振频率 ω_p 为

$$\omega_p = \sqrt{\frac{1}{LC_{\Sigma}}} = \sqrt{\frac{1}{L\left(\dfrac{1}{C_1} + \dfrac{1}{C_2} + \dfrac{1}{C_3}\right)}} \tag{4-89}$$

显然，$\omega_q < \omega_p$，并联回路选择输出频率为 ω_p 的分量，而串联支路吸收掉频率为 ω_q 的谐波分量。

4.3.5　功率分配与合成

尽管如 Freescale 公司推出了单管脉冲功率达到 1000W、工作频率达到 150MHz 的大功

率管 MRF6VP11KH，在实际应用中常需要将大功率输出分配给不同用户、或将多个功率管的输出合并等，如广播、电视等发送端需要将多个功率放大器的输出功率进行合成，再通过发射天线发送。同时，对多个负载，信号功率还需要进行有效的功率分配，如电视信号的功率分配，图 4-42 为典型的信号功率分配与合成结构。

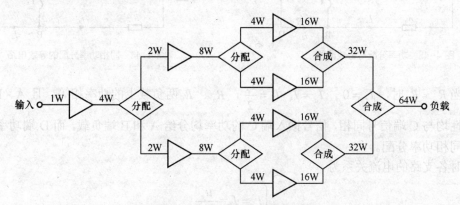

图 4-42　功率合成器的典型结构

图 4-42 中，先将小信号功率放大，再进行功率分配为两路，分别进行功率放大，再次进行功率分配和功率放大，得到四路功率输出，再进行合成，最后得到所需要的输出功率。为了使功率放大与功率合成适合宽带、简单的要求，目前大都采用传输线变压器进行信号功率的分配与合成处理。

1．功率合成原理

图 4-43 为典型的混合网络，既可以用于功率分配，也可用于功率合成。图中，传输线变压器的端口对应：1（A）、2 与 3（C）、4（B）、1 与 4（D），为了满足功率合成或功率分配的阻抗变换，混合网络的各端点应满足：

1）A 和 B 相互隔离，C 与 D 相互隔离，且各端既可以接信号源，也可接负载。由于 C 端为传输线变压器的中点，称为 Σ（和）端，D 端实际是传输线变压器的两端，称为 Δ（差）端。

2）各端点的电阻关系应满足

$$R_a = R_b = R , \quad R_c = R/2 , \quad R_d = 2R \tag{4-90}$$

当由 C 端馈入信号时，A、B 两端输出信号功率相等，且电流方向相同，D 端为平衡端，网络平衡时无输出，称为同相功率分配；当由 D 端馈入信号时，A、B 两端输出信号功率相等，但电流方向相反，C 端为平衡端，网络平衡时无输出，称为反相功率分配。

当 C 端馈入信号时的等效电路如图 4-44 所示。

有：$I_c = 2I_t, I_a = I_t - I_d, I_b = I_t + I_d$

则：$I_t = \dfrac{I_a + I_b}{2}$, $\qquad I_d = \dfrac{I_b - I_a}{2}$

由 $I_a R_a - I_b R_b = I_d R_d$ 有

$$I_d = \frac{I_c(R_a - R_b)}{2(R_a + R_b + R_d)} \tag{4-91}$$

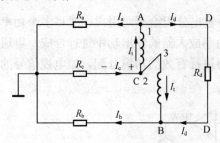

图 4-43　功率分配与合成网络

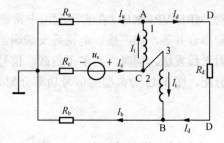

图 4-44　同相功率分配的等效电路

则当 $R_a = R_b$ 时，$I_d = 0$，$I_a = I_b = I_t = \dfrac{I_c}{2}$，$R_a$、$R_b$ 两负载上的功率相等，且 A、B 端的电压极性均与 C 端信号同相，信号馈入端 C 的功率均分给 A 和 B 端负载，而 D 端功率为零，故称为同相功率分配。

此时各支路的电流关系为

$$
\begin{cases}
I_a = I_b = \dfrac{u_s}{4R_c} \\[2mm]
I_c = \dfrac{u_s}{2R_c} \\[2mm]
I_d = 0
\end{cases}
\tag{4-92}
$$

功率关系为

$$
\begin{cases}
P_a = \dfrac{1}{2} I_a^2 R_a = \dfrac{1}{2} I_t^2 R = \dfrac{1}{2} P_c \\[2mm]
P_b = \dfrac{1}{2} I_b^2 R_b = \dfrac{1}{2} I_t^2 R = \dfrac{1}{2} P_c \\[2mm]
P_c = \dfrac{1}{2} I_c^2 R_c = \dfrac{1}{2}(2I_t)^2 \dfrac{R}{2} = I_t^2 R \\[2mm]
P_d = \dfrac{1}{2} I_d^2 R_d = 0
\end{cases}
\tag{4-93}
$$

反过来，若 A 端和 B 端馈入同相等功率信号，则在 C 端由合成功率输出，而 D 端无输出，详细的双端口信号功率分配与功率合成的结构如表 4-4 所示。

表 4-4　　　　　　　　不同端口馈入信号的功率分配与功率合成

馈入信号端		无功率输出端口	功率输出端口		功　　能
A 端		B 端	C 端（同相）	D 端（同相）	功率分配
B 端		A 端	C 端（反相）	D 端（反相）	功率分配
C 端		D 端	A 端（同相）	B 端（同相）	功率分配
D 端		C 端	A 端（反相）	B 端（反相）	功率分配
C 端（同相）	D 端（同相）	B 端	A 端		功率合成
C 端（反相）	D 端（反相）	A 端	B 端		功率合成
A 端（同相）	B 端（同相）	D 端	C 端		功率合成
A 端（反相）	B 端（反相）	C 端	D 端		功率合成

通常，要保证同相功率合成，A、B 两端的功率管可采用并联输出，若采用反相功率合成，则要求 A、B 两端的功率必须为推挽输出形式。

表 4-4 所列不同端口馈入信号的功率分配与功率合成的条件是式（4-90），此时存在无功率输出端，但当 $R_a \neq R_b$ 时，$I_d \neq 0$，功率将重新分配。

分别考虑 R_c、R_b 回路和 R_c、R_a 回路，有

$$\begin{cases} u_s = I_c R_c + u_{34} + I_b R_b \\ u_s = I_c R_c - u_{12} + I_a R_a \end{cases} \tag{4-94}$$

式中，$u_{12} = u_{34} = \dfrac{1}{2} I_d R_d = \dfrac{1}{4}(I_b - I_a) R_d$，可得到

$$\begin{cases} u_s = I_a(R_c - \dfrac{1}{4} R_d) + I_b(R_b + R_c + \dfrac{1}{4} R_d) \\ u_s = I_a(R_a + R_c + \dfrac{1}{4} R_d) + I_b(R_c - \dfrac{1}{4} R_d) \end{cases} \tag{4-95}$$

若 $R_c = \dfrac{1}{4} R_d$，I_b 与 I_a 相互无关，仅与 u_s、R_c、R_b、R_d 有关。

$$\begin{cases} I_a = \dfrac{u_s}{R_a + R_c + \dfrac{1}{4} R_d} = \dfrac{u_s}{R_a + 2R_c} \\ I_b = \dfrac{u_s}{R_b + R_c + \dfrac{1}{4} R_d} = \dfrac{u_s}{R_b + 2R_c} \end{cases} \tag{4-96}$$

若同时满足 $R_b = 2R_c$、$R_c = \dfrac{1}{4} R_d$，则

$$\begin{cases} I_b = \dfrac{u_s}{4R_c} \\ I_a = \dfrac{u_s}{R_a + 2R_c} \\ I_c = \dfrac{(R_a + 6R_c)}{4R_c(R_a + 2R_c)} u_s \\ I_d = \dfrac{(R_a - 2R_c)}{4R_c(R_a + 2R_c)} u_s \end{cases} \tag{4-97}$$

此时，与式（4-92）比较，I_b 维持不变，但 I_a 随 R_a 增大而减小，与 I_b 相比，增量为

$$\Delta I_a = I_b - I_a = \dfrac{u_s}{4R_c} - \dfrac{u_s}{R_a + 2R_c} = \dfrac{R_a - 2R_c}{4R_c(R_a + 2R_c)} u_s \tag{4-98}$$

显然，由于电阻 R_a 不满足平衡条件，I_a 电流变化的部分恰好为传输线与负载 R_d 的回路电流。因此，负载 R_a、R_b 仍维持隔离状态，故当某一负载出现故障，另一负载仍能正常安全工作，甚至是开路或短路的极端故障。

2. 功率合成电路实例

图 4-45 为典型的反向功率合成电路，第一级为输入级，从信号关系上看，不平衡输入信

号经过传输线 Tr_1 变换为平衡信号输入，特性阻抗为 25Ω，输出的 A、B 端信号为反向关系，从功率上看，Tr_1 输出端相当于传输线变压器 Tr_2 为核心的功率分配电路的 D 端；第二级为功率分配网络 Tr_2，输入功率平均分配给负载 A、B 端，即传输线变压器 Tr_3、Tr_4，由于 A、B 信号的相位反向，因此为反向功率分配；第三级为阻抗匹配网络，Tr_3、Tr_4 为 4:1 阻抗匹配电路，其输入阻抗为 12.5Ω 到放大器输入阻抗的阻抗变换；第四级为功率放大电路，功率管 VT_1、VT_2 为 C 类功率放大器，两个放大器的输出功率为传输线变压器 Tr_5 的功率馈入端；第五级为功率合成网路，Tr_5 的功能为功率合成，合成功率汇入 Tr_5 的 D 端，并经过传输线变压器 Tr_6 转换为单端输出，由于功放管的两路输入信号为反向关系，放大输出后仍保持反向关系，因此称为反向功率合成；第六级为输出级，实现平衡到不平衡输出的变换。在功率合成网路 Tr_5 和功率分配网络 Tr_2 中，如果满足完全阻抗匹配关系时，C 端并不消耗功率，但在实际电路中，C 端仍存在功率损耗，所接的电阻（6Ω）在实现阻抗变换的同时，也吸收网络不平衡或不对称引起的功率损耗，称为假负载电阻。

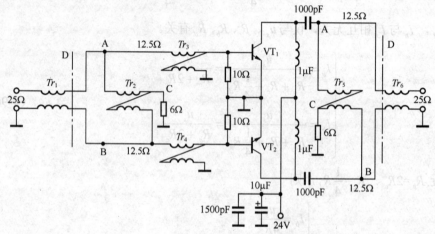

图 4-45　反向功率合成典型电路

4.3.6　高频功率放大器的设计流程

高频功率放大器的设计，可以首先采用非线性高频模拟器确定功率放大器电路的必要参数值，结合负载牵引的方法，借助实验结果确定功率放大器的最佳电路参数。

具体的设计方法与步骤：

1）选择一个合适的功率三极管或场效应管，包括工作频率、增益、电源电压等，以及可利用的非线性模型；

2）在工作频率范围内，查阅晶体管参数及输出功率—输入功率特性曲线，查询所需要的输入功率级；

3）从晶体管参数表中，查询晶体管的频率、输出功率和集电极电压工作条件下的串联输入电阻和负载电阻；

4）设计匹配网络与偏置电路；

当放大器的输出阻抗与负载阻抗匹配时，负载上可获得最佳功率分配，同时电路中不存在反射分量。

在高频电路中，三极管发射极偏置电阻或发射极电容都会导致放大器的不稳定或自激，并增大噪声系数、降低放大器的增益，因此，高频电路中，晶体管的发射极直接接地，克服引线电感产生的发射极反馈；基极与地之间接入一个低 Q 值的扼流圈，或者是一般的扼流圈串接铁氧体磁珠；在集电极连接 LC 回路或扼流圈。

5）利用高频模拟软件进行非线性仿真，调整电路参数，使功率、增益、稳定性、效率与回波损耗达到最优化；

6）在 PCB 中，调试实际的匹配与偏置电路，获得最优的输出功率、增益、线性特性和稳定性；

7）进行温度特性测试，并改变负载阻抗测试功率放大器在温度和负载阻抗变化时的稳定性。其中，改变负载阻抗测试放大器的方法称为负载牵引；

8）在不同频段测试电流、基波输出功率、谐波功率电平、饱和增益等参数。

图 4-46 为典型的 C 类功率放大器电路，其中基极偏置电路为自偏压模式，输入与输出均配有匹配网络，并对电源进行电源去耦和高频去耦处理；考虑功率管的安全，选择晶体管的集电极击穿电压应为直流供电电压的三倍；为提高稳定性，基极和集电极分别通过一个低 Q 值的扼流圈 L_B 接地，并在其接地端串接铁氧体磁珠 FB，抑制高压减幅振荡的发生；在输出端口，电容 C_C 可吸收电压毛刺，并与 L_C 发生谐振，电阻 R_C 增加了谐振回路阻抗，提高放大器的稳定性。也可在基极的 FB 上并接二极管，既可以抑制 FB 上产生的寄生振荡，也可以允许基极输入最大电压，以及基极过大的正向偏置；旁路电阻 R_B 并非三极管的偏置电阻，而是用于抑制输入信号振幅变化或过度频率偏移引起的振荡。图 4-38 为两例实用的高频三极管的功率放大电路。

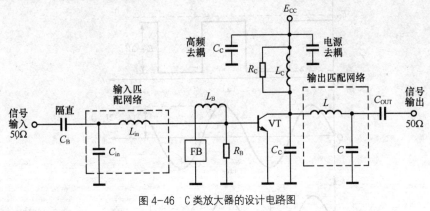

图 4-46 C 类放大器的设计电路图

4.4 高效高频功率放大器

C 类功率放大器通过减小导通角，降低集电极电流 i_c 的导通时间，同时当该电流余弦脉冲幅度最大时，集电极上的电压最小，从而减小三极管的功耗，提高了其工作效率。但是，一味减小导通角，将会降低输出电流幅度，减小输出功率。此时若通过提高激励电压改善集电极电流，又会降低放大器输入信号的动态范围，因此进一步提高功率管的效率，有必要改善输出波形，降低功耗。

D（丁）类、E（戊）、F（己）类放大器采用固定导通半角 $\theta=90°$，三极管工作于开关状态，在集电极呈现的电压波形与集电极上的电流波形彼此存在相移：即存在电压时，集电极上电流极小；存在电流时，集电极上电压极小。因此降低了三极管的功耗，效率高达 90%~100%。

4.4.1 D类高频功率放大器

典型的 D 类放大器如图 4-47 所示,三极管 VT_1、VT_2 轮流导通、截止,L、C、R 为串联谐振回路,谐振于基波频率,称为电压开关型 D 类放大器。

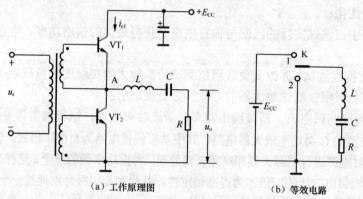

（a）工作原理图　　　　（b）等效电路

图 4-47　D 类开关放大器

对应的集电极电流与电压波形如图 4-48 所示。

VT_1 导通,VT_2 管截止: $V_A = E_{CC} - V_{CES}$

VT_2 导通,VT_1 管截止: $V_A = V_{CES}$

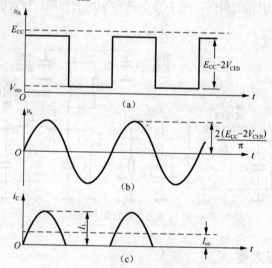

图 4-48　三极管集电极电压电流波形

V_A 为方波,经过傅里叶级数分解,可得到基波分量 V_{c1}。

基波电压峰值为

$$V_{c1} = \frac{2}{\pi}(E_{CC} - 2V_{CES}) \tag{4-99}$$

集电极电流脉冲的基波分量为

$$I_{c1} = \frac{2}{\pi R}(E_{CC} - 2V_{CES}) \tag{4-100}$$

集电极电流的平均分量为

$$I_{c0} = \frac{2I_{c1}}{\pi} = \frac{4}{\pi^2 R}(E_{CC} - 2V_{CES}) \tag{4-101}$$

则输出基波功率为

$$P_0 = \frac{1}{2}V_{c1}I_{c1} = \frac{4}{\pi^2 R}(E_{CC} - 2V_{CES})^2 \tag{4-102}$$

直流供电功率为

$$P_D = E_{CC}I_{c0} = \frac{4}{\pi^2 R}E_{CC}(E_{CC} - 2V_{CES}) \tag{4-103}$$

集电极效率为

$$\eta_c = \frac{P_0}{P_D} = 1 - \frac{2V_{CES}}{E_{CC}} \tag{4-104}$$

当饱和压降 V_{CES} 很小时，η_c 接近 100%，因此选择三极管时，选用开关时间短、饱和压降低的器件，以提高 η_c。

从图 4-48 可以看出，D 类功率放大器的电压波形为矩形，电流为半波波形，称为电压开关型 D 类放大器。若构成电压波形为半波波形，电流为矩形，则称为电流开关型 D 类放大器，如图 4-49 所示。

两个三极管轮流工作，电源 E_{CC} 通过扼流圈 L_C 提供恒定的电流 I_C，两管轮流到同和截止，因此，集电极电流为矩形，如图 4-48（b）所示。LC 回路谐振时，负载可获得正弦波，与方波频率相同。两管的集电极电压波形如图 4-48（b）所示，为余弦波半波波形。

考查三极管的电压与电流波形，如三极管 VT_1 导通时，电流为 I_C，此时三极管处于饱和状态，集电极电压为饱和电压 V_{CES}，三极管功耗较小，而三极管处于截止时，集电极电流为零，而集电极电压为半波电压，此时三极管没有功耗，因此，三极管的总耗损功率比 C 类功率放大器要小得多，效率也比后者大得多。

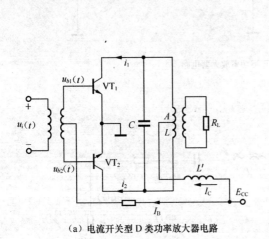

（a）电流开关型 D 类功率放大器电路

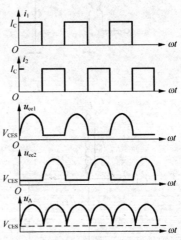

（b）电流开关型 D 类放大器电压、电流波形

图 4-49 电流开关型 D 类功率放大器及波形

4.4.2 E 类高频功率放大器

D 类功率放大器由两管构成、轮流工作，三极管集电极的电流、电压均为余弦脉冲，理想条件下彼此正交。但由于三极管存在输出电容，以及分布电容等，致使三极管工作于开关状态时，其集电极电压与集电极上电流的相位关系并非如图 4-49（b）所示的理想反向关系，两者之间的任何相移都会使三极管功耗上升。如果需要进一步提高其效率，在三极管的负载回路上增加特殊的相位控制网络，克服三极管的输出电容、分布电容的影响，确保三极管的集电极电压与集电极电流的反向关系。在三极管的集电极上，保持存在电压时，集电极电流为零，或存在集电极电流时，集电极电压为零，称为 E 类功率放大器，其基本电路如图 4-50（a）所示。

E 类功率放大器为单管工作于开关状态，扼流圈 L_C 确保电源 E_{CC} 提供稳定的直流电流 I_C；电感 L、电容 C 构成理想的串联谐振回路，具有很高的 Q 值，输出频率为基波的正弦波；电容 C_0 为三极管输出电容和分布电容，jX 为补偿电抗，用于校正输出电压的相位，消除 D 类放大器中由电容 C_0 所引起的功耗，提高放大器的效率。

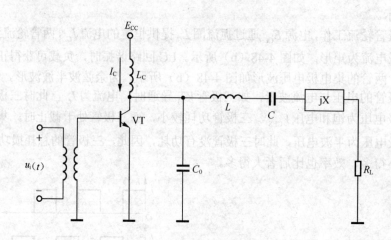

（a）E 类功率放大器电路

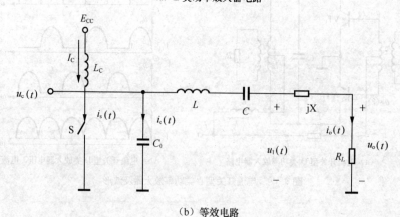

（b）等效电路

图 4-50 E 类功率放大器

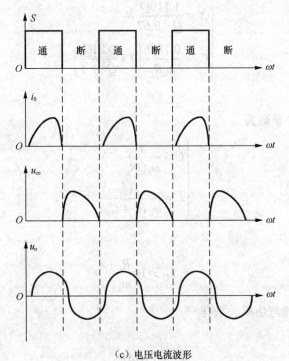

（c）电压电流波形

图 4-50 E 类功率放大器（续）

图 4-49（b）为 E 类功率放大器的等效电路，三极管为开关状态，开关 S 与电流关系为

三极管开关闭合时

$$
\begin{aligned}
u_c(t) &= 0 \\
i_c(t) &= 0 \\
i_s(t) &= I_C - i_o(t)
\end{aligned}
\tag{4-105}
$$

三极管开关断开时

$$
\begin{aligned}
i_s(t) &= 0 \\
i_c(t) &= I_C - i_o(t)
\end{aligned}
\tag{4-106}
$$

因此，无论开路或短路状态，三极管无损耗发生。那么再看看开关瞬间的能耗情况。开关 S 从闭合到打开的瞬间，此时集电极电流快速降为零，集电极电压为电容 C_0 上的电压，处于充电快速上升，如果两者在时间上重叠，三极管功耗不可忽略，而开关 S 从开到闭合的瞬间，集电极电流上升，电压为电容 C_0 的放电瞬间，由于三极管的集电极输出电阻和输出电容的影响，较 S 打开瞬间相比，其电流上升较下降慢，电压的下降较上升时平缓，如图 4-49（c），此时集电极的功耗可忽略。

因此，要降低三极管的功耗，务必使断开瞬间的电流与电压波形在时间上不重叠，因此在串联谐振电路上串联补偿电抗 jX，用于控制电压波形的相位。当 jX 增大时，集电极电压波形可向左移中，反之向右移，确保集电极电压与电流波形时间上不重叠，从而降低三极管功耗。

在最佳工作状态，即开关转换瞬间三极管功耗为零，有如下经验公式为

$$\begin{cases} X = \dfrac{1.110Q}{Q - 0.67} R_L \\[3mm] C_0 = \dfrac{0.1836}{\omega_0 R_L}\left(1 + \dfrac{0.81Q}{Q^2 + 4}\right) \end{cases} \tag{4-107}$$

式中，Q 为品质因数。

理想谐振回路 LC 参数为

$$\begin{cases} C = \dfrac{1}{\omega_0 Q R_L} \\[3mm] L = \dfrac{1}{\omega_0^2 (C + C_0)} \end{cases} \tag{4-108}$$

扼流圈的大小为

$$L_C \geqslant 10 \frac{R_L}{\omega_0} \tag{4-109}$$

对应的电压、电流与功率关系有
输出电压为

$$V_{c1} \approx 1.074 E_{CC} \tag{4-110}$$

输出功率为

$$P_0 \approx 0.577 \frac{E_{CC}^2}{R_L} \tag{4-111}$$

输入电流为

$$I_C \approx \frac{E_{CC}}{1.734 R_L} \tag{4-112}$$

集电极电压峰值为

$$u_{c\max} \approx 3.56 E_{CC} \tag{4-113}$$

集电极峰值电流为

$$i_{c\max} \approx 2.84 I_C = \frac{1.64 E_{CC}}{R_L} \tag{4-114}$$

实际电路中，由于存在集电极—发射极的饱和电压，因此总存在功率损耗，同时，器件的非线性导致集电极电压和电流的高次谐波分量并不保持正交，要想进一步提高效率，必须进一步改善集电极电压、电流波形。

4.4.3　F 类高频功率放大器

F 类功率放大器通过输出匹配网络的谐振回路，集电极电压由奇次谐波组成，接近方波波形，而集电极电流由基波和偶次谐波组成，近似半正弦脉冲波形，从使得集电极电压与集电极电流彼此正交，理想效率达到 100%，其基本结构如图 4-51 所示，图中，C_o 为三极管集电极输出电容，L_c 为扼流圈，提供稳定的直流电流 I_C。若集电极电压为半波正弦波、电流为方波，称为逆 F 类放大器。

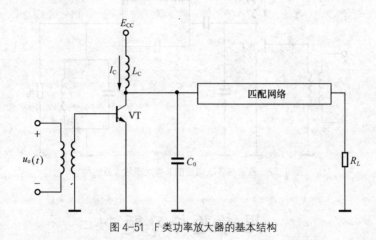

图 4-51　F 类功率放大器的基本结构

因此，获得理想效率的条件，是匹配网络的输入阻抗 Z_n，即三极管集电极的负载满足

$$Z_n = 0 \quad n \text{为偶数}$$
$$Z_n = \infty \quad n \text{为奇数}$$
（4-115）

集电极电压和电流波形为

$$u_{ce}(t) = E_{CC} + V_1 \cos \omega_0 t + \sum_{n=3,5,7\ldots}^{\infty} V_n \sin n\omega_0 t$$

$$i_c(t) = I_C - I_1 \sin \omega_0 t - \sum_{n=2,4,6\ldots}^{\infty} I_n \cos n\omega_0 t$$
（4-116）

显然，效率与谐波次数密切相关，如表 4-5 所示。

表 4-5　　　　　　　　谐波次数与 F 类功率放大器的效率关系

	$n = 1$	$n = 3$	$n = 5$	$n = \infty$
$n = 1$	50%	57.7%	60.3%	63.7%
$n = 2$	70.7%	81.7%	85.3%	90.0%
$n = 4$	75%	86.6%	90.5%	95.5%
$n = \infty$	78.5%	90.7%	94.8%	100%

F 类放大器要求无限谐波成分，这在实际中无法实现，如三极管的输出电容、电路的分布参数不可能获得偶次谐波短路、奇次谐波开路。同时，输出阻抗需要在不同的谐波上匹配，也是十分复杂的电路。在实际设计中通常考虑少量的谐波，如图 4-52 为 3 次谐波。

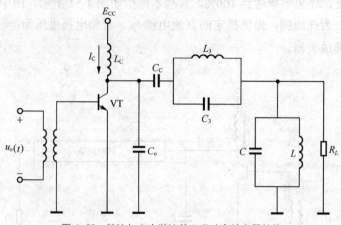

图 4-52　基波与 3 次谐波的 F 类功率放大器结构

思考题与习题

4-1　A 类、B 类、C 类功率放大器各有什么特点？试详细比较。

4-2　为什么低频功率放大器不能工作于 C 类，但可以采用高效 D 类功率放大器（脉冲功率放大器）？

4-3　C 类功率放大器工作在过压状态时，为什么电流波形会出现下凹?若用阻性负载时为什么不会出现下凹？

4-4　图 4-2 为小信号调谐放大器，工作频率 $f_0 = 10.7\,\text{MHz}$，回路电感 $L_{13} = 4\,\mu\text{H}$、$Q_0 = 100$，线圈的匝数分别为：$N_{12} = 15$、$N_{23} = 5$、$N_{45} = 5$，所用晶体管的主要参数：$f_T \geqslant 250\,\text{MHz}$、$g_{ie} = 1.2\,\text{ms}$、$C_{ie} = 12\,\text{pF}$、$y_{oe} = 400\,\mu\text{s}$、$C_{oe} = 9.5\,\text{pF}$、$y_{fe} = \text{ms}\angle -22°$、$y_r = 310\mu\text{s}\angle -88.8°$。

求：1）单级放大器的电压增益、功率增益、有载品质因数、通频带和矩形系数；

2）若四级级联，试计算电压增益、功率增益、通频带和矩形系数；

3）若集—基电容 $C_{b'c} = 3\,\text{pF}$，试设计中和电路消除其影响。

4-5　高频功率放大器的临界、欠压和过压是如何划分的？各有什么特点？当 E_{BB}、E_{CC}、V_{im}、R_L 四个外界因素中，一个发生变化时，高频功率放大器的状态如何变化？

4-6　一高频功率放大器工作于临界状态，电源电压 E_{CC} 稳定，若出现以下现象，试分析其产生的原因，并说明其工作状态是如何变化的。

（1）输出功率变大，但效率降低，而 u_{BEmax} 和输出电压幅度 V_0 却没有改变。

（2）输出功率变小，但效率提高，而 u_{BEmax} 和 u_{CEmin} 却没有改变。

（3）输出功率变大，且效率略有提高，而输出电压幅度 V_0 却没有改变。

（4）输出功率减小一半，而效率保持不变，此时发现输入信号 V_{im} 也减小一半。

4-7　某谐振功率放大器工作于临界状态，功率管的参数为：$f_T=100\,\text{MHz}$，$\beta=20$、集电极最大耗散功率为 20W，临界饱和线的跨导为 $g_{cr} = 1\,\text{A/V}$，转移特性曲线如题图 4-1 所示。已知 $E_{CC}=24\text{V}$，$E_{BB}=1.45\text{V}$，$V_{BZ}=0.6\text{V}$、$Q_0=100$、$Q_L=10$，求集电极输出功率 P_0。

4-8　晶体管谐振功率放大器工作于临界状态，$\eta_c=70\%$，$E_{CC}=12\text{V}$，$V_{c1}=10.8\text{V}$，电路回

路电流 I_k=2A（有效值），回路损耗电阻 r=1Ω。试求 θ_c，P_0，P_c。

4-9 放大器处于临界工作状态，如图 4-37 所示，分析发生如下情况，集电极直流电流表与天线电流表的读数如何变化。

（1）天线开路；

（2）天线短路；

（3）中介回路失谐。

4-10 某广播电台规划发射功率为 1 000W，现将采用传输线变压器混合网络组成功放机柜，现有单机功率 50W、100W 的功率放大器若干，试设计其混合网络结构，负载电阻为 50Ω。

4-11 试采用功率管 MRF137，设计一功率放大器，输出功率 50W，负载 50Ω，工作频率 50MHz。

4-12 试结合表 4-4 所列举的混合网络功率分配与合成条件，分析功率分配的工作原理。

4-13 题图 4-2 所示电路，分析其中传输线变压器的作用。

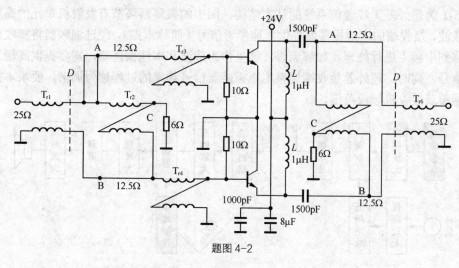

题图 4-2

4-14 设计一个 E 类放大器，工作频率为 8MHz，输出到负载 12.5Ω 上的功率为 25W。假设晶体管为理想器件，输出电路的 Q 为 10。

4-15 若选用场效应管，试分析 E、F 类高频放大器的功率与效率。

第5章 正弦波振荡器与频率合成技术

无线发送或接收的已调波信号，均以载波为载体。模拟调制系统中，载波信号为正弦波，根据产生正弦波的工作频段不同，振荡器分为低频正弦波振荡器和高频正弦波振荡器。

图 5-1 为超外差无线通信系统的基本结构，图中的振荡器环节有发射机单元的高频振荡器产生载波，接收端的本地振荡器提供本地参考信号（简称本振），经过混频器将接收的射频信号搬移到中频上进行处理，如解调等。这里作为载波和本地振荡器，需要提供高稳定度的正弦波信号，同时，超外差接收端调整本地振荡器信号频率的过程称为调谐，要求本振信号频率必须覆盖接收机频段范围。

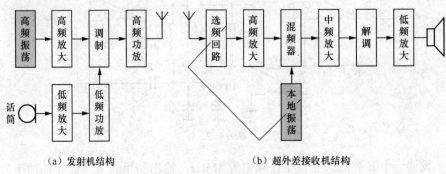

（a）发射机结构　　　　　　　　　（b）超外差接收机结构

图 5-1　无线电发射机与超外差接收机的结构框图

5.1　振荡器基础

振荡器将直流能量转换为交变能量，输出交流信号。按产生的波形划分，可分为正弦波振荡器和张弛振荡器，前者产生正弦波，如高频 LC 振荡器、石英晶体振荡器和低频的 RC 振荡器等，后者产生非正弦波，如脉冲波、三角波等。随着电子技术的发展，正弦波也可通过数字合成的方法实现，具有高精度、可集成、调整方便的特点。目前，根据振荡器的结构，其分析方法有正反馈分析方法、负阻分析方法以及频率合成的方法。

5.1.1　振荡器工作原理

在放大器的调试过程中，极易出现高频寄生干扰，影响信号波形，严重的是产生自激振荡，即没有输入信号时，也有较强的干扰输出波形。此时，导致放大器完全无法工作，放大器转化为振荡器。从故障的角度分析，放大器出现自激振荡，电路中一定出现了正反馈回路，只有正反馈回路将输出的信号不断地反馈到输入端，形成了放大—反馈—放大的循环，从而维持稳定的输出，因此，排除故障的关键是破坏其正反馈回路。由此可以看出，放大器和自激振荡器的差别是放大器要求放大信号，常采用负反馈方法降低增益提高放大器的稳定性，而振荡器需要"从无到有"，通过放大—选频—反馈—放大，获得稳定的振荡波形，显然，振荡器中的反馈为正反馈，将微弱的冲击、噪声放大，并不断通过选频-放大获得需要的频率信号，这种不需要外部激励信号的振荡器称为自激振荡器。

　　自激振荡器由放大、选频和反馈三个环节组成，其结构如图 5-2 所示。反馈网络为正反馈，即反馈信号与放大器的输入信号同相，且具有较大的幅度；选频网络是产生正弦波的必备条件，否则，正反馈引起的自激振荡波形不可预测；放大网络有两种功能，一方面通过放大信号将直流电能转换为交流信号能量，同时，当信号幅度达到一定时，放大器的放大倍数不再保持恒定，这样不至于输出信号由于正反馈而无限增大。因此放大器的非线性保持了输出信号幅度的稳定。

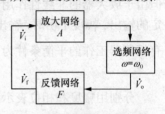

图 5-2　反馈振荡器的基本框图

　　下面分别从起振、平衡、稳定三个方面探讨振荡器的工作原理。

1. 起振条件

　　振荡器在系统通电瞬间，由于没有输入信号，输出本应没有信号。但电路中存在噪声、通电瞬间的电流冲击等，这些干扰或扰动信号具有极宽的带宽，含有丰富的频率成分，经过放大、选频，输出为单一频率的信号，该信号又通过正反馈，不断地进行放大、选频，最后获得具有一定幅度、频率纯度高的正弦波信号。当然，每次正反馈使信号 $\dot{V}_i$ 逐渐增大，幅度达到一定值时，放大器进入非线性区（饱和或截止），将导致放大网络增益下降，当 $\dot{V}_i = \dot{V}_f$ 时，进入平衡状态。

　　图 5-2 所示，为便于分析，这里选频网络作为放大器的负载，与放大网络合并为放大选频网络，令放大选频网络的基本放大倍数为

$$\dot{A}_V = \frac{\dot{V}_0}{\dot{V}_i} \tag{5-1}$$

反馈网络的反馈系数为

$$\dot{F}_V = \frac{\dot{V}_f}{\dot{V}_0} \tag{5-2}$$

　　考虑放大网络和反馈网络组成的环路，其环路增益 $\dot{T}(\mathrm{j}\omega)$ 为

$$\dot{T}(\mathrm{j}\omega) = \frac{\dot{V}_f}{\dot{V}_i} = \dot{F}_V \dot{A}_V \tag{5-3}$$

　　当振荡器开始工作时，从小信号输出到大信号输出，信号幅度越来越大，因此要求：$\dot{V}_f > \dot{V}_i$，得到振荡器的起振条件为

$$\dot{T}(\mathrm{j}\omega) = \dot{F}_V \dot{A}_V > 1 \tag{5-4}$$

分别用幅度和相位表示起振条件，有
幅度起振条件

$$F_V A_V > 1 \tag{5-5}$$

相位起振条件

$$\varphi_T = \varphi_F + \varphi_A = 2n\pi \quad n=0,1,2,3,\cdots \tag{5-6}$$

从相位上看，振荡器必须是正反馈电路；从幅度上看，振荡器起振是一个幅度渐渐增大的过程。但在实际电路中，振荡器起振、振幅增大的过程是非常短暂的。

2．平衡条件

前面讨论了振荡器的起振过程，在正反馈的作用下，振荡器的输出信号幅度会越来越大，但由于放大器的非线性作用，信号幅度不可能无限增大，在合适的幅度上达到平衡，形成稳定的输出。幅度平衡时，输出的正反馈量与输入信号相等，即 $\dot{V}_f = \dot{V}_i$，根据式（5-1）、式（5-2）有振荡器工作的平衡条件为

$$\dot{T}(j\omega) = \dot{F}_V \dot{A}_V = 1 \tag{5-7}$$

分别用幅度和相位表示，有

幅度平衡条件为

$$\left| \dot{T}(j\omega) \right| = F_V A_V = 1 \tag{5-8}$$

相位平衡条件为

$$\varphi_T = \varphi_F + \varphi_A = 2n\pi \quad n=0,1,2,3,\cdots \tag{5-9}$$

此时，V_f 起维持振荡器平衡的作用，相位上仍保持正反馈。

3．稳定条件

当平衡条件 $\dot{F}_V \dot{A}_V = 1$ 被破坏时，输出信号幅度 V_0 可能增大或减小，但振荡器必须能自动恢复到平衡状态。对幅度变化而言，当输出信号幅度 V_0 突然增大，则要求环路增益自动降低，若幅度 V_0 减小，环路增益应自动增大。显然，幅度稳定，环路增益与幅度的关系应满足

$$\frac{\partial T(j\omega)}{\partial V_0} < 0 \tag{5-10}$$

该式称为振荡器幅度稳定条件。

对相位而言，振荡器的反馈为正反馈，即 V_f 与 V_i 同相，如果反馈信号 V_f 超前 V_i，则输出信号的频率 ω 会增大；如果反馈信号 V_f 滞后 V_i，则输出信号的频率会降低。因此，要维持振荡器频率稳定，则要求频率与相位的关系满足：

$$\frac{\partial \varphi_T}{\partial \omega} < 0 \tag{5-11}$$

该式为振荡器的相位稳定条件。

1）幅度稳定条件

振荡器幅度平衡，$\left| \dot{T}(j\omega) \right| = F_V A_V = 1$，存在两种平衡模式，如图 5-3 所示。

图 5-3（a）中，平衡点为 A 点，$\dot{F}_V \dot{A}_V = 1$。在振荡器初始工作时，$\left| \dot{T}(j\omega) \right| = F_V A_V > 1$，反馈信号为 V_{f1}，经过放大、反馈、再放大和反馈，逐渐移向平衡点 A，因此，该振荡器的初始静态工作点在放大区，具有自动起振的能力，称为软激励。

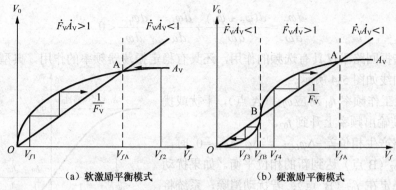

（a）软激励平衡模式　　　　　　（b）硬激励平衡模式

图 5-3　两种平衡模式

若由于干扰等导致反馈信号 V_{f1} 小于平衡点幅度 V_{fA}，或反馈信号 V_{f2} 大于平稳点幅度 V_{fA}，同样通过放大、反馈移向平衡点 A。因此平衡点 A 为平衡稳定点，外界的干扰、扰动导致幅度变化，振荡器均能自动恢复到平衡点 A。这里假设反馈系数 F_V 为常数，而放大器增益在振荡器从起振到平衡过程中在不断变化，增益与幅度的关系满足式（5-10）幅度稳定条件。

图 5-3（b）中，增益与反馈特性曲线有两个交点 A、B，因此有两个平衡点。其中 A 点与图 5-3（a）相同，为稳定的平衡点，而 B 点的工作情况不同，当反馈信号 $V_{f3}<V_{fB}$ 时，由于 $\dot{F}_V \dot{A}_V <1$，输出信号幅度减小，通过反馈、放大，输出信号幅度逐渐减小到零，即停止振荡；而当反馈信号 $V_{f4}>V_{fB}$ 时，由于 $\dot{F}_V \dot{A}_V >1$，输出信号幅度增大，通过反馈、放大，输出信号幅度逐渐移向另一个平衡点 A；因此平衡点 B 为不稳定的平衡点，一旦离开该平衡点，要么减小到停振，要么进入另一个稳定的平衡点。因此要进入稳定平衡点 A，信号幅度必须大于 V_{fB}，否则不能起振。由于此时振荡器的静态工作点靠近截止区，电路噪声或冲击信号不足以引起稳定的振荡，必须给予足够的激励信号，称为硬激励。

从图 5-3 可以看出，振幅稳定是利用放大器的非线性实现的，使增益与幅度变化成反比关系。根据引起放大器非线性的途径不同，稳幅分为内稳幅和外稳幅。通过加大放大器自身的非线性强度，如自给偏压效应，实现稳幅，称为内稳幅；如果放大器为线性放大，另插入非线性环节，称为外稳幅，如桥式 RC 振荡器中采用热敏电阻作为负反馈支路。

2）相位稳定条件

振荡器不仅幅度要求稳定，其频率稳定也是重要指标。频率的瞬时变化是通过振荡器的相位实时变化体现出来的，因为振荡器的频率为相位的微分函数，因此相位的稳定决定了其振荡器频率的稳定。振荡器正常工作时，相位平衡，即 $\varphi_F+\varphi_A=2n\pi$，与幅度稳定一样，如果相位平衡被打破，振荡器本身应能重新建立起相位稳定点，才能保持频率的稳定。

图 5-2 所示的振荡器三个组成部分，起振与平衡的相位条件 $\varphi_F+\varphi_A=2n\pi$，即正反馈，此时均假设选频网络的相移为零，即谐振回路的谐振频率等于振荡器的输出频率，如果受到干扰或扰动，输出频率发生偏移，谐振回路失谐，将产生相移，此时振荡器的正反馈回路的相移为 $\varphi_T= \varphi_F+\varphi_A+\varphi_{LC}$。通常，放大器本身的相移在一定频率范围内是恒定的，如共射放大电路为反向放大等，简单的反馈网络相移也是恒定的，与放大器构成正反馈回路，此时调整频率变化的因素主要是选频网络的相移 φ_{LC}。

根据式（3-31），谐振回路的相—频关系 $\dfrac{d\varphi_{LC}}{d\omega}<0$，因此，整个振荡器的相—频关系

$$\frac{d\varphi_T}{d\omega} = \frac{d(\varphi_F + \varphi_A)}{d\omega} + \frac{d\varphi_{LC}}{d\omega} \approx \frac{d\varphi_{LC}}{d\omega} < 0 \qquad (5\text{-}12)$$

因此，谐振回路不仅具有选频的作用，还具有稳定振荡器频率的作用，典型的并联谐振回路相—频曲线如图 5-4 所示。

设系统原工作频率 f_{01} 对应 φ_{LC}（A 点），干扰或扰动引起 $\Delta\varphi$，使输出频率上升到 f_{02}。

谐振回路产生相位差 $-\Delta\varphi_{LC}$；当 $\Delta\varphi - \Delta\varphi_{LC} = 0$ 时，系统在频率 f_{02}（B 点）达到新的相位平衡。如果扰动保持，系统稳定在 f_{02}（B 点）；若扰动消除，系统将自动返回 f_{01}（A 点）。

显然，相频曲线负斜率越大，f_{02} 偏离 f_{01} 越小，频率稳定度越高。因此，提高谐振回路 Q 值可加大负斜率，如石英晶体的 Q 值极高，故频率稳定性好。

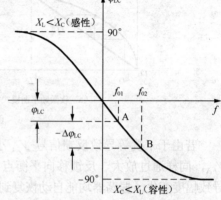

图 5-4 谐振回路的相-频特性曲线

4. 偏置电路对振荡器性能的影响

从前面的分析可知，振荡器电路在初始工作时处于甲类线性放大状态，即软激励工作状态。当信号幅度增大，放大器工作于 C 类非线性放大状态，其静态工作点从 A 类进入 C 类状态，放大器增益与信号幅度呈现动态平衡的状态。由于振荡器在起振、稳定的过程中，其静态工作点是变化的，因此固定偏置电路不适合振荡器电路，振荡器电路常采用自给偏压电路，如图 5-5（a）所示。

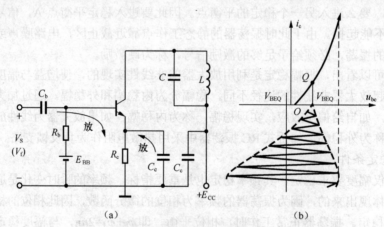

图 5-5 偏置电路与自偏压效应

初始工作时，发射极电容 C_e 上的电压尚没建立，发射结上电压 V_{BEQ} 较高，工作点处于放大区。因此，电源接通后，三极管的 β 高，集电极电流 i_c 大，工作在软激励工作状态。

正反馈使输出信号幅度越来越大，通过反馈使基极的信号幅度越来越大，当输入信号幅度大于基极静态偏置电压时，信号的负极性使放大器进入截止区，基极的导通角将小于 $360°$，进入甲乙类放大状态，基极电流出现余弦脉冲，发射极的电流也为余弦脉冲，其直流分量 I_{e0} 随信号幅度增大而增大，发射极电压 V_E 随之提高，使发射结上电压 V_{BEQ} 减小，工作点 Q 下降，如图 5-5（b）所示，工作点左移，三极管进入 C 类状态，放大倍数进一步下降，直至达到平衡条件 $\dot{F}_V \dot{A}_V = 1$。

自给偏压电路可使振荡器工作于软激励状态，通过工作点的自动调整获得稳定的正弦波输出。但是，C 类工作时，三极管在导通期间，向回路提供能量，维持振荡器连续工作的同时，若基极 $C_b R_b$、发射极 $C_e R_e$ 时间常数过大，放电慢，发射极电容 C_e 的端电压升高，使导通时间减小，电流脉冲幅度减小，输出电压幅度随之减小，呈现幅度衰减的振荡信号。随着信号幅度衰减到一定程度，发射极电容 C_e 上电压减少，导通时间又开始增大，这样进入一个新的周期，输出的波形不再是正弦波，而呈现一种调幅信号，称为间歇振荡，严重的甚至停振，如图 5-6 所示。

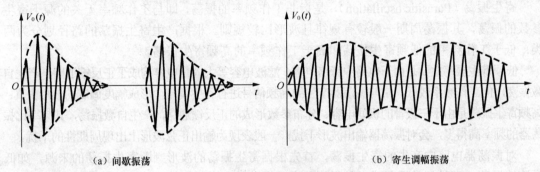

（a）间歇振荡　　　　　　　　　　　　　　　（b）寄生调幅振荡

图 5-6　间歇振荡波形

间歇振荡与回路 Q 值关系密切。Q 值越小，回路消耗的能量越大，在三极管截止区，振荡器的输出信号幅度衰落越大，也可能出现间歇振荡。

因此，是否产生间歇振荡，与自偏压的变化速率以及振荡信号幅度变化速率有关，前者与自偏压电路的放电时间常数相关，后者与回路 Q 值相关。对此，为克服间歇振荡，要求 $C_e R_e$、Q 的选取应满足

$$C_e R_e < \frac{2Q_L}{5\omega_0} \tag{5-13}$$

式中，Q_L 为回路有载品质因数，ω_0 为振荡器稳定输出的信号频率。

5.1.2　正弦波振荡器的指标

正弦波振荡器输出正弦波，其指标有波形的失真度、频率稳定度、输出功率与输出阻抗等。其中输出功率和输出阻抗可通过增加功率放大等环节改善性能，下面重点介绍改善波形失真度和提高频率稳定度的措施。

1. 波形失真与寄生振荡

根据波形失真的性质，分为线性失真和非线性失真两类，其中，引起信号各频率分量间幅度和相位的关系变化，仅出现波形失真，不增加新的频率成分，属于线性失真。而谐波失真（THD）、互调失真（IMD）等产生新的频率成分，属于非线性失真。对于正弦波振荡器而言，为单一频率输出，其任何波形失真均为非线性失真，主要有谐波失真、寄生振荡等。

谐波失真是由振荡器的非线性器件引起的，正弦波振荡器工作于非线性区，输出的波形并非纯正弦波信号，尽管通过谐振回路选频，其中仍含有谐波频率成分。信号失真的程度可用非线性失真系数或失真度表示，其定义是总谐波电压有效值与基波电压有效值之比。

$$\text{THD} = \frac{\sqrt{\sum_{n=2}^{\infty} V_n^2}}{V_1} \tag{5-14}$$

式中，V_1 为基波电压有效值，V_2，V_3，$\cdots V_n$，为谐波电压有效值。

降低谐波失真的措施主要有：1）对正弦波振荡器而言，输出的正弦波波形取决于谐振回路的带宽，以及对谐波成分的抑制，因此，提高谐振回路的品质因数 Q 可降低输出正弦波的失真度；2）施加适量的电压负反馈或电流负反馈，抑制输出信号幅度的波动；3）选用特征频率 f_T 高、噪声系数 N_F 小的振荡管；4）提高电源的功率储备，改善电源的滤波性能。

寄生振荡（Parasitic oscillation），是指非工作频率的振荡，即与工作频率无关的源于寄生参数的振荡，其振荡周期一般较有规律且波形比较规则。根据产生寄生振荡的路径划分为两类：低于工作频率的低频寄生振荡和高于工作频率的高频寄生振荡。

低频寄生振荡主要是由于电路中旁路电容、滤波电容等大容量电容构成了正反馈通路，产生自激振荡，但工作频率较低，常与振荡器产生的高频信号进行寄生调制，形成幅度调制的波形失真；高频寄生振荡是由于三极管的极间电容、分布参数形成的正反馈通路，产生自激振荡，其频率比振荡器的频率高得多，会对振荡器输出波形干扰，一般表现为输出正弦波形上出现周期性的干扰。

对振荡器电路中产生的寄生振荡，首先根据寄生振荡的波形判断寄生振荡的来源，如低频连续振荡、高频间歇振荡或者是瞬间的衰减振荡等，通过旁路、滤波等措施破坏寄生振荡的正反馈回路。

2．频率稳定度

根据观测时间的长短，频率的稳定度分为长期稳定度、短期稳定度和瞬时稳定度。长期稳定度为标准设备的频率稳定度指标，考核时间在一天以上；短期稳定度为通信仪表、仪器的频率稳定度指标，考核时间在一小时以上；长期和短期稳定度主要受元器件老化影响；瞬时稳定度主要考核温度、电源、元器件参数变化引起的频率变化，一般以秒或秒以下时间考核。

设标称频率 f_0，实际工作频率 f，则

绝对频率准确度为

$$\Delta f = f - f_0 \tag{5-15}$$

相对频率准确度为

$$\frac{\Delta f}{f_0} = \frac{f - f_0}{f_0} \tag{5-16}$$

例如工作频率 $f_0 = 1\text{MHz}$，一天内最大偏差 $f_{0\max} = 1.0006\text{MHz}$，则频率稳定度为

$$\frac{\Delta f}{f_0} = \frac{1.0006 - 1}{1} = 6 \times 10^{-4}/\text{日}$$

不同的应用场合，不同的振荡器具有不同的稳定性能指标要求，如表 5-1 所示。

表 5-1　　　　　　　　　　　　振荡器稳定性能比较

振荡器类型	稳定性指标	振荡器类型	稳定性指标
RC 振荡器	10^{-2}/日	中波台	2×10^{-5}/日
LC 振荡器	$10^{-2} \sim 10^{-5}$/日	电视台	2×10^{-7}/日
晶体振荡器	$10^{-4} \sim 10^{-11}$/日	一般信号源	$10^{-4} \sim 10^{-5}$/日
晶体振荡器（常温）	$10^{-4} \sim 10^{-7}$/日	高精度信号源	$10^{-7} \sim 10^{-8}$/日
晶体振荡器（恒温）	$10^{-8} \sim 10^{-11}$/日	宇宙通信	10^{-11}/日

正弦波振荡器的输出信号频率由选频回路决定，频率的变化与回路参数、温度以及工作点等因素的影响有关。

1）谐振回路参数变化的影响

回路电感或电容参数的变化直接影响振荡器的频率变化。

$$\frac{\Delta\omega_0}{\omega_0} = -\frac{1}{2}\left(\frac{\Delta L}{L} + \frac{\Delta C}{C}\right) \tag{5-17}$$

式中，负号表示 L、C 增大时，$\dfrac{\Delta\omega_0}{\omega_0}$ 下降。

2）温度变化的影响

温度变化时，会引起回路参数 L、C 变化，从而引起频率的变化。同时，温度的变化，也会引起放大器工作点的偏移，将引起三极管 Y 参数的变化，也将引起 Y_{fe} 的相位 φ_{fe}（即 φ_A）变化，从而破坏环路相位的平衡，引起频率的变化。

电源不稳定、Q 值和负载的变化，也将引起工作点偏移，从而引起输出信号的频率变化。在实际振荡器电路中，可以从回路参数、晶体管和工作环境等方面采取措施提高振荡器的频率稳定度。

提高 LC 回路的标准性，提高 L、C 的 Q 值，同时，在安装工艺方面，采用紧固、短引线（镀银），减小对 LC 回路的影响。此外，考虑电感电容的影响，需用不同温度系数的电感和电容，如 L 为正温度系数时，选负温度系数的 C，则可减小温度对 LC 参数的影响。

对于振荡管，尽量选择截止频率高的晶体管，减小正向传输导纳相移的影响，减小三极管的输入电阻、输出电阻的影响，提高回路 Q 值，降低回路损耗和回路相移的影响。

此外，在工作环境方面，可采用恒温、电磁屏蔽措施，克服外界环境影响，同时配置高稳定电源以及缓冲器输出，克服负载的影响。

3．相位噪声（Phase noise）

系统中各种噪声作用下所引起输出信号相位的随机起伏，在时域上称为相位抖动，在频域上称为相位噪声。相位噪声是衡量振荡器的重要指标，实际上相位噪声就是频率短期稳定度，理论上输出正弦波的频谱为纯净的谱线，如图 5-7（a）所示，但实际上由于相位抖动，将振荡器的一部分功率扩展到相邻的频率中去，在频率附近存在一定的频谱宽度，如图 5-7（b）所示。偏离中心频率为 f_{m}Hz 处、1Hz 带宽内的功率与总功率之比称为相位噪声，单位为 dBc/Hz。

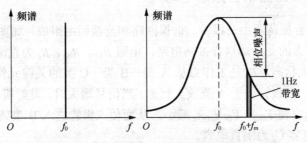

（a）无相位噪声的正弦波频谱　　　（b）含相位噪声的正弦波频谱

图 5-7　正弦波振荡器的信号频谱

当振荡器受到扰动，输出信号为非纯正弦波，表达式为

$$u_0(t) = (V_0 + \varepsilon(t))\sin(2\pi f_0 t + \Delta\varphi(t)) \tag{5-18}$$

式中，$\varepsilon(t)$ 为瞬时幅度起伏，$\Delta\varphi(t)$ 为瞬时相位起伏。

由于 $V_0 \gg \varepsilon(t)$，因此，$\varepsilon(t)$ 不会引起频率或相位起伏，一般可以忽略。但瞬时相位起伏 $\Delta\varphi(t)$ 将引起瞬时频率的变化，为相位噪声。引起相位噪声的主要因素为电子噪声，包括热噪声、散弹噪声和闪烁噪声等，根据相关理论和推导，构成振荡器相位噪声的相关参数与表达式为

$$L(f_m) = \frac{1}{8}\frac{N_F kT}{P_{si}}\left(\frac{f_0}{f_m}\right)^2\left(\frac{P_{if}}{Q} + \frac{1}{Q_0} + \frac{P_0}{Q}\right)^2\left(1 + \frac{f_c}{f_m}\right) \tag{5-19}$$

式中，Q_0 为振荡器的空载品质因数；Q 为振荡器谐振回路无功功率；P_{if} 为反馈输入的信号功率；P_0 为输出功率；P_{si} 为谐振回路输入功率；N_F 为放大器的噪声系数；k 为玻尔茨曼常数，$k = 1.3806 \times 10^{-23}\,\mathrm{J/K}$；$T$ 为绝对温度（K）；f_0 为振荡器的输出频率；f_c 为拐角频率，与闪烁噪声相关；f_m 偏离中心的频率。

从相位噪声的表达式看，影响晶体振荡器相位噪声的因素很多，因此提高振荡器频率稳定度、减小振荡器相位噪声的方法有：振荡器的空载品质因数 Q_0 尽可能高，使谐振回路的电抗储能 Q 尽可能大，同时选择低噪声系数 N_F 和低闪烁噪声的有源器件，减小器件本身的影响。

在振荡器加工工艺方面，包括元器件的加工处理和振荡器的装配调试，按照正确的工艺规程严格执行，如装配前的参数挑选、老化处理等。此外选择合适的温度范围、供电电源、负载电容等，也是降低相位噪声的重要措施。

5.2 *LC* 振荡器

LC 振荡器是指选频回路为 *LC* 回路的振荡器，按照其正反馈元件类型可分为：变压器反馈的 *LC* 振荡器、电感反馈和电容反馈的三点式 *LC* 正弦波振荡器。前者的工作频率只有几百 kHz～几 MHz，频率稳定度为 10^{-2}/日，三点式 *LC* 正弦波振荡器的工作频率为几 MHz～几百 MHz，频率稳定度达到 $10^{-3} \sim 10^{-4}$/日。

5.2.1 晶体管变压器耦合振荡电路

晶体管变压器耦合振荡器由三极管、谐振回路和反馈网络组成，如图 5-8 和图 5-9 所示。图 5-8（a）为共基组态的变压器耦合振荡电路，电阻 R_{b1}、R_{b2}、R_e 为直流偏置，初始静态工作点 Q 处于 A 类放大状态，R_e 是工作点从 A 类—B 类—C 类的关键元件，当信号幅度较小时，R_e 上的压降较小，三极管处于 A 类放大状态，当信号增大时，发射极电流呈现电流脉冲，其中直流成分通过 R_e，使 $V_{BE} = V_B - I_{e0}R_e$ 减小，从而使三极管进入 B 类或 C 类放大状态；电容 C_b 为旁路电容，电容 C_e 为隔直电容。

图 5-8（b）中，设输入信号为 $\dot{V}_i$，瞬时极性为 ⊕，经过三极管同相放大，在集电极获得输出电压 $\dot{V}_0$，其瞬时极性为 ⊕，输出电压经过变压器耦合，在次级线圈输出电压为

$\dot{V}_2 = \dfrac{L_2 + L_3}{L_1}\dot{V}_0 = \dfrac{N_2 + N_3}{N_1}\dot{V}_0$，式中 N 代表线圈的匝数，这里未考虑线圈间的互感。根据变压器的同名端，$\dot{V}_2$、$\dot{V}_0$ 和 $\dot{V}_i$ 同相，反馈电压 $\dot{V}_f$ 为 $\dot{V}_2$ 的分压，$\dot{V}_f = \dfrac{N_3}{N_2 + N_3}\dot{V}_2 = \dfrac{N_3}{N_1}\dot{V}_0$，因此，反馈电压 $\dot{V}_f$ 与输入电压 $\dot{V}_i$ 同相，构成了正反馈网络。

　　图 5-8（b）为交流通路，与 RC 振荡器不同，LC 振荡器的交流通路中是没有电阻的（电阻是耗能器件，尽量避免交流通路的耗能器件），信号频率由选频回路决定，谐振频率 $\omega_0 = \sqrt{\dfrac{1}{(L_2 + L_3)C}}$。共基电路的输入阻抗很低，为了不降低选频回路的 Q 值，保证振荡频率的稳定，采用了部分接入法，该电路的特点是频率调节方便，输出波形较好。

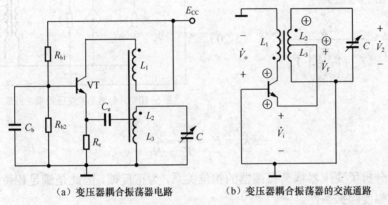

（a）变压器耦合振荡器电路　　　　（b）变压器耦合振荡器的交流通路

图 5-8　共基组态的变压器耦合振荡器电路

　　图 5-9 为变压器耦合振荡器的实用电路，是常用的超外差接收机高频接收部分，包括接收谐振回路（C_1、C_{1T} 和 L_1）、本地振荡器（振荡管 VT、反馈 L_3L_4 和谐振回路 C_2、C_{2T}、L_4、L_5）与混频管 VT、中频滤波（C_3、L_6）输出，中频谐振回路 C_3、L_6 对本地振荡器信号等效为短路，其变压器反馈的振荡电路的交流通路如图 5-9（b）所示。三极管的基极输入信号为 $\dot{V}_i$，瞬时极性为 $\oplus$，经过三极管反相放大，获得输出电压 V_0，瞬时极性为 $\ominus$，

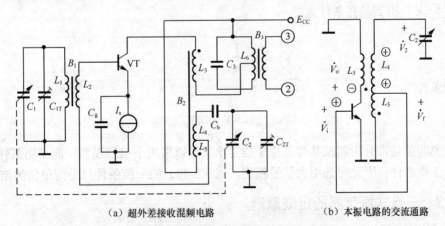

（a）超外差接收混频电路　　　　　　（b）本振电路的交流通路

图 5-9　共射组态的变压器耦合振荡器电路

输出电压经过变压器耦合，在次级线圈传输输出电压 $\dot{V}_2 = -\dfrac{L_4+L_5}{L_3}\dot{V}_0 = -\dfrac{N_4+N_5}{N_3}\dot{V}_0$，式中 N 代表线圈的匝数，这里未考虑线圈间的互感。根据变压器的同名端，$\dot{V}_2$、$\dot{V}_0$ 反相，反馈电压 $\dot{V}_f$ 为 $\dot{V}_2$ 的分压，$\dot{V}_f = -\dfrac{N_5}{N_4+N_5}\dot{V}_2 = -\dfrac{N_5}{N_1}\dot{V}_0$，因此，反馈电压 $\dot{V}_f$ 与输入电压 $\dot{V}_i$ 同相，构成了正反馈网络。环路中，信号频率由选频回路决定，谐振频率 $\omega_0 = \sqrt{\dfrac{1}{(L_4+L_5)C_2}}$。

下面以共射组态的变压器耦合振荡器电路为例，分析其起振与平衡条件。

为了分析振荡器的起振条件，以小信号模型 Y 参数等效晶体三极管，等效电路如图 5-10 所示，图中忽略了谐振回路的谐振电阻 R_p。

基本放大器的增益为

$$\dot{A}_V = \frac{\dot{V}_0}{\dot{V}_i} = \frac{\dot{Y}_{fe}}{Y_{oe}+\left(\dfrac{N_5}{N_3}\right)^2 Y_{fe}} \tag{5-20}$$

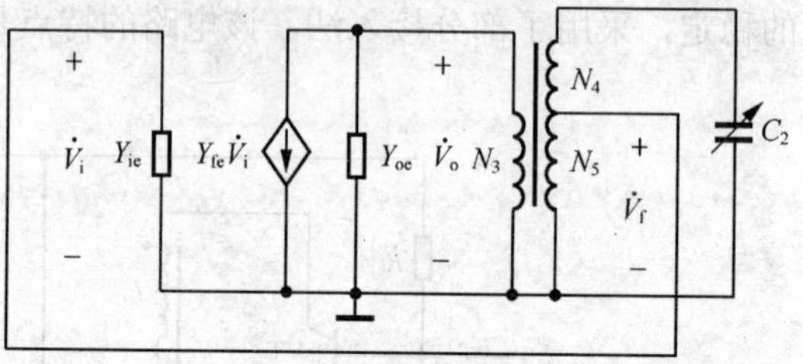

图 5-10 共射组态的变压器耦合振荡器的等效电路

反馈系数

$$k_F = \dot{F}_V = \frac{\dot{V}_f}{\dot{V}_0} = \frac{N_5}{N_3} \tag{5-21}$$

前面已经分析了变压器耦合振荡器的相位关系，为正反馈，因此是满足相位起振条件的，下面主要介绍幅度起振条件。

根据起振条件式（5-4），有

$$|T(j\omega)| = |\dot{A}_V\dot{F}_V| = \left| \frac{\dot{V}_{fe}}{Y_{oe}+\left(\dfrac{N_5}{N_3}\right)^2 Y_{ie}}\frac{N_5}{N_3} \right| > 1 \tag{5-22}$$

令 $\dfrac{N_5}{N_3} = n$，得到起振条件为

$$Y_{fe} > \frac{1}{n}Y_{oe} + nY_{ie} \tag{5-23}$$

平衡条件

$$Y_{fe} = \frac{1}{n}Y_{oe} + nY_{ie} \tag{5-24}$$

需要说明的是，分析起振条件，由于信号小，可以采用小信号模型，而平衡条件分析，是大信号工作条件，因此应选用大信号模型，式（5-24）的平衡条件只是简单化的结果。

5.2.2　三点式振荡器的组成原则

上面分析的 LC 振荡器采用变压器反馈，具有体积大、工作频率低的缺点，难以小型化、

微型化处理，为此，实际振荡器常采用电感反馈或电容反馈的 *LC* 振荡器，俗称三点式振荡器。由于振荡管的三极（三极管的基极、发射极与集电极）分别与谐振回路的三端相连接，故称三点式振荡器，其结构如图 5-11 所示。

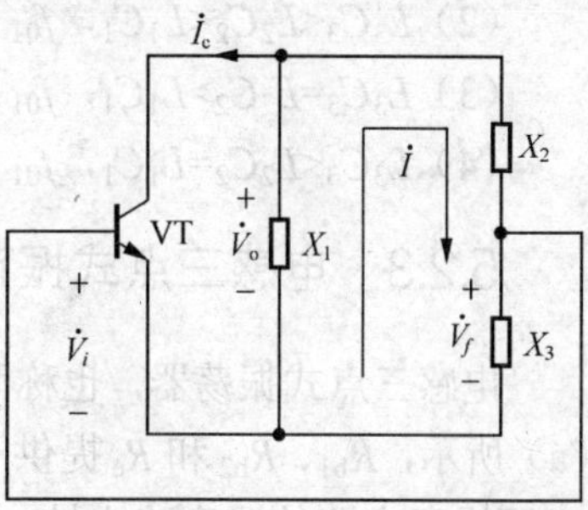

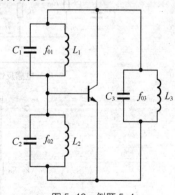

图 5-11 中，电抗元件 X_1、X_2、X_3 组成的谐振回路，应满足

$$X_1 + X_2 + X_3 = 0 \tag{5-25}$$

所以，三个电抗元件不能同时为电容或电感，必须由两种不同性质的电抗元件组成。

回路为振荡管的负载，为并联谐振回路，处于谐振状态的回路电流 $\dot{I}$ 远大于三极管的集电极电流 $\dot{I}_c$，因此有

图 5-11　三点式振荡器的结构

$$\dot{V}_i = \dot{V}_f = \mathrm{j} X_3 \dot{I} \tag{5-26}$$

$$\dot{V}_0 = -\mathrm{j} X_1 \dot{I} \tag{5-27}$$

考虑三极管为共射反相放大组态，$\dot{V}_0$ 与 $\dot{V}_i$ 反相，因此，要求电抗元件 X_1 与 X_3 具有相同的电抗特性。

从反馈角度考虑，有

$$\dot{V}_i = \dot{V}_f = \frac{X_3}{X_2 + X_3} \dot{V}_0 \tag{5-28}$$

结合 $\dot{V}_0$ 与 $\dot{V}_i$ 反相考虑，因此，电抗元件 X_2 与 X_3 必须是不同性质的电抗元件。

综上所述，电抗元件 X_1、X_2、X_3 中，X_1 与 X_3 具有相同的电抗特性，X_2 具有相反的特性。也就说，若 X_2 为电容，则 X_1 与 X_3 为电感，此时反馈器件 X_3 为电感，称为电感三点式振荡器，也称为哈特莱（Hartley）振荡器；若 X_2 为电感，则 X_1 与 X_3 为电容，此时反馈器件 X_3 为电容，称为电容三点式振荡器，也称为考必兹（Colpitts）振荡器。

三点式振荡器的三个电抗元件，并不是特指一个器件，也可是一个支路，下面结合具体实例进行分析。

例 5-1　图 5-12 为三点式振荡器的等效电路，设有以下四种情况：

（1）$L_3C_3 > L_2C_2 > L_1C_1$

（2）$L_3C_3 < L_2C_2 < L_1C_1$

（3）$L_3C_3 = L_2C_2 > L_1C_1$

（4）$L_3C_3 < L_2C_2 = L_1C_1$

试分析上述四种情况，哪种情况不能振荡？哪种可以振荡，振荡频率 f_0 与回路谐振频率的关系如何？属于哪一种类型的振荡器？

解：并联谐振回路均有自己的固有谐振频率，当工作频率 f 大于固有频率时，回路失谐呈容性；当工作频率 f 小于固有频率时，回路失谐呈感性。因此图 5-12 所示电路，若支

图 5-12　例题 5-1

路 L_1、C_1 呈容性，即 $f > f_{01}$，则支路 L_2、C_2 和支路 L_3、C_3 呈感性，即 $f < f_{02}$ 和 $f < f_{03}$，为电感反馈电路；反之，若支路 L_1、C_1 呈感性，即 $f < f_{01}$，则支路 L_2、C_2 和支路 L_3、C_3 呈容性，即 $f > f_{02}$ 和 $f > f_{03}$。因此，比较支路的固有频率，f_{01} 要么最大，要么最小。所以有

（1）$L_3C_3>L_2C_2>L_1C_1$，f_{01} 最大，可能振荡，振荡频率 $f_{02}<f<f_{01}$，为电容反馈的振荡器；

（2）$L_3C_3<L_2C_2<L_1C_1$，f_{01} 最小，可能振荡，振荡频率 $f_{02}>f>f_{01}$，为电感反馈的振荡器；

（3）$L_3C_3=L_2C_2>L_1C_1$，f_{01} 最大，可能振荡，振荡频率 $f_{02}>f>f_{01}$，为电容反馈的振荡器；

（4）$L_3C_3<L_2C_2=L_1C_1$，f_{01} 不是最大或最小，故不能振荡。

5.2.3　电感三点式振荡器

电感三点式振荡器，也称为 Hartley 振荡器，即图 5-11 中的 X_2 为容性，实际电路如图 5-13（a）所示，R_{b1}、R_{b2} 和 R_e 提供了直流工作点，L_C 为扼流圈，防止输出信号干扰直流电源，R_e、C_e 可提高电路的温度稳定性。

下面采用相量的分析方法，对电感反馈的信号进行相位分析。电压 $\dot{V}_0$ 与 $\dot{V}_i$ 反相，如图 5-13（b）所示，则电感 L_1 支路的电流 $\dot{I}_{L1}\left(\dot{I}_{L1}=\dfrac{\dot{V}_0}{j\omega L_1}\right)$，向量图中，为顺时针 90°（比电压滞后 90°）；而电感 L_2 与电容 C 支路阻抗呈容性，电流 $\dot{I}_{L2}(\dot{I}_{L2}=j\omega C'\dot{V}_0)$，与向量 $\dot{I}_{L1}$ 大小相等，方向相反；因此，反馈电压 $\dot{V}_f\left(\dot{V}_f=j\omega L_2\dot{I}_{L2}\right)$ 相对电流逆时针 90°（比电流超前 90°），反馈电压 $\dot{V}_f$ 与输入电压 $\dot{V}_i$ 同相，为正反馈电路。

反馈系数为

$$k_F=|\dot{F}|=\left|\frac{\dot{V}_f}{\dot{V}_0}\right|=\left|\frac{j\omega L_2\dot{I}_{L2}}{j\omega L_1\dot{I}_{L1}}\right|=\frac{L_2}{L_1} \tag{5-29}$$

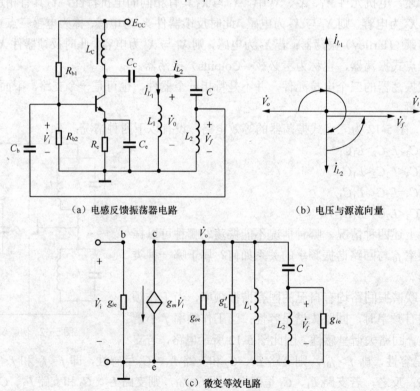

（a）电感反馈振荡器电路　　　　　　　（b）电压与源流向量

（c）微变等效电路

图 5-13　电感三点式振荡器电路

下面根据其微变等效电路，推导电感三点式振荡器的幅度起振条件。

图 5-13（c）为电感三点式振荡器的微变等效电路，三极管的微变等效电路中，没有考虑其内部电抗以及跨导的相移，其中 g_L' 包括谐振回路的电导 g_o 和负载的电导 g_L。

首先，将三极管的输入电导 g_{ie} 作为回路负载折算到电感 L_1 两端，这里可分两步计算。

（1）将负载 g_{ie} 折算到谐振回路的两端，即电容 C 的两端

部分接入系数 $p_1 = \dfrac{L_2}{L_1 + L_2}$　（不考虑电感间的互感）

电导 $g_{ie}' = p_1^2 g_{ie}$

（2）将负载 g_{ie}' 从谐振回路的两端，折算到电感 L_1 的两端

部分接入系数 $p_2 = \dfrac{L_1}{L_1 + L_2}$　（不考虑电感间的互感）

电导 $g_{ie}'' = \dfrac{g_{ie}'}{p_2^2} = \left(\dfrac{p_1}{p_2}\right)^2 g_{ie} = \left(\dfrac{L_2}{L_1}\right)^2 g_{ie}$

显然，也可直接采用阻抗比概念计算。

因此，三极管集电极的负载

$$g_\Sigma = g_{oe} + g_L' + g_{ie}'' = g_{oe} + g_L' + \left(\dfrac{L_2}{L_1}\right)^2 g_{ie} \tag{5-30}$$

式中，第一项为三极管的输出电导；第二项为等效负载电导，包括谐振回路电导、实际负载等；第三项为正反馈所引入的电导，将三极管的输入电导作为负载正反馈引入。

三极管放大器的增益

$$A_V = -\dfrac{g_m}{g_\Sigma} = \dfrac{-g_m}{g_{oe} + g_L' + \left(\dfrac{L_2}{L_1}\right)^2 g_{ie}} \tag{5-31}$$

结合式（5-29），环路增益 $T(\mathrm{j}\omega)$ 为

$$|T(\mathrm{j}\omega)| = |\dot{A}_V \dot{F}_V| = \dfrac{g_m}{g_{oe} + g_L' + \left(\dfrac{L_2}{L_1}\right)^2 g_{ie}} \dfrac{L_2}{L_1} \tag{5-32}$$

故有起振条件

$$g_m > \dfrac{L_1}{L_2}(g_{oe} + g_L') + \dfrac{L_2}{L_1} g_{ie} \tag{5-33}$$

在不考虑电感间的互感影响时，回路的谐振频率即为振荡器工作的频率，输出信号频率为

$$\omega_0 = \sqrt{\dfrac{1}{(L_1 + L_2)C}} \tag{5-34}$$

下面考虑电感线圈的互感影响，通常两个电感绕在同一个磁芯的骨架上，因此电感之间存在互感 M，则回路的总电感

$$L = L_1 + L_2 \pm 2M \tag{5-35}$$

反馈系数为
$$k_F = |\dot{F}_V| \approx \frac{L_2 \pm M}{L_1 \pm M} \qquad (5\text{-}36)$$

式中，正负号与线圈绕向有关，一致时取+号，否则取−号。

由相位平衡条件分析，可得到振荡器的实际输出频率为
$$\omega_1 = \sqrt{\frac{1}{LC + g_{ie}(g_{oe} + g'_L)(L_1 L_2 - M^2)}} \qquad (5\text{-}37)$$

起振条件为
$$g_m > \frac{1}{k_F}(g_{oe} + g'_L) + k_F g_{ie} \qquad (5\text{-}38)$$

电感三点式振荡器容易起振，调节频率也比较方便，信号频率可达几十 MHz，但输出波形中含高次谐波，波形较差。同时，如果考虑三极管的输入电容 C_{ie} 和输出电容 C_{oe}，以及电感 L_1、L_2 的分布电容 C_{L_1} 和 C_{L_2}，将导致振荡器的频率下降，并随着三极管的极间电容、电感的分布电容变化而变化，降低了该振荡器的频率稳定度。

5.2.4　电容三点式振荡器

图 5-14（a）为电容三点式的振荡器（又名 Colpitts 振荡器），工作点由电阻 R_{b1}、R_{b2} 和 R_e 决定，C_b 和 C_c 为隔直电容，反馈器件为电容 C_2，电感 L 与电容 C_1、C_2 构成了选频用谐振网络。

下面依然采用相量的分析方法，对电容反馈的信号进行相位分析。三极管为共基放大组态，因此，电压 $\dot{V}_0$ 与 $\dot{V}_i$ 同相，如图 5-14（b）所示，不考虑三极管的基极分流，反馈电压 $\dot{V}_f$ 为电容 C_2 上的分压。

$$\dot{V}_f = \frac{\frac{1}{j\omega C_2}}{\frac{1}{j\omega C_1} + \frac{1}{j\omega C_2}}\dot{V}_0 = \frac{C_1}{C_1 + C_2}\dot{V}_0 \qquad (5\text{-}39)$$

因此，反馈电压 $\dot{V}_f$ 与输出电压 $\dot{V}_0$、输入电压 $\dot{V}_i$ 同相，为正反馈电路。

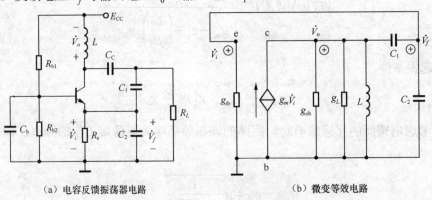

（a）电容反馈振荡器电路　　　　　　　　（b）微变等效电路

图 5-14　电容三点式振荡器电路

反馈系数
$$k_F = |\dot{F}_V| = \left|\frac{\dot{V}_f}{\dot{V}_0}\right| = \frac{C_1}{C_1 + C_2} \qquad (5\text{-}40)$$

共基放大电路的微变等效电路如图 5-14（b）所示（图中未考虑三极管输出电容 C_{ob} 和输入电容 C_{ib} 的影响），这里采用节点分析法进行起振条件的分析。图中，$\dot{V}_f = \dot{V}_i$，节点电压方程为

$$\begin{cases} \left(g_\Sigma + \dfrac{1}{j\omega L} + j\omega C_1\right)\dot{V}_0 + (-j\omega C_1 - g_m)\dot{V}_f = 0 \\ -j\omega C_1 \dot{V}_1 + (j\omega C_2 + j\omega C_1 + g_{ib})\dot{V}_f = 0 \end{cases} \tag{5-41}$$

式中，$g_\Sigma = g_{ob} + g_L'$。

由于振荡器无输入信号，但节点电压不为零，因此其系数矩阵必为零。

$$\begin{vmatrix} g_\Sigma + \dfrac{1}{j\omega L} + j\omega C_1 & -j\omega C_1 - g_m \\ -j\omega C_1 & j\omega C_2 + j\omega C_1 + g_{ib} \end{vmatrix} = 0 \tag{5-42}$$

上式的虚部为零，得

$$g_\Sigma g_{ib} + \frac{C_1 + C_2}{L} - \omega^2 C_1 C_2 = 0 \tag{5-43}$$

故振荡器的输出频率为

$$\omega_0 = \sqrt{\frac{g_\Sigma g_{ib}}{C_1 C_2} + \frac{1}{L\dfrac{C_1 C_2}{C_1 + C_2}}} \approx \sqrt{\frac{1}{L\dfrac{C_1 C_2}{C_1 + C_2}}} \tag{5-44}$$

式（5-42）的实部等于零，得

$$g_\Sigma(\omega C_2 + \omega C_1) - \frac{g_{ib}}{\omega L} + \omega C_1(g_m + g_{ib}) = 0 \tag{5-45}$$

故振幅平衡条件为

$$g_m = \left(1 - \frac{1}{\omega^2 L C_1}\right)g_{ib} + g_\Sigma\left(1 + \frac{C_2}{C_1}\right) \tag{5-46}$$

因此，对应的起振条件为

$$g_m > \left(1 - \frac{1}{\omega^2 L C_1}\right)g_{ib} + g_\Sigma\left(1 + \frac{C_2}{C_1}\right) = \frac{C_1}{C_1 + C_2}g_{ib} + \frac{C_1 + C_2}{C_1}g_\Sigma = k_F g_{ib} + \frac{1}{k_F}g_\Sigma \tag{5-47}$$

由于晶体管的输入电阻作为回路的负载，反馈系数并不是越大越容易起振，反馈系数太大会使增益下降，同时降低回路的 Q 值，使回路的选择性变差，波形出现失真。反馈系数一般在 0.1～0.5 之间。

电容三点式振荡器的波形好，频率稳定度较高，工作频率可达到几十 MHz 到几百 MHz，其缺点是改变工作频率时，若调整电容，反馈系数也将改变，使振荡器的频率稳定度下降。

上述分析中只考虑了三极管的输入电导、输出电导对振荡器的频率、起振条件的影响。事实上，三极管的极间电容对振荡器的频率稳定度的影响更大，极间电容直接影响工作频率。下面考虑三极管输出电容 C_{ob} 和输入电容 C_{ib} 的影响。考虑图 5-14（b），输出电容 C_{ob} 与电感 L

并联，输入电容 C_{ib} 与电容 C_2 并联，也就是说，三极管的极间电容直接与谐振回路连接，将直接影响振荡器的输出频率 ω_0' 和起振条件 g_m'。

$$\omega_0' = \sqrt{\dfrac{g_\Sigma g_{ib}}{C_1(C_2+C_{ib})} + \dfrac{1}{L\left(C_{ob} + \dfrac{C_1(C_2+C_{ib})}{C_1+C_2+C_{ib}}\right)}} \approx \sqrt{\dfrac{1}{L\left(C_{ob} + \dfrac{C_1(C_2+C_{ib})}{C_1+C_2+C_{ib}}\right)}} \quad (5\text{-}48)$$

$$g_m' > \left(1 - \dfrac{1}{\omega_0^2 L C_1}\right) g_{ib} + g_\Sigma\left(1 + \dfrac{C_2+C_{ob}}{C_1}\right) \quad (5\text{-}49)$$

显然，三极管的极间电容对振荡器的频率稳定度的影响甚大，极间电容直接影响工作频率，而极间电容的大小与三极管的工作点电压、工作温度等因素密切相关，要克服三极管对振荡器频率的影响，必须隔离三极管与谐振回路，实际应用中，更多采用改进型的电容三点式振荡器。

5.2.5 改进的电容三点式振荡器

克拉泼电路是电容三点式振荡器电路的改进形式之一，为串联改进型，如图 5-15（a）所示。谐振回路串联电容 C_3，用于隔离反馈电容 C_1、C_2 和电感 L，通常，C_3 远小于 C_1 和 C_2，谐振回路的总电容 $\dfrac{1}{C} = \dfrac{1}{C_1} + \dfrac{1}{C_2} + \dfrac{1}{C_3} \approx \dfrac{1}{C_3}$，反馈系数仍为 $F_V = \dfrac{C_1}{C_1+C_2}$，因此，振荡器的频率为

$$\omega_0 = \sqrt{\dfrac{1}{LC}} \approx \sqrt{\dfrac{1}{LC_3}} \quad (5\text{-}50)$$

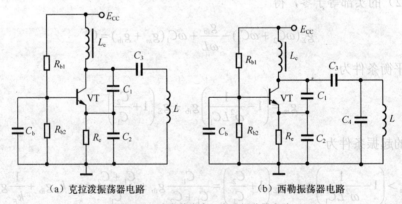

（a）克拉泼振荡器电路　　　　　　　（b）西勒振荡器电路

图 5-15　改进的电容三点式振荡器电路

显然，通过串联小电容 C_3，振荡器频率与反馈元件无关，从而可分别调整振荡频率与起振条件。但由于电容 C_3 的限制，频率覆盖系数（振荡器的最高频率与最低频率之比）下降，仅为 $1.2 \sim 1.3$，同时也存在振幅不匀、起振较难的缺点。

图 5-15（b）为另一种改进形式，即在串联 C_3 的基础上，再与电感并联电容 C_4，称为西勒振荡器。由于 C_3 的隔离作用，电容 C_4 将不受限制，因此扩大了振荡频率范围，振荡频率为

$$\omega_0 = \sqrt{\dfrac{1}{LC}} \approx \sqrt{\dfrac{1}{L(C_3+C_4)}} \quad (5\text{-}51)$$

调整 C_4 可改变频率，频率覆盖系数较大，达到 1.6～1.8，同时频率易调整，频率稳定度高，在实际中应用较多。

5.2.6 LC 振荡器的设计方法

振荡器设计基本要求有：产生指定的频率和幅度，并且稳定、没有漂移，同时，不能受其他干扰，受温度的影响也不大。LC 振荡器的设计，遵循设计-仿真-调试的过程。首先根据频率范围和稳定性要求，选择合适的振荡器电路；其次进行电路的仿真和参数调整，一般先进行开环仿真，调整参数，在振荡频点使环路增益最大、对应的相移为零交叉点；在满足幅度特性、相位特性、负载特性的情况下，再开展闭环仿真；最后进行实物调试和性能指标测试。为了达到设计要求，在设计中应把握以下设计要素：

1）高 f_T 的晶体管能在高频工作时保持 180° 的相移，同时能够获得较高的反馈增益，增益最佳达到 5～10 倍；选择抗干扰能力强的组件，提高稳定性能，如具有温度补偿特性的陶瓷电容；

2）提高 Q 值可提高振荡器的频率稳定性和相位噪声性能，通常 Q 值不能低于 10；振荡器从开始工作到产生稳定频率的速度取决于旁路电容（或隔直电容）充电时间和电源的 RC 时间常数，与 Q 值无关；

3）正弦波振荡器必须采用谐振回路进行选频，并提供正反馈通路；

4）改善谐振回路的选择性能和相位噪声，提高 L/C 比率。如 L/C 为 35 600 时，负载 Q 只有 1.9 左右，若 L/C 增大为 39 500 000，则 Q 增大到 63，频率响应变窄。若 LC 回路与 50Ω 负载串联，一般取 $X_L = 500\Omega \sim 1\,000\Omega$ 比较合适。

5）必要的辅助电路，如去耦电路消除噪声和间断的电源电压波动，并且避免自身射频信号干扰电源。

下面结合 400 MHz 双极型晶体管 LC 振荡器的设计，说明 LC 振荡器的设计过程。电路要求：P_{out}=1dBm；E_{CC}=5V；f_0=400MHz；V_{CE}=2V；I_C=10 mA。

第一步，选择合适的振荡器电路与晶体管。

根据前面的分析，以及频率稳定度和波形要求，这里选择电容三点式振荡器，电路如图 5-16 所示。选择合适的高频晶体管，其截止频率 f_T 远高于振荡频率 f_0。这里选择 NXP BFG-425W 宽带晶体管，f_T=25GHz，典型 β=80。

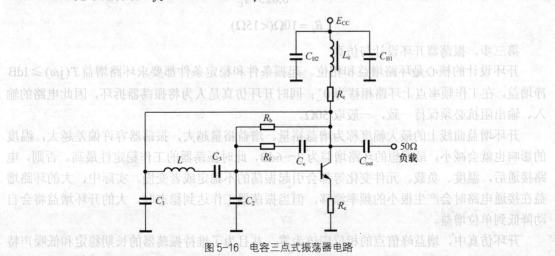

图 5-16 电容三点式振荡器电路

第二步，选择合适的器件与工作点

按照以下的步骤对晶体管进行 A 类偏置电路的设计

1）选择电源。选择晶体管的静态工作点 Q 与 S 参数文件中的 I_C 和 E_{CC} 一致，选择晶体管的典型 β 值。

2）静态工作点的计算

$$R_b = \beta \frac{V_{CE} - 0.7}{I_C} = 80 \times \frac{1.3}{10} = 10.4 \text{ k}\Omega$$

$$I_B = \frac{I_C}{\beta} = 0.125 \text{ mA}$$

$$R_C = \frac{E_{CC} - V_{CE}}{I_B + I_C} = 296 \ \Omega$$

扼流圈 L_c=200nH

电容 C_{B1}、C_{B2} 为电源滤波电容，分别滤除高频和低频干扰。分别取值为 398 pF 和 1μF。

3）计算 LC 谐振回路参数（f_0=400MHz）

考虑三极管参数，改善回路选择性能和相应噪声，取 $X_L = 190\Omega$，$X_{C_3} = 150\Omega$。

$$L = \frac{190}{2\pi f} = 75.6 \text{nH}$$

$$C_3 = \frac{1}{300\pi f} = 2.65 \text{pF}$$

考虑输入电阻为 50Ω，且 C_1、C_2 大于 10 C_3 以上，这里取 $X_{C_1} = X_{C_2} = 12\Omega$，有

$$C_1 = C_2 = \frac{1}{24\pi f} = 33.1 \text{pF}$$

$$C_C = 398 \text{pF} (<1\Omega)$$

$$C_{out} = 7.96 \text{pF} \quad （400\text{MHz} 处 50\Omega）$$

$$R_F = \frac{2\,500}{0.025 / I_C}$$

$$R_e = 10\Omega (<15\Omega)$$

第三步，振荡器开环设计与仿真

开环设计的核心是环路增益和相位。起振条件和稳定条件都要求环路增益 $T(j\omega) \geqslant 1\text{dB}$ 净增益，在工作频率点上环路相移为 $0°$；同时开环仿真是人为将振荡器拆环，因此电路的输入、输出阻抗必须保持一致，一般取 50Ω。

开环增益曲线上的最大幅度称为增益裕量。增益裕量越大，振荡器容许偏差越大，温度的影响也就会减小，最理想的环路增益为 3～6dB，此时振荡器的工作稳定性最高。否则，电路接通后，温度、负载、元件变化等都会引起振荡的不稳定或者变慢。实际中，大的环路增益在接通电路时会产生很小的频率漂移，但当振荡器工作达到稳态时，大的开环增益将会自动降低到单位增益。

开环仿真中，增益峰值点的相位应该为零，并且为了维持振荡器的长期稳定和低噪声特

性，零点相位应该处于相位曲线的中点，具有最大相位斜率。高于或低于相位曲线的相位增量称为相位裕量。

Q 值控制相位噪声和频率偏移，Q 值越高，振荡器对温度就越稳定，并且相位噪声就越低；Q 值不得低于 10。

通过增大振荡器的射频输出功率，晶体管的偏置电流增大，也可减低相位噪声。

开环振荡器设计的精确度取决于振荡环路两端的阻抗是否相等，必要时调整电阻 R_F、R_e。

振荡器的输出端接入负载，会严重影响振荡器的输出频率和功率，甚至会影响振荡器的起振。通常可插入衰减值为 10 dB 的 50Ω阻尼电阻进行射频隔离，若输出功率衰减太大，可在其后再接 50Ω的射频缓冲放大器。

第四步，电路调试与参数测试

1）提供振荡器的额定电压。观察振荡器的输出端，应该只有基波及其谐波。从外部电磁干扰（EMI）进入振荡器的干扰小信号，通常可以忽略。在基本振荡器中，输出端不应有谐波成分。

2）平缓地将振荡器电源从 0V 升到最大安全工作电压，然后降低，振荡器的输出频率和输出功率有规律变化，不应有跳变。

3）测试振荡器在温度变化、负载变化和振动偏移较大的条件下保持合适的频率、功率和谐波要求。

5.3　压控振荡器

上一节介绍的 LC 正弦波振荡器，能产生单一频率的正弦波，其输出频率是固定的，如果需要调整频率，通常通过控制电感调整工作频段、调整电容细调频率，为机械调整方法，如多波段的短波收音机的本振信号。为了使输出频率连续可调，目前常采用电压控制的振荡器，即压控振荡器。

5.3.1　压控振荡器工作原理

压控振荡器，简写 VCO（Voltage Controlled Oscillator），其输出频率与输入控制电压有对应的关系

$$\omega = \omega_0 + k_d V_r \tag{5-52}$$

式中，ω_0 为未加控制电压时的输出信号频率，也称为自由振荡频率；V_r 为外加控制电压；k_d 为电压控制频率系数，即控制灵敏度，单位为 rad/V。VCO 的特性曲线如图 5-17 所示。

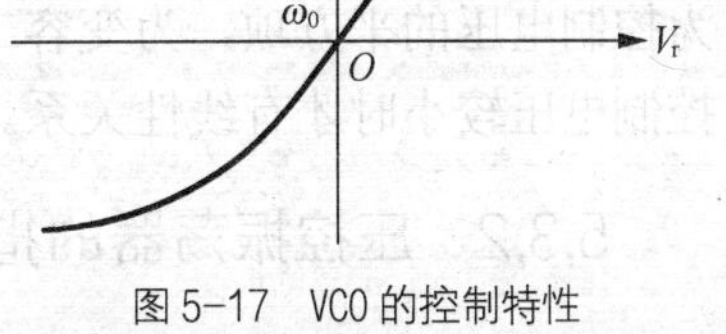

电子系统中，压控振荡器的应用非常广泛，如电视接收机高频头中的本机振荡电路（频道微调与选频）、锁相环路（PLL）中所用的振荡电路等。

压控振荡器是振荡器的一类，对于正弦波输出的 VCO 电路，与 LC 振荡器电路基本相同，只是在振荡器的振荡回路上并接或串接受电压控制的电抗元件后，即可对振荡频率实行控制。最常用的

图 5-17　VCO 的控制特性

受控电抗元件为变容二极管，变容二极管的电容量 C_j 取决于外加控制电压 V_f 的大小，如式（2-6），改变控制电压的大小将改变变容管的结电容 C_j，C_j 的变化将改变振荡频率。完整的 VCO 电路如图 5-18 所示。与图 5-16 相比，只是振荡回路的电容 C_3 被变容二极管 D_1 替代，控制电压 V 经过电阻 R_1、R_2 给变容二极管提供反向控制电压 V_r，通过 C_C 与三极管的直流通路隔离。

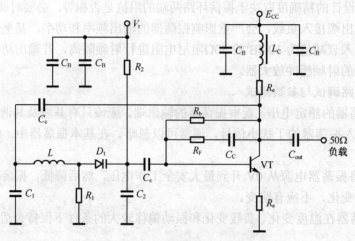

图 5-18　完整的 VCO 电路

谐振回路由电感 L、变容二极管 D_1 和电容 C_1、C_2 组成，当 C_j 远小于电容 C_1、C_2 时，回路电阻 $C_\Sigma = \left(C_1^{-1} + C_2^{-1} + C_j^{-1}\right)^{-1}$，则振荡器的频率为

$$\omega = \sqrt{\frac{1}{LC_\Sigma}} \approx \sqrt{\frac{1}{LC_j}} = \sqrt{\frac{1}{LC_0}}\left(1 + \frac{V_r}{V_D}\right)^{\frac{\gamma}{2}} \tag{5-53}$$

利用

$$(1+x)^{\frac{\gamma}{2}} = 1 + \frac{\gamma}{2}x + \frac{\gamma}{2}\frac{\frac{\gamma}{2}-1}{2!}x^2 + \cdots \tag{5-54}$$

取前三项，得到压控振荡器的输出信号频率为

$$\omega = \omega_0\left(1 + \frac{V_r}{V_D}\right)^{\frac{\gamma}{2}} = \omega_0 + \omega_0\frac{\gamma V_r}{2V_D} + \omega_0\frac{\gamma(\gamma-2)}{8}\left(\frac{V_r}{V_D}\right)^2 \tag{5-55}$$

式中，第一项为未加控制电压时的自由振荡频率；第二项与控制电压成线性关系；而第三项为控制电压的平方项，为变容二极管的非线性失真项。因此，图 5-17 的 VCO 特性曲线只有控制电压较小时才有线性关系。

5.3.2　压控振荡器的指标

与正弦波振荡器一样，VCO 的性能指标包括：频率稳定度（长期及短期）、相位噪声、频谱纯度和输出功率，以及特有的指标：频率调谐范围、电调速度、推频系数和频率牵引等。

频率调谐范围是 VCO 的主要指标之一，与谐振器及电路的拓扑结构有关。通常，调谐范围越大，谐振器的 Q 值越小，谐振器的 Q 值与振荡器的相位噪声有关，Q 值越小，相位噪声性能越差；

推频系数：表征电源电压变化而引起的振荡频率变化，单位为 MHz/ΔV；

频率牵引：表征负载的变化对振荡频率的影响；

电调速度：表征振荡频率随调谐电压变化快慢的能力。

在压控振荡器的各项指标中，频率调谐范围和输出功率是衡量振荡器的初级指标，其余各项指标依据具体应用背景不同而有所侧重。如作为频率合成器的一部分时，对 VCO 的要求有较高的相位噪声性能、极快的调谐速度，以及较好的温度特性、电磁兼容等。

5.3.3　单片集成压控振荡器的应用

实现 VCO 的电路较多，但在高频电路中，常用的电路主要有上一节介绍的基于三点式的 LC 压控振荡器和便于集成的射极耦合多谐振荡器。以射极耦合多谐振荡器为核心的单片集成 VCO 为半导体集成电路器件，工作频率可高达数 GHz，目前广泛应用于无绳电话、蓝牙通信、WLAN、GPS 等无线装置与系统之中。

图 5-19 为集成锁相环 MC12148（类同于 MC1648）的内部电路，$VT_9 \sim VT_{11}$ 为偏置电路，$VT_1 \sim VT_4$ 为放大电路，VT_5、VD_1 与 VT_8 构成自动增益控制（AGC）电路；VT_7 为共基放大电路，VT_6 为共集放大电路，③脚、④脚所接的 LC 谐振回路为 VT_7 的负载，谐振回路的信号一路经过 VT_4 放大输出，一路输出至 VT_6 管的基极，经过 VT_6 共集放大，其发射极输出至 VT_7 的发射极，故称 VT_6、VT_7 为射极耦合，由于 VT_7、VT_6 均为同相放大，因此形成了正反馈，满足振荡器的相位条件；这里 VT_6 为反馈网络，因此其反馈系数 $F_V \approx 1$；根据检测 VT_4 发射极的振荡信号，由 VT_5、VD_1 与⑤脚外接电容构成自动增益控制电路（AGC），控制 VT_6、VT_7 的发射极电流 I_0 大小，从而控制 VT_6、VT_7 放大管的增益，如输出幅度过大，VT_5 的集电极电位降低，导致 VT_6、VT_7 的发射极电流 I_0 减小，因此自动保持振荡器输出信号幅度的稳定；振荡器信号由 VT_4 输出至差动电路 VT_2、VT_3 输出；由于 R_9、VT_8 等组成的恒流源，VT_6、VT_7 的发射极等效电阻非常大，VT_7、VT_6 对 LC 回路的影响非常小，保持振荡器有较高的 Q

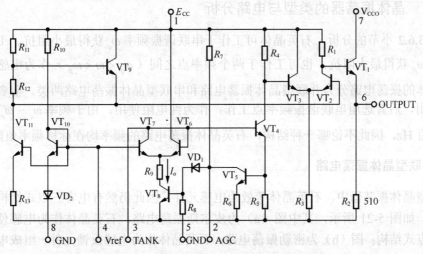

图 5-19　集成 VCO 芯片 MC12148 的内部电路

值，获得较高的频谱纯度，经过 VT_1 缓冲输出。图 5-20 为不同输出波形的 MC12148 应用电路，其中图 5-20（a）为正弦波输出，图 5-20（b）为方波输出。显然，输出波形的控制是通过外接电阻 R_p 控制 VT_7、VT_6 的工作状态实现的：外接电阻时，降低了 AGC 控制电压，VT_7、VT_6 的发射极电流 I_0 减小，VT_7、VT_6 处于小信号工作状态，输出波形近似正弦波；直接外接电容时，AGC 电压提高，VT_7、VT_6 的发射极电流 I_0 增大，VT_7、VT_6 处于大信号工作状态，输出波形为方波。图中电容参数对应振荡频率 $1\sim50$MHz。

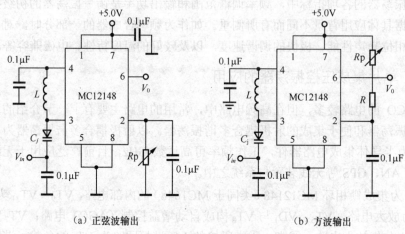

（a）正弦波输出　　　　　　　　　　　（b）方波输出

图 5-20　MC12148 应用电路

5.4　晶体振荡器

由于环境、元器件等影响，LC 振荡器的 Q 值一般不超过 300，其频率存在较大的漂移、稳定度一般只有 $10^{-3}\sim10^{-4}$，这远远不能满足现代无线通信的要求；同时无线带宽资源有限，频道拥挤，LC 振荡器的频率漂移将降低自身系统的可靠性，也会对邻近频道产生干扰。为此，在高精度频率要求的环境中，必须采用具有更高频率稳定度的石英晶体振荡器。

5.4.1　晶体振荡器的类型与电路分析

根据 3.6.2 小节的分析，石英晶体可工作于串联谐振频率 ω_q 获得最小阻抗、工作于并联谐振频率 ω_p 获得最大阻抗，也可工作于两个频率点之间（$\omega_q<\omega<\omega_p$）作为电感使用。故将石英晶体的振荡电路分为并联型晶体振荡电路和串联型晶体振荡电路两类。前者将晶体作为电感使用，后者选用串联谐振频率点工作，作为纯电阻使用。由于频率 $\omega_q\sim\omega_p$ 相差只有几十至几百 Hz，因此不论哪一种结构，石英晶体振荡电路的频率均在标称频率值附近。

1.　并联型晶体振荡电路

并联型晶体振荡器中，石英晶体等效为电感元件，因此仍然有电容三点式结构和电感三点式结构，如图 5-21 所示，其中图（a）为皮尔斯振荡电路，石英晶体作为电感使用，构成的电容三点式结构；图（b）为密勒振荡电路，石英晶体作为电感反馈元件，组成电感三点式结构。

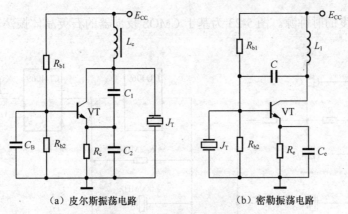

（a）皮尔斯振荡电路　　　　　　（b）密勒振荡电路

图 5-21　并联型晶体振荡器电路

　　皮尔斯振荡电路和密勒振荡电路的振荡频率原则上都由石英晶体决定，但两者由于石英晶体所接的位置不同而略有差别。皮尔斯振荡电路的石英晶体接在三极管的基极—集电极之间，三极管的基极—集电极阻抗较大，结电容小，因此对石英晶体的影响不大，而密勒振荡电路的石英晶体接在三极管的基极—发射极之间，三极管的输入端结电容大、电阻较小，对石英晶体的影响较大。但由于晶体的等效电感可随工作频率变化而变化，等效电感从 $0 \sim \infty$，总可在频率 $\omega_q \sim \omega_p$ 之间回路谐振，因此，晶体振荡器具有很强的稳频能力。

2. 串联型石英晶体振荡器

　　串联型石英晶体振荡器中，石英晶体工作于串联谐振频率点 ω_q 上，此时阻抗为纯电阻特性，且阻抗最小，因此，串联型晶体振荡器的晶体不再为谐振回路的一部分，而是作为振荡器环路中决定输出频率的独立窄带滤波器使用，其电路如图 5-22 所示。

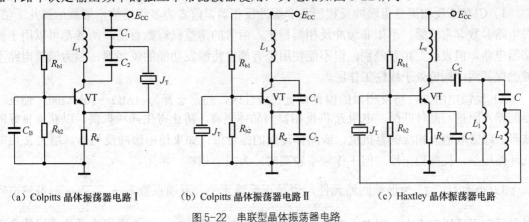

（a）Colpitts 晶体振荡器电路 Ⅰ　　（b）Colpitts 晶体振荡器电路 Ⅱ　　（c）Haxtley 晶体振荡器电路

图 5-22　串联型晶体振荡器电路

　　图 5-22 中，石英晶体将反馈信号连接到三极管的输入端，因此，晶体工作于串联谐振频率点 ω_q 时，可以将其当成短路，从而形成正反馈回路，若谐振回路的频率与晶体的串联谐振频率不等时，则由于晶体的阻隔不能构成正反馈回路。

3. 基于 CMOS 反向器的晶体振荡器

　　石英晶体的等效模型为具有双极点的串并联 LC 谐振回路，在数字系统中常采用晶体振荡器提供高稳定度的时钟源。图 5-23 为基于 CMOS 反向器的石英晶体振荡器电路。

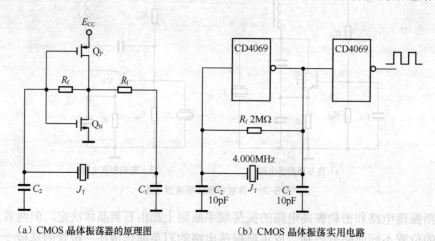

(a) CMOS 晶体振荡器的原理图　　　　　(b) CMOS 晶体振荡实用电路

图 5-23　基于 CMOS 反向器的晶体振荡器

图 5-23（a）中，CMOS 反向器作为反向放大器使用，电阻 R_f 决定了 CMOS 反向器高频区的工作点，电阻 R_1、电容 C_1 为低通滤波器，滤除晶体振荡器输出的高次谐波分量，晶体作为电感元件使用，电路仍为皮尔斯振荡电路。图 5-23（b）为实际的晶体振荡电路，CMOS 反向器选用 CD4069，晶体为 4.000MHz，电容取值 10pF～30pF，R_f 取值大于 $1M\Omega$，过小则不易起振。由于反向器内部的场效应管工作在线性区域，即饱和或截止的过渡区域，因此虽然存在 LC 谐振回路，但输出的波形并非理想的正弦波，通过逻辑电路的整形可获得理想的方波，如图中第二个反向器起整形作用。

CMOS 晶体振荡器电路简单，在具体设计时仍需合理选择相关元件。

1）CMOS 反相器分为缓冲反相器和非缓冲反相器，前者为多级结构，增益达到几千倍，对电路参数非常敏感，不如非缓冲反相器稳定，后者的增益只有数百倍。两者都可以用于振荡器电路，但设计上稍有差别，但不能使用带有施密特触发功能的反相器，因为偏置电路不能确保其两个阀值处于线性工作区。

2）反馈电阻 R_f，将反相器的偏置设置在线性区，通常选择为 $1M\Omega$～$10M\Omega$ 间，使反相器的输入阻抗与晶体匹配。电阻 R_1 将反相器与晶体隔离，防止寄生高频振荡，以获得良好的波形。通常取值为相应的容抗值，或晶体使用的推荐值，如果使用缓冲反相器，增大 R_1 可降低环路增益，提高稳定性，但工作频率较高时，为减小相移，常用 $C_s = C_2$ 替代。

3）电容 C_1、C_2 为谐振回路元件，也是正反馈元件。反馈系数 $k_F = \dfrac{C_1}{C_1 + C_2}$，虽然电容对振荡频率值影响不大，但对于起振、波形和稳定性影响较大，一般取值为晶体建议的负载电容，即 $C_L = \dfrac{C_1 C_2}{C_1 + C_2}$，通常取 $C_1 = C_2$，如晶体为 32.768kHz 时，电容取值 30pF～100pF，4MHz 晶体对应的电容取值为 10pF～30pF。

4．泛音晶体振荡电路

当工作频率高于晶体的基频时，可选择采用泛音晶体振荡电路，如频率大于 **20MHz**，其频率稳定度与基频一样，但由于泛音次数越高，振荡器输出的幅度越小，7 次泛音以上应用较少，同时还需要考虑抑制基波和低次泛音干扰。如基频频率为 5MHz，5 次泛音工作，则需要抑制基频和 3 次泛音的干扰。如图 5-24 所示电路，支路 LC_1 就必须调谐在 3 次和 5 次泛音频率之间。这样，对基频和 3 次谐波而言，LC_1 回路呈感性，电路不满足三点式振荡器的相位条件而不能振荡；但对 7 次以上的泛音频率，虽然 LC_1 回路成容性，但其等效的电容量过大，正反馈系数变小，也不能满足幅度起振条件。

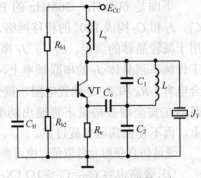

图 5-24 泛音晶体振荡器电路

5．石英晶体振荡器的稳定度与应用

晶体振荡器通常分为四类，温度补偿晶体振荡器（TCXO）、温度控制型具体振荡器（OCXO）、电压控制晶体振荡器（VCXO）和简单封装晶体振荡器（SPXO）。

SPXO 是将晶体谐振器与振荡电路集成化，但没有温度补偿与温度控制处理的晶体振荡器，TCXO 是通过附加的温度补偿电路抵消环境温度变化引起的晶体振荡频率变化，OCXO 则是利用恒温槽装置使晶体振荡器的环境温度保持恒定；VCXO 是通过施加控制电压在小范围内对频晶体率进行调整。无补偿式晶体振荡器的精度可达到±25ppm，VCXO 的精度一般可达±20～100ppm，OCXO 的频率稳定度一般为±0.0001～5ppm，而 TCXO 一般在±25ppm 以下。不同的精度，对应不同的应用场合，如表 5-2 所示。

表 5-2 　　　　　　　　　　　　石英晶体振荡器类型与典型应用

振荡器类型	稳定度要求	典型应用
OCXO	±0.2ppm	电信传输设备
OCXO,模拟补偿型 TCXO	±0.2～±0.5ppm	电信传输设备
模拟补偿型 TCXO	±0.5～±1.0ppm	军用无线电设备
模拟补偿型 TCXO	±1.0～±2.5ppm	移动无线电设备
电热调节型 TCXO	±2.5～±10ppm	移动电话
TCXO,VCXO,SPXO	±10～±20ppm	传真机
SPXO	±20ppm	计算机时钟信号源
VCXO	±20ppm～±100ppm	锁相环

5.4.2　晶体振荡器设计

晶体振荡器必须满足四个条件，才能在稳定的频率和幅度处准确地连续振荡：

① 环路增益 $T(j\omega)$ 一定是正的且为 1（起振时大于 1）；

② 振荡电路的阻抗一定等于晶体内部的电阻；

③ 振荡电路不能过多地降低晶体的空载 Q；

④ 振荡电路总反馈的相位必须为零。

设计一个高稳定度的三极管晶体振荡器。电路的规格和参数如下：P_{out}=0dBm，f_0=22MHz，E_{CC}=3.3V，V_{CE}=2V，I_C=10mA，h_{FE}=80，晶体参数：R_m=26Ω，L_m=4 108 000nH，C_m=0.0125pF，

C_0=4.185pF。

下面是 600kHz～30MHz 的 Pierce 晶体振荡器的设计，电路如图 5-25 所示，元件 R、C_1、J_T 和 C_2 构成 180°的相移网络，R 也是反馈元件，用于减轻晶体的负担。C_C 与 J_T 串联，微调振荡器的工作频率到晶体 J_T 的串联频率上，C_{2F} 和 C_{2D} 是去耦合电容，R_B 和 R_C 是偏置电阻，耦合电容 C_{coup} 使振荡器在安全增益裕量下将输出功率耦合到 50Ω负载上，而不使振荡器负载过重。

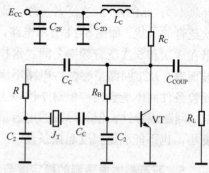

图 5-25 Pierce 晶体振荡电路结构图

通过仿真获得元件取值，也可参照公式计算初步值：

① 旁路电容 C_{2D}=C_C≤1Ω（X_C），这里分别取 C_{2F}（RF）=7.2nF，C_C（AC）=1μF，隔直电容 C_C=7.2nF。

② 晶体耦合电容 $C_1 = C_2 = \dfrac{20nF}{(10\mu F \times f_0)}C_{factor}$，这里取 90.9pF。

式中，f_0 为晶体工作频率，C_{factor} 为电容因子，与工作频率有关，取值为 0.5（小于 1MHz），0.6（小于 2MHz），0.7（小于 3MHz），0.8（小于 4MHz），0.9（小于 6MHz），1（大于 8MHz）。

③ 扼流圈的阻抗 RFC>500Ω，扼流圈 L_C=3.6μH。

④ $R = \dfrac{3}{2\pi f_0 C_1}$，这里取 238Ω。

⑤ $R_C = \dfrac{E_{CC} - V_{CE}}{I_C}$，这里取 130Ω。

⑥ $R_B = \beta \dfrac{V_{CE} - V_{BE}}{I_C}$，这里取 11.2kΩ。

上述设计经过仿真，可得到增益与相位开环曲线，负载 Q 与频率关系，以及起振状态、输出功率等。

晶体振荡器的测试工作主要是输出波形的频谱分析、温度特性等。

优化晶体振荡器的性能，主要是改善其幅度、稳定度、起振和频谱纯度。因此，必须优化 L/C 或 R/C 的比率、晶体管偏置电流和调谐电容，需要不断进行调整，直到参数满足规范的要求。

5.5 负阻振荡器

在电路分析中，二阶 LC 回路在外部冲击信号的作用下，可形成欠阻尼、临界阻尼或过阻尼响应。若损耗较小，可形成欠阻尼振荡，若回路损耗为零，可维持正弦振荡，但由于实际存在损耗，最终仍会停振。正弦波振荡器均采用 LC 谐振回路，能维持正弦波振荡输出，得益于环路中的非线性器件将直流功率不停地转换为交流功率，补充 LC 回路的损耗。那么从 LC 回路看环路的交流等效电阻，应该相当于负电阻，抵消 LC 回路的损耗电阻，使回路成为纯 LC 谐振回路，这样才能维持振荡器的等幅振荡。否则，当负电阻小于回路损耗电阻时，则为减幅振荡，直至停振，当负电阻大于回路损耗电阻时，则为增幅振荡。下面首先分析三点式振荡器的负阻特性，然后分析实际负阻振荡器电路。

5.5.1 三点式振荡器的负阻特性

这里仍以图5-14所示的电容三点式振荡器电路为例，重新绘制其等效电路如图5-26所示。

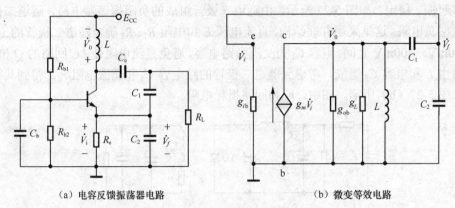

（a）电容反馈振荡器电路　　　　　　　（b）微变等效电路

图5-26 电容反馈振荡器电路

谐振回路的输出端电压为 $\dot{V}_0$，反馈输入电压 $\dot{V}_i = \dot{V}_f \dfrac{C_1}{C_1 + C_2} \dot{V}_0$，观察图5-26（b），分析受控电流源的等效导纳 Y_n 为（注意图中为非关联方向）

$$Y_n = -\frac{g_m \dot{V}_i}{\dot{V}_0} = -g_m \frac{C_1}{C_1 + C_2} \tag{5-56}$$

这里，等效电导为负值，即具有不消耗功率而产生功率的能力，可以将电源提供的直流功率转化为交流功率。

因此，三极管输出电导为

$$Y_0 = Y_n + g_{ob} = g_{ob} - g_m \frac{C_1}{C_1 + C_2} \tag{5-57}$$

LC 回路的总电导为

$$Y_\Sigma = Y_n + g_{ob} + g'_L + \left(\frac{C_1}{C_1 + C_2}\right)^2 g_{ib} = g_\Sigma - g_m \frac{C_1}{C_1 + C_2} + \left(\frac{C_1}{C_1 + C_2}\right)^2 g_{ib} \tag{5-58}$$

式中，$g_\Sigma = g_{ob} + g'_L$。

振荡器能够起振或维持振荡，是将直流功率转换为交流功率，从回路总的导纳看，应该是负值，即负电阻其起振条件为 $Y_\Sigma < 0$，有

$$g_m > \frac{C_1 + C_2}{C_1} g_\Sigma + \frac{C_1}{C_1 + C_2} g_{ib} = k_F g_{ib} + \frac{1}{k_F} g_\Sigma \tag{5-59}$$

该式与式（5-47）一致。因此，LC 振荡器的分析，从正反馈或负阻来看，是一致的。

5.5.2 负阻振荡器原理及其电路

前面分析了有源三极管器件在正反馈时呈现的负电阻特性，可以构成振荡器，实现直流到交流的能量转换。也有其他的非线性器件具有负电阻的功能，如隧道二极管。隧道二极管

的伏安曲线如图 2-10（b）所示，在其中的 A—B 段呈现负阻。

　　将负电阻用于振荡器电路，虽然不需要放大器和正反馈环节，但仍需要：1）能量转换器件；2）选频网络。能量转换器件由负电阻实现，但负电阻器件需要合适的静态工作点，使振荡器能够起振、稳定。如图 5-27 所示，由隧道二极管组成的负阻振荡器电路，隧道二极管为电压控制型负电阻，这里采用并联结构，直流电源 E 和电阻 R_1、R_2 确定隧道二极管的工作点，电压在 60mV～400mV 之间。电容 C_1 为交流旁路电容，避免直流电阻使 LC 回路的 Q 值减小，谐振回路由 L 和电容 C_2 组成，考虑到隧道二极管的结电容 C_d 和交流电阻 r_d，得到其等效交流电路如图 5-27（b）所示，图中，r_L 为回路损耗电阻。

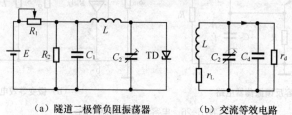

（a）隧道二极管负阻振荡器　　　（b）交流等效电路

图 5-27　隧道二极管负阻振荡器及其交流等效电路

回路的总导纳为

$$Y = \frac{1}{r_d} + j\omega C_d + j\omega C_2 + \frac{1}{j\omega L + r_L} = \frac{1}{r_d} + j\omega(C_d + C_2) + \frac{-j\omega L + r_L}{(\omega L)^2 + r_L^2}$$

$$= \left(\frac{1}{r_d} + \frac{r_L}{(\omega L)^2 + r_L^2}\right) + j\left(\omega(C_d + C_2) - \frac{\omega L}{(\omega L)^2 + r_L^2}\right) \tag{5-60}$$

虚部为零，得到振荡频率为

$$\omega_0 = \sqrt{\frac{1}{L(C_d + C_2)} - \left(\frac{r_L}{L}\right)^2} \tag{5-61}$$

实部为零，得到幅度平衡条件为

$$r_d = -r_L - \frac{(\omega L)^2}{r_L} \approx -\frac{L}{r_L(C_2 + C_d)} \tag{5-62}$$

因此，起振条件为实部小于零，即

$$r_d < -\frac{(\omega L)^2}{r_L} = -\frac{L}{r_L(C_2 + C_d)} \tag{5-63}$$

　　隧道二极管振荡器具有较高的工作频段，为 100MHz 至 10GHz，其优点是噪声低，电路简单，但输出功率和电压幅度较小。同时，电路缺少反馈网络，参数调整、阻抗匹配和负载变化等均对工作频率、幅度影响较大，因此其频率稳定度和幅度稳定度方面都不如反馈式振荡器，如工作点的任何变化都将影响频率和幅度值。

5.6　锁相频率合成技术

　　前面介绍的 LC 振荡器和晶体振荡器，均只能产生单一频率，尽管 LC 振荡器可以工作到较高频段，但稳定度不高，晶体振荡器具有较高的稳定度和准确度，但基频一般低于 20MHz。现代无线通信中，有必要将晶体振荡器和 LC 振荡器结合起来，从单一低频的晶体振荡器获得大量高稳定度的频率信号，即频率合成技术。目前应用最广泛的频率合成技术有锁相环技术（phase-locked loops，PLL）和直接数字合成技术（direct digital synthesis，DDS）。频率合成技术是现代电子系统的重要组成部分，在通信、雷达、电子对抗、导航、广播电视、遥测遥控、仪器仪表等领域广泛应用。

5.6.1 锁相环的工作原理

锁相技术是一门重要的自动相位反馈控制（Auto Phase Control，APC）技术，在通信、导航、广播与电视通信、仪器仪表测量、数字信号处理及国防技术中得到广泛应用。在 20 世纪上半叶就采用锁相技术实现了接收设备锁相同步控制、电视接收同步扫描，以及卫星通信锁定接收技术等；20 世纪 80 年代以后，数字锁相、集成锁相以及频率合成技术大大推动了数字通信、卫星通信的发展，同时，锁相环路所具有频率准确跟踪的功能，可实现窄带高频跟踪（如载波跟踪）和带通滤波（如调制跟踪），因此，锁相环在频率合成、锁定接收与调制解调中也得到了广泛应用。

通过比较参考信号 $u_r(t)$ 与输出信号 $u_0(t)$ 间的相位，由其相位误差电压来调整输出信号的频率，使输出信号频率与参考信号同频，称为锁相环（Phase Locked Loop，PLL），其基本的结构包括鉴相器、环路滤波器和压控振荡器。根据锁相环的信号类别不同，锁相环分为模拟锁相环（PLL）、数模混合锁相环和数字锁相环（DPLL），模拟锁相环的所有部件均为模拟器件，数字锁相环的所有部件为数字器件，如数控振荡器（NCO）、数字环路滤波器和数字鉴相器，而数模混合锁相环的一般结构为数字鉴相器、模拟压控振荡器和环路滤波器组成。

模拟锁相环由鉴相器（Phase Detector，PD）、环路滤波器（Loop Filter，LF）和压控振荡器（VCO）组成，其结构如图 5-28 所示。

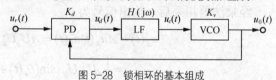

图 5-28　锁相环的基本组成

锁相环路是通过相位误差信号控制环路的稳定，因此在环路锁定时，仍需维持有相位差，且相位差恒定。输出信号的频率与输入信号的频率相等，实现无误差的频率跟踪；同时，锁相环还具有良好的窄带跟踪特性和调制跟踪特性，环路锁定时，滤除噪声，实现窄带滤波器的功能；而当输入信号的瞬时相位变化时，输出信号的瞬时相位也跟着变化，环路既可输出经过提纯的已调制信号，也可输出解调信号。

设输入参考信号为 $u_r(t) = U_r \sin(\omega_r t + \theta_r(t))$ ，当参考信号为未调制的正弦信号时，$\theta_r(t)$ 为常数 θ_r。

设输出信号为 $u_0(t) = U_0 \cos(\omega_0 t + \theta_0)$ ，ω_0 为 VCO 的固有振荡频率，θ_0 为初始相位。

两信号之间的瞬时相差为

$$\theta_e(t) = (\omega_r t + \theta_r) - (\omega_0 t + \theta_0) = (\omega_r - \omega_0)t + \theta_r - \theta_0 \tag{5-64}$$

两信号之间的瞬时频差为

$$\frac{d\theta_e(t)}{dt} = \omega_r - \omega_0 - \frac{d(\theta_r - \theta_0)}{dt} = \omega_r - \omega_0 \tag{5-65}$$

锁相环进入锁定状态后，两信号之间的相位差表现为一固定的稳态值。即

$$\lim_{t \to \infty} \frac{d\theta_e(t)}{dt} = 0 \tag{5-66}$$

因此，输出信号的频率已偏离了原来的固有振荡频率 ω_0，即输出信号 $u_0(t)$ 的实际频率为

$$\omega_0 = \omega_r \tag{5-67}$$

也就是说，由于环路相位差信号的闭环控制，压控振荡器的输出频率从 ω_0 过渡到参考频率 ω_r，但输出信号与输入参考信号间保持稳定的相位差，因此，锁相环路具有自动把压控振荡器的频率牵引到输入信号频率的能力。

5.6.2 锁相环路的相位方程

下面首先分析锁相环的三个模块，并以此导出锁相环的相位方程。

1. 鉴相器

鉴相器是检测两个输入信号的相位差，是锁相环的基本部件之一，也常用于调频和调相信号的解调。实际上，小信号时，模拟鉴相器可由模拟乘法器完成，两个信号的乘积项中包含了两个输入信号的相差信息。根据鉴相特性的不同，分为正（余）弦形、锯齿形与三角形等。这里以正弦鉴相特性为例，分析锁相环特性。

设乘法器的增益系数为 A（单位为 1/V），两输入信号分别为

参考信号：$u_r(t) = U_r \sin \theta_r(t)$

输出信号：$u_0(t) = U_0 \cos \theta_0(t)$

经乘法器相乘后，输出信号为

$$\begin{aligned}
u_d(t) &= Au_R(t)u_0(t) = AU_rU_0 \sin \theta_r(t) \cos \theta_0(t) \\
&= \frac{1}{2} AU_rU_0 \{\sin(\theta_r(t) + \theta_0(t)) + \sin(\theta_r(t) - \theta_0(t))\}
\end{aligned} \tag{5-68}$$

经过环路滤波器，滤除其中的高频分量，当相位误差 $\theta_e(t)$ 较小时，则鉴相器的相位误差信号为

$$u_c(t) = K_d \sin[\theta_0(t) - \theta_r(t)] = K_d \sin \theta_e(t) \approx K_d \theta_e(t) \tag{5-69}$$

式中，$K_d = \frac{1}{2} AU_rU_0$，为鉴相系数，也称为鉴相器的灵敏度，即最大输出电压。

上式线性化处理的条件是 $\theta_e(t) < \pi/6$，鉴相曲线如图 5-29 所示，由于 $u_c(t)$ 随 $\theta_e(t)$ 作周期性的正弦变化，因此这种鉴相器称为正弦波鉴相器。

2. 环路滤波器

针对鉴相器输出的相位误差电压信号，锁相环路中常采用一阶低通滤波器电路滤除误差信号中的高频分量及噪声，当需要抑制鉴相器输出中的交流分量时，也可采用高阶滤波电路。环路滤波器除滤波作用外，同时也是锁相环稳定工作的关键器件，如系统由于瞬时噪声或干

扰而失锁时，环路滤波器为锁相环路提供一个短期的记忆，确保锁相环路能重新捕获信号，迅速锁定。

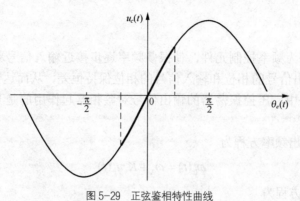

图 5-29　正弦鉴相特性曲线

常用的环路滤波器有 RC 积分滤波器、无源比例积分滤波器和有源比例积分滤波器，其结构与幅频特性如表 5-3 所示，环路滤波器为低通滤波器，通常电容 C 取 $1 \sim 10\mu F$，电阻 R_1 比 R_2 大 $10 \sim 100$ 倍。

表 5-3　　　　　　　　　　　　常用环路滤波器的传输特性

	RC 积分滤波器	无源比例积分滤波器	有源比例积分滤波器
电路			
传输函数	$H(j\omega) = \dfrac{1}{1 + j\omega RC}$	$H(j\omega) = \dfrac{1 + j\omega R_2 C}{1 + j\omega (R_1 + R_2)C}$	$H(j\omega) = \dfrac{1 + j\omega R_2 C}{j\omega R_1 C}$
转折频率	$\omega_0 = \dfrac{1}{RC}$	$\omega_2 = \dfrac{1}{R_2 C}$　　$\omega_1 = \dfrac{1}{(R_1 + R_2)C}$	$\omega_1 = \dfrac{1}{R_1 C}$
幅频特性			
相频特性			

与 RC 积分滤波器相比，在高频范围内无源比例积分滤波器维持输入、输出电压的比例常数 $\dfrac{R_2}{R_1 + R_2}$，同时有两个时间常数可供调整，在锁相环中得到广泛应用。此外，比例积分滤波器工作时，鉴相器输出的电压积累，将形成很大的 VCO 控制电压，足以改变 VCO 输出频

率并保持到锁定状态，所以，改变环路滤波器的参数，可改变环路滤波器的性能，以及锁相环的性能。

3. 压控振荡器

采用压控元件作为频率控制元件，使振荡频率逐步接近输入信号频率，直至两者的频率相同，使 VCO 输出信号的相位和输入信号的相位保持恒差，从而达到频率锁定。需要强调的是，在锁相环路中，压控振荡器的输出信号对鉴相器起作用的是其瞬时相位而非瞬时角频率。

压控振荡器的输出频率方程为

$$\omega_0(t) = \omega_0 + K_v u_c(t) \tag{5-70}$$

对应的瞬时相位方程为

$$\theta_0(t) = \omega_0 t + K_v \int u_c(t) dt \tag{5-71}$$

因此，VCO 的数学描述为积分模型。

VCO 的频率变化由环路滤波器的特性决定，截止频率越小，滤除高频成分，环路滤波器输出的用于控制 VCO 的信号 $u_0(t)$ 变化越缓慢，这样 VCO 输出的信号变化较缓慢；截止频率越高，含高频成分，$u_c(t)$ 变化较快，VCO 输出的信号变换也较快。

根据鉴相器的需要，VCO 电路产生的波形有正弦波或脉冲波，常用的正弦波 VCO 电路有三点式 LC 压控振荡器和射极耦合多谐振荡器等。

4. 锁相环路的相位方程

根据上述的锁相环的结构和分析，锁相环的相位模型如图 5-30 所示，图中 p 为微分算子。

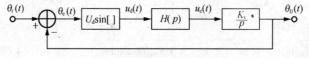

图 5-30　锁相环的相位模型

对应的锁相环基本方程为

$$\begin{cases} \theta_e(t) = \theta_r(t) - \theta_0(t) \\ \theta_0(t) = U_d \sin \theta_e(t) H(p) \dfrac{K_v}{p} \end{cases} \tag{5-72}$$

因此有相位方程

$$p\theta_e(t) = p\theta_r(t) - K_v U_d \sin \theta_e(t) H(p) \tag{5-73}$$

当环路输入信号的参考频率 ω_r 和相位 θ_r 均为常数时，有

$$u_r(t) = U_r \sin(\omega_r t + \theta_r) = U_r \sin[\omega_0 t + (\omega_r - \omega_0)t + \theta_r] \tag{5-74}$$

令 $\theta_r(t) = (\omega_r - \omega_0)t + \theta_r$，有 $p\theta_r(t) = \omega_r - \omega_0 = \Delta\omega_0$，$\Delta\omega_0$ 锁相前后参考频率与 VCO 中心频率

的固有频差。

代入式（5-73），可得固定频率输入时的环路基本方程为

$$p\theta_e(t) = \Delta\omega_0 - K_v U_d \sin\theta_e(t) H(p) \tag{5-75}$$

式中，右边第二项是 VCO 受控制电压 $u_c(t)$ 作用引起振荡频率相对于固有振荡频率 ω_0 的频率变量，称为控制频差。

5.6.3 锁相环几个过程的分析

当锁相环开始工作时，为失锁状态，锁相环不断调整压控振荡器的频率，系统处于捕获过程中，完成捕获后进入锁定状态，此时锁相环处于稳定状态，但当参考信号的相位发生变化，将导致压控振荡器的输出频率变化，称为跟踪状态，若能跟踪，则仍为锁定状态，否则就处于失锁状态。

1. 锁相环的捕获过程

捕获过程是指环路开始工作到环路进入锁定状态的过程，其指标为环路捕获带和捕获时间，前者是指环路能通过捕获过程而进入同步状态所允许的最大固有频差 $\Delta\omega_p$，后者是环路由起始时刻到进入同步状态的时间间隔，捕获时间大小与环路参数、起始状态有关。

通常，在锁相环开始工作时，鉴相器输入的两信号之间存在着起始频差（即固有频差）$\Delta\omega_0$，若 $\Delta\omega_0$ 很大，导致进入鉴相器的非线性区，加到 VCO 输入端的控制电压 $u_c(t)$ 很小，不能建立正常的控制频差，环路无法入锁。因此，环路能否发生捕获与固有频差的 $\Delta\omega_0$ 密切有关，只有当 $|\Delta\omega_0|$ 小到某一频率范围时，环路才能捕获入锁，该范围称为环路的捕获带 $\Delta\omega_p$，其在失锁状态下能使环路经频率牵引，最终锁定的最大固有频差 $|\Delta\omega_0|_{max}$，即

$$\Delta\omega_p = |\Delta\omega_0|_{max} \tag{5-76}$$

为改善环路捕获性能，通常可通过增大环路增益、增大滤波器带宽、减小起始频差等措施来提高捕获带宽，缩短捕获时间。

2. 锁相环的锁定状态

当初始频差 $\Delta\omega_0$ 在捕捉带内，环路在相位误差电压的闭环调整下，控制频差等于固有频差时，瞬时相差 $\theta_e(t)$ 趋向于固定值，即 $\lim_{t\to\infty} p\theta_e(t) = 0$，环路进入锁定状态，此时环路的稳态频差等于零。对于，已经锁定的锁相环路，若改变其固有频差，稳态相差会随之改变，当固有频差增大到某一值时，环路将不能维持锁定，通常将保持锁定状态所允许的最大固有频差称为环路的同步带 $\Delta\omega_h$，是锁相环路的重要参数，同步带、捕获带与固有频率的关系如图 5-31 所示。

图 5-31 同步带、捕获带与固有频率的关系

锁定时的环路方程为

$$K_v U_d \sin\theta_e(\infty) H(j0) = \Delta\omega_0 \tag{5-77}$$

对应的稳态相差为

$$\theta_e(\infty) = \arcsin \frac{\Delta \omega_0}{K_v U_d H(j0)} \tag{5-78}$$

显然，锁定状态正是由于稳态相差 $\theta_e(\infty)$ 在直流控制电压的作用下，强制使 VCO 的振荡角频率相对于 ω_0 偏移了 $\Delta \omega_0$，而与参考角频率 ω_r 相等的结果。

3. 锁相环的跟踪过程

锁定和失锁为锁相环的两个基本状态，对应于两个动态过程，即从失锁到锁定状态为捕捉过程；若锁相环本身处于锁定状态，但输入信号频率发生变化，通过环路调整 VCO 频率予以补偿，重新进入锁定状态，维持固定的相位差，该过程称为跟踪过程。跟踪过程的指标包括暂态相位误差和稳态相位误差，它们不仅与环路本身的参数有关，还与输入信号的变化形式有关。

当 VCO 的频率偏差足以补偿固有频差 $\Delta \omega_0$ 时，环路维持锁定，因而有

$$\Delta \omega_0 = K_v U_d \sin \theta_e(\infty) H(j0) \tag{5-79}$$

故 $\Delta \omega_0\big|_{\max} = K_v U_d H(j0)$

但继续增大 $\Delta \omega_0$，使 $|\Delta \omega_0| > K_v U_d H(j0)$，则环路失锁。环路能够继续维持锁定状态的最大固有频差称为环路的同步带

$$\Delta \omega_h = \Delta \omega\big|_{\max} = K_v U_d H(j0) \tag{5-80}$$

锁相环在不同的应用场合，其指标要求不同，如用于频率合成的锁相环，除信号的幅度稳定度、频率稳定度指标外，关键指标还有相位噪声和动态性能。由于锁相环是通过相位锁定而保持频率稳定的，因此如果相位抖动，将导致频率不稳定。因此，锁相环的相位噪声对通信系统的整体性能影响甚大。

锁相环的动态性能决定了它能够同步参考源的速度和精度，以及在多大范围内能够跟踪参考源，包括锁定时间、捕获范围、锁定范围，以及环路带宽和相位裕度等。

5.6.4 集成锁相环

前面介绍了锁相环的原理与指标，经过多年的发展，目前实际应用的大多为集成锁相环，集成锁相环具有体积小、成本与功耗低、功能全，灵活性大的优点。为了适应不同频段和不同功能，通用锁相环一般将环路滤波器、晶体、VCO 和高速前置分频器等环路部件外接。第一块 PLL 集成电路芯片出现在 1965 年，为纯模拟技术实现的，历经数模混合的数字锁相环、全数字锁相环的发展，目前涌现出的软件锁相环（SPLL）是基于一定的硬件平台，通过编写程序来实现锁相环的功能，具有更大的灵活性，既可以实现模拟锁相环的功能，也可以实现全数字锁相环或者数模锁相环的功能。

按应用领域划分，集成锁相环分为通用型锁相环和专用锁相环，在高频电路和信号处理，常采用通用型集成模拟锁相环，如 NE567、NE564、CD4046，其中 NE567 为音频解码锁相环，NE564 是通用的高频锁相环，工作频率达到 50MHz，其内部电路见附录 6，CD4046 为数模混合锁相环。目前模拟锁相环的工作频率可达到 GHz 级。

图 5-32 为 NE564 和 CD4046 的内部结构，集成了鉴相器和压控振荡器，但环路滤波器和压控振荡器的参数由外部电路决定。

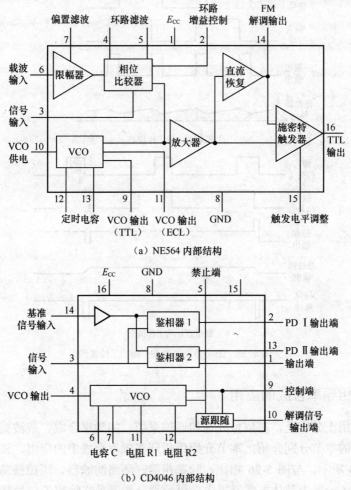

(a) NE564 内部结构

(b) CD4046 内部结构

图 5-32 集成锁相环的内部结构

NE564 工作频率最高为 50MHz，采用差分电路限幅，抑制寄生调幅；鉴相器采用双平衡模拟乘法器；压控振荡器为改进的射极耦合多谐振荡器，定时电容决定 VCO 的固有频率，为

$$f_0 = \frac{1}{22R_c(C+C_s)} \tag{5-81}$$

式中，$R_c = 100\Omega$，C 为外接电容，C_s 为杂散电容。

锁相环 CD4046 为数模混合的锁相环芯片，内有两个鉴相器、压控振荡器、缓冲放大器、输入信号放大与整形电路、内部稳压器等，其工作频率达 1MHz，内部压控振荡器产生占空比为 50%的方波，可与 TTL 电平或 CMOS 电平兼容，同时，CD4046 还具有相位锁定状态指示功能。内部两个鉴相器具有不同的鉴相特性，当输入信噪比小时，采用鉴相器 I，该鉴相器由异或门构成，具有三角形鉴相特性，适用于两个输入信号均为占空比为 50%的方波；当输入信噪比较高时，采用鉴相器 II，鉴相器 II 为边沿控制的数字存储网络，包括 4 个触发器、控制门电路等。两个鉴相器的工作波形如图 5-33 所示。

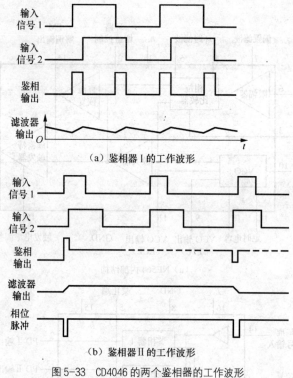

图 5-33　CD4046 的两个鉴相器的工作波形

5.6.5　锁相频率合成的应用

　　锁相环的应用十分广泛，在信号处理和通信系统，如频率合成、载波提取、调频与鉴频等，这将在以后的章节分别介绍，本节介绍锁相环在频率合成中的应用。锁相频率合成的原理框图如图 5-34 所示，与图 5-26 相比，除鉴相器、环路滤波器、压控振荡器外，增加了分频器。参考频率 f_r 一般为晶体振荡器提供，可预置分频器是将输出的信号频率 f_0 进行分频，当分频器的输出频率 f_0/N 与参考频率 f_r 不等时，鉴相器比较两者的相位，形成误差控制电压，控制 VCO 的输出频率，使两者相等，即输出频率为

$$f_0 = Nf_r \tag{5-82}$$

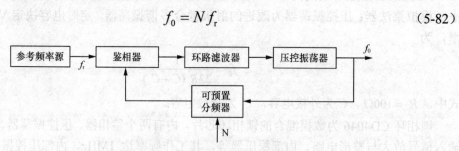

图 5-34　频率合成的锁相环基本组成

　　显然，图 5-34 所示的分频器为单一模式，合成的输出频率只是参考频率的整数倍，图 5-35（a）为 CD4046 锁相环实现的频率合成电路。随着技术的发展，采用多模式的分频技术，可实现小数或分数分频，提高频率合成的频率分辨率。如图 5-35（b）所示，MC145159 集成了分频器和鉴相器，内部含 14 位计数器 R、10 位计数器 N 和 7 位计数器 A。以标准晶体作为

基准，计数器 R 分频，得到参考频率 f_r；压控振荡器采用 MC1648，并选用 MC12015 实现 P/P+1 双模分频，实现更小间隔的频率控制。频率合成器的输出频率为

$$f_0 = [(N-A)P + A(P+1)]f_r \tag{5-83}$$

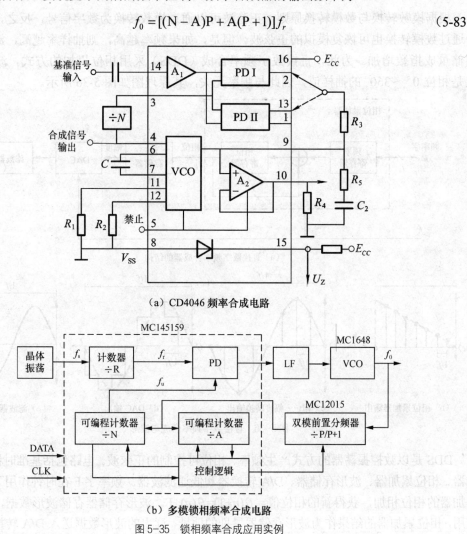

（a）CD4046 频率合成电路

（b）多模锁相频率合成电路

图 5-35 锁相频率合成应用实例

式中，P=32，f_r=75kHz，分频器预置值 N、A 为控制器根据需要设置。

选择合适的 N、A 值，可实现输出频率 f_0=108.000MHz～117.000MHz，步进 75kHz，其频率稳定度达到 10^{-7}。

5.7 直接数字频率合成原理

锁相环频率合成具有频率稳定、工作频率高、信号杂波少的优点，但其频率分辨率和频率转换速度低。依据数模转换原理，出现了直接式数字频率合成技术（DDS）技术，其频率分辨率高、频率转换时间快、频率稳定度高、相位噪声低，虽然其宽带、频谱纯度不如 PLL，但低相位噪声、高纯频谱、快速捷变和高输出频段的频率合成器仍成为频率合成技术发展的主要趋势。

5.7.1 直接数字频率合成原理

根据模数转换与数模转换原则，正弦波可以通过模数转换为数字信号，反之，该数字信号通过数模转换也可恢复模拟的正弦波。但是，如果频率越高，则抽样率越高，波形数据的存储量成指数增加。为此，直接数字频率合成（DDS）采用相位累加的方式，波形数据仅仅是相位 0°～360° 的抽样值，因此与频率无关，其原理图如图 5-36 所示。

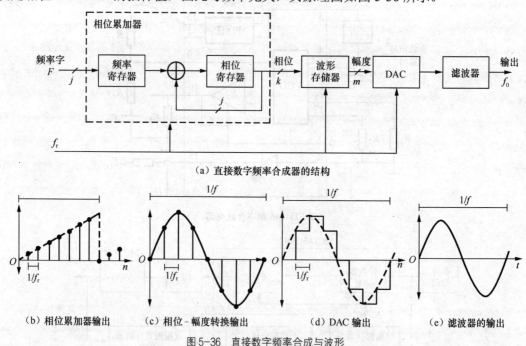

（a）直接数字频率合成器的结构

（b）相位累加器输出　　（c）相位－幅度转换输出　　（d）DAC 输出　　（e）滤波器的输出

图 5-36　直接数字频率合成与波形

DDS 是以数控振荡器的方式产生频率、相位可控制的正弦波。电路包括基准时钟、频率全加器、相位累加器、波形存储器、D/A 转换器和低通滤波器。频率字 F 在时钟作用下，与相位累加器的相位相加，获得新的相位值，$\theta(n+1)=\theta(n)+F$。波形存储器存储波形数据，以供查表使用，相位累加器的结果作为波形存储器寻址的地址，读出的波形数据送入 D/A 转换器和低通滤波器。每当相位累加器累加满，就会产生一次溢出，完成一个周期，这个周期就是合成信号的一个周期，累加器溢出的频率也就是 DDS 的合成信号频率，DDS 输出信号的频率为

$$f_0 = \frac{F}{2^N} f_r = F \frac{f_r}{2^N} \tag{5-84}$$

式中，f_r 为参考时钟，N 为相位累加器的宽度，F 为预置的频率字。

可见，通过设定相位累加器位数、频率控制字 F 和基准时钟的值，就可以产生任意频率的输出。理论上，DDS 的输出最大频率受奈奎斯特抽样定理限制，最高频率 $f_{0\max}=f_r/2$，由于滤波器的影响，一般输出频率不超过其参考时钟频率的 40%。

若基准时钟固定，相位累加器的位数就决定了频率分辨率。如相位累加器为 24 位，那么频率分辨率就是 24 位，若时钟为 2MHz，则频率分辨率达到 0.119Hz。

直接频率合成技术具有突出的优点，如输出波形灵活且相位连续、频率稳定度高、输出频率分辨率高、频率转换速度快、输出相位噪声低、集成度高、功耗低、体积小等，因此在频率

合成技术中被广泛应用，但 DDS 合成频率较低且输出频谱杂散较大，这也限制了其应用。

5.7.2　直接数字频率合成器的应用

随着集成技术的发展，直接数字频率合成技术已经发展为全系列产品，如 AD98××、Q23××等，频率输出达到上百 MHz。这里以 AD9851 为例，介绍其典型应用。

AD9851 内含可编程 DDS 系统，为全数字编程控制的频率合成器，时钟可达到 180MHz，内部采用 32 位的相位累加器，其高 14 位输入到正弦查询表，查询表的输出波形数据为 10 位数据，输入到 DAC，DAC 再输出两路互补的电流，输出信号幅度可通过外接电阻 R_{SET} 调节。将 DAC 的输出外接到低通滤波后获得所需要的正弦波。在 125MHz 的时钟下，32 位的频率控制字可使 AD9851 的输出频率分辨率达 0.0291Hz。此外，AD9851 还有 5 位相位控制位，允许相位按增量 180°、90°、45°、22.5°、11.25°或这些值的组合进行调整，可实现数字相位调制。图 5-37 所示为 AD9851 的频率合成典型应用。

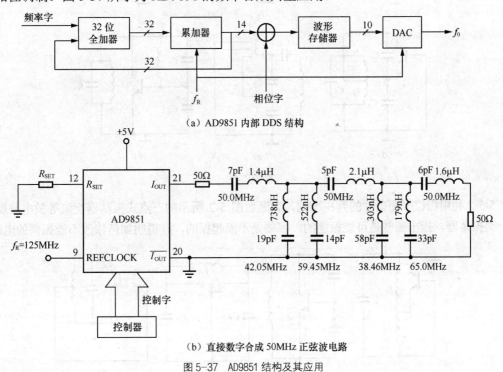

（a）AD9851 内部 DDS 结构

（b）直接数字合成 50MHz 正弦波电路

图 5-37　AD9851 结构及其应用

图 5-37（b）中，参考频率为 125MHz，频率控制字为十六进制 66666666H，后续为五阶椭圆带通滤波器，其中心频率为 50MHz，带宽为 10MHz，滤除合成频率信号的毛刺。AD9851 的应用比较广泛。如果固定频率字，可以输出固定频率的连续波（CW），若固定一组频率字，可实现频率调制；通过控制相位字变化，可控制输出信号的相位变化，实现相位调制；若控制外接电阻 R_{SET} 的电压，则可控制输出信号的幅度变化，实现幅度调制。

思考题与习题

5-1　什么是正弦波振荡器的起振条件、平衡条件和稳定条件？振荡器输出信号的波形、幅度和频率分别由什么决定？

5-2 振荡器的静态工作点为何置于微导通的位置？其幅度稳定输出是如何获得的？倘若将其静态工作点移至略小于导通处，试说明在开机时如何才能产生振荡，为什么？

5-3 温度特性为何与晶体的振动模式与切割方式有关？为什么晶体振荡器大多工作在泛音模式，有什么优点？

5-4 试将题图 5-1 所示的几种振荡器交流等效电路改为实际电路。

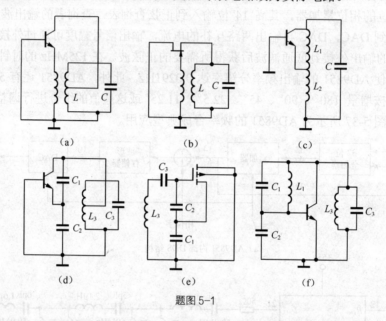

题图 5-1

5-5 利用相位平衡条件的判决准则，判断题图 5-2 所示的三点式振荡器交流等效电路属于哪一类振荡器，指出哪些是可能振荡的，哪些是不能起振的，并说明如何修改不能振荡的电路。

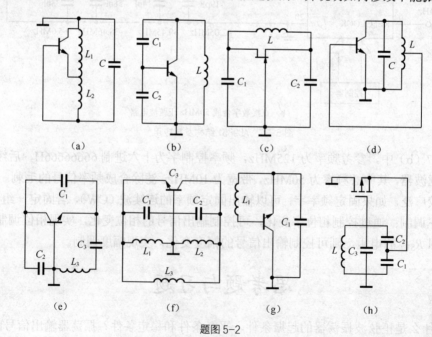

题图 5-2

5-6 如题图 5-3 所示振荡器的交流通路，若振荡器振荡，试问振荡器的输出频率与元器件值的关系如何？

5-7 某收音机的本机振荡器电路如题图 5-4 所示。

（1）在振荡器的耦合线圈上标出同名端，以满足相位起振条件；

（2）试计算当 $L_{35} = 100\mu H$，$C_2 = 10pF$ 时，在电容 C_3 可调的范围内，电路的振荡频率范围。

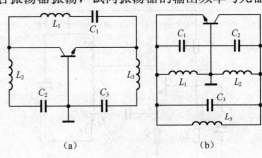

题图 5-3

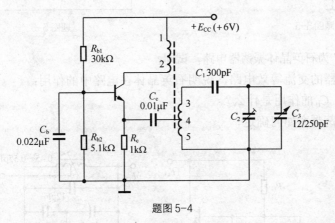

题图 5-4

5-8 题图 5-5 为电感三点式振荡器电路。

（1）画出其高频等效电路；

（2）设 $L_1 = 0.5\mu H$，$L_2 = 0.25\mu H$，$L_3 = 0.12\mu H$，$C = 125pF$，$Q_0 = 50$，$g_m = 5ms$，$g_{ie} = 0$，问能否起振？

（3）用物理概念说明产生下列现象的原因：

a. 电感线圈抽头 A 向 B 端移动时，振荡减弱甚至停振；

b. 电感线圈抽头 A 向 D 端移动时，振荡减弱甚至停振；

c. 负载加重后，停振；

d. 将偏置电阻 R_{b1} 加大到某一值时，停振；

e. 将偏置电阻 R_{b2} 加大到某一值时，停振。

5-9 题图 5-6 为电容三点式振荡器电路，要求：

（1）画出其交流等效电路；

（2）反馈系数 $K_F = ?$ 若将 K_F 降为原来的一半，如何调整电容 C_1、C_2 的值（振荡频率不变）；

（3）将图中 R_c 改为扼流圈，如何？

（4）C_b、C_c 可否省去一个？

（5）C_e 开路会发生什么现象？

（6）若输出线圈匝数比 $N_1/N_2 \gg 1$，从 2-2 端测得的振荡频率为 500kHz，而从 1-1 端测得的频率为 490kHz，为什么不一致？哪个准确？

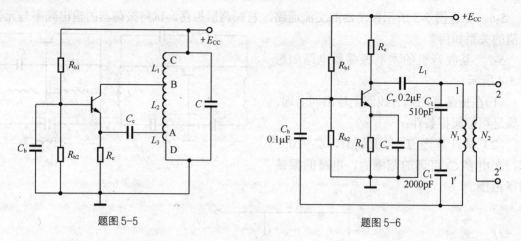

题图 5-5

题图 5-6

5-10 题图 5-7 为石英晶体振荡器电路，试问：

（1）画出振荡器的交流等效电路，说明石英晶体在电路中的作用；

（2）R_{b1}、R_{b2}、C_b 的作用是什么？

（3）电路的振荡频率如何确定？

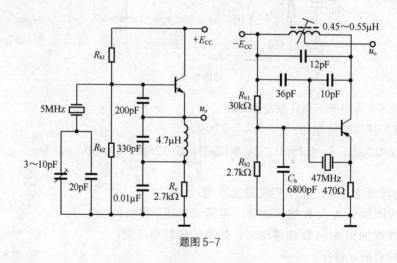

题图 5-7

5-11 试根据如下条件画出晶体振荡器的实用电路。

（1）采用 NPN 三极管；

（2）晶体作为电感元件；

（3）负电源供电；

（4）晶体三极管的 E—C 间为 LC 并联谐振回路；

（5）发射极交流接地。

5-12 短波收音机的接收频率范围为 3～30MHz，频率覆盖系数达到 10，一般的本地振荡器无法兼顾覆盖系数过大的振荡器，常采用分频段处理，试采用电容三点式振荡器结构设计多波段的短波接收机的本地振荡器，若采用锁相环或直接数字合成，设计参数如何？

5-13 已知一阶锁相环路鉴频器的 U_d=2V，压控振荡器的 K_v=10^4 Hz/V，自由振荡频率为 f_0=1MHz。试问当输入信号频率 f_i=1.015MHz 时，环路能否锁定？若能锁定，稳定相差为多大？此时的控制电压为多大？

5-14 如题图 5-8 所示的频率合成器中，若可变分频器的分频比为 $N=760\sim860$，试确定输出频率的范围及频率间隔大小。

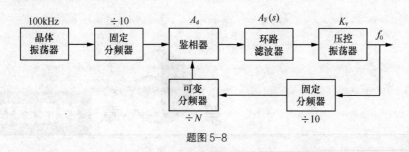

题图 5-8

5-15 以图 5-16 为例，设计工作频率 200MHz 的正弦波振荡器，电源电压 $E_{CC}=5V$，$I_{CQ}=10mA$ 负载 $R_L=50\Omega$，集电极电压 $V_{CE}=2V$，晶体管为 NXP BFG-425W，并通过 ADS2006 仿真软件优化。

5-16 已知一阶锁相环的鉴相器的 $U_d=2V$，压控振荡器的 $K_v=15kHz/V$，固有频率 $f_0=2MHz$。问当输入信号频率分别为 1.98MHz 和 2.05MHz 时，环路能否锁定：稳定的相位差为多大？

5-17 根据标准 VCO 设计电路，结合仿真软件，设计 $340\sim460MHz$ 的压控振荡器。具体指标为：$P_{OUT}=0dBm$，$V_{CC}=5V$，$V_{CNTRL}=0.2\sim5V$，三极管 $V_{CE}=2V$，$I_C=25mA$，输出阻抗为 50Ω。

5-18 采用 FPGA 技术，设计 32 位 DDS 芯片，测试其功能。

无线通信是在发射端将待发送的低频调制信号（即基带信号）进行调制，把基带信号的频谱搬移到高频段，并通过混频把已调波信号搬移到合适的信道传输；在接收端，又将处于射频段的频谱通过混频搬移到中频，再进行解调恢复原始信号。在绪论部分，已经初步介绍了调幅和调频概念。在调幅、混频和检波过程中尽管载波频率不同但射频信号的频谱形状仍保持基带信号频谱的形状不变，称为线性频谱搬移，而调频与鉴频过程中，频谱的形状与原调制信号的频谱形状不同，产生了大量的谐波调制频谱成分，称为非线性频谱搬移。本章主要介绍线性频谱搬移的方法与电路，在超外差的收发机中，涉及到线性频谱搬移的模块包括幅度调制、混频和解调（检波），如图 6-1 所示。

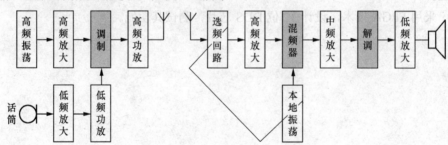

图 6-1　线性频谱搬移在超外差收发机中的位置

6.1　调幅信号分析

为适合信道传输，降低天线要求，适应多路传输的要求等，无线电传输均采用调制技术。幅度调制是常见的模拟调制技术，如中短波无线广播、电视信号的图像信号传输等；下面将从时域和频域分析幅度调制信号的特点。

这里，设基带信号为 $u_\Omega(t) = U_\Omega \cos(\Omega t)(\mathrm{V})$，高频载波为 $u_c(t) = V_c \cos(\omega_c t + \varphi_0)(\mathrm{V})$。

6.1.1　AM 信号

振幅调制，即利用基带信号控制载波信号的幅度变化，调幅信号的数学表达式为

$$u_{AM}(t) = V_c(1 + m_a \cos \Omega t)\cos(\omega_c t + \varphi_0)(\mathrm{V}) \tag{6-1}$$

式中，载波信号的振幅为

$$U_{AM} = V_c(1 + m_a \cos \Omega t)\,(\text{V}) \tag{6-2}$$

显然，该振幅为时变的，且与基带调制信号的变化规律一致，式中的 m_a 称为调幅指数。调制信号、载波与已调波的时域图如图 6-2 所示。可以看出，调幅波的包络与调制信号的波形一致，即调制信号控制了载波的幅度变化，而调幅波的中心频率与载波的相同。由图 6-2 有

调幅波的峰值为

$$U_{AMmax} = V_c(1 + m_a) \tag{6-3}$$

调幅波的谷值为

$$U_{AM\min} = V_c(1 - m_a) \tag{6-4}$$

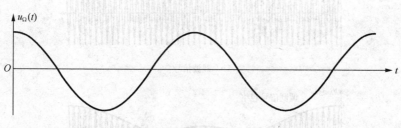

（a）调制信号

（b）载波

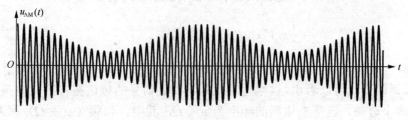

（c）普通调幅信号

图 6-2 调制信号、载波与普通调幅信号波形

因此，幅度均值、调制指数与载波峰值、峰谷的关系为

$$V_c = \frac{U_{AMmax} + U_{AMmin}}{2} \tag{6-5}$$

$$m_a = \frac{U_{AMmax} - U_{AMmin}}{U_{AMmax} + U_{AMmin}} \tag{6-6}$$

显然，调幅波的调制指数 m_a 必须小于 1，否则出现过调幅现象，导致振幅的变化与调制信号的变化规律不一致，图 6-3 为过调幅（$m_a>1$）的时域波形。

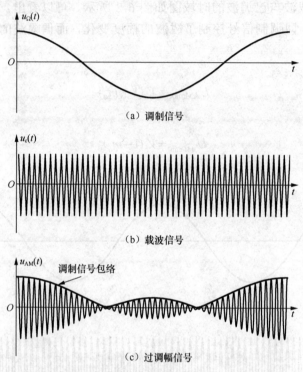

（a）调制信号

（b）载波信号

调制信号包络

（c）过调幅信号

图 6-3 调制信号、载波与过调幅信号波形

利用三角函数，将式（6-1）展开

$$u_{AM}(t) = V_c(1 + m_a \cos(\Omega t))\cos(\omega_c t + \varphi_0)$$

$$= V_c \cos(\omega_c t + \varphi_0) + \frac{1}{2}m_a V_c \cos((\omega_c t + \Omega)t + \varphi_0) \tag{6-7}$$

$$+ \frac{1}{2}m_a V_c \cos((\omega_c - \Omega)t + \varphi_0)$$

从式（6-7）可以看出，调幅波的频率成分有载波、上下两个边频，其频谱图如图 6-4 所示。比较频谱的变化可以看出，调幅过程就是将调制信号的频谱搬移到载波频率的两边，形成上、下两个边频，这两个边频的频率为 $\omega_c \pm \Omega$，其中，和频（$\omega_c + \Omega$）称为上边频，差频（$\omega_c - \Omega$）称为下边频。通常将含载波及上下两个边频的调幅信号称为普通调幅波，简写 AM。

由式（6-7）可知，负载上的调幅波功率分为三部分：载波功率、上下边带功率。

载波功率为

$$P_c = \frac{1}{2\pi}\int_{-\pi}^{\pi}\frac{u_{AM}^2(t)}{R_L}\mathrm{d}\omega_c t = \frac{V_c^2}{2R_L} \tag{6-8}$$

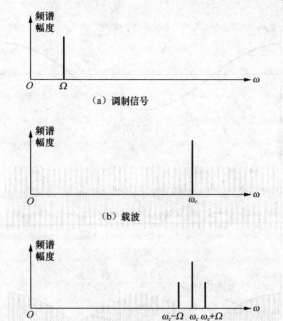

图 6-4 调制信号、载波与调幅信号的频谱图

上、下边频的功率为

$$P_{边频}=\frac{1}{2\pi}\int_{-\pi}^{\pi}\frac{\left(\frac{1}{2}m_a u_c\right)^2}{R_L}\,\mathrm{d}\omega_c t=\frac{1}{2R_L}\left(\frac{1}{2}m_a V_c\right)^2=\frac{m_a^2}{4}P_c \tag{6-9}$$

调幅波的平均功率为

$$P_{\mathrm{AM}}=P_c+2P_{边频}=\left(1+\frac{m_a^2}{2}\right)P_c \tag{6-10}$$

6.1.2 DSB 信号

对调幅信号而言，有用信息均在边频上，虽然载波不含信息，但却占有较大的功率，边频功率只有载波的 $\frac{1}{2}m_a^2$。为了提高发射效率，可以将载波抑制，得到抑制载波的双边带信号，简称 DSB 信号。

将式（6-7）中的载波滤除，得到

$$
\begin{aligned}
u_{\mathrm{DSB}}(t)&=\frac{1}{2}m_a V_c \cos((\omega_c+\Omega)t+\varphi_0)+\frac{1}{2}m_a V_c \cos((\omega_c-\Omega)t+\varphi_0)\\
&=V_c \cos(\Omega t)\cos(\omega_c t+\varphi_0)
\end{aligned}\tag{6-11}
$$

从式（6-11）可以看出，由调制信号与载波信号直接相乘，可得到 DSB 信号，此时，得到的已调制信号如图 6-5 所示。显然其包络变化规律与调制信号不同，它在调制信号过零点处对应的已调波存在相位跳变。抑制载波双边带信号的频谱只有两个边带，没有载波频谱，但仍保持了振幅调制所具有的频谱搬移特性，如图 6-6 所示。

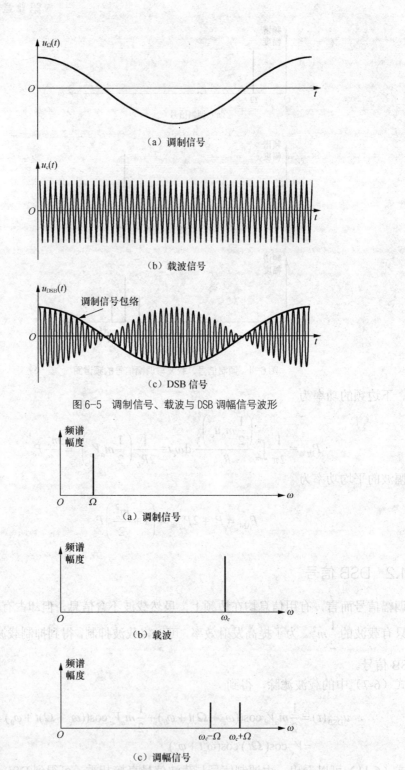

图 6-5　调制信号、载波与 DSB 调幅信号波形

图 6-6　调制信号、载波与 DSB 信号与频谱图

6.1.3　SSB 信号

DSB 信号的两个边带所携带的信息相同，为节省带宽，只发送一个边带，将另一个边带

滤除掉，这样得到的调制信号称为单边带（SSB）信号。图 6-6 为单边带的频谱图。

SSB 调制可以通过将普通 AM 信号、DSB 信号进行滤波得到，也可通过电路运算得到，如发送上边频带信号

$$u_{SSB}(t) = V_c \cos(\omega_c + \Omega)t = \frac{1}{2}V_c \cos(\Omega t)\cos(\omega_c t) - \frac{1}{2}V_c \sin(\Omega t)\sin(\omega_c t) \quad (6\text{-}12)$$

式（6-12）的第一项为载波与调制信号的双边带调制信号，第二项为载波与调制信号分别移相 90° 后的双边带调制信号。显然，SSB 调制为两个已调制信号的差。

SSB 信号虽然节省带宽，但在实现方法上存在一定的困难。用滤波法产生单边带信号时，要求具有陡峭截止特性的滤波器，制作工艺上十分困难。采用移相法合成单边带信号，要求将载波和调制信号均移相 90°，通常调制信号为边带信号，将所有频率成分移相 90° 是比较困难的；同时，单边带信号解调时通常需要恢复载波信号进行同步解调，但恢复载波也比较困难。为此，在滤波边带时常留有边带的一部分，称为残留边带调制(VSB)。

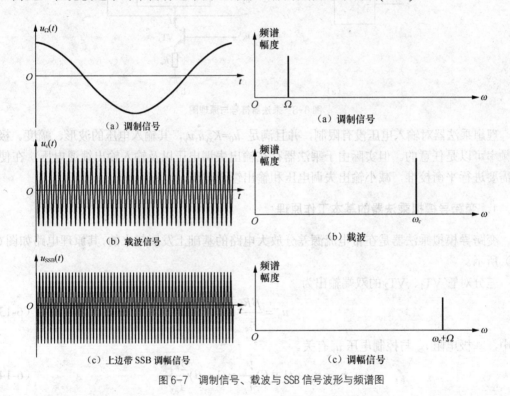

图 6-7 调制信号、载波与 SSB 信号波形与频谱图

6.2 线性频谱搬移的数学基础

幅度调制和检波的频谱搬移过程，从频域上看，调制信号的频谱形状在调制、解调过程中并没有变化，只是调制时被搬移到载波频率的两侧，解调时从载波的两侧搬移到低频，因此幅度调制与解调称为"线性"频谱搬移。但从时域上看，已调波信号是经过非线性变换得到的，因为将调制信号的频谱搬移到载波信号频谱的两侧，实质上是产生了新的频率成分。因此，幅度调制与解调，以及混频都需要非线性器件完成，常见的非线性器件有二极管、三

极管以及乘法器等，特别是乘法器在线性频谱搬移中应用非常广泛，下面首先介绍乘法器的原理，然后再介绍非线性电路的几种分析方法。

6.2.1 乘法器工作原理与应用

对于频谱线性搬移，非线性器件模拟乘法器是实现频谱线性搬移的理想器件，广泛应用于模拟运算，通信与测控系统等。模拟乘法器的符号如图 6-8（a）所示，K_{xy} 为乘法器的增益系数，图 6-8（b）为乘法器内部电路原理图。

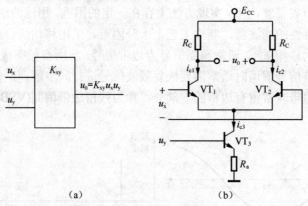

（a）　　　　　　　　　　（b）

图 6-8　乘法器符号与原理图

理想乘法器对输入电压没有限制，并且满足 $u_0=K_{xy}u_xu_y$，其输入电压的波形、幅度、极性和频率可以是任意的。但实际由于乘法器存在输出失调电压以及输入输出馈通电压，在使用时需要进行平衡校准，减小输出失调电压和输出馈通电压。

1. 变跨导模拟乘法器的基本工作原理

变跨导模拟乘法器是在带电流源差分放大电路的基础上发展起来的，其原理电路如图 6-8（b）所示。

差分对管 VT_1、VT_2 的双端输出为

$$u_0 = \frac{\beta R_c}{r_{be}} u_x \qquad (6-13)$$

式中，基极电阻 r_{be} 与控制电压 u_y 有关。

$$r_{be} = r_{bb'} + (1+\beta)\frac{V_T}{I_E} \approx (1+\beta)\frac{2V_T}{I_{c3}} \qquad (6-14)$$

式中，V_T 常温下取 26 mV，集电极电流 I_{c3} 为

$$I_{c3} \approx I_{e3} = \frac{u_y + V_{BEQ}}{R_e} \approx \frac{u_y}{R_e} \qquad (6-15)$$

有输出电压

$$u_0 = \frac{\beta R_c}{2(1+\beta)V_T R_e} u_x u_y = K_{xy} u_x u_y \qquad (6-16)$$

式中，$K_{xy} = \frac{\beta R_c}{2(1+\beta)V_T R_e} \approx \frac{R_c}{2V_T R_e}$。

在室温下，K_{xy} 为常数，可见输出电压 u_0 与输入电压 u_x、u_y 的乘积成正比，所以差分放大电路具有乘法功能。但 u_y 必须为正值时才能正常工作，故称为二象限乘法器。因 I_{c1} 随 u_y 而变，其比值为电导量，也称为变跨导乘法器。

上面的分析是以三极管处于线性放大区为基础的，当 u_y 较小时，三极管 T_3 将处于非线性工作区，I_{c3} 随 u_y 按指数变化，相乘结果误差较大；若 u_x、u_y 过大，三极管工作在饱和—截止区，则应采用下一节介绍的开关模型分析。

2. 双平衡模拟乘法器工作原理

实用的变跨导模拟乘法器由两个具有压控电流源的差分电路组成，称为双差分对模拟乘法器，也称为双平衡模拟乘法器，如单片集成模拟乘法器 MC1496、MC1595 等，如图 6-9 所示。

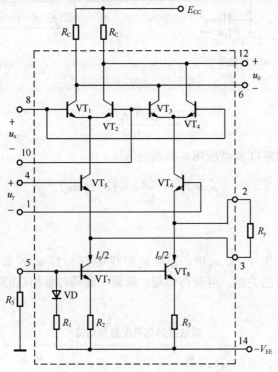

图 6-9　双差分模拟乘法器 MC1496 的内部结构

图 6-9 中，二极管 VD 和三极管 VT_7、VT_8 组成恒流源电路，其中 R_5、二极管 VD 和 R_1 组成恒流源；三极管 VT_1、VT_2、VT_5 和 VT_3、VT_4、VT_6 分别构成二象限的模拟乘法器，R_y 为负反馈电阻，扩大 u_y 输入动态范围，输出电压为

$$u_0 = -\alpha^2 I_0 R_c th\left(\frac{u_x}{2V_T}\right) th\left(\frac{u_y}{2V_T}\right) \approx K_{xy} u_x u_y \qquad (6-17)$$

式中，α 为三极管的电流传输系数，u_x、u_y 均为双极性信号，故双差分模拟乘法器为四象限工作。

3. 新型乘法器工作原理

模拟乘法器经过多年发展，其线性度、精确度越来越高，其外围电路也越来越简单，图

6-10 所示为 AD633 乘法器应用电路,外围电路与调整方法比第一代乘法器 MC1595、MC1496 简单得多,同时动态范围、线性度均优于第一代乘法器。图 6-10（a）电路的输出电压 u_0 为

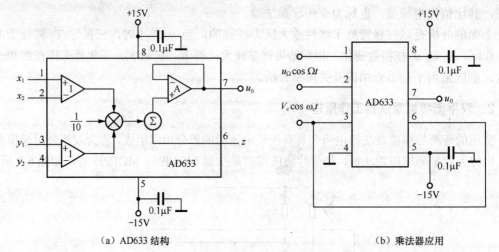

（a）AD633 结构　　　　　　　　　　　（b）乘法器应用

图 6-10　AD633 应用电路

$$u_0 = \frac{(x_1 - x_2)(y_1 - y_2)}{10} + z \tag{6-18}$$

图 6-10（b）为 AD633 典型应用,其输出为

$$u_0 = V_c(1 + \frac{U_\Omega}{10}\cos\Omega t)\cos\omega_c t \tag{6-19}$$

4.乘法器的应用

乘法器的两个输入信号 u_x、u_y 中,通常 u_x 控制双差分对,u_y 控制下半部分的偏置电流大小。根据两个输入信号的关系,可获得调制、解调、混频与鉴相功能,具体的信号配置与功能如表 6-1 所示。

表 6-1　　　　　　　　　　　　乘法器的信号配置与功能

u_x	u_y	u_o	功能
$U_x\cos\omega_c t$	$U_y\cos\Omega t$	$K_{xy}U_xU_y\cos\omega_c t\cos\Omega t$	DSB 调制
$U_x\cos\omega_c t$	$DC + U_y\cos\Omega t$	$K_{xy}U_xU_y(1 + m_a\cos\Omega t)\cos\omega_c t$	AM 调制
$U_x\cos\omega_{c1}t$	$U_y\cos\omega_{c2}t$	$\frac{1}{2}K_{xy}U_xU_y\cos(\omega_{c1}+\omega_{c2})t$	上变频
		$\frac{1}{2}K_{xy}U_xU_y\cos(\omega_{c1}-\omega_{c2})t$	下变频
$U_x(1 + m_a\cos\Omega t)\cos\omega_c t$	$U_y\cos\omega_c t$	$U_\Omega\cos\Omega t$	AM 解调
$U_x\cos\Omega t\cos\omega_c t$	$U_y\cos\omega_c t$	$U_\Omega\cos\Omega t$	DSB 解调
$U_x\cos(\omega_c t + \Omega)t$	$U_y\cos\omega_c t$	$U_\Omega\cos\Omega t$	SSB 解调
$U_x\sin(\omega_c t + \varphi)$	$U_y\cos\omega_c t$	$U_\Omega\sin\varphi$	鉴相

6.2.2 非线性电路分析方法

线性电路中，信号的幅度较小，各元器件参量均近似为常量，可采用线性等效电路进行分析计算；在非线性电路中，一般信号幅度比较大，各元器件参数均呈非线性特性，参量不再为常量，常采用以下四种方法进行分析与计算。

1. 幂级数分析法

在数学上，一个定义在开区间$(\alpha-r, \alpha+r)$上的无穷可微实变函数或复变函数$f(x)$的泰勒级数(Taylor series)，可用如下的幂级数展开

$$f(x) = \sum_{n=0}^{\infty} \frac{f^{(n)}(a)}{n!}(x-a)^n = \sum_{n=0}^{\infty} \frac{f^{(n)}(a)}{n!}r^n \qquad （6-20）$$

式中，$n!$表示n的阶乘，而$f^{(n)}(a)$表示函数$f(x)$在点$x=a$处的n阶导数，r为偏差。

幂级数分析，即泰勒级数展开，式(6-20)可用于函数的近似计算，由于只在$x=a$点附近小区域线性逼近，因此只适用小信号工作环境，如小信号检波、小信号调幅等。二极管电路及特性如图 6-11 所示，无论在工作点 A 还是 B，小信号在小范围内变化时，该工作点的特性曲线参数不变，只与工作点的偏差有关，其邻近区域近似为线性。因此，在某一工作点附近，其非线性的传输特性可用幂级数近似。

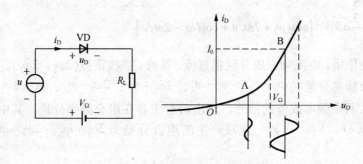

图 6-11 二极管电路与特性曲线

基于幂级数的线性近似，在V_Ω处展开为幂级数

$$i_D = f(u_D) = f(V_\Omega) + f'(V_\Omega)(u-V_\Omega) + \frac{1}{2}f''(V_\Omega)(u-V_\Omega)^2 + \cdots$$
$$= \alpha_0 + \alpha_1(u-V_\Omega) + \alpha_2(u-V_\Omega)^2 + \cdots \qquad （6-21）$$

式中，$\alpha_0 = f(V_\Omega)$为工作点处的电流；

$\alpha_1 = f'(V_\Omega) = \dfrac{di_D}{du_D}\Big|_{u_D=V_\Omega}$为工作点处的斜率(跨导)；

$\alpha_k = \dfrac{1}{k!}f^{(k)}(V_\Omega) = \dfrac{1}{k!}\dfrac{d^{(k)}i_D}{du_D^k}\Big|_{u_D=V_\Omega}$为工作点处的$k$阶分量。

通常，分量阶数越高，分量值α_k越小，在高频电路分析中，k值一般不超过 3。

若外加单频信号$u(t) = V_c\cos(\omega t)(\text{V})$，则其响应为

$$i_D = \alpha_0 + \alpha_1(V_c\cos\omega t) + \alpha_2(V_c\cos\omega t)^2 + \alpha_3(V_c\cos\omega t)^3 =$$

$$\alpha_0 + \frac{1}{2}\alpha_2 V_c^2 + (\alpha_1 V_c + \frac{3}{4}\alpha_3 V_c^3)\cos\omega t + \frac{1}{2}\alpha_2 V_c^3\cos 2\omega t + \frac{1}{4}\alpha_3 V_c^3\cos 3\omega t \qquad (6\text{-}22)$$

式中，第一、二项为直流分量，第三项为基波分量，第四、五项依次为二次谐波、三次谐波成分。显然，二次谐波、三次谐波是由于器件的非线性产生的新频率成分，其中平方项产生二次谐波分量，三次项产生三次谐波分量。

当外加两个频率分量的信号 $u = V_1\cos(\omega_1 t) + V_2\cos(\omega_2 t)(\text{V})$ 时，其响应为

$$i_D = a_0 + \frac{1}{2}a_2 V_1^2 + \frac{1}{2}a_2 V_2^2 +$$

$$(a_1 V_1 + \frac{3}{4}a_3 V_1^3 + \frac{3}{2}a_3 V_1 V_2^2)\cos(\omega_1 t) + (a_1 V_2 + \frac{3}{4}a_3 V_2^3 + \frac{3}{2}a_3 V_2 V_1^2)\cos(\omega_2 t) +$$

$$\frac{1}{2}a_2(V_1^2\cos 2\omega_1 t + V_2^2\cos(2\omega_2 t)) +$$

$$a_2 V_1 V_2 [\cos(\omega_1 + \omega_2)t + \cos(\omega_1 - \omega_2)t] + \qquad (6\text{-}23)$$

$$\frac{1}{4}a_3(V_1^3\cos 3\omega_1 t + V_2^3\cos 3\omega_2 t) +$$

$$\frac{3}{4}a_3 V_1^2 V_2 [\cos(2\omega_1 + \omega_2)t + \cos(2\omega_1 - \omega_2)t] +$$

$$\frac{3}{4}a_3 V_1 V_2^2 [\cos(\omega_1 + 2\omega_2)t + \cos(\omega_1 - 2\omega_2)t]$$

由于非线性作用，电流响应成分包括直流、基波、二次谐波（$2\omega_1$，$2\omega_2$）、三次谐波（$3\omega_1$，$3\omega_2$），以及组合频率分量（$\omega_1 + \omega_2$、$\omega_1 - \omega_2$、$2\omega_1 + \omega_2$、$2\omega_1 - \omega_2$、$\omega_1 + 2\omega_2$、$\omega_1 - 2\omega_2$）。因此，对于输入两个频率成分的信号，输出信号中存在组合频率分量。其中，平方项产生的组合分量为 $\omega_1 + \omega_2$、$\omega_1 - \omega_2$，三次项产生的组合分量为 $2\omega_1 + \omega_2$、$2\omega_1 - \omega_2$、$\omega_1 + 2\omega_2$、$\omega_1 - 2\omega_2$。

根据输出频率分量可知，非线性器件可以实现的功能有

1）平方项输出二次谐波，可以实现倍频功能；

2）平方项产生的组合频率有和频项 $\omega_1 + \omega_2$ 和差频项 $\omega_1 - \omega_2$。

若两个信号频率均为高频信号，则平方项可以实现混频功能，和频项 $\omega_1 + \omega_2$ 称为高中频，差频项 $\omega_1 - \omega_2$ 称为低中频；

若两个信号频率分别为载波 ω_0 和调制信号 Ω，则平方项可实现调制功能，和频项 $\omega_0 + \Omega$ 称为上边频，差频项 $\omega_0 - \Omega$ 称为下边频；

若两个信号频率分别为已调波 $\omega_0 + \Omega$ 和载波 ω_0，则平方项可实现同步解调功能，此时得到的差频 Ω 为恢复的原调制信号。

3）三次项产生的组合频率分量，一般为干扰项，失真较大，是需要克服的对象。

对于输出直流分量，与输入信号的振幅平方成正比，因此平方项还可以实现小信号检波，称为平方律检波，如调幅信号 $u_{AM}(t) = V_c(1 + m_a\cos\Omega t)\cos\omega_0 t$，通过非线性器件后，得到的直流分量（相对于高频成分）为

$$i_D = a_0 + \frac{1}{2}a_2 V_c^2 (1 + m_a \cos \Omega t)^2$$

$$= a_0 + \frac{1}{2}a_2 V_c^2 + \frac{1}{4}m_a^2 a_2 V_c^2 + m_a a_2 V_c^2 \cos \Omega t - \frac{1}{4}m_a^2 a_2 V_c^2 \cos 2\Omega t$$

（6-24）

由于谐波分量幅值远小于基波分量幅值，可忽略，因此可得到检波分量 $m_a a_2 V_c^2 \cos \Omega t$。

显然，幂级数分析方法仅适合于小信号场合，且必须预先了解非线性器件的特性，才可以得到比较准确的线性近似。

2．时变参量分析法

在直流偏置工作点确定后，小信号工作时，非线性器件特性曲线的斜率、跨导等参数基本保持不变(在小信号工作的范围内可认为是恒参数工作)，但当两输入信号幅度相差很大时，如晶体管混频器的本地振荡器信号达到 100～200 mV，输入的高频信号只有几 mV 时，由于大信号作为器件的附加偏置电压，使器件的参量受大信号控制而发生周期性变化，等效为时变参量器件。

如图 6-12 所示的二极管非线性电路，直流电源 V_Q 决定了二极管的工作点，显然工作点 A、B、C 的曲线特征是不同的，如斜率、跨导等。外加信号 $u_1(t)$、$u_2(t)$ 中，信号 $u_1(t)$ 为大信号，其幅度范围大，瞬时工作的区域在不同的曲线段，如图中所示，范围跨越工作点 A、B、C，此时非线性器件的斜率等参数不仅仅由工作点决定，同时也受大信号的瞬时幅度影响，外加信号 $u_2(t)$ 为小信号，在 $u_1(t)+V_Q$ 联合决定的工作点附近，可近似为线性工作。由于工作点受到外加交流信号 $u_1(t)$ 的影响，非线性器件的参数为时变参数，因此非线性电路被称为时变参量电路，但小信号 $u_2(t)$ 仍工作在线性区域，称为时变参量线性电路。

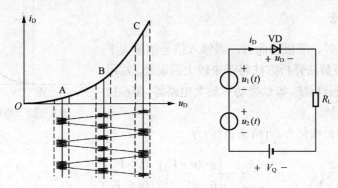

图 6-12　时变参量电路及其特性曲线

当输入信号 $u(t) = u_1(t) + u_2(t)$ 时，信号 $u_2(t)$ 仍为小信号，上述非线性曲线的伏安关系仍可以在工作点 V_Q 附近采用泰勒级数描述

$$i_D = f(u_D) = f(V_\Omega + u_1(t)) + f'(V_\Omega + u_1(t))u_2(t) + \frac{1}{2}f''(V_\Omega + u_1(t))u_2^2(t) + \cdots$$

$$= \alpha_0 + \alpha_1 u_2(t) + \alpha_2 u_2^2(t) + \cdots$$

（6-25）

式中，$\alpha_0 = f(V_\Omega + u_1(t))$ 为工作点处的电流；

$\alpha_1 = f'(V_\Omega + u_1(t)) = \dfrac{di_D}{du_D}\bigg|_{u_D = V_\Omega + u_1(t)}$ 为工作点处的斜率(跨导)；

$$\alpha_k = \frac{1}{k!} f^{(k)}(V_\Omega + u_1(t)) = \frac{1}{k!} \frac{d^{(k)} i_D}{du_D^k}\Big|_{u_D = V_\Omega + u_1(f)} \quad \text{为工作点处的 } k \text{ 阶分量。}$$

显然，各系数所代表的非线性器件参数与外加信号 $u_1(t)$ 相关，为时变参数。通常，由于外加信号 $u_2(t)$ 较小，幂级数展开时可忽略二次幂以上各项。

考虑外加正弦信号，$u_1(t) = V_1 \cos \omega_1 t$，$u_2(t) = V_2 \cos \omega_2 t$，非线性器件二极管上的电流为

$$i_D = f(V_\Omega + V_1 \cos \omega_1 t) + f'(V_\Omega + V_1 \cos \omega_1) V_2 \cos \omega_2 t + \frac{1}{2} f''(V_\Omega + V_1 \cos \omega_1 t) V_2^2 \cos \omega_2 t \quad (6\text{-}26)$$

在可变工作点 $V_\Omega' = V_\Omega + u_1(t)$ 处的电流，采用傅氏级数展开，有

$$f(V_\Omega') = I_{D0} + I_{D1} \cos \omega_1 t + I_{D2} \cos 2\omega_1 t + \cdots \quad （6\text{-}27）$$

其一阶导数(斜率)为

$$f'(V_\Omega') = g_{m0} + g_{m1} \cos \omega_1 t + g_{m2} \cos 2\omega_1 t + \cdots \quad (6\text{-}28)$$

式中，g_m 为非线性跨导。

因此，由于 V_2 很小，忽略二次方及其以上各项，二极管上电流为

$$i_D = (I_{D0} + I_{D1} \cos \omega_1 t + I_{D2} \cos 2\omega_1 t + \cdots) + (g_{m0} + g_{m1} \cos \omega_1 t + g_{m2} \cos 2\omega_1 t + \cdots) V_2 \cos \omega_2 t \quad (6\text{-}29)$$

由于含有乘积项 $g_{m1} V_2 \cos \omega_1 t \cos \omega_2 t$，因此，二极管可以实现乘法器功能，完成幅度调制、解调、混频等功能。

3. 折线分析法

对于晶体二极管、三极管而言，当输入信号幅度大于 0.5 V 时，采用幂级数法分析方法将带来较大的误差。常用的分析方法为折线分析法，如 C 类功率放大电路等，图 6-13 为三极管的转移曲线。

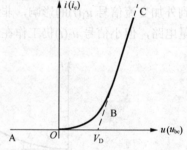

图 6-13　三极管工作的转移曲线

非线性曲线的折线化方程(两条直线)为

$$i_c = \begin{cases} g_m(u - V_D) & (u > V_D) \\ 0 & (u \leqslant V_D) \end{cases} \quad (6\text{-}30)$$

式中，V_D 为导通电压，g_m 为三极管的跨导（直线 BC 的斜率）。

折线化分析方法主要用于分析大信号作用情形，其重要参数为跨导 g_m 和导通角 2θ。第四章所介绍的 C 类功率放大器的分析即采用该方法，可参见的相关内容。

4. 开关函数分析法

在大信号工作时，非线性器件易进入饱和或截止区，此时，采用开关模型分析其工作情形，如信号幅度大于 0.7V～几 V 时，晶体管工作于开关状态。如图 6-14 所示开关型非线性电路模型，$u_1(t)$ 为大信号，控制二极管的开关状态，信号 $u_2(t)$ 为小信号，图 6-14（b）中，r_d 为二极管导通电阻，$K_1(t)$ 为二极管的开关状态变化的对应开关函数，该方法主要用于高电平

调幅、大信号鉴相等。

图 6-14 中，二极管伏安关系为

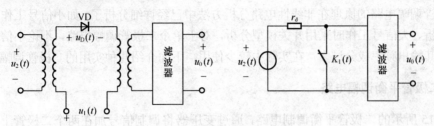

图 6-14　非线性电路的开关模型

$$i_D = g_D u_D \tag{6-31}$$

式中，g_D 为二极管跨导，$g_D = 1/r_d$，u_D 为二极管的端电压。

考虑外加余弦波时，二极管的端电压为

$$u_D(t) = u_1(t) + u_2(t) = V_1 \cos \omega_1 t + V_2 \cos \omega_2 t \tag{6-32}$$

二极管状态主要受大信号 $u_1(t)$ 的控制，因此二极管为时变参数器件，其跨导 g_D 与 $u_1(t)$ 相关。

$$i_D = g(t) u_D = g_D K_1(\omega_1 t) u_D = \begin{cases} g_D u_D & 2n\pi - \dfrac{\pi}{2} \leqslant \omega_1 t < 2n\pi + \dfrac{\pi}{2} \\ 0 & 2n\pi + \dfrac{\pi}{2} \leqslant \omega_1 t < 2n\pi + \dfrac{3\pi}{2} \end{cases} \tag{6-33}$$

式中，$K_1(\omega_1 t)$ 称为开关函数，时域为方波波形，与控制信号 $u_1(t)$ 同频（ω_1），其傅立叶级数展开为

$$K_1(\omega_1 t) = \frac{1}{2} + \sum_{n=1}^{\infty} (-1)^{n-1} \frac{2}{(2n-1)\pi} \cos(2n-1)\omega_1 t \tag{6-34}$$

二极管 VD 上的电流为

$$\begin{aligned} i_D &= g_D K_1(\omega_1 t) u_D \\ &= g_D \left(\frac{1}{2} + \sum_{n=1}^{\infty} (-1)^{n-1} \frac{2}{(2n-1)\pi} \cos(2n-1)\omega_1 t \right) (V_1 \cos \omega_1 t + V_2 \cos \omega_2 t) \\ &= \frac{g_D}{\pi} V_1 + \frac{g_D}{2} V_1 \cos \omega_1 t + \frac{g_D}{2} V_2 \cos \omega_2 t + \frac{2g_D}{3\pi} V_1 \cos 2\omega_1 t - \\ &\quad \frac{g_D}{3\pi} V_1 \cos 4\omega_1 t + \frac{g_D}{\pi} V_2 \cos(\omega_2 + \omega_1) t + \frac{g_D}{\pi} V_2 \cos(\omega_2 - \omega_1) t + \cdots \end{aligned} \tag{6-35}$$

式（6-35）中含有两个输入信号的和频项与差频项。因此，经过后续的滤波器，开关函数也可实现乘法器功能，完成调幅与检波、混频等。

6.3　振幅调制电路

上一节介绍了振幅调制与解调信号波形，以及频谱变换关系，本节将详细介绍振幅调制的电路实现方法与具体电路。常用的调制电路有二极管调幅、三极管调幅和乘法器调幅等。

6.3.1 二极管调幅电路

二极管调幅电路的原理在非线性电路分析方法中已经详细分析了，如小信号工作时可采用幂级数分析、大信号工作时采用开关模型分析，对于单个二极管调幅电路，不论小信号或大信号工作，其输出频率成分过多，在实际中较少使用，下面介绍几种实用的二极管调幅电路。

1. 二极管平衡调幅电路

图 6-15 所示的二极管平衡调制电路，通过变压器将调制信号加在两个二极管上，载波信号也加在两个二极管上，经过滤波器滤波后输出至负载电阻。

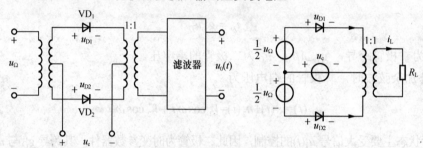

图 6-15 二极管平衡调幅电路及其等效电路

调制信号与载波信号均为本地产生，二极管处于大信号工作，工作于开关状态。两个二极管上的电压为

$$\begin{cases} u_{D1} = u_c + \dfrac{1}{2}u_\Omega \\ u_{D2} = u_c - \dfrac{1}{2}u_\Omega \end{cases} \tag{6-36}$$

式中，调制信号 $u_\Omega(t) = U_\Omega \cos\Omega t$，载波信号 $u_c(t) = V_c \cos\omega_c t$。

显然，两个二极管受载波信号 $u_c(t)$ 控制，其导通、截止时间相同，即开关函数 $K_1(\omega_c t)$ 相同，因此有

$$\begin{cases} i_{D1} = g_1(t)u_{D1} = g_D K_1(\omega_c t)(u_c + \dfrac{1}{2}u_\Omega) \\ i_{D2} = g_2(t)u_{D2} = g_D K_1(\omega_c t)(u_c - \dfrac{1}{2}u_\Omega) \end{cases} \tag{6-37}$$

则次级线圈电流 $i_L(t)$ 为

$$\begin{aligned} i_L &= i_{D1} - i_{D2} \\ &= g_D K_1(\omega_c t)(u_c + \dfrac{1}{2}u_\Omega) - g_D K_1(\omega_c t)(u_c + \dfrac{1}{2}u_\Omega) \\ &= g_D K_1(\omega_c t)u_\Omega \end{aligned} \tag{6-38}$$

将式（6-34）的 $K_1(\omega_c t)$ 代入上式，得到

$$i_L = \frac{1}{2}g_D U_\Omega \cos\Omega t + \frac{g_D}{\pi}U_\Omega \cos(\omega_c + \Omega)t +$$

$$\frac{g_D}{\pi}U_\Omega \cos(\omega_c - \Omega)t - \frac{g_D}{3\pi}U_\Omega \cos(3\omega_c + \Omega)t - \frac{g_D}{3\pi}U_\Omega \cos(3\omega_c - \Omega)t + \cdots \tag{6-39}$$

经过中心频率为 ω_c 的带通滤波器，可得到包含上边带和下边带的 DSB 信号。

与式（6-35）式相比，平衡调制电路中，载波基波分量和偶次谐波成分被抵消，频率成分大大减少。同时由于频率成分的间隔增大，降低了后续的带通滤波器的要求。

考察图 6-15 和式（6-38），输出电流的部分频率成分正好抵消的前提是载波信号必须对称馈入。为此，图 6-16 是二极管平衡调制的一种改进结构，图中四个二极管受载波信号 $u_c(t)$ 控制，同时导通或截止，在节点 A、B 间形成开关状态，输出 $u_{AB} = K_1(\omega_c t)u_\Omega$。

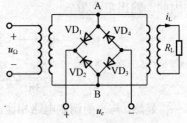

图 6-16　桥式平衡调幅电路

2. 二极管环行调幅电路

二极管环形调制电路由四个二极管组成，如图 6-17（a）所示，二极管的状态由载波信号 $u_c(t)$ 决定，当 $u_c(t)$ 处于正半周时，VD_1、VD_2 导通，为一组平衡式电路，如图 6-17（b）所示；当 $u_c(t)$ 处于负半周时，VD_3、VD_4 导通，为另一组平衡式电路，如图 6-17（c）所示，因此也称为双平衡调制电路。

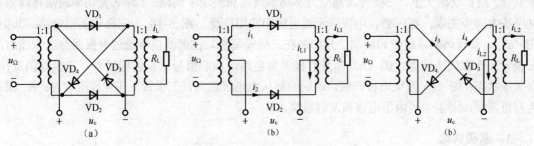

图 6-17　二极管环形调制电路

负载上的电流 i_L 为

$$i_L = i_{L1} + i_{L2} = (i_1 - i_2)(i_3 - i_4) \tag{6-40}$$

式中，$i_{L1} = g_D K_1(\omega_c t)u_\Omega$,

$$i_{L2} = -g_D K_1\left(\omega_c\left(\left(t - \frac{T_1}{2}\right)\right)\right)u_\Omega = -g_D K_1(\omega_c t - \pi)u_\Omega$$

则总电流为

$$\begin{aligned} i_L(t) &= i_{L1} + i_{L2} = g_D\left[K_1(\omega_c t) - K_1(\omega_c t - \pi)\right]u_\Omega \\ &= g_D K_2(\omega_c t)u_\Omega \end{aligned} \tag{6-41}$$

式中，$K_2(\omega_c t)$ 为双向开关函数，时域表示为

$$K_2(\omega_c t) = K_1(\omega_c t) - K(\omega_c t - \pi) = \begin{cases} 1 & u_c \geqslant 0 \\ -1 & u_c < 0 \end{cases} \tag{6-42}$$

双向开关函数的傅立叶级数表示为

$$K_2(\omega_c t)=\sum_{n=1}^{\infty}(-1)^{n-1}\frac{4}{(2n-1)\pi}\cos(2n-1)\omega_c t \tag{6-43}$$

因此，输出电流为

$$i_L=\frac{2g_D}{\pi}U_\Omega\cos(\omega_c+\Omega)t+\frac{2g_D}{\pi}U_\Omega\cos(\omega_c-\Omega)t$$

$$-\frac{2g_D}{3\pi}U_\Omega\cos(3\omega_c+\Omega)t-\frac{2g_D}{3\pi}U_\Omega\cos(3\omega_c-\Omega)t+\cdots \tag{6-44}$$

显然，与平衡调制电路相比，二极管环形调制电路的输出电流中的频率成分只有载波信号频率的奇次谐波分量与调制信号频率的组合频率分量，进一步抵消了输入信号的低频频率分量。

6.3.2 三极管调幅电路

二极管调幅电路均工作在非线性区，输出信号频率成分多，且无放大增益，一般用于小功率调幅。三极管调幅电路具有增益大的特点，应用广泛。三极管调幅电路的原理在第四章的高频功率放大器的调制特性一节进行了分析，三极管在欠压状态时，可实现基极调制，在过压状态时，可实现集电极调制。调制电路中三极管既是放大管，又是频率变换的核心元件，常称为调制管。根据功率大小，三极管调幅分为小功率调幅和大功率调幅。其中，大功率调幅将调幅、功率放大同步完成，在广播、电视等无线通信中应用广泛。图 5-18 为三极管调幅电路，其中图（a）为基极调幅，载波和调制信号均加在三极管基极，已调波信号通过谐振回路选频输出，三极管工作在欠压状态；图（b）为发射极调幅电路，调制信号从发射极馈入，三极管仍工作在欠压状态；图（c）为集电极调幅，调制信号从集电极馈入，三极管工作在过压状态；图（d）为双重调制，调幅信号由集电极和发射极馈入。

1. 基极调幅

1）基极调幅电路工作原理

基极调幅电路如图 6-18（a）所示，高频载波信号 $u_c(t)$ 通过高频变压器 T_{r1} 加到晶体管基极电路，调制信号 $u_\Omega(t)$ 通过电容耦合到晶体管基极。在调制过程中，基极电压随调制信号 $u_\Omega(t)$ 的变化而变化，这里 $u_\Omega(t)$ 相当于一个缓慢变化的偏置电压，基极偏压 V_B 为 $u_\Omega(t)+\frac{R_2}{R_1+R_2}E_{CC}$。因此，三极管集电极脉冲电流最大值 i_{cmax} 和导通半角 θ 也按调制信号的大小而变化，在 $u_\Omega(t)$ 的正半周期，i_{cmax} 和 θ 增大；在负半周，i_{cmax} 和 θ 减少，故输出高频载波电压的幅值正好反映调制信号的波形，将集电极谐振回路调谐在载频 ω_c 上，在放大器的输出端便获得大功率的调幅波。

由图 4-29 所示基极调制特性曲线可以看出：调制特性曲线的欠压区接近线性，而上部过压状态和下部都有较大的弯曲。为了减少调制失真，载波工作点应选择在调制特性直线段部分的中点，使被调放大器在调制信号电压变化范围内始终工作在欠压状态，从而获得较大的调幅度和较好的线性调幅特性。

2）基极调幅电路的设计计算

为保证放大器工作在欠压状态，需将放大器的最高工作点，即调幅波的波峰处于临界状态，则其余部分都在欠压区工作。

当调幅系数 $m_a=1$，最大工作点的电压幅值为

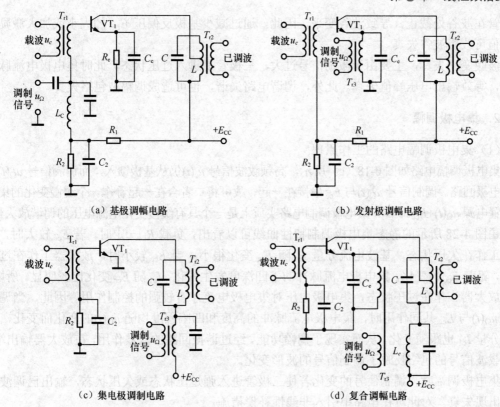

（a）基极调幅电路　　　　　　　　　　　　　　（b）发射极调幅电路

（c）集电极调制电路　　　　　　　　　　　　　（d）复合调幅电路

图 6-18　三极管调幅电路

$$V_{cm} = E_{cc} - V_{CES} \tag{6-45}$$

载波的输出电压幅值为

$$V_{0m} = \frac{1}{2} V_{cm} = \frac{1}{2}(E_{cc} - V_{CES}) \tag{6-46}$$

考虑输出到负载的载波功率 P_c 及后续中介回路的效率 η_k，可求得集电极输出功率为

$$P_0 = \frac{P_c}{\eta_k} \tag{6-47}$$

则集电极的基波电流 I_{c1} 为

$$I_{c1} = \frac{2P_0}{V_{0m}} \tag{6-48}$$

集电极上的最佳匹配电阻为 $R_{cp} = \dfrac{V_{0m}}{I_{ct}}$ 。

关于调制功率管的选择，以最坏情况考虑，放大器工作于欠压状态，其电压利用系数和集电极效率低，管耗很大，因此其功率容量按载波状态选取。

基极调幅电路的优点是基极电路电流小，消耗功率小，所需调制信号功率也小。其缺点是工作在欠压状态，三极管效率低。

基极调幅，常出现的失真为波谷变平和波峰变平。通常由于过调或激励电压过小，造成三极管在波谷处截止，导致波谷变平，因此，通过减少基极反偏压 E_{BE} 的大小或加大激励电压的值可改善波谷失真。

波腹变平失真，主要由于激励信号过大，三极管易进入过压状态，此时集电极电流脉冲下凹，等效输出电压峰值失真。此外，调谐电路失谐，也可造成调幅波包络失真。

2. 集电极调幅

（1）集电极调幅电路的工作原理

集电极调幅电路如图 6-18（c）所示，高频载波信号 $u_c(t)$ 仍从基极馈入，而调制信号 $u_\Omega(t)$ 加在集电极回路。调制信号 $u_\Omega(t)$ 与 E_{cc} 串接在一起，故可将二者合在一起看作一个缓慢变化的集电极偏置电源 $u_\Omega(t)+E_{cc}$。因此，集电极调制电路实质上是一个具有缓慢变化电源电压的调谐放大器。

由图 4-28 所示的静态集电极调制特性曲线可以看出，负载 R_L 一定时，若 E_{cc} 较大时，放大器工作在欠压状态，基波电流分量 I_{c1} 随 E_{cc} 变化很小；当 E_{cc} 较小时，放大器工作在过压状态，随着 E_{cc} 的变化，集电极电流脉冲的下凹深度发生变化，I_{c1} 随 E_{cc} 变化比较明显。所以，只有放大器工作在过压状态，集电极电压对集电极电流才有较强的控制作用。因此，当调制信号 $u_\Omega(t)$ 与 E_{cc} 共同作用时，集电极电流脉冲的高度和凹陷程度均随 $u_\Omega(t)$ 的变化而变化，其基波分量 I_{c1} 也跟随变化，从而实现了调幅功能。经过谐振回路的滤波作用，在放大器输出端，输出载波信号的包络反映了调制信号的波形变化。

集电极调幅时，调制信号的变化若使三极管进入强过压状态或欠压状态，输出已调波信号将出现失真。对此可在电路中引入非线性补偿措施。

在调制过程中，随着电源电压 $u_\Omega+E_{cc}$ 变化，输入激励电压也应作相应的变化。如 $u_\Omega+E_{cc}$ 减小时，激励电压幅度也随之减小，使三极管不进入强过压状态；而当 $u_\Omega(t)+E_{cc}$ 增大时，激励电压也随之增大，三极管也不进入欠压状态而始终保持在弱过压—临界状态。这样不但改善了调制特性，而且还保持较高的效率。常用的线路有基极自给偏压和双重集电极调幅。

基极自给偏压，是在基极回路中，由基极电流的直流成分提供偏置电压，如图 6-18（c）所示。由于集电极电流 i_c 受调制电压 $u_\Omega(t)$ 控制而变化，基极电流的直流成分 I_{b0} 也随调制信号变化，因此自给偏压 $I_{b0}R_2$ 也相应地变化。当 $u_\Omega(t)+E_{cc}$ 降低时，过压深度加重，此时 I_{b0} 增大，基极反偏压也增大，使基极激励电压减小，从而减轻过压深度。当 $u_\Omega(t)+E_{cc}$ 提高时，则情况相反，三极管也不会进入欠压区工作。因此，采用基极自给偏压在一定程度上改善了放大器的调制特性。

双重集电极调幅是由两级调幅器级联，第二级为集电极调制，图 6-18（d）为简化的复合调制电路。第一级调幅器的输出作为第二级集电极调幅的激励信号，当第二级调幅器受调制信号控制，集电极电源电压升高时，此时激励信号也在增大；若集电极电源电压降低时，此时激励也相应减小，达到了补偿的目的。

（2）集电极调幅电路的计算

当调制信号为单一频率正弦波时，调制过程中效率 η_c 不变，电源输出的平均功率为

$$P_{Dav} = \frac{P_0(1+m_a^2/2)}{\eta_c} = P_D + \frac{1}{2}m_a^2 P_D \tag{6-49}$$

式中，P_0 为输出已调波的载波功率，第一项为无调制信号时，电源提供的功率 P_D，第二项为电源提供给边带的功率。

集电极调幅时，集电极的电源为 $u_\Omega(t)$ 与 E_{cc} 共同作用，其集电极平均电流 I_{c0} 在 E_{cc} 上产生的功率为式（6-49）的第一项，即 E_{cc} 提供了载波功率，I_{c0} 在 $u_\Omega(t)$ 上产生的功率为式（6-49）的第二项，即调制信号提供了边带功率。因此集电极调制时，调制信号加载在集电极，其提供的功率为

$$P_\Omega = \frac{1}{2} u_\Omega I_\Omega = \frac{1}{2} U_\Omega I_{c0} = \frac{1}{2} m_a^2 P_D \qquad (6\text{-}50)$$

在 $m_a=1$ 时，调制信号 $u_\Omega(t)$ 提供的功率等于直流电源 E_{cc} 供给功率的一半。因此，集电极调幅比基极调幅需要的调制信号功率大得多，这是集电极调幅的缺点。因此，在集电极调幅时，需要将调制信号 $u_\Omega(t)$ 预先进行放大。

集电极调幅时，三极管工作在过压状态。因此，在电路设计时需要注意两点：

① 三极管的工作状态。三极管的最大工作点应设在临界状态，以保证其工作在过压状态。

② 过压工作使三极管承受更大的耐压。集电极电压是电源电压 $u_\Omega(t)+E_{cc}$ 和高频已调波信号 $u_{AM}(t)$ 之和，在最大工作点处，电源电压可接近 $2E_{cc}$（防止调幅失真，调制信号的幅度 $U_\Omega \leqslant E_{CC}$），集电极瞬时电压最大值约为 $4E_{cc}$，故根据最大集电极电压来确定，三极管的击穿耐压值。

$$BV_{ceo} > 4E_{cc} \qquad (6\text{-}51)$$

6.3.3　基于集成器件的调幅电路

乘法器和直接数字频率合成器件的发展，为调幅电路提供了更多的选择。

1. 基于乘法器的调幅电路

根据上一节介绍的乘法器原理，将两个信号在时域相乘，在频域上实现频率的加减，即实现信号的幅度调制、解调和混频。

如图 6-19 所示为 500MHz 带宽工作的乘法器 AD834 的应用电路。

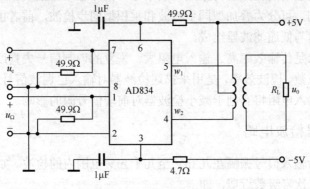

图 6-19　乘法器调制电路

图示电路为典型的双边带调幅电路，其中，$u_c(t)$ 为载波信号，$u_\Omega(t)$ 为调制信号。如果输入信号 $u_\Omega(t)$ 中含直流电压，则可得到 AM 信号；若输入信号均为高频信号，可得到混频信号，此时需要通过选频网络选择所需频率的信号。

2. 基于 DDS 的调幅电路

前面介绍的调幅电路，其载波为外置信号，大都采用 LC 振荡器或晶体振荡器产生，载

波的频率不易调整，特别是多波道的工作方式，会导致调幅电路复杂。直接数字频率合成技术提供了极高频率稳定度的载波信号，频率调整方便，同时也提供了一种简单的幅度调制方法，如图6-20所示。

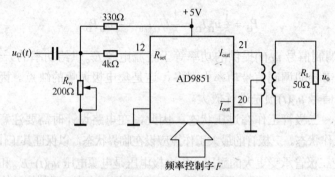

图6-20 基于DDS的调幅电路

如图6-20所示，载波频率 w_c 由频率控制字 F 确定，调制信号 $u_\Omega(t)$ 控制载波输出的幅度，为线性控制，调制度 m_a 可通过电位器 R_W 调整直流电位控制。

6.4 调幅信号的解调

调幅信号的解调，也称为检波，是将已调波的幅度包络变化信息提取出来，获得原始的调制信号。根据是否需要恢复载波信号，检波可分为相干检波（同步检波）和非相干检波，非相干检波不需要载波信号，相干检波则需要恢复载波信号。根据已调波信号的大小，对非相干检波，可分为小信号检波和大信号检波，其中小信号检波是利用非线性器件的平方律特性对信号进行非线性变换，恢复原始调制信号；大信号检波是利用非线性器件的开关特性获得已调波信号的幅度包络变化，获得原始调制信号，俗称包络检波。相干检波，又称为同步检波，根据电路结构，可分为叠加型同步检波和乘积型同步检波，前者由加法器与包络检波组成，后者由乘法器与低通滤波器组成。

对检波器的要求是传输效率高、输入电阻大、恢复的调制信号失真度小。检波器传输系数 K_d，又称为检波系数、检波效率，是用来描述检波器对输入已调波信号的解调能力或效率。良好的传输效率和输入电阻将有利于减小检波器对前端信号源的影响。

6.4.1 小信号检波电路

小信号检波是指输入信号振幅在几 mV 至几十 mV 范围内的检波。如图6-21所示，二极管的伏安特性可用二次幂级数近似，即

$$i_D = a_o + a_1 u_D + a_2 u_D^2 \tag{6-52}$$

通常，小信号检波时，检波系数 K_d 很小，因此可以忽略输出平均电压的负反馈效应（即忽略负载的影响）。

首先考虑输入载波时，$u_i = V_c \cos \omega_c t$，二极管上的电压为

$$u_D = u_i - u_{aV} \approx u_i \approx V_c \cos \omega_c t \tag{6-53}$$

将式（6-53）代入式（6-52），可求得 i_D 的平均分量 I_{av} 和高频基波分量幅度 I_1 为

$$I_{aV} = a_0 + \frac{1}{2}a_2 V_c^2 \tag{6-54}$$

$$I_1 \approx a_1 V_c \tag{6-55}$$

高频基波分量 I_1 被负载电容 C 短路，而平均分量中，式（6-54）第二项代表检波输出。因此，在输入载波信号时，检波器输出电压增量为

$$\Delta U_{aV} = \Delta I_{aV} R \approx \frac{1}{2}a_2 V_c^2 R \tag{6-56}$$

相应的检波效率 K_d 为

$$K_d = \frac{\Delta U_{aV}}{V_c} = \frac{1}{2}a_2 V_c R \tag{6-57}$$

检波器的输入电阻 R_i 为

$$R_i = \frac{V_c}{I_1} = \frac{1}{a_1} = r_D \tag{6-58}$$

若输入信号为单音调制的 AM 波，由于调制信号频率 Ω 远小于载波频率 ω_c，可用包络函数 $U(t) = V_c(1 + m_a \cos\Omega t)$ 代替以上各式中的 V_c，获得的检波信号为

$$\Delta U_{aV} = \frac{1}{2}a_2 R V_c^2 (1 + m_a \cos\Omega t)^2 =$$
$$\frac{1}{2}a_2 R V_c^2 \left[\left(1 + \frac{1}{2}m_a^2\right) + 2m_a \cos\Omega t + \frac{1}{2}m_a^2 \cos 2\Omega t \right] \tag{6-59}$$

式中，第一项为调制信号引起的直流成分，第二项为解调信号，第三项为干扰信号，第一项可以通过隔直电容滤除，但第三项的谐波项是很难滤除的，只有在调制指数 m_a 比较小的时候才可以忽略。

常用的小信号检波电路如图 6-21（a）所示，电源 E_Q 确定二极管工作点，输出 RC 为低通滤波器，选取输出信号。由于存在较大的失真，在通信电路中较少使用，但在测试仪表中应用广泛。

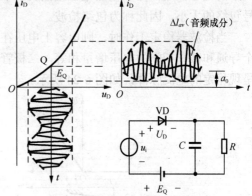

6.4.2 大信号检波与 AGC 电路

1. 大信号包络检波原理

大信号是指信号大于 0.3V，使检波二极

图 6-21 小信号检波电路与波形

管 VD（如锗管）工作在开关状态。如图 6-22（a）所示，输入已调波信号经过变压器耦合到次级谐振回路，由 R、C 组成的低通滤波器，对高频信号而言，相当于短路，因此，高频已调波信号完全加在二极管上，当信号幅度大于二极管阀值电压时（这里假设阀值为零），二极管导通时，对电容 C 充电，如图 6-22（b）所示；当信号幅度小于电容上的电压时，二极管截止，电容 C 对电阻 R 放电，如图 6-22（c）所示。由于二极管导通时内阻 r_d 很小，

因此充电时间常数 $\tau_充 = r_d C$ 非常小，而放电时间常数 $\tau_放 = RC$ 较大，故出现充电快、放电慢的现象。

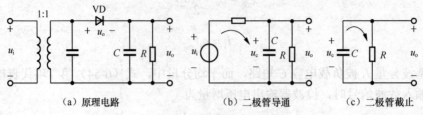

（a）原理电路　　　　　　（b）二极管导通　　　　　（c）二极管截止

图 6-22　二极管峰值包络检波器

图 6-23 为输入等幅波时检波器的初始工作过程。图（a）中虚线为输入的等幅波电压 $u_i(t)$，

实线为电容上的电压 $u_c(t)$。当输入电压大于电容上的电压时，二极管导通，电容两端电压由于充电而不断增大，由于充电过程较快，因此电容电压的增大曲线的斜率较大，直至电压 U_1时，二极管将处于截止状态；截止期间，电容C 将通过电阻 R 放电，而二极管的输入电压 u_i小于电容电压 u_c，直至输入电压与电容电压等于 U_A，二极管将再次处于导通状态；继续给电容 C 充电，直到 U_2，如此持续下去，电容上将得到一条充放电的动态曲线，曲线的最终值将等于输入波形的峰值。图（b）为二极管导通时的电流脉冲波形，图（c）为电容上的电压，经过 RC 低通滤波，获得了能反映输入信号幅度大小的电压曲线。由于输出电压直接反映了信号包络的大小，因此称为包络检波。

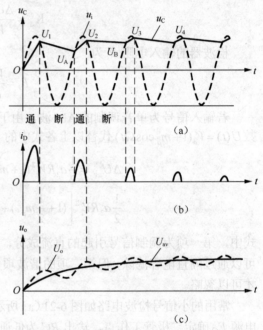

当检波器稳定工作时，则电容上电压在每个导通和截止期间的电压增量相等，二极管上呈现稳定的电流脉冲，如图 6-24 所示。

图 6-23　等幅波时检波器的初始工作波形

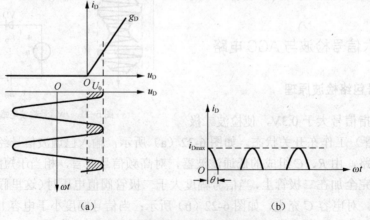

图 6-24　检波器稳态时的电流电压波形

当输入已调波信号时，如图 6-25 所示，检波器的输出为反映包络变化的原调制信号。

考虑到电流脉冲的丰富频率成分以及直流电压，检波器输出端一般还增加隔直电容，如图 6-26 所示。

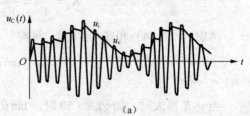

2. 性能分析

（1）传输系数 K_d

由于输入信号幅度大，检波器工作在大信号状态，二极管的伏安特性可用折线近似。考虑输入为等幅波 $u_i(t)=V_c \cos \omega_c t$，采用理想的高频滤波，检波输出为直流电 U_0，并以通过原点的折线表示二极管特性（忽略二极管的导通阈值电压 V_p），则由图 6-24 有。

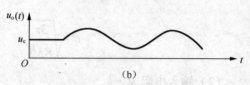

图 6-25 AM 信号检波与输出波形

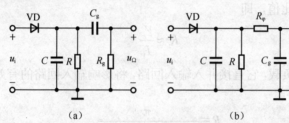

图 6-26 包络检波器的输出电路

$$i_D = \begin{cases} g_D u_D & u_D \geqslant 0 \\ 0 & u_D < 0 \end{cases} \tag{6-60}$$

$$i_{D\max} = g_D(V_c - U_0) = g_D V_c (1 - \cos\theta) \tag{6-61}$$

式中，$u_D = u_i - u_0, g_D = 1/r_d, \theta$ 为电流导通半角。

i_D 是周期性余弦脉冲电流，其平均分量 I_0 为

$$I_0 = i_{D\max} a_0(\theta) = \frac{g_D V_c}{\pi}(\sin\theta - \theta\cos\theta) \tag{6-62}$$

基频分量为

$$I_1 = i_{D\max} a_1(\theta) = \frac{g_D V_c}{\pi}(\theta - \sin\theta\sin\theta) \tag{6-63}$$

式中，$a_0(\theta)$、$a_1(\theta)$ 为波形分解系数。

根据图 6-24，展开式（6-61）得到检波系数 k_d 为

$$K_d = \frac{U_o}{V_c} = \cos\theta \tag{6-64}$$

由此可见，检波系数 K_d 是检波二极管器电流 i_D 的导通半角 θ 的函数，若先求出 θ 后，也可得到 K_d。

将式（6-64）代入式（6-63），进一步分析，检波系数 k_d 为

$$K_d = \frac{U_o}{V_c} = \frac{I_o R}{V_c} = \frac{g_D R}{\pi}(\sin\theta - \theta\cos\theta) \tag{6-65}$$

考虑式（6-64）和式（6-65），可得

$$\tan\theta - \theta = \frac{\pi}{g_D R} \tag{6-66}$$

当 $g_D R$ 很大时，如 $g_D R > 50$ 时，$\tan\theta \approx \theta - \frac{1}{3}\theta^3$，故有检波二检管的导通角为

$$\theta = \sqrt[3]{\frac{3\pi}{g_D R}} \tag{6-67}$$

（2）输入电阻 R_i

如图 6-27 所示，检波器的输入阻抗包括输入电阻 R_i 及输入电容 C_i，输入电阻 R_i 是输入载波电压的振幅 V_c 与检波器电流的基频分量振幅 I_1 之比值，即

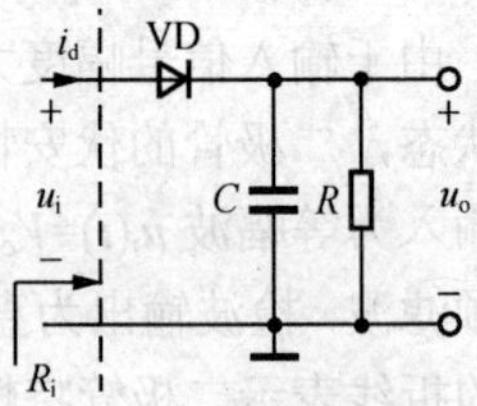

图 6-27　检波器的输入阻抗

$$R_i \approx \frac{V_c}{I_1} \tag{6-68}$$

输入电阻是前级的负载，它直接并入输入回路，将影响输入回路的有效 Q 值及回路阻抗，由式（6-65）有

$$R_i = \frac{\pi}{g_D(\theta - \sin\theta\cos\theta)} \tag{6-69}$$

关于输入电阻 R_i，也可根据功率守恒定律获得，忽略二极管的功率损耗，输入信号幅度为 V_c，输出检波信号为直流电压，其值为 $U_0 = V_c$，有

$$\frac{V_c^2}{2R_i} \approx \frac{U_0^2}{R} \tag{6-70}$$

则输入电阻为

$$R_i \approx \frac{R}{2} \tag{6-71}$$

当 $g_D R > 50$ 时，导通角 θ 很小，$\sin\theta \approx \theta - \frac{1}{6}\theta^3$，$\cos\theta \approx 1 - \frac{1}{2}\theta^2$，代入式（6-69），则式（6-69）与式（6-71）等效。

检波器的输入电容 C_i 包括二极管结电容 C_j 和二极管对地的分布电容，通常将输入电容 C_i 看作输入回路的一部分。

3. 检波器的失真

经过非线性器件处理获得检波信号的同时，存在大量的非线性特性所带来的干扰和失真信号，大信号包络检波存在两类典型失真：惰性失真和底部切割失真。

（1）惰性失真

在二极管截止期间，电容 C 两端电压下降的速度取决于 RC 的放电常数 $\tau_{放} = RC$。当包络的变化率快于电容放电变化速率时，如图 6-28 所示，检波输出的波形中，有一段并非包络的变化，而是电容放电的曲线，称为惰性失真，这是由于放电时间常数 $\tau_{放}$ 过大放电过慢而引起的。

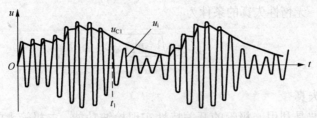

图 6-28　惰性失真的波形

为了避免产生惰性失真，必须在任何一个高频周期内，电容 C 通过 R 放电的速度大于或等于包络的下降速度，即

$$\left|\frac{\partial u_o}{\partial t}\right| \geqslant \left|\frac{\partial U(t)}{\partial t}\right| \tag{6-72}$$

式中，左式为检波波形的变化率，即电容上电压波形的变化速率，右式为包络的变化率。

以 t_1 时刻为例，此时电容上的电压为 u_{c1}，放电时间常数为 $\tau_{放}=RC$，电容上的电压方程为

$$u_C(t)=u_{C_1}\mathrm{e}^{-\frac{t-t_1}{RC}}=V_c(1+m_a\cos\Omega t_1)\mathrm{e}^{-\frac{t-t_1}{RC}} \tag{6-73}$$

电容放电的速率为

$$\frac{\partial}{\partial t}\left[u_{C1}\mathrm{e}^{-\frac{t-t_1}{RC}}\right]=-\frac{1}{RC}V_c(1+m_a\cos\Omega t_1)\mathrm{e}^{-\frac{t-t_1}{RC}} \tag{6-74}$$

输入信号的包络为

$$U(t)=V_c(1+m_a\cos\Omega t) \tag{6-75}$$

则包络的变化率为

$$\left.\frac{\partial U(t)}{\partial t}\right|_{t=t_1}=-m_aV_c\Omega\sin\Omega t_1 \tag{6-76}$$

由式（6-72）、式（6-74）和式（6-76），包络变化率与电容 C 上检波波形变化率之比为

$$A=\left|\frac{RCm_a\sin\Omega t_1}{1+m_a\cos\Omega t_1}\right|\leqslant 1 \tag{6-77}$$

比较上述各式，实际上，不同的时刻 t_1，$U(t)$ 和 $u_C(t)$ 的下降速度是不同的，为避免产生惰性失真，必须保证 A 值最大时，仍有 $A_{max}\leqslant 1$。故令 $\dfrac{\mathrm{d}A}{\mathrm{d}t_1}=0$，得

$$\cos\Omega t_1=-m_a \tag{6-78}$$

代入式（6-77），得出无惰性失真的条件为

$$RC\leqslant\frac{\sqrt{1-m_a^2}}{\Omega m_a} \tag{6-79}$$

对于边带信号，无惰性失真的条件为

$$RC \leqslant \frac{\sqrt{1 - m_{a\,\text{max}}^2}}{\Omega_{\text{max}} m_{a\,\text{max}}} \qquad (6\text{-}80)$$

（2）底部切削失真

大信号包络检波是利用二极管的开关特性实现检波功能，二极管上的电流为余弦脉冲，其检波信号中含有直流成分和交流信号，其中的直流成分反过来对二极管的导通、截止时刻是有影响的，一旦检波电路输入信号幅度长时间小于该直流电压，则出现二极管连续处于截止状态，电容上电压不能反映包络的变化，出现底部切割失真。

底部切削失真又称为负峰切削失真。产生这种失真后，输出电压的波形如图 6-29 所示。这种失真是因检波器的交、直流负载不同引起的。

由于检波输出信号中含直流成分，同时调制信号也为低频信号，因此隔直电容 C_g 较大，在音频一周内，其两端的直流电压基本不变，其大小约为载波振幅值 V_c，可以将其视为一直流电源，在电阻 R 和 R_g 上将产生分压。在电阻 R 上的压降为

$$U_R = \frac{R}{R + R_g} V_c \qquad (6\text{-}81)$$

该电压加在检波二极管的负端，因此，当调幅波的幅度小于该电压时，二极管处于截止状态，无检波信号输出。如图 6-29 所示，要避免底部切削失真，应满足

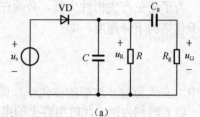

(a)

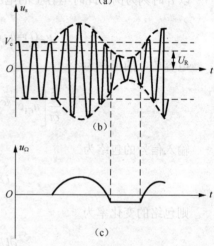

(b)

(c)

图 6-29　底部切削失真

$$V_c(1 - m_a) \geqslant \frac{R}{R + R_g} V_c \qquad (6\text{-}82)$$

即

$$m_a \leqslant \frac{R_g}{R + R_g} = \frac{R_{ac}}{R_{dc}} \qquad (6\text{-}83)$$

式中，R_{dc} 代表直流负载 R，R_{ac} 代表交流负载 $\dfrac{R R_g}{R + R_g}$。

从式（6-83）可以看出：为了克服底部切割失真，要求 $R_{ac} = R_{dc}$ 或 $R \ll R_g$，因此，从电路上考虑，常用的方法如图 6-30 所示。图（a）中，串联了电阻 R_1，使交直流负载近似相等；图（b）则采用射随器，隔离负载 R_g，电阻 R 远小于产射随器的输入电阻，从而克服底部切割失真。

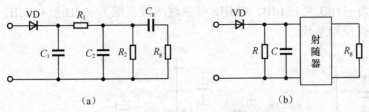

图 6-30　克服底部切削失真的电路

实际检波电路中，除惰性失真和负峰切削的非线性失真外，检波二极管的非线性特性也会引起的非线性失真，如产生音频谐波输出。同时，检波器后续的低通滤波器也会引起线性失真，这是由于低通滤波器电路的上、下限频率引起的。

4. AGC 电路

无线通信信道的衰落特性，使接收的高频信号会时强时弱，因此，中频放大器的增益也需要时刻调整，确保接收的低频调制信号平稳。中频放大器的增益必须能根据接收的检波信号强度进行调整，扩大接收机的动态范围，称为自动增益控制，简写 AGC。如果没有 AGC 电路，大信号输入会使接收机立即进入饱和而产生失真，小信号则因为解调器无法检测而丢失。

AGC 电路为特殊的负反馈电路，但与负反馈有本质不同，首先负反馈的环路增益是恒定的，其反馈量与输入信号是同频信号，而 AGC 的增益是变化的，其反馈控制量与输入信号频率不同，一般为直流电平；其次控制方式不同，AGC 没有采用传统的负反馈连接方式。

AGC 电路由可变增益放大器、信号采样、检波电路和低通滤波器组成，如图 6-31 所示。

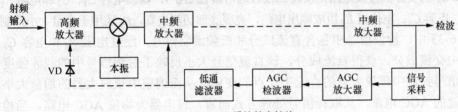

图 6-31　AGC 系统基本结构

对中频放大器输出信号进行采样，如直接分压取样或耦合方法提取，馈入 AGC 检波电路，根据取样信号处理的不同，可分为均值 AGC 电路和峰值 AGC 电路。根据增益控制方式的不同，分为基于偏置的 AGC 电路、基于可变衰减器的 AGC 电路和基于可变增益放大器的 AGC 电路。基于偏置的 AGC 电路采用三极管或场效应管，通过控制三极管集电极电流或场效应管的栅源电压，控制增益大小，以三极管为例，提高集电极电流，增益增大，降低集电极电流，可降低增益。但是控制集电极电流达到控制增益的方式，控制电压极易使三极管或场效应管进入饱和状态，导致放大器失真。若采用可变衰减器的 AGC 电路，放大器的增益为常数，但通过控制衰减器的衰减倍数，调整输入信号的幅度，达到控制输出信号幅度维持在指定的范围内；随着电子技术的发展，将电阻网络与放大器集成，构成可变增益放大器，图 6-32 采用宽带可变增益放大器实现 AGC 电路，电路由两级 AD603 放大器级联放大，VD_1 和 R_8 实现半波检测，三极管 VD_1 和 VD_2 具有温度补偿功能，电容 C_{AV} 决定了 AGC 响应的时间常数，电阻 R_5、R_6、R_7 构成 1V 的偏移控制延迟控制两级 AD603 的增益（AD603 的 AGC 的控制电压为输入端 1、2 脚电压的差值）。AD603 在 90MHz 带宽时增益范围为-11dB至+31dB，9MHz带宽时增益范围为+9dB至+51dB，适用于射频或中频的自动增益控制系统。

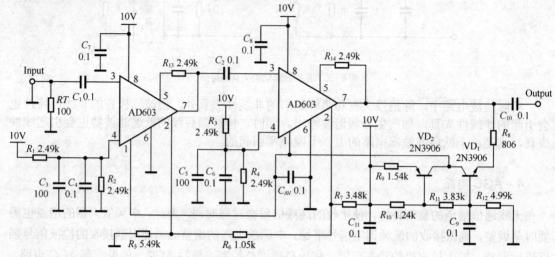

图 6-32　基于 AD603 的低噪声 AGC 放大器

此外，图 6-31 中，在 AGC 控制端增加延迟二极管 VD，延迟增益控制的启动时间，称为延迟式 AGC 电路，有利于保持前级放大器的噪声系数，从而保持整个接收机的噪声性能。

5. 实际检波电路

图 6-33 为实际的检波电路，检波二极管选用锗管 2AP9，滤波电容 C_1、C_2 和电阻 R_1 组成低通滤波，电容 C_g、电位器 R_2 组成输出电路，克服底部切割失真，R_2 还用于音量大小控制器。

图 6-33 中，检波信号中包含直流成分和低频调制信号，经过电阻 R_4 和电容 C_3 滤波，滤除其中交流成分，获得直流成分，该直流信号大小反映了射频信号中的载波强度，利用该直流信号控制中频放大管的直流工作点的变化，从而调整中频放大器的增益大小，实现基于偏置的 AGC 电路，从取样信号处理方式而言，该电器为均值 AGC 电路。当检波信号中的直流成分偏小时，说明中频通道增益和中频信号幅度偏小，滤波得到的直流电压减小，基极电压 V_{BE} 降低，发射极电流增大，静态工作点 Q 上移，r_{be} 减小，中频放大器增益增大；若检波信号偏大，则滤波得到的直流电压增大，发射极电流 I_g 减小，静态工作点 Q 下移，r_{be} 增大，中频放大器增益减小，从而使中频信号维持在一定的强度，保持检波信号的平稳。

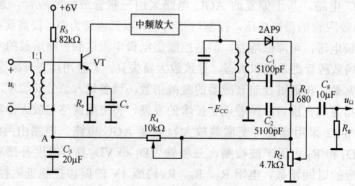

图 6-33　检波器的实际电路

根据前面的分析，检波器设计及元件参数选择的原则有

（1）提高回路的选择性，回路有载 Q_L 值要大；

（2）减小输出高频纹波，放电时间远大于载波周期：$\tau_{放} = RC \gg T_C$（T_C 为载波周期）；

（3）减小低通滤波器输出的频率失真，$\Omega_{\max} < \dfrac{1}{RC}$；

（4）克服惯性失真：$RC < \dfrac{\sqrt{1-m_{a\max}^2}}{\Omega_{\max}m_{a\max}}$，工程上，$\Omega_{\max}RC<1.5$；

（5）克服底部切割失真：$m_a \leqslant \dfrac{R_g}{R+R_g}$ 或 $R \leqslant \dfrac{(1-m_a)R_g}{m_a}$。

6. 二极管并联检波器

除上面讨论的串联检波器外，峰值包络检波器还有并联检波器、推挽检波器、倍压检波器、视频检波器等结构，这里讨论并联检波器。

如图 6-34（a）所示，高频信号经过电容耦合，直接加在检波二极管上。当二极管导通时，给电容 C 充电；当二极管截止时，电容 C 通过电阻 R 放电。负载电阻 R 的端电压包括低频包络信号、直流电压、高频已调波信号，因此经过旁路电容 C_1 滤除高频信号及电容 C_g 隔直处理，获得低频信号，如图 6-34（b）所示。

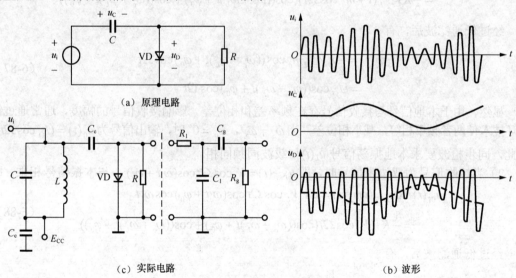

图 6-34　并联检波器及波形

根据能量守恒原理，实际加到并联型检波器中的高频功率，一部分消耗在负载 R 上，一部分转换为输出平均功率（平均电压 U_o 近似为输入信号的峰值 V_c），即

$$\frac{V_c^2}{2R_i} \approx \frac{V_c^2}{2R} + \frac{U_0^2}{R} \tag{6-84}$$

输入电阻为

$$R_i \approx \frac{R}{3} \tag{6-85}$$

6.4.3 同步检波电路

包络检波，通过检测已调波的包络变化获得原调制信号，对 AM 波是适合的，但不适合双边带（DSB）和单边带（SSB）信号的检波，因为它们的包络已经不再是原调制信号。对于双边带和单边带信号的检波，需要恢复其载波信号，进行同步检波。

根据检波电路的结构不同，同步检波分为乘积—滤波型同步检波和加法—包络检波型同步检波两类。同步检波所需的同步信号为与载波同频同相的本地信号，由于其频率存在偏差，相位随机，通常通过锁相环电路获取。

1. 乘积—滤波型同步检波

乘积—滤波型同步检波由乘法器和滤波器两部分组成，具体结构如图 6-35 所示，设本地信号为 $u_L(t) = V_L \cos\omega_L t$。

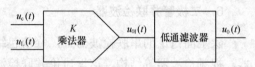

图 6-35 乘积—滤波型同步检波框图

1）当输入已调波信号为 AM 信号时，即 $u_c(t) = V_c(1 + m_a \cos\Omega t)\cos(\omega_c t + \varphi_0)$，与本振信号相乘，得到

$$u_{01}(t) = Ku_{AM}(t)u_L(t) = KV_cV_L(1 + m_a\cos\Omega t)\cos(\omega_c t + \varphi_0)\cos\omega_L t$$
$$= \frac{1}{2}KV_cV_L(1 + m_a\cos\Omega t)(\cos((\omega_c - \omega_L)t + \varphi_0) + \cos((\omega_c + \omega_L)t + \varphi_0)) \tag{6-86}$$

经过低通滤波后，有

$$u_0(t) = \frac{1}{2}KV_cV_L m_a\cos((\omega_c - \omega_L)t + \varphi_0)\cos\Omega t$$
$$= U_\Omega\cos((\omega_c - \omega_L)t + \varphi_0)\cos\Omega t \tag{6-87}$$

显然，由于本地信号与接收信号存在频率差和相位差，影响接收信号的幅度，通常通过锁相环技术使两者频率相等，减小相位差。当 $\omega_c = \omega_L$，$\varphi_0 = 0°$ 时，输出信号为 $u_0(t) = U_\Omega\cos\Omega t$。因此，同步检波要求本地振荡信号 $u_L(t)$ 与载波同频同相。

2）当接收信号为双边带信号时，即 $u_{DSB}(t) = V_c\cos\Omega t\cos(\omega_c t + \varphi_0)$，与本振信号相乘，即

$$u_{01}(t) = Ku_{DSB}(t)u_L(t) = KV_cV_L\cos\Omega t\cos(\omega_c t + \varphi_0)\cos\omega_L t$$
$$= \frac{1}{2}KV_cV_L\cos\Omega t(\cos((\omega_c - \omega_L)t + \varphi_0) + \cos((\omega_c + \omega_L)t + \varphi_0)) \tag{6-88}$$

经过低通滤波后，有

$$u_0(t) = \frac{1}{2}KV_cV_L\cos((\omega_c - \omega_L)t + \varphi_0)\cos\Omega t$$
$$= U_\Omega\cos((\omega_c - \omega_L)t + \varphi_0)\cos\Omega t \tag{6-89}$$

当 $\omega_c = \omega_L$，$\varphi_0 = 0°$ 时，输出信号为 $u_{01}(t) = U_\Omega\cos\Omega t$。

3）当接收信号为单边带（SSB）信号时，即 $u_c(t) = V_c\cos((\omega_c + \Omega)t + \varphi_0)$，与本振信号相乘，即

$$u_{01}(t) = Ku_c(t)u_L(t) = KV_cV_L\cos((\omega_c + \Omega)t + \varphi_0)\cos\omega_L t$$
$$= \frac{1}{2}KV_cV_L(\cos((\omega_c - \omega_L + \Omega)t + \varphi_0) + \cos((\omega_c + \omega_L + \Omega)t + \varphi_0)) \tag{6-90}$$

经过低通滤波后，有

$$u_0(t) = \frac{1}{2}KV_cV_L\cos((\omega_c - \omega_L + \Omega)t + \varphi_0) = U_\Omega\cos((\omega_c - \omega_L + \Omega)t + \varphi_0) \tag{6-91}$$

当 $\omega_c = \omega_L$，$\varphi_0 = 0^\circ$ 时，输出信号为 $u_{01}(t) = U_\Omega\cos\Omega t$。

乘积—滤波型同步检波对 AM、DSB、SSB 信号均可以有效检波，关键是本振信号与载波同频同相。

2. 加法—包络检波型同步检波

也称为叠加型同步检波，是将 DSB 或 SSB 信号插入恢复的载波，使之成为或近似 AM 信号，再利用包络检波器将调制信号恢复出来。

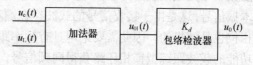

对 DSB 信号而言，只要加入的恢复载波电压在数值上满足一定的关系，就可得到一个不失真的 AM 波。图 6-36 为叠加—检波型同步检波器原理电路。包络检波器的检波系数为 K_d。

图 6-36　叠加—检波型同步检波框图

1）当接收为双边带信号时，即 $u_{DSB}(t) = V_c\cos\Omega t\cos(\omega_c t)$，恢复载波为 $u_L(t) = V_L\cos\omega_c t$。叠加的结果为

$$\begin{aligned}u_{01}(t) &= u_{DSB}(t) + u_L(t) = V_c\cos\Omega t\cos(\omega_c t) + V_L\cos\omega_c t \\ &= V_L(1 + \frac{V_c}{V_L}\cos\Omega t)\cos(\omega_c t)\end{aligned} \tag{6-92}$$

当 $\dfrac{V_c}{V_L} \leqslant 1$ 时，通过包络检波，可得到调制信号

$$u_0(t) = K_dV_c\cos\Omega t \tag{6-93}$$

2）当接收为单边带信号时，以上边带信号为例，即 $u_{SSB}(t) = V_c\cos(\omega_c + \Omega)t$，恢复载波为 $u_L(t) = V_L\cos\omega_c t$。叠加的结果为

$$\begin{aligned}u_{01}(t) &= u_{SSB}(t) + u_L(t) = V_c\cos(\omega_c + \Omega)t + V_L\cos\omega_c t \\ &= V_c\cos\omega_c t\cos\Omega t - V_c\sin\omega_c t\sin\Omega t + V_L\cos\omega_c t \\ &= (V_c\cos\Omega t + V_L)\cos\omega_c t - V_c\sin\Omega t\sin\omega_c t \\ &= U_m(t)\cos(\omega_c t + \varphi(t))\end{aligned} \tag{6-94}$$

式中，

$$\begin{aligned}U_m(t) &= \sqrt{(V_L + V_c\cos\Omega t)^2 + V_c^2\sin^2\Omega t} = \sqrt{(V_L^2 + V_c^2 + 2V_LV_c\cos\Omega t} \\ &= V_L(1 + (\frac{V_c}{V_L})^2 + 2\frac{V_c}{V_L}\cos\Omega t)^{1/2} \approx V_L(1 + 2\frac{V_c}{V_L}\cos\Omega t)^{1/2}\end{aligned} \tag{6-95}$$

$$\varphi(t) = -\arctan\frac{V_c\sin\Omega t}{V_L + V_c\cos\Omega t}$$

令 $m_a = \dfrac{V_c}{V_L}$，当 $m_a \ll 1$ 时可近似为

$$U_m(t) = V_L(1 + 2\frac{V_c}{V_L}\cos\Omega t)^{\frac{1}{2}} \approx V_L(1 + m_a\cos\Omega t) \tag{6-96}$$

包络检波为

$$u_0(t) = K_d m_a V_L \cos \Omega t \approx K_d V_c \cos \Omega t \qquad (6\text{-}97)$$

显然，与乘积型同步检波一样，叠加型同步检波所需恢复的本振信号与载波信号保持同频同相，同时，所提供的本振信号的幅度应大于接收的已调波信号的幅度，否则产生非线性失真，因此叠加型同步检波常用于小信号检波，如测试仪表。

3. 锁相同步检波

前面分析了同步检波的原理，适合于DSB和SSB调幅信号解调，但要求本振产生的载波信号与调幅信号中的载波信号同频同相，采用滤波、导频或重生的方法很难产生同频同相的本振信号，这是由于接收信号的载波存在漂移，相位也是随机的，因此需要采用具有频率跟踪功能的载波跟踪型锁相环路获得同频信号，再将其移相90°，获得载波信号。与输入的调幅信号进行同步检波，通过低通滤波恢复调制信号，如图6-37所示。

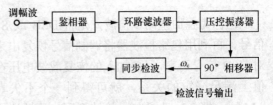

图6-37　载波跟踪锁相环的调幅信号同步检波

6.5　混频电路

混频是一种频率变换过程，将高频信号的载波频率从一个频率变换为另一个频率，如超外差收音机将接收的高频信号转换为中频（intermediate frequency，IF）信号。混频器（Mixer）有两个高频输入信号，包括接收的高频信号和本地高频振荡器（local oscillator，LO）信号。理想的混频输出信号频率有和频和差频，前者称为高中频，也称上变频（Up conversion），后者称为低中频，也称下变频（Down conversion）。混频器的典型结构如图6-38所示，包括进行频率变换的乘法器和带通滤波器。外部只有一个高频输入信号的混频器称为变频器。

图6-38　混频器结构

混频器既可以将高频信号搬移到更高的频率，也可以将高频信号搬移到中频频率。如接收机工作在中频频率上，容易获得较理想的谐振曲线和较高的稳定性，提高接收机的灵敏度和选择性。因此，接收机如收音机、电视机均有自己的中频频率，如调幅收音机的中频为465kHz，调频收音机的中频为 10.7MHz，电视接收机的图像中频为 38MHz、伴音中频为31.5MHz，将接收信号变频在固定的中频频率，可简化接收设备。而发射机将已调波信号在不同载波频率上发送，也需要混频器进行频率搬移。

混频器只是将载波频率搬移。对应调幅信号，如 AM 信号、DSB 信号和 SSB 信号，进行频率搬移时，其包络将保持不变，即调制规律和频谱结构保持不变，调频信号进行混频，其频率调制规律也将保持不变。

6.5.1　混频器工作原理与技术指标

通信系统中，混频器占有非常重要的地位，但作为非线性器件，在产生了新的有用频率信号的同时，也产生许多寄生频率，虽然大多数不需要的频率成分可以通过接收机的中频滤波器滤除，但仍存在较大的干扰和失真。

1．混频器的工作原理

与幅度调制一样，混频器也是利用器件的非线性特性进行频谱线性搬移，其分析方法也与非线性器件的分析方法一样，包括幂级数分析法、开关函数分析法和时变参数分析法等，实现的器件包括二极管、晶体三极管、场效应管和集成的乘法器件等。

1）幂级数分析法

当已调波信号 $u_{\mathrm{AM}}(t)=V_c(1+m_a\cos\Omega t)\cos\omega_c t$ 和本地振荡信号 $u_L(t)=V_L\cos\omega_L t$ 的幅度均较小时，宜采用幂级数法分析。如二极管的特性曲线为 $i_D=a_0+a_1 u_D+a_2 u_D^2$，将两个高频信号一起加入二极管，$u_D=u_{\mathrm{AM}}+u_L$，代入幂级数展开式，取前三项，得

$$
\begin{aligned}
i_D &= a_0+a_1 u_D+a_2 u_D^2=a_0+a_1(u_{\mathrm{AM}}+u_L)+a_2(u_{\mathrm{AM}}+u_L)^2 \\
&= a_0+a_1(u_{\mathrm{AM}}+u_L)+a_2 u_{\mathrm{AM}}^2+a_2 u_L^2+2a_2 u_{\mathrm{AM}}u_L \\
&= a_0+\frac{1}{2}a_2 V_c^2(1+m_a\cos\Omega t)^2+\frac{1}{2}a_2 V_L^2 \qquad\text{（直流分量）}\\
&\quad +a_1 V_c(1+m_a\cos\Omega t)^2\cos\omega_c t+a_1 V_L\cos\omega_L t \qquad\text{（基波分量）}\\
&\quad +\frac{1}{2}a_2 V_c^2(1+m_a\cos\Omega t)^2\cos\omega_c t+\frac{1}{2}a_2 V_L^2\cos 2\omega_L t \qquad\text{（2次谐波分量）}\\
&\quad +a_2 V_c V_L(1+m_a\cos\Omega t)(\cos(\omega_c-\omega_L)t+\cos(\omega_c+\omega_L)t) \quad\text{（和频与差频分量）}
\end{aligned}
\tag{6-98}
$$

经过后续的中频谐振回路选择高中频 $\omega_c+\omega_L$ 项或低中频项 $\omega_L-\omega_c$ 输出。

2）时变参量分析法

当已调波信号 $u_{\mathrm{AM}}(t)=V_c(1+m_a\cos\Omega t)\cos\omega_c t$ 较小，而本地振荡信号 $u_L(t)=V_L\cos\omega_L t$ 较大时，可采用时变参量法，如式（6-7）的乘积项 $g_{D1}V_2\cos\omega_1 t\cos\omega_2 t$，可实现混频功能。

$$
\begin{aligned}
g_{D1}V_c(1+m_a\cos\Omega t)\cos\omega_c t\cos\omega_L t &= \frac{1}{2}g_{D1}\,k(1+m_a\cos\Omega t)\cos(\omega_L+\omega_c)t \\
&\quad +\frac{1}{2}g_{D1}V_c(1+m_a\cos\Omega t)\cos(\omega_L-\omega_c)t
\end{aligned}
\tag{6-99}
$$

式中，可根据需要选择高中频或低中频信号输出。

3）组合频率干扰

显然，与幅度调制解调一样，混频器也是利用晶体管的非线性二次幂项实现线性频谱搬移功能，但混频器的非线性高次幂项则会带来干扰。以三次幂项为例，若外部输入双音信号 $u_{c1}=V_{c1}\cos\omega_{c1}t$ 和 $u_{c2}=V_{c2}\cos\omega_{c2}t$，在混频器的三次幂项作用下，有

$$
\begin{aligned}
i_{D3} &= a_3 u_D^3=a_3(u_{c1}+u_{c2})^3 \\
&= a_3 u_{c1}^3+a_3 u_{c2}^3+3a_3 u_{c1}^2 u_{c2}+3a_3 u_{c1}u_{c2}^2 \\
&= \frac{1}{4}a_3 V_{c1}^3(3\cos\omega_{c1}t+\cos 3\omega_{c1}t)+ \\
&\quad \frac{1}{4}a_3 V_{c2}^3(3\cos\omega_{c2}t+\cos 3\omega_{c2}t)+ \\
&\quad \frac{1}{4}a_3 V_{c1}^2 V_{c2}(2\cos\omega_{c2}t+\cos(2\omega_{c1}-\omega_{c2})t+\cos(2\omega_{c1}+\omega_{c2})t)+ \\
&\quad \frac{1}{4}a_3 V_{c1}V_{c2}^2(2\cos\omega_{c1}t+\cos(2\omega_{c2}-\omega_{c1})t+\cos(2\omega_{c2}+\omega_{c1})t)
\end{aligned}
\tag{6-100}
$$

当信号 u_{c1} 和 u_{c2} 的频率 ω_{c1} 与 ω_{c2} 相近时，其组合频率项 $2\omega_{c1}-\omega_{c2}$ 和 $2\omega_{c2}-\omega_{c1}$ 都在 ω_{c1} 和 ω_{c2} 附近，将形成严重的干扰项。

因此，混频器利用器件的非线性特性实现频率变换，获得差频和和频信号，但同时也产生了大量的组合频率干扰。

4）理想混频器

乘法器作为频率搬移器件，是理想幅度调制解调器，也是理想的混频器件，理想乘法器的输出为

$$u_0(t) = Ku_{AM}(t)u_L(t) = KV_cV_L(1+m_a\cos\Omega t)\cos\omega_c t\cos\omega_L t$$
$$= \frac{1}{2}KV_cV_L(1+m_a\cos\Omega t)\cos(\omega_L+\omega_c)t +$$
$$\frac{1}{2}KV_cV_L(1+m_a\cos\Omega t)\cos(\omega_L-\omega_c)t$$

(6-101)

显然，乘法器也可实现混频功能，且没有多余的干扰项，并具有较高的混频增益。

5）多级混频

接收机大多采用一级混频结构，也有部分接收机采用多级混频结构，如 GPS 接收机采用三级混频器结构，将载波频率进行三次混频，逐步降低中频频率，如图 6-39 所示。

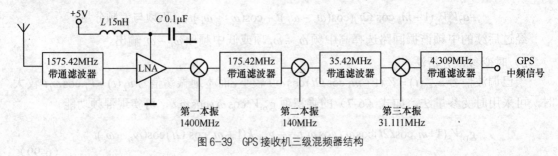

图 6-39 GPS 接收机三级混频器结构

2．混频器的指标

为了提高接收机的灵敏度和选择性，混频器需具有较高的混频增益、较低的噪声系数和信号失真，具体的指标有

（1）工作频率 混频器为多频率工作的器件，射频信号、本振和中频的频率范围是其指标之一。

（2）混频失真 在接收机中，混频器输入端除有用输入信号外，还存在串入的干扰信号。由于混频器的非线性特性，其输出电流中将包含众多组合频率分量，其中有些组合频率分量的频率十分靠近中频，中频滤波器无法将其滤除。它们叠加在有用的中频信号上，引起失真，严重影响通信质量，称混频失真。

（3）噪声系数 混频器处于接收机前端，工作于器件的非线性区，其噪声大小直接决定了接收机的接收灵敏度和性能，噪声主要包括信号源热噪声、内部损耗和电阻热噪声、混频器件的电流散弹噪声，以及本振信号的相位噪声等。

（4）混频增益 为混频器中频输出端的信号功率与射频输入端口信号功率之比。在接收机中，混频增益可降低混频器后面各级模块设计的难度，有利于提高系统抗噪声性能和灵敏度。降低混频损耗是提高混频增益的重要措施，如降低电路失配损耗、混频管的固有结损耗

及非线性电导净变频损耗等。

（5）1 dB 压缩点　在正常工作情况下，射频输入电平远低于本振电平，此时中频输出功率 P_0 将随射频输入功率 P_i 线性变化，当射频功率增加到一定程度时，中频输出功率随射频输入功率增加的速度减慢，混频器输出的中频功率 P_0 出现饱和。当中频输出功率偏离线性输出功率 1 dB 时所对应的中频输出功率为混频器的 1 dB 压缩点功率 P_{11dB}，对应的射频输入信号功率 P_i 为混频器动态范围的上限 P_D，通常压缩点越高则输出功率越大。典型情况下，当功率超过 P1dB 时，增益将迅速下降并达到一个最大或完全饱和的输出功率，其值比 P1dB 大 3～4dB。对于结构相同的混频器，1 dB 压缩点取决于本振功率大小和二、三极管特性，一般比本振功率低 6 dB。其特性如图 6-40 所示，图中 MDS 为最小可检测信号功率。

（6）动态范围　混频器正常工作时的射频输入功率范围。其下限因混频器的应用环境不同而异，其上限受射频输入功率饱和所限，通常对应混频器的 1dB 压缩点，如图 6-40 所示。

（7）三阶截点　即三阶交调点(third intercept point，IP3)，如果有两个频率相近的射频信号 f_{c1}、f_{c2} 和本振 f_L 一起输入到混频器，由于混频器的非线性作用，将产生交调，其中三阶交调可能出现在输出中频附近，落入中频通带以内，造成严重干扰。通常用三阶交调抑制比来描述，即有用信号功率与三阶交调信号功率比，单位为 dBc(表示功率相对值的单位，相对于载波功率而言)。由于中频输出功率随输入功率成正比，而三阶交调项按幅度的三次幂次方上升，当射频输入信号功率增加 1 dB 时，中频输出功率增加 1 dB，而三阶交调信号输出功率将增加 3 dB，如图 6-40 所示。三阶截点 IP3 表征混频管的线性度和失真性能，IP3 越高，意味着线性度越好和更少的失真，一般放大器或混频器的 P_{IM3} 比 P_{11dB} 高 10～15dB。

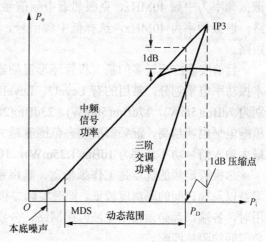

图 6-40　1 dB 压缩点和 IP3 三阶截点

（8）隔离度　是指各端口间的信号相互隔离程度，包括本振与射频、本振与中频以及射频与中频之间的隔离。隔离度定义为本振或射频信号泄漏到其他端口的功率与输入功率之比，单位 dB。

（9）本振功率　是指最佳工作状态时所需的本振功率。原则上本振功率越大，动态范围增大，线性度改善越好（如 1dB 压缩点上升，三阶交调系数改善）。

（10）端口驻波比　频率和振幅均相同、振动方向一致、传播方向相反的两列行波叠加后形成的波为驻波，驻波比是驻波最大电压与驻波最小电压的比，与端口反射系数（Γ）有关。端口驻波是一个随功率、频率变化的参数，直接影响混频器的使用。

6.5.2　无源混频器

无源混频器为二极管混频，与二极管幅度调制一样，有双平衡和单平衡二极管混频器结构。二极管双平衡混频器（double-balanced mixers，DBM）的工作频率极高，可达微波波段。图 6-41 为单端二极管混频器电路，接收载波信号频率为 60 MHz，本振为 100 MHz，获得的中频信号为 40 MHz，变频损耗为 10 dB。

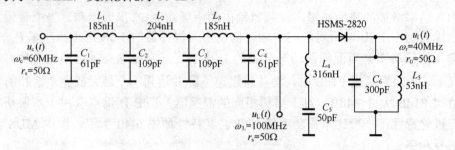

图 6-41　单端二极管混频器电路

图示的混频电路包含三路高频信号输入，存在本地振荡信号的辐射和邻近强中频信号的干扰。输入端经过由 C_1、L_1、C_2、L_2、C_3、L_3、C_4 组成的低通滤波器，减小来自于本地振荡器的辐射；与本振信号并联，馈入混频器件二极管。器件 C_5、L_4 组成串联谐振电路，谐振频率为中频 40MHz，克服邻近中频信号对混频器的影响，器件 C_6、L_5 组成并联谐振电路，谐振频率为 40MHz，选择低中频信号，该并联谐振回路对射频信号和本振信号近似为短路。

目前实际应用较多的是二极管环形混频器，已形成完整的系列，按二极管开关工作所需本振功率电平划分，常用的有 Level7、Level17、Level23 三种系列，它们所需的本振功率分别为 7dBm(5mW)，17dBm(50mW)，23dBm(200mW)。显然，本振功率电平越高，相应的 1dB 压缩电平也就越高，混频器的动态范围就越大。对于上述三种系列，1dB 压缩电压所对应的最大输入信号功率分别为 1dBm(1.25mW)，10dBm(10mW)，15dBm(32mW)。

二极管混频的优点是工作频带宽、噪声系数低、混频失真小、动态范围大，但没有混频增益以及端口间的隔离度较低。同时实际二极管环形混频器各端口的匹配阻抗均为 50 Ω。应用时，各端口都必须接入滤波匹配网络，分别实现混频器与输入信号源、本振信号源、输出负载间的阻抗匹配。

6.5.3　有源混频器

有源混频器有不同的类型，如单端 FET 混频器、MOSFET 混频器和晶体管混频器，以及目前最先进的吉尔伯特单元混频器（Gilbert Cell Mixer）。

1. 三极管混频器

三极管混频器具有所需外围元件少、结构简单、具有一定的混频增益、价格便宜的优点，常用在如广播收音机等要求不高的场合。缺点是工作频率较低，混频失真较大，产生的组合频率干扰较大。

图 6-42 为超外差接收机的前置电路，天线感应电磁波，经过天线谐振回路选频，获得微弱的电压信号，经变压器传输给混频三极管；选频回路 L_4、C_7、C_8 与反馈回路 L_3、L_4 组成本地振荡器，因此，三极管既是本地振荡器的放大元件，也是高频输入信号与本地振荡信号的混频元件，输出的中频信号由 L_5、C 谐振回路选择。对本地振荡频率而言，中频谐振回路近

似短路。由于中频频率固定，因此，天线谐振回路和本振谐振回路采用双联调电容，确保两者的频率差恒定。

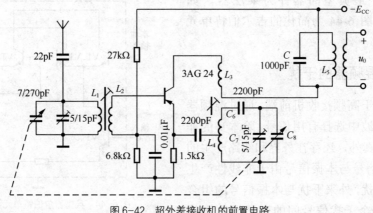

图 6-42　超外差接收机的前置电路

2. 场效应管混频器

场效应管混频器，特别是双栅场效应管混频器，具有混频失真小、动态范围大、工作频率高达 1 GHz 的优点，互调性能优于无源混频器。与三极管混频器相比效，除了具有较低的噪声系数之外，同时还具有变频增益大、端口间良好的隔离度等优点。如图 6-43 所示，射频信号通过滤波器电路加到第二栅极 G_2，而本地振荡信号加到第一栅极 G_1，和频、差频以及混频的其他成分一并送到调谐回路，选择中频输出。

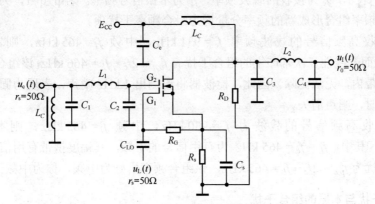

图 6-43　双栅极 MOSFET 混频器电路

3. 模拟乘法器混频器

模拟乘法器采用差分对作为基本电路，理论上输出中频只有两种频率成分，即和频和差频，因此其组合频率的干扰极小，特别是交调、互调干扰小，对滤波器的外围电路要求不高，电路比较简单。同时变频增益较高，且对输入的信号幅度要求不严格，既可以大信号工作，也可以小信号工作，因此动态范围大。其缺点是噪声系数较大、工作频率不高，最高一般为几十 MHz，常常用于接收机的第二级混频器。

吉尔伯特单元混频器（Gilbert Cell Mixer）是目前最先进的有源混频器，其射频频率可达到 5.8GHz，中频频率可达到 2GHz，并且双向平衡。最典型的器件为乘法器，如 MC1595 等。图 6-44 为简化的吉尔伯特单元混频器电路。

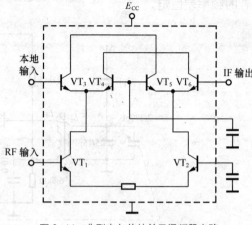

图 6-44　典型吉尔伯特单元混频器电路

6.5.4　混频器的干扰

混频器处于高频接收机前端，通过混频器从纷杂的电磁波中选择有用信号，除本身的非线性引起的失真外，还存在外界和线路产生的干扰。如输入信号与本振信号由于非线性产生的自身组合干扰，外来干扰与本振信号的组合干扰，以及多个干扰信号间的交叉调制干扰等。通常非线性的幂次越高，其系数越小，因此由于非线性使一个信号的二次谐波与另一个信号混频后所产生的干扰信号最严重，称为三阶交调（third-order intermodulation distortion，IMD3）。

1. 信号与本振的组合频率干扰

由于混频器件的非线性特性，其高次项产生的组合频率在中频附近（通带内）时难以消除，形成组合频率干扰。如考虑混频三极管 i_c 中 n 次幂项的组合频率分量（$p+q=n$），以 $f_{p,q}=|\pm pf_c \pm qf_L|$ 表示，f_c 为接收的载波频率，f_L 为本振信号频率。若 p=q=1，为正常接收，其他取值的任何频率组合形成新的频率分量均为组合频率干扰项。

例 1：接收高频信号的载波频率 $f_c=931\ \text{kHz}$，中频 $f_I=465\ \text{kHz}$，则本振信号频率 $f_L=1\ 396\ \text{kHz}$，而非线性三次幂产生的组合干扰有 $f_{p,q}=2f_c-f_L=466\ \text{kHz}$，该组合频率 466 kHz 在中频附近通带内，无法滤除。因此，检波器将检测出 1 kHz 哨声，表现为固定哨声，但当接收频率改变时，哨声消失。

例 2：接收高频信号的载波为 $f_c=930\ \text{kHz}$，中频 $f_I=465\ \text{kHz}$，则本振信号频率 $f_L=1\ 395\ \text{kHz}$，其中，$f_L-f_c=465\ \text{kHz}$ 为有用信号的中频，其幅度携带有用信息，但三次幂产生的组合干扰为 $f_{p,q}=2f_c-f_L=465\ \text{kHz}$，该组合频率恰好为中频，称为中频干扰。

2. 外来干扰与本振的组合干扰

该干扰是指外来单一干扰信号与本振信号由于混频器的非线性而形成的组合频率干扰。设干扰电压为 $u_J(t)=V_J\cos 2\pi f_J t$，干扰信号的频率为 f_J。接收机在接收有用信号的同时，其他电台或干扰也可能被同时收到，如果干扰频率 f_J 满足式 $f_I=pf_L-qf_J$，即 $f_J=\dfrac{p}{q}f_L-\dfrac{1}{q}f_I$，就形成了干扰，表现为串台，或干扰哨叫声。下面分别讨论三种特殊的组合干扰信号：中频干扰、镜像干扰和组合副波道干扰。

当干扰频率等于或接近于接收机的中频时，如果接收机前端电路的选择性不够好，干扰电压一旦馈入混频器的输入端，混频器对这种干扰相当于一级（中频）放大器，从而将干扰放大，并顺利地通过其后各级电路，在输出端形成干扰，称为中频干扰。抑制中频干扰的主要方法是提高接收回路的选择性，如图 6-45（a）所示，排除干扰信号；也可在接收回路增加陷波回路 L_1C_1，吸收中频干扰信号，并联谐振回路 LC 谐振于接收信号，如图 6-45（b）所示。

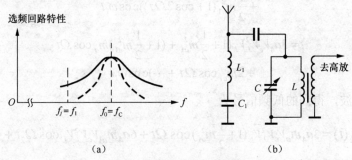

选频回路特性

（a）　（b）

图 6-45　抑制中频干扰的措施

当外来干扰频率 $f_J = f_L + f_I$，经过混频器产生差频 $f_I = f_J - f_L$，在接收机输出端听到干扰电台的声音。f_J、f_L、f_I 与 f_c 的关系如图 6-46 所示。由于干扰信号力与有用信号频率 f_c 关于本振信号 f_L 对称，将 f_J 称为镜像干扰。

组合副波道干扰是指外来干扰信号 $u_J(t)$ 和本振信号 $u_L(t)$，在混频器的非线性作用下形成的假中频，只考虑 $p = q$ 时的部分干扰，干扰频率为

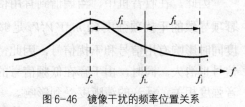

图 6-46　镜像干扰的频率位置关系

$$f_J = f_L \pm \frac{1}{q}f_1$$

。由于 $q>4$，高阶组合干扰由于分量小而被忽略。而当 $q=2$ 时，干扰信号

$$f_J = f_L \pm \frac{1}{2}f_1$$

距有用信号最近，干扰最严重。

3．交叉调制干扰（交调干扰）

在收音机中，常碰到这样的现象：调谐到某个电台时，不仅能听到该电台的声音，同时还能听到干扰信号，但当接收机对有用信号失谐时，干扰信号也随之消失，就像干扰信号被调制在有用信号的频率上，称为交叉调制干扰，简称交调干扰。这是由于接收机的前端电路选择性不好，有用信号和干扰信号同时加到接收机的输入端，与本振信号混频得到中频电压，其中，由于混频器的高次幂项非线性作用，将干扰信号的包络转移到了有用信号的包络上。

根据式（6-98）的混频器转移特性，设输入信号为 $u_D(t) = u_C(t) + u_J(t) + u_L(t)$。

式中，有用信号 $u_c(t) = V_c(1 + m_a \cos \Omega t)\cos \omega_c t$，

干扰信号 $u_J(t) = V_J(1 + m_{a1}\cos \Omega_2 t)\cos \omega_J t$，

本振电压 $u_L(t) = V_L \cos \omega_L t$，

考察其中四次幂项 $12a_4 u_C(t)u_J^2(t)u_L(t)$ 所带来的干扰项：

$$
\begin{aligned}
12a_4 u_C(t)u_J^2(t)u_L(t) &= 12a_4 V_c(1 + m_a \cos \Omega t)\cos \omega_c t \cdot \left(V_J(1 + m_{a1}\cos \Omega_2 t)\cos \omega_J t\right)^2 \cdot V_L \cos \omega_L t \\
&= 3a_4 V_c V_J^2 U_L(1 + m_a \cos \Omega t)(1 + m_{a1}\cos \Omega_2 t)^2 \\
&\quad (1 + \cos 2\omega_J t)(\cos(\omega_L + \omega_c)t + \cos(\omega_L - \omega_c)t)
\end{aligned}
$$

（6-102）

经过中频滤波，得到的中频信号为

$$
\begin{aligned}
u_I(t) &= 3a_4 V_c V_J^2 V_L (1 + m_a \cos \Omega t)(1 + m_{a1} \cos \Omega_2 t)^2 c \cos \omega_I t \\
&= 4a_4 V_c V_J^2 V_L (1 + m_a \cos \Omega t)(1 + 2m_{a1} \cos \Omega_2 t \\
&\quad + \frac{1}{2} m_{a1}^2 (1 + \cos 2\Omega_2 t)) \cos \omega_I t \\
&= 3a_4 V_c V_J^2 V_L (1 + \frac{1}{2} m_{a1}^2 + (1 + \frac{1}{2} m_{a1}^2) m_a \cos \Omega t \\
&\quad + 2m_{a1} \cos \Omega_2 t + \cdots) \cos \omega_I t
\end{aligned}
\tag{6-103}
$$

经过包络检波，得到的低频信号为

$$
u_\Omega(t) = 3a_4 m_a V_c V_J^2 V_L (1 + \frac{1}{2} m_{a1}^2) \cos \Omega t + 6a_4 m_{a1} V_c V_J^2 V_L \cos \Omega_2 t + \cdots
\tag{6-104}
$$

式中，第一项为有用信号，第二项为干扰项，第三项为有用信号与干扰项之间的低频调制项和低频谐波干扰项。

因此，在收音机中，当调谐到有用信号频率 ω_c，干扰项频率 ω_J 也进入接收机，若四次幂项导致的干扰项强度 $6a_4 m_{a1} V_c V_J^2 V_L$ 足够大，就能听到两个电台的声音，由于三个信号的幅度同时影响有用信号和干扰信号，因此，有用信号强，则干扰也强；有用信号消失，则干扰信号也消失。同时，由于存在低频信号的谐波和相互调制干扰项，且该干扰与两个电台的话音强度相关，话音的清晰度受到影响。

从式（6-104）可以看出，交调干扰的实质是有用信号与载波混频得到正常中频信号的同时，由于混频器的四次幂的非线性影响，同时接收机的前端选择性不够好，干扰信号进入混频器。在混频器四次幂中，本振和有用信号占 2 阶，得到正常的中频，干扰信号占 2 阶，即获得平方律检波得到干扰项，落在中频上，中频信号经过检波，即有正常的有用信号输出，也有干扰信号输出。

交调干扰由四次幂或更高偶次幂项产生。对四次幂项交调干扰，本振占一阶，常称三阶交调，干扰项对组合中频频率没有贡献，因此与组合频率干扰不同。

4. 互调干扰

当混频器输入端同时进入两个干扰信号 f_{J1} 和 f_{J2} 时，由于混频器的非线性作用，它们与本振信号将产生一系列的组合频率分量，如果某些分量的频率等于或接近中频时就会形成干扰，称为互调干扰，尤以三阶互调干扰为重。

干扰项的组合频率有

$$
f_{p,q} = \left| \pm p f_{J1} \pm q f_{J2} \pm f_L \right| \quad p,q = 1,2,3,\cdots
\tag{6-105}
$$

其中，$p = q = 1$，非线性的三次幂项产生（其中本振信号占一阶），称为二阶互调干扰；$p = 2$、$q = 1$ 或 $p = 1$、$q = 2$，非线性的四次幂项产生，称为三阶互调干扰。

因此，互调干扰时，能听到两个干扰台的声音。

交调失真和互调失真不仅会在混频器中产生，也会在高频和中频放大器中产生。

例：某一混频器，已知 $P_{1\mathrm{dB}}=10\mathrm{dBm}$，对应的输入信号功率 P_i 为 0 dBm，试求两个输入干扰电平均为$-20\mathrm{dBm}$ 时的输出三阶互调失真电平。

解：已知 $P_{1\mathrm{dB}}=10\mathrm{dBm}$，对应增益为 10dB。在三阶截点 IP3 处，输出功率为

$P_{\mathrm{IM3}}=P_{1\mathrm{dB}}+(10-15)\mathrm{dBm}\approx 20\mathrm{dBm}$，这里取上限，对应的输入功率 15dBm。

IM3 的斜率为 3，当输入信号为$-20\mathrm{dBm}$，从三阶截点 IP3 到$-20\mathrm{dBm}$，对应的输出功率下降 3（$-20-15$）dBm=-105dBm，此时的输出功率为 80dBm。

通常采用作图法分析，①先画出 P_I 线，（斜率为 1）；②画出 P_{IM} 线，（斜率为 3，与线 P_I 交于（15，25）点）；③当 P_M =-20 dBm，即自 15 dBm 下降 35 dBm 时，相应的 P_{IM} 自 P_{IM3} 25 dBm 下降到-80 dBm，下降了 105 dBm。如图 6-47 所示。

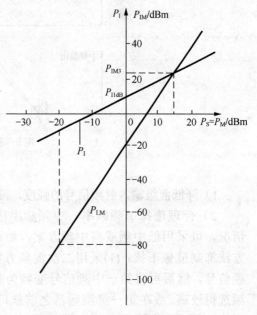

图 6-47　例 3 三阶截止分析示意图

5．包络失真与阻塞干扰

由于混频器工作点选择不当或输入高频信号太大，输入信号经过混频器非线性作用以后，中频信号的包络与原信号包络形状不一样，产生包络失真。减小包络失真的有效方法是调整混频管的工作点和输入高频信号幅度，因此接收机一般有自动增益控制（AGC）电路，控制高频接收和中频放大的增益。

若强干扰信号与有用信号同时进入接收机时，强干扰信号将使接收机链路的非线性器件进入饱和，产生非线性失真，称为阻塞干扰。当有用信号过强时，也会产生振幅压缩现象，形成阻塞干扰。阻塞干扰形成的主要原因是器件的非线性所引起的互调、交调等多阶产物，当然接收机的动态范围受限也会引起阻塞干扰。阻塞将导致接收机无法正常工作，长时间的阻塞还可能造成接收机的永久性性能下降。

6．倒易混频

在混频器的输入端，如射频端口或中频端口，当输入信号频率附近存在强干扰时，由于本振的相位噪声与干扰信号在器件的非线性作用下产生差频，该差频信号落在中频带内，使输出噪声增加，信噪比下降，称为导倒混频。这是由于混频器把强干扰信号当作本振而将本振信号源的边带噪声当作输入信号，正好与原来的混频相反，如图 6-48 所示。

7．克服混频器干扰的措施

纵观混频器的干扰，主要来源于两方面：前级电路选择性不佳导致中频干扰信号、其他干扰信号窜入输入通道，混频器非线性项中的高次幂产生的交调干扰和互调干扰等。通常在以下几个方面采取措施，减小混频器的干扰和失真。

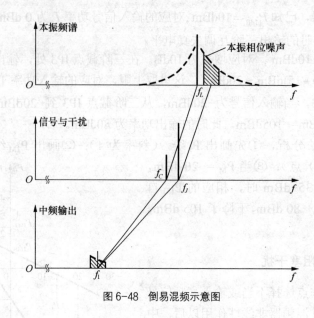

图 6-48 倒易混频示意图

1）降低前级输入射频信号的强度，减小射频信号的非线性失真；

2）合理选择中频频率，中频频率应选择在工作频段外，根据实际工作频段的干扰情况，可采用低中频或高中频方案，如调幅收音机采用 465 kHz 的低中频；可采取两种方法抑制镜像干扰：(1)采用二次混频方案，即将高频信号首先变频为频率更高的第一中频信号，然后再将第一中频信号变频为频率更低的第二中频信号。这种方案由于第一中频选得较高，故在第一级混频器之前就可以将镜像干扰频率滤除掉。(2)采用高中频方案，即将中频选在高于接收频段的范围内。这种方案的中频很高，镜像干扰频率远高于有用信号频率，可在混频之前的滤波电路中被滤除。例如，某短波接收机的接收频率范围是 2～30 MHz，高中频频率为 70MHz；

3）混频器的非线性产生大量的组合频率分量，可采用平衡式混频电路，利用电路结构抵消部分组合频率分量。也可采用平方律器件，以及乘法器，实现信号混频，减小组合频率分量。

6.5.5 混频器的设计

完整的混频器，包括混频器件，以及输入射频信号的耦合回路、本地振荡器与馈入电路、输出中频选频电路，特别是三组信号的阻抗匹配电路，以及抗干扰处理电路等。混频器包括无源混频器和有源混频器，图 6-38 为单端二极管混频器电路的通用电路，本节重点介绍有源混频器的设计。有源混频器的设计内容有

1. 混频器件的选择

噪声系数是衡量接收机内部噪声对灵敏度影响程度的一个指标。接收机的总噪声系数包括高频放大器的噪声系数、混频器的噪声系数、中频放大器的噪声系数等。为了提高接收机的灵敏度，必须使总噪声系数要小，而接收机多级电路总噪声系数主要由第一级高频放大器

决定，也就是说，要保证高频放大器噪声系数小和额定功率增益大的要求。混频器位于接收机的第二级，其噪声系数、额定功率增益或额定功率传输系数对整机噪声系数也存在一定的影响，特别是对于无高频放大的接收机，混频器噪声系数、额定功率放大量（或额定功率传输系数）及对整机噪声系数的影响更大。尽量选择噪声系数小、混频损耗小或混频增益大的混频器。

2．混频电路的选择

常用的混频器电路有三极管混频器、场效应管混频器、模拟乘法器构成的有源混频器以及基于二极管无源混频器。若本地振荡信号单独提供，可采用二极管平衡混频器，具有动态范围较大、混频失真小、端口隔离度高、改善混频器的噪声性能的优点；三极管、场效应管等有源混频器，具有混频增益，可结合本地振荡器于一体，其缺点是工作频率较低、混频失真较大，产生的组合频率干扰较大，适合如广播收音机等要求不高的场合。模拟乘法器动态范围小且噪声系数较大，工作频率不高，一般用于接收机的第二级混频器。

目前，集成混频器具有较好的指标性能，如集成有源混频器可以获得与无源混频器相同的性能。集成混频器包含平衡混频器（Gilbert 单元）或带有中频放大的无源混频器，借助增益补偿损耗。在混频电路前端增加射频增益，可改善接收机的整体性指标。

3．动态范围的确定

混频器的动态范围是指混频器在规定的本振电平下，高频信号输入电平的可用范围。设计时，要确定其下限和上限电平。

混频器下限电平由接收机的灵敏度决定。接收机灵敏度可以表示为

$$P_{i\min} = kT_0BN_{F0}(W) = kT_0BN_{F0} \times 10^3 (\text{mW}) \qquad (6\text{-}106)$$

式中，k 为玻尔兹曼常数，$k = 1.38 \times 10^{-23}$ J/K；T_0 为接收机工作环境的绝对温度，单位 K；B 为接收机带宽，单位为 Hz；N_F 为接收机总的噪声系数；$P_{i\min}$ 为最小可以检测的信号功率，单位 W。

如果以 dBm 为单位，在室温 17℃（$T_0 = 290K$）条件下，式（6-106）变换为：

$$\begin{aligned} P_{i\min} &= 10\lg(kT_0BN_F \times 10^{-3})\text{dBm} \\ &= 10\lg k + 10\lg T_0 + 10\lg B + 10\lg_{F0} + 10\lg 10^3 \\ &= (-174 + 10\lg B + 10\lg N_F)\text{dBm} \end{aligned} \qquad (6\text{-}107)$$

假设 $B=2$ MHz，混频器的噪声系数为 $N_F = 6$dB，则 $P_{i\min}$ 为-105 dBm，如果系统中指示判据要求最小功率高于噪声电平 10dB，则混频器的动态范围下限为-95 dBm，而混频器的上限电平由 1 dB 压缩电平决定。

4．混频器的隔离度

理论上看，混频器各个端口之间是互相隔离的，任意一个端口上的功率都不会泄漏到其他端口上。但实际上，在各个端口之间总有部分功率泄漏。隔离度用于评价泄漏的

程度。由于本振端口的功率最大，如果泄漏到信号端口会形成向外的辐射损耗，严重地干扰附近的接收机，这种影响最大，因此通常只规定本振端口到其他端口的隔离度，一般大于 20 dB。

5. 减少混频失真

混频失真是混频过程中非线性作用的结果，主要包括干扰哨声、寄生通道干扰、交调失真、互调失真等。

相对交调失真和其他非线性失真而言，三阶互调失真危害最为严重。在混频器的使用中，常常将其对应的最大输入干扰强度作为动态范围的上限，利用三阶互调截点电平 P_{IM3} 表示三阶互调干扰的大小。P_{IM3} 比 1dB 压缩电平 P1 dB 高出 $10\sim15$dB，根据混频器生产厂家使用说明中提供 1dB 压缩电平，可确定三阶互调截点电平，以满足设计指标的要求。混频器设计中，应避免混频器正常输出中频信号电平与三阶截点电平距离太近，而使两者之差留有一定余量。

如图 6-43 所示，以 250 MHz 单端窄带 MOSFET 混频器电路说明其设计过程。

1）首先选择在最高工作频率具有足够增益的射频双栅型 N 沟道 E-MOSFET。

2）电容的选择，旁路电容 C_C 和隔直耦合电容 C_{LO} 容抗小于 1 Ω。

$$C_{LO} = C_C = \frac{1}{2\pi f \max}$$

3）电阻的选择

$R_S = 560\ \Omega$，$R_G = 100\ \text{k}\Omega$，$R_D$ 取值 $2\sim5\ \text{k}\Omega$，提高 IMD 的性能。

4）匹配网络 LC

输入网络 L_1、C_1、C_2 对射频信号匹配，输出网络 L_2、C_3、C_4 对中频输出信号匹配，且分别谐振在射频频率和中频频率上。

思考题与习题

6-1 分析为何短波段远距离通信常采用单边带体制？

6-2 对于低频信号 $u_\Omega(t)=U_\Omega\cos(\Omega t)$ 及高频信号 $u_c(t)=V_c\cos(\omega_c t)$。试问，将 $u_\Omega(t)$ 对 $u_c(t)$ 进行振幅调制所得的普通调幅波与 $u_\Omega(t)$、$u_c(t)$ 线性叠加的复合信号比较，其波形及频谱有何区别？

6-3 某发射机输出级在负载 $R_L=50\ \Omega$ 上的输出信号为 $u_0(t)=10(1+0.3\cos\Omega t)\cos\omega_c t(\text{V})$。求总的输出功率 P_{av}、边带功率 $P_{边带}$ 和载波功率 P_C。

6-4 试用乘法器、加法器、滤波器设计调制电路，实现下列信号框图：1）AM 波；2）DSB 信号；3）SSB 信号。

6-5 某调幅发射机的载波输出功率为 15 W，$m_a = 0.8$。被调极平均效率为 50%，试求：

（1）边频功率；

（2）电路为集电极调幅时，直流电源供给被调极的功率；

（3）电路为基极调幅时，直流电源供给被调极的功率。

6-6 差动混频电路如题图 6-1 所示，已知本振信号 $u_L(t)=2\cos(4\pi\times10^6 t)(\text{V})$，输入信号 $u_s(t)=20(1+0.6(\sin(5\pi\times10^2)))t\cdot\cos5\pi\times10^6 t(\text{mV})$。

（1）导出 i_{c2} 与 u_L 和 u_s 的关系式；

（2）画出 i_{c2} 的频谱图；

（3）当 LC 回路调谐在 f_0=500kHz，带宽 B=20 kHz 时，求混频跨导 g_c 和输出电压 u_o。

6-7　检波器电路如题图 6-2 所示。输入信号为大信号已调波，$u_s(t)=1.2(1+0.6\cos\Omega t)\cos\omega_c t$(V)，调制信号的最高频率 Ω_{max}=4 kHz，载波频率 f_c = 465kHz，二极管 r_D=125Ω。

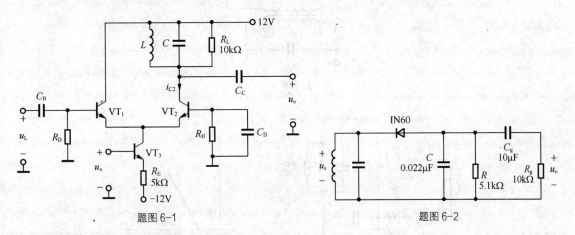

题图 6-1　　　　　　　　　　　题图 6-2

（1）试计算输入电阻 R_i，传输系数 K_d；

（2）并检验是否存在惰性失真和底部切割失真；

（3）画出 RC 两端、C_g、R_g、二极管两端的电压波形；

（4）求输出电压 u_o 表达式。

6-8　题图 6-3 为收音机的检波电路，作如下改动，对收音机性能有何影响，说明理由。

（1）R_1 换成 10 kΩ；

（2）C_2 改为 5 600pF；

（3）C_3 改为 0.01μF；

（4）把 R_2 加大到 4.7 kΩ；

（5）2AP9（普通锗管）改为 2CP1（普通硅管）；

（6）中周匝比 N_1:N_2 原为 200:14 改为 180:9。

6-9　二极管平衡混频器如题图 6-4 所示。

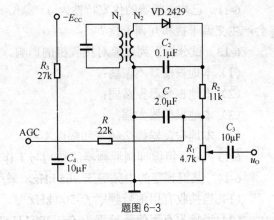

题图 6-3

L_1C_1、L_2C_2、L_3C_3 三个回路各自调谐在 f_s、f_L、f_I 上，试问在以下三种情况下，电路是否仍能实现混频？

（1）将输入信号 $u_s(t)$ 与本振信号 $u_L(t)$ 互换；

（2）将其中一只二极管的正、负极性反接；

（3）将二极管 VD_1、VD_2 的正负极性同时反接。

6-10　三极管混频电路及三极管的转移特性如题图 6-5 所示。已知 u_L=0.2cos2π × $10^6 t$(V)，u_s=30cos（2π × $10^3 t$）· cos（2π × $10^6 t$）(mV)，集电极回路调谐在 f_I=1.5MHz。

（1）画出时变跨导的波形，并写出表达式；

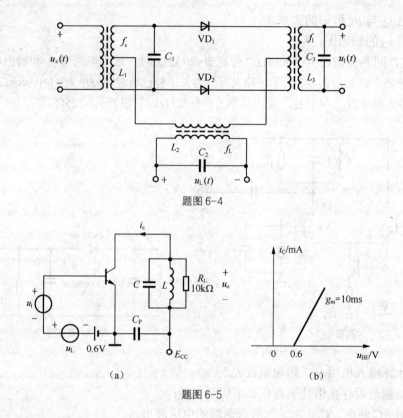

题图 6-4

题图 6-5

（2）求混频跨导 g_c 和输出电压 u_o。

6-11 已知混频器的伏安特性为 $i = a_0 + a_1 u + a_2 u^2$。问能否产生中频干扰和镜像干扰？是否会产生交调干扰和互调干扰？

6-12 试分析下列现象对接收机的影响。

（1）本地振荡器不振荡；

（2）本地振荡器振荡弱；

（3）本地振荡器太强；

（4）本地振荡器振荡频率和幅度不稳。

6-13 分析镜像抑制混频器的结构与工作原理。

6-14 某混频器的中频等于 465 kHz，采用低中频方案。说明如下情况是何种干扰。

（1）当接收有用信号频率 $f_s=500$ kHz 时，也收到频率为 $f_J=1\,430$ kHz 的干扰信号；

（2）当接收有用信号频率为 $f_s=1\,400$ kHz 时，也会收到频率为 $f_J=700$ kHz 的干扰信号；

（3）当收听到频率为 $f_s=930$ kHz 的信号时，同时听到 $f_{J1}=690$ kHz，$f_{J2}=810$ kHz 两个干扰信号，一个干扰信号消失另一个也随即消失；

（4）当调谐到 580 kHz 时，可听到频率为 $1\,510$ kHz 的电台播音；

（5）当调谐到 $1\,165$ kHz 时，可听到频率为 $1\,047.5$ kHz 的电台播音；

（6）当调谐到 930.5 kHz 时，约有 0.5 kHz 的哨叫声。

6-15 某接收机工作频率为 0.55～25 MHz，中频 $f_I=455$ kHz，本振频率高于信号频率。问在此频段之内哪几个频率点上存在着 5 阶以下的组合频率干扰，列出各频率点的 f_s 值和组合

频率干扰的 p、q 及阶数 n。

6-16 某单边带发射机（上边带）的框图如题图 6-6 所示。调制信号为 300～3000Hz 的音频，其频谱如图所示。试画出各方框输出端的频谱图。

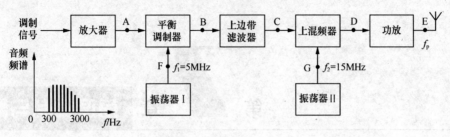

题图 6-6

第7章 角度调制与解调

前面介绍了幅度调制系统，为线性调制，具有实现简单、传输信号所需的频带窄等优点，目前仍在中短波广播使用。但随着人们对通信质量的要求越来越高，如对广播音质、音色及抗干扰性的要求，幅度调制已不能满足需要，而角度调制系统能较好地解决这个问题，角度调制属于非线性调制，即调制后信号的频谱不再是原调制信号频谱的线性搬移，而产生出很多新的频率成分，具有频带宽、抗干扰能力强的优点，在调频广播、电视伴音中广泛应用。

图 7-1 为调频发射与接收的系统结构框图。与调幅体制不同，调频通信系统除功率放大器与小信号放大器、混频器与调制解调器外，还有许多附属电路与特殊电路，如增益自动控制电路、自动频率控制电路、预加重与去加重、静噪电路、立体声电路等。

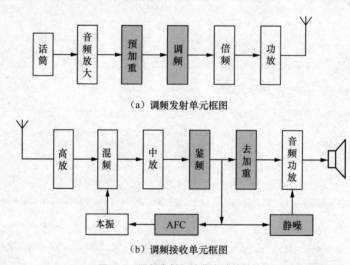

（a）调频发射单元框图

（b）调频接收单元框图

图 7-1　调频发射与接收电路的结构

7.1　角度调制原理

角度调制是用调制信号去控制载波信号的相角变化，包括相位变化或频率变化。如果调制信号直接控制载波信号的瞬时频率变化，称为频率调制；若调制信号直接控制载波信号相位的变化，称为相位调制。这两种调制统称为角度调制。

7.1.1 调角信号与频谱

根据调角信号的定义，调制信号控制载波的角度变化，已调波信号的频率和相位是变化的。因此，其时域波形和频谱结构均与调幅信号的不同。设载波为 $u_c(t) = V_c \cos \omega_c t$，调制信号为 $u_\Omega(t)$。

1. 调频信号的时域分析

调频信号的瞬时频率与调制信号的幅度成正比，调频信号的瞬时频率为

$$\omega(t) = \omega_c + \Delta\omega_c(t) = \omega_c + k_f u_\Omega(t) \tag{7-1}$$

瞬时相位为

$$\varphi(t) = \int_{-\infty}^{t} \omega(t)dt = \int_{-\infty}^{t} (\omega_c + k_f u_\Omega(t))dt = \omega_c t + \int_0^t k_f u_\Omega(t)dt + \varphi_0 \tag{7-2}$$

式中，k_f 为调频系数，φ_0 为初相位。因此，相应的调频波表达式为

$$u_{FM}(t) = V_c \cos(\omega_c t + \int_0^t k_f u_\Omega(t)dt + \varphi_0) \tag{7-3}$$

进一步考虑单频调制信号，设调制信号为 $u_\Omega(t) = U_\Omega \cos \Omega t$，则调频信号的瞬时频率为

$$\omega(t) = \omega_c + k_f u_\Omega(t) = \omega_c + k_f U_\Omega \cos \Omega t \tag{7-4}$$

最大频移为

$$\Delta\omega_m = k_f U_\Omega \tag{7-5}$$

调频信号的瞬时相位为

$$\varphi(t) = \omega_c t + \int_0^t k_f u_\Omega(t)dt + \varphi_0 = \omega_c t + \frac{k_f U_\Omega}{\Omega} \sin \Omega t + \varphi_0 \tag{7-6}$$

最大相移为

$$\Delta\varphi_m = \frac{k_f U_\Omega}{\Omega} \tag{7-7}$$

所以，调频信号的表达式为

$$u_{FM}(t) = V_c \cos\left(\omega_c t + \frac{k_f U_\Omega}{\Omega} \sin \Omega t + \varphi_0\right) = V_c \cos(\omega_c t + m_f \sin \Omega t + \varphi_0) \tag{7-8}$$

式中，m_f 为调频指数，其定义为

$$m_f = \Delta\varphi_m = \frac{k_f U_\Omega}{\Omega} \tag{7-9}$$

可见，调频波的瞬时频率按调制信号的幅度变化规律变化。载波频率和调制频率分别为 600Hz 和 20Hz 时的调制波形如图 7-2 所示，初相位为 0°。瞬时频率最大处和最小处分别对应调制信号的幅度最小和最大处。

2. 调频信号的频谱

对于调频已调波信号，其时域波形疏密相间，体现出调制信号控制载波的频率变化，其数学描述为复杂函数，无法直接进行傅立叶级数展开；同时瞬时频率在不断变化，因此

也不能采用常规傅立叶变换进行频谱分析。为此，引入第一阶贝塞尔函数来分析调角信号的频谱特性。

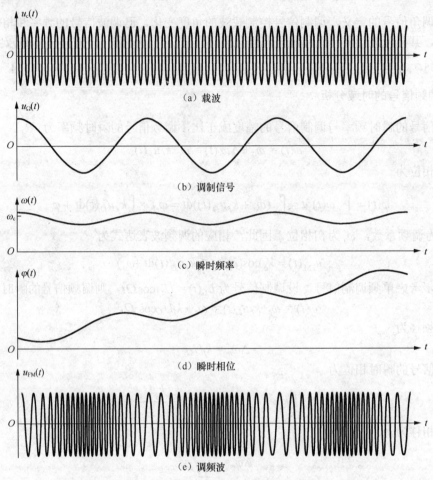

图 7-2 调制信号、载波与调频信号波形

将式（7-8）的调频信号用指数函数表示

$$u_{FM}(t) = V_c \cos(\omega_c t + m_f \sin \Omega t + \varphi_0) = V_c \operatorname{Re}\left[e^{j(m_f \sin \Omega t)} e^{j(\omega_c t + \varphi_0)} \right] \qquad (7\text{-}10)$$

式中，Re[ ]表示函数的实部。

$e^{j(m_f \sin \Omega t)}$ 是频率为 Ω 的周期函数，其傅立叶级数展开式为

$$e^{jm_f \sin \Omega t} = \sum_{n=-\infty}^{\infty} J_n(m_f) e^{jn\Omega t} \qquad (7\text{-}11)$$

式中，$J_n(m_f) = \dfrac{1}{2\pi} \displaystyle\int_{-\pi}^{\pi} e^{jm_f \sin \Omega t} e^{-jn\Omega t} \, \mathrm{d}\Omega t$ 。

$J_n(m_f)$ 是参数为 m_f 的 n 阶第一类贝塞尔函数，其与 n、m_f 的关系曲线如图 7-3 所示。

从图 7-3 中可以看出，$J_n(m_f)$ 具有以下性质：

（1）$J_n(m_f)$ 随 m_f 的增大呈现周期性变化，且峰值在下降；

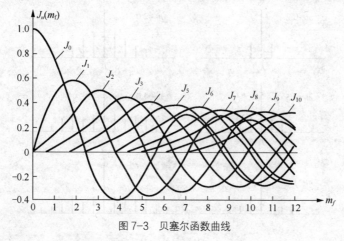

图 7-3 贝塞尔函数曲线

（2）$J_n(m_f) = \begin{cases} J_n(m_f) & n为偶数时 \\ -J_n(m_f) & n为奇数时 \end{cases}$

（3）$\sum_{n=-\infty}^{\infty} J_n^2(m_f) = 1$；

（4）对某些固定的 M，有如下近似的关系：当 $n > M+1$ 时，$J_n(m_f) \approx 0$，即可忽略高次分量。

根据式（7-11），有

$$\begin{cases} \cos(m_f \sin \Omega t) = J_0(m_f) + 2\sum_{n=1}^{\infty} J_{2n}(m_f)\cos(2n\Omega t) \\ \sin(m_f \sin \Omega t) = 2\sum_{n=0}^{\infty} J_{2n+1}(m_f)\cos((2n+1)\Omega t) \end{cases} \tag{7-12}$$

因此，调频波的傅立叶级数展开式为

$$u_{FM}(t) = V_c\left[J_0(m_f) + 2\sum_{n=1}^{\infty} J_{2n}(m_f)\cos(2n\Omega t)\right]\cos\omega_c t$$
$$- V_c\left[\sum_{n=0}^{\infty} J_{2n+1}(m_f)\sin((2n+1)\Omega t)\right]\sin\omega_c t \tag{7-13}$$

可进一步表示为

$$u_{FM}(t) = V_c\sum_{n=-\infty}^{\infty} J_n(m_f)\cos(\omega_c + n\Omega)t \tag{7-14}$$

从式（7-14）可以看出，单一频率信号调制的调角信号频谱具有如下特点：

（1）调角信号的频谱由无限个频率分量组成，包括载波分量 ω_c 和成对分布在载波两侧的边频分量 $\omega_c \pm n\Omega$。所有分量的振幅由对应的各阶贝塞尔函数值所决定，且奇次的上下边频分量的相位相反。

（2）结合图 7-3 所示的曲线可以看出：调制指数越大，具有较大振幅的边频分量越多。

（3）从图 7-3 还可以看出，对于某些 m_f 值，载波或某些边频分量振幅为零。

典型的 FM 波形的频谱图如图 7-4 所示，调制指数 mf 越大，应考虑的边频分量越多。

3. 调相信号与频谱

根据调相信号的定义，载波为 $u_c(t) = V_c\cos\omega_c t$，调制信号为 $u_\Omega(t)$。

调相信号的瞬时相位为

$$\varphi(t) = \omega_c t + \Delta\varphi_c(t) = \omega_c t + k_p u_\Omega(t) \tag{7-15}$$

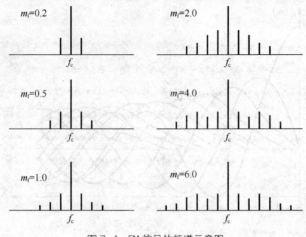

图 7-4 FM 信号的频谱示意图

瞬时频率为

$$\omega(t)=\frac{\mathrm{d}}{\mathrm{d}t}\varphi(t)=\frac{\mathrm{d}}{\mathrm{d}t}(\omega_c t+k_p u_\Omega(t)+\varphi_0)=\omega_c+k_p\frac{\mathrm{d}}{\mathrm{d}t}u_\Omega(t) \qquad (7\text{-}16)$$

式中，k_p 为调相系数，φ_0 为初相位。

有相应的调相波表达式为

$$u_{PM}(t)=V_c\cos(\omega_c t+k_p U_\Omega\cos\Omega t+\varphi_0) \qquad (7\text{-}17)$$

可见，调相波的瞬时相位按调制信号幅度变化而变化。进一步考虑单频调制信号，设调制信号为 $u_\Omega(t)=U_\Omega\cos\Omega t$ ，则调相信号的瞬时相位为

$$\varphi(t)=\omega_c t+k_p U_\Omega\cos\Omega t+\varphi_0=\omega_c t+\Delta\varphi_m\cos\Omega t+\varphi_0 \qquad (7\text{-}18)$$

式中，$\Delta\varphi_m$ 为最大相移，$\Delta\varphi_m=k_p U_\Omega$ 。

瞬时频率为

$$\omega(t)=\frac{\mathrm{d}\varphi(t)}{\mathrm{d}t}=\omega_c-k_p U_\Omega\Omega\times\sin\Omega t=\omega_c-\Delta\omega_m\sin\Omega t \qquad (7\text{-}19)$$

式中，$\Delta\omega_m$ 为最大频移，$\Delta\omega_m=k_p U_\Omega\Omega$ 。

所以，调相信号的表达式为

$$\begin{aligned}u_{PM}(t)&=V_c\cos(\omega_c t+k_p U_\Omega\cos\Omega t+\varphi_0)\\&=V_c\cos(\omega_c t+m_p\cos\Omega t+\varphi_0)\end{aligned} \qquad (7\text{-}20)$$

式中，m_p 为调相指数，$m_p=\Delta\varphi_m=k_p U_\Omega$。

载波频率和调制频率分别为 600Hz 和 20Hz 时的调相波形如图 7-5 所示，初相为 0°。需要指出的是，调制信号的过零处分别对应已调波的最密和最疏处，即频率最大和最小处，与调频波相比，两者有 90° 相移，这正是相位与频率的微积分关系所引起的。

从图 7-2 和图 7-5 可以看出：调频和调相信号均为等幅信号，有用信息在载波信号的频率或相位中，较小的幅度干扰不会干扰有用信息。因此，与调幅信号相比，调频、调相具有更好的抗干扰性能，如调频台比中短波电台有更好的接收效果。

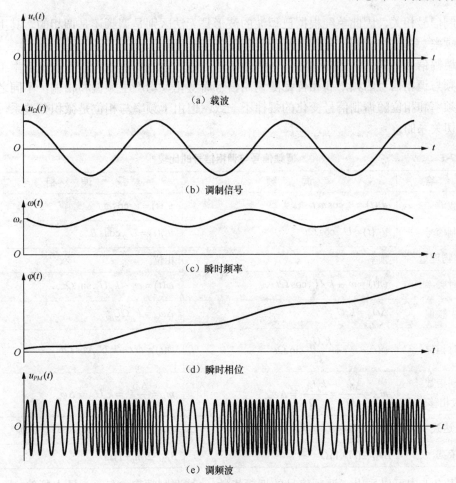

图 7-5　调制信号、载波与调相信号波形

7.1.2　调频波的信号带宽

理论上，调频波的边频分量是无限的，但边频分量 $J_n(m_f)$ 随 n 增大而减小，通常考虑幅度大于未调载波 1% 以上的边频分量，即

$$\left|J_n(m_f)\right| \geqslant 0.01 \tag{7-21}$$

实际带宽、调制指数和调制信号有关，当 m_f 很大时，称为宽带调频（WBFM），带宽为

$$B_{FM} = 2m_f \Omega \tag{7-22}$$

但当 m_f 很小时，称为窄频带调频（NBFM），其带宽为

$$B = 2\Omega \tag{7-23}$$

因此，一般情况，调频信号的带宽为

$$B_{FM} = 2(m_f+1)\Omega \tag{7-24}$$

7.1.3　调频波与调相波的比较

由于相位与频率的关系，调频波与调相波有很多相似之处，如已调波的幅度不变，相位

均与调制信号相关，因此单纯根据已调波的波形是无法区别是调频还是调相的。其主要差别表现在频率、相位与调制信号的关系，具体如表 7-1 所示。

与调幅信号不同，调频与调相信号都为等幅信号，因此功率放大器为恒定功率工作；同时，调频与调相信号的频率和相位都随调制信号而变化，均产生频偏和相偏，不同之处在于两者的频率和相位随调制信号变化的规律不一致，但由于频率与相位是微积分关系，故两者是有密切关系的。

表 7-1   调频信号与调相信号的比较

内　容	调　频	调　相
载波	$u_c(t) = V_c \cos \omega_c t$	$u_c(t) = V_c \cos \omega_c t$
调制信号	$u_\Omega(t) = U_\Omega \cos \Omega t$	$u_\Omega(t) = U_\Omega \cos \Omega t$
偏移物理量	频率	相位
瞬时频率	$\omega(t) = \omega_c + k_f U_\Omega \cos \Omega t$	$\omega(t) = \omega_c - k_\Omega U_\Omega \sin \Omega t$
最大频偏	$\Delta \omega_m = k_f U_\Omega$	$\Delta \omega_m = k_p \Omega U_\Omega$
瞬时相位	$\varphi(t) = \omega_c t + \dfrac{k_f U_\Omega}{\Omega} \sin \Omega t$	$\varphi(t) = \omega_c t + k_p U_\Omega \cos \Omega t$
调制指数（最大相移）	$m_f = \dfrac{\Delta \omega_m}{\Omega} = \dfrac{k_f U_\Omega}{\Omega} = \Delta \varphi_m$	$m_p = \dfrac{\Delta \omega_m}{\Omega} = k_p U_\Omega = \Delta \varphi_m$
表达式	$u_{FM}(t) = V_c \cos(\omega_c t + m_f \sin \Omega t + \varphi_0)$	$u_{PM}(t) = V_c \cos(\omega_c t + m_p \cos \Omega t + \varphi_0)$
带宽	$B_{FM} = 2(m_f + 1)\Omega$	$B_{PM} = 2(m_p + 1)\Omega$

从表 7-1 中可以看出：调频信号的调频指数 m_f 与调制频率 Ω 有关，最大频偏 $\Delta \omega_m$ 与调制频率 Ω 无关。而调相信号的最大频偏 $\Delta \omega_m$ 和调制频率 Ω 有关，调相指数 m_p 与调制频率 Ω 无关。

从理论上讲，调频信号的最大频偏 $\Delta \omega_m \leqslant \omega_c$。由于载波频率 ω_c 很高，故 $\Delta \omega_m$ 可以很大，即调制范围很大。由于相位以 2π 为周期，所以调相信号的最大相偏 $\Delta \varphi_m \leqslant 2\pi$，故调制范围很小。调频信号的最大频偏与调制信号的频率无关，称为恒定带宽，而调相信号的带宽与调制信号的频率有关，称为非恒定带宽。

7.1.4　调幅与调角信号的比较

调频与调幅是两种常见的调制方式，如中波、短波电台采用幅度调制，调频电台、电视伴音等采用调频体制。在实际生活中可以体会到调频电台的语音效果优于中短波，其抗干扰能力也比调幅强。外来的各种干扰，如工业和天电干扰等，对已调波的影响主要表现为寄生调幅干扰。调频体制的信息在频率上，因此可以用限幅的方法，消除干扰所引起的寄生调幅。而调幅体制中已调波信号的幅度是变化的，因而不能采用限幅，也就很难消除外来的干扰。

另外，发射总功率中，边频功率为传送调制信号的有效功率，而边频功率与调制系数有关，调制系数越大，边频功率越大，已调波解调后获得信号的信噪比越大。由于调频系数 m_f 远大于调幅系数 m_a，因此，调频波信噪比高，调频广播中干扰噪声小。

调频系数 m_f 大于调幅系数 m_a，调频体制的功率利用率比调幅体制的高。由于调幅波的幅度起伏，其输出平均功率小于发射机的最大功率；而调频波为等幅信号，平均功率等于发射机的最大功率，因此，对于同一额定功率的发射机而言，调频方式的通信距离大于调幅方式；反过来，若通信距离相同，则接收的调频波的信噪比高于调幅波的。但调频波所占据的频带较调幅波宽，因此，同一频段，所容纳的调频电台比调幅的要少，所以调频电台大多工作在超高频段。

7.1.5　窄带调频与宽带调频

当调频指数 $m_f \leqslant \dfrac{\pi}{6}$ 时，所得的调频波称为窄带调频波（NBFM），反之称为宽带调频（WBFM）。由于 m_f 不同，调制、解调方法以及应用场合不同，如表 7-2 所示。

表 7-2　　　　　　　　　　　　窄带调频与宽带调频比较

内容	窄 带 调 频	宽 带 调 频
条件	$m_f \leqslant \dfrac{\pi}{6}$	$m_f \geqslant \dfrac{\pi}{6}$
时域表达式	$V_c\cos\omega_c t - V_c m_f \sin\Omega t \sin\omega_c t$	$V_c\cos(\omega_c t + m_f\sin\Omega t)$
调制性质	线性	非线性
频谱带宽	$2\Omega_{max}$	$2(m_f+1)\Omega_{max}$
特点	实现较困难	频谱包含载波和各次边带谐波抗噪声能力强
应用	短距离的移动通信、数字调频	广泛应用

7.1.6　调相与间接调频

如上文所述，调频是调制信号对载波频率的线性控制，根据调制信号对载频的控制方法，调频方法分为直接调频和间接调频两类。直接调频一般是用调制电压直接控制振荡器的振荡频率，使振荡频率 $\omega(t)$ 按调制电压的规律变化，如控制 LC 振荡回路的某个元件（L 或 C），使其参数随调制电压变化，就可达到直接调频的目的。间接调频一般是将调制信号积分处理，再进行调相，间接获得调频信号。常见的相位调制方法有矢量合成法、可变移相和可变延时等。

1. 矢量合成法

该方法主要针对窄带调频或调相信号。以单音调相信号为例

$$
\begin{aligned}
u_{\mathrm{PM}}(t) &= V_c\cos(\omega_c t + m_p\cos\Omega t) \\
&= V_c\cos\omega_c t\cos(m_p\cos\Omega t) - V_c\sin\omega_c t\sin(m_p\cos\Omega t)
\end{aligned}
\tag{7-25}
$$

当 $m_p \leqslant \dfrac{\pi}{12}$ 时，上式可近似为

$$
\begin{aligned}
u_{\mathrm{PM}}(t) &= V_c\cos(\omega_c t + m_p\cos\Omega t) \\
&\approx V_c\cos\omega_c t - m_p V_c\cos\Omega t\sin\omega_c t
\end{aligned}
\tag{7-26}
$$

式（7-26）可由图 7-6（b）的矢量合成线路实现，窄带调相波可近似由载波信号和双边带信号叠加而成。图 7-6（a）为调幅电路的矢量合成，图 7-6（c）为频率调制的矢量合成，与图 7-6（a）相比，其差异在于将调制信号预先进行积分处理，再调相，从而获得调频信号。

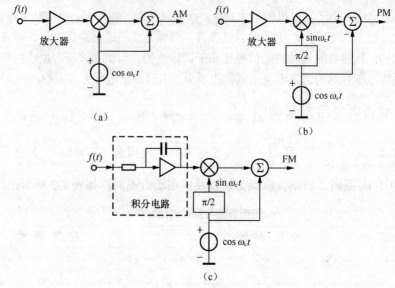

图 7-6　矢量合成在调制电路中的应用

2. 可变移相法与可变延时法调相

载波的瞬时相位和频率与时间和初相有关，若利用调制信号控制频率的变化实现瞬时相位的变化即为调频；若利用调制信号控制载波的时延大小，达到调相，称为可变延时调相；若利用调制信号控制载波的初相位变化实现调相，称为可变移相法调相。

通常，可变移相法是利用调制信号控制移相网络或谐振回路的电抗或电阻元件，实现移相，该可控移相网络在载波 ω_c 上产生的相移受调制信号控制，且呈线性关系，即

$$\varphi(t) = k_p u_\Omega(t) + \varphi_0 \qquad (7\text{-}27)$$

对应的调相信号为

$$
\begin{aligned}
u_{\mathrm{PM}}(t) &= V_c \cos(\omega_c t + \varphi(t)) \\
&= V_c \cos(\omega_c t + k_p u_\Omega(t) + \varphi_0)
\end{aligned}
\qquad (7\text{-}28)
$$

图 7-7 为可变移相法调相电路的实现模型。

可变延时法则将载波信号通过一个可控延时网络达到移相，延时时间 τ 受调制信号控制，即

$$\tau = k_p u_\Omega(t) \qquad (7\text{-}29)$$

则输出信号为

$$
\begin{aligned}
u_{\mathrm{PM}}(t) &= V_c \cos(\omega_c(t - \tau) + \varphi_0) \\
&= V_c \cos(\omega_c t - \omega_c \tau + \varphi_0) = V_c \cos(\omega_c t - \omega_c k_p u_\Omega(t) + \varphi_0)
\end{aligned}
\qquad (7\text{-}30)
$$

由此可知，输出信号已变成调相信号。图 7-8 为可变延时法调相电路模型。

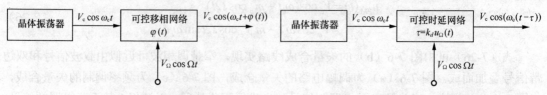

图 7-7　可变移相法调相电路的实现模型　　　　图 7-8　可变延时法调相电路模型

7.1.7 扩大调频器线性频偏的方法

直接调频由调制信号控制载波振荡器的元件参数，可以获得较大的频偏，但载波中心频率的稳定度下降；间接调频不改变载波频率，只控制相位的变化，因此可以获得高稳定度的载波频率，但频偏受限。

倍频器可以不失真地将调频波的载波频率和最大频偏同时增大，而保持调频波的相对频偏不变；混频器可以使调频波的载波频率降低或者提高，但保持最大频偏不变。可见，混频器可以在保持最大频偏不变的条件下，不失真地改变调频波的相对频偏。利用倍频器和混频器的特性，可以实现在所要求的载波频率上扩展频偏，图 7-9 为调频发射机的倍频与混频结构。

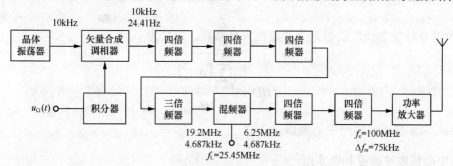

图 7-9 调频电台的结构

7.2 频率调制电路

7.2.1 调频电路的指标

调频电路使载波信号的瞬时频率 $\omega(t)$ 随调制电压 $u_\Omega(t)$ 变化而变化，并要求在最大频偏范围内保持线性关系。

调频电路的主要指标有调制特性线性度、灵敏度和载波稳定度。调频的调制与解调，从频域上看为压-频和频-压变换，因此要求其变换特性的线性要好，否则出现失真。灵敏度指标包括调制和解调两方面的要求，调制灵敏度是能产生明显载波频率变化的最小调制电压，与压频转换系数 k_f 相关，提高灵敏度，则占用的带宽增大；与幅度调制信号的解调不同，调频信号的解调灵敏度则包括幅度和频偏两方面，幅度灵敏度是能正常解调的接收调频信号最小幅度，而后者是指能正常解调调频信号的最小频偏。调频信号的解调是对相对载波变化频偏的检测，因此，载波的稳定度要求远高于调幅体制的要求，任何载波的偏移都将是对所恢复调制信号的干扰，解调后产生失真。典型的调频特性曲线如图 7-10 所示。

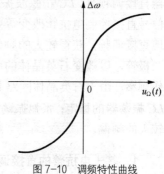

图 7-10 调频特性曲线

1. 调频灵敏度

为电压控制频率变化的系数，即为图 7-10 的压频变换曲线的斜率。

$$k_f = \frac{\mathrm{d}(\Delta\omega)}{\mathrm{d}u_\Omega}\bigg|_{u_\Omega=0} \tag{7-31}$$

斜率 k_f 越大，调制信号对瞬时频率的控制能力就越强。

2. 调频特性的非线性

观察图 7-10 所示曲线，当调制电压增大时，频偏与调制电压将不再满足线性关系，即存在非线性，如余弦调制电压产生的频偏 $\Delta\omega$ 为非余弦波形，其傅里叶级数展开式为

$$\Delta\omega = \Delta\omega_0 + \Delta\omega_1\cos\Omega t + \Delta\omega_2\cos 2\Omega t + \cdots \qquad (7\text{-}32)$$

式中，第一项 $\Delta\omega_0 = \omega_0 - \omega_c$ 为中心频率偏离量，由于调制信号作用，中心频率由 ω_c 偏离到 ω_0；第二项 $\Delta\omega_1$ 为调制信号基波分量引起的频偏，为线性关系，是调频所需要的量；第三项 $\Delta\omega_2$ 为调制信号的谐波所引起的频偏，是调频特性的非线性引起的，这会导致接收信号的非线性失真。

评价调频特性非线性的参数为非线性失真系数，定义为

$$THD = \frac{\sqrt{\sum_{n=2}^{\infty}\left(\Delta\omega_n^2\right)}}{\Delta\omega_1} \qquad (7\text{-}33)$$

式中，$\Delta\omega_n$ 为 n 次谐波所产生的频偏。

3. 中心频率准确度和稳定度

调频信号的频偏包含调制信息，而频偏是相对载波频率的相对量。因此调频信号的载波要求具有较高的稳定度和准确度。任何载波频率的波动，均会被当作调制信号的变化。同时，调频信号的带宽较宽，大量的边带分量分布在载波的两边，如果发射机或接收机的载波不稳定，将导致调频信号的有效频谱分量落到接收机通频带以外，造成信号失真，并干扰邻近电台信号。目前电视信号载波的频率稳定度（3 个月）要求为 1×10^{-7}，频率准确度为 ±1Hz。

7.2.2 直接调频电路

直接调频电路包括 LC 正弦波振荡器直接调频、石英晶体振荡器直接调频以及张弛振荡器直接调频等。LC 正弦波振荡器直接调频可以采用电抗管或变容二极管作为选频元件，调制信号直接控制电抗管改变等效电抗的大小，或控制变容二极管改变回路电容的大小，从而实现直接调频，获得较大的频偏；石英晶体振荡器也可以用于调频电路，通过串联或并联变容二极管，以改变石英晶体的串联谐振频率或并联谐振频率点，达到改变石英晶体振荡器的工作频率，由于石英晶体回路具有很高的 Q 值，调制电压产生的最大频偏较小，但中心频率比 LC 振荡器的稳定；张弛振荡器为非正弦振荡器，其调频电路具有较大的频偏。

1. 基于电抗管的直接调频电路

利用晶体管或场效应管组成的具有等效电抗特性的器件，称为电抗管，其电抗特性受控于调制信号，若将该器件并接于谐振回路，则可以实现直接调频。电抗管的结构如图 7-11 所示。

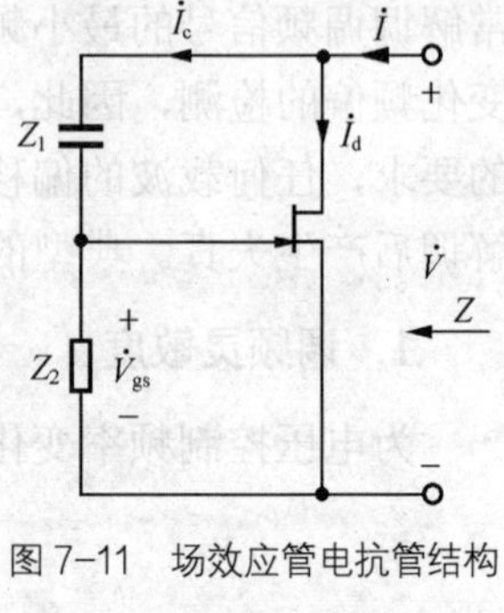

如图 7-11 所示电路，忽略阻抗 Z_1、Z_2 的旁路作用，即 $\dot{I}_c \ll \dot{I}_d$，

图 7-11 场效应管电抗管结构

同时阻抗 Z_1、Z_2 必须有一个为纯电阻，且 $|Z_1|>>|Z_2|$，一般取 $|Z_1|$=（5～10）$|Z_2|$。这里，取 Z_1 为电容 C、Z_2 为纯电阻 R，有

$$\dot{I}_c = \frac{\dot{V}}{R + \dfrac{1}{j\omega C}} \approx j\omega C \dot{V}$$

$$\dot{V}_{gs} = \dot{I}_c Z_2 = j\omega RC\dot{V} \tag{7-34}$$

$$\dot{I}_d = g_m \dot{V}_{gs} = j\omega RC g_m \dot{V}$$

因此，等效阻抗为

$$Z = \frac{\dot{V}}{\dot{I}} \approx \frac{\dot{V}}{\dot{I}_d} = \frac{1}{j\omega RC g_m} \tag{7-35}$$

等效电容大小为 $C_e=RCg_m$

显然，该结构的电抗管等效为电容，且电容的大小与场效应管的跨导 g_m 成正比。

同时，考虑到场效应管的漏电流 i_D 与栅源控制电压 V_{GS} 的关系，有

$$i_D = I_{DSS}\left(1 - \frac{V_{GS}}{V_{GS(OFF)}}\right)^2 \tag{7-36}$$

式中，I_{DSS} 为饱和电流，$V_{GS(OFF)}$ 为开启电压。

对式（7-36）求微分，可得到跨导 g_m 与栅源控制电压 V_{GS} 的关系

$$g_m = \frac{\partial i_D}{\partial V_{GS}} = \frac{2I_{DSS}}{V_{GS(OFF)}}\left(\frac{V_{GS}}{V_{GS(OFF)}} - 1\right) \tag{7-37}$$

显然，g_m 与栅源控制电压 V_{GS} 也呈现线性关系，因此，若将调制信号 $u_\Omega(t)$ 加在栅极上，则电抗管的等效电容 C_e 将与调制信号 $u_\Omega(t)$ 呈线性关系。图 7-12 为电抗管调频的原理电路。

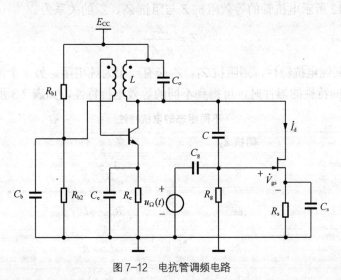

图 7-12 电抗管调频电路

显然，振荡频率为

$$f_0 = \frac{1}{2\pi\sqrt{L(C_0 + C_{eo})}} \tag{7-38}$$

式中，C_{eo} 为电抗管静态等效电容。

当存在调制信号 $u_\Omega(t)$ 时，$C_e = C_{e0} + \Delta C_e(t)$，$\Delta C_e(t)$ 是受调制信号 $u_\Omega(t)$ 控制部分，其与调制信号的瞬时值呈线性关系为

$$C_e = C_{e0} + k_f u_\Omega(t) \tag{7-39}$$

式中，k_f 为比例系数，单位为 pF/V。

故电抗管的振荡频率为

$$f = \frac{1}{2\pi\sqrt{L(C_0 + C_{e0} + \Delta C_e(t))}} = \frac{1}{2\pi\sqrt{L(C_0 + C_{e0})(1 + \dfrac{\Delta C_e(t)}{C_0 + C_{e0}})}}$$

$$= \frac{1}{2\pi\sqrt{L(C_0 + C_{e0})(1 + \dfrac{k_f u_\Omega(t)}{C_0 + C_{e0}})}} = \frac{f_0}{\sqrt{1 + \dfrac{k_f u_\Omega(t)}{C_0 + C_{e0}}}} \tag{7-40}$$

当 $\dfrac{k_f}{C_0 + C_{e0}} u_\Omega(t) \ll 1$ 时，振荡频率与调制电压呈正比关系，从而实现直接调频。

$$f = f_0\left(1 - \frac{1}{2}\frac{k_f}{C_0 + C_{e0}} u_\Omega(t)\right) \tag{7-41}$$

当然，对于电抗管电路，若不满足阻抗 $|Z_1| \gg |Z_2|$ 条件，则等效阻抗不再是纯电抗，将产生寄生调幅。

若考虑 $|Z_1| = |nZ_2|$，则图 7-12 所示电抗管的等效电容为

$$C_e = \frac{g_m}{n\omega} \tag{7-42}$$

通常，图 7-12 所示电抗管的等效阻抗 Z 与阻抗 Z_1、Z_2 的关系为

$$Z = \frac{Z_1}{g_m Z_2} \tag{7-43}$$

因此，要得到纯电抗特性，则阻抗 Z_1、Z_2 必有一个为纯电阻，另一个为纯电抗器件，当阻抗 Z_1、Z_2 为不同特性的器件时，可得到不同的等效电抗特性，如表 7-3 所示。

表 7-3 　　　　　　　　　　　　　不同组态的电抗特性

阻抗 Z_1	阻抗 Z_2	条　件	等效电抗
$\dfrac{1}{j\omega C}$	R	$\dfrac{1}{\omega C} \gg R$	$C_e = g_m RC$
R	$j\omega L$	$R \gg \omega L$	$C_e = \dfrac{g_m L}{R}$
$j\omega L$	R	$\omega L \gg R$	$L_e = \dfrac{L}{g_m R}$
R	$\dfrac{1}{j\omega C}$	$R \gg \dfrac{1}{\omega C}$	$L_e = \dfrac{RC}{g_m}$

2. 基于变容二极管的直接调频电路

电抗管调频器的振荡频率稳定度不高、频移小，其等效阻抗中通常还具有电阻分量，该分量也随调制信号而变化，使振荡器产生寄生调幅。因此，电抗管调频虽然电路比较简单，但目前已逐渐被变容二极管调频器所代替。

二极管 PN 结电容由扩散电容和势垒电容组成，反向偏置时，以势垒电容为主，因此二极管反向工作时，其势垒电容受外加电压控制而变化，如图 7-13 所示关系。其结电容 C_j 与在其两端所加反偏电压 u_r 之间的关系如下

$$C_j = \frac{C_0}{\left(1 + \dfrac{u_r}{V_D}\right)^{\gamma}} \tag{7-44}$$

式中，C_0 为不加电压（$u_r=0\text{V}$）时的二极管静态电容，V_D 为 PN 节的势垒电压，即内建电势差，γ 为变容二极管的结电容变化指数。

外加电压为正弦调制信号时，结电容亦按调制信号的变化规律变化。变容二极管直接调频以调制电压控制谐振回路的电容变化，从而控制振荡频率的变化而实现的。

从图 7-13 可以看出：变容二极管的特性曲线并非理想的线性关系，$u_\Omega(t)$ 作用时，C_j 变化曲线并不对称，当 $u_\Omega(t)$ 过大或过小时，将产生非线性失真。因此必须通过直流偏置选择合适的工作点，使其工作在压-频变换的线性区域。但由于变容二极管为振荡回路的一部分，高频振荡电压也对变容二极管产生作用，影响 $u_\Omega(t)$ 的调制作用，振荡器的幅度和频率稳定度均受到限制。

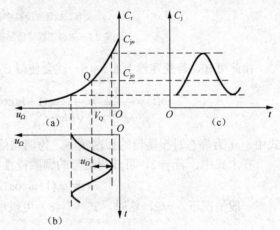

图 7-13　变容二极管的特性曲线

如图 7-13 所示变容二极管的特性曲线中，当不加调制信号时，只有控制静态工作点的反向直流电压 V_Q 作用时，变容二极管结电容为

$$C_j = C_Q = \frac{C_0}{\left(1 + \dfrac{V_Q}{V_D}\right)^{\gamma}} \tag{7-45}$$

式中，C_0 为不加电压时的二极管静态电容，C_Q 为工作于静态工作点的二极管静态电容。

设在变容二极管上加的调制信号电压为 $u_\Omega(t)=U_\Omega\cos\Omega t$，则二极管上的反向电压为

$$u_r(t)=V_Q+u_\Omega(t)=V_Q+U_\Omega\cos\Omega t \tag{7-46}$$

将式（7-46）代入式（7-45），得

$$C_j = \frac{C_0}{\left(1 + \dfrac{V_Q + U_\Omega\cos\Omega t}{V_D}\right)^{\gamma}} = \frac{C_0}{\left(1 + \dfrac{V_Q}{V_D}\right)^{\gamma}} \cdot \frac{1}{\left(1 + \dfrac{U_\Omega}{V_Q + V_D}\cos\Omega t\right)^{\gamma}} \tag{7-47}$$

$$= C_Q(1 + m\cos\Omega t)^{-\gamma}$$

式中，$m = \dfrac{U_{\Omega}}{V_Q + V_D}$ 为调制深度。

下面分别考虑两种接入方式时变容二极管直接调频性能，即结电容 C_j 为电容支路的全部接入和部分接入。图 7-14 为一变容二极管直接调频电路，C_j 作为电容支路全部接入回路。图 7-14（b）是图 7-14（a）的简化振荡回路。

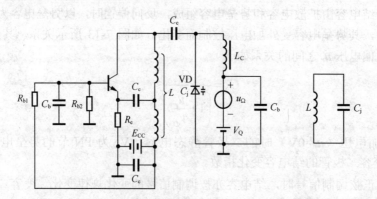

（a）变容二极管直接调频电路   （b）谐振回路等效电路

图 7-14   变容二极管全部接入的 LC 直接调频电路

由此可知，若变容管上加 $u_{\Omega}(t)$，就会使得 C_j 随时间变化（即时变电容），此时振荡频率为

$$\omega(t) = \frac{1}{\sqrt{LC_j}} = \frac{1}{\sqrt{LC_Q}}(1 + m\cos\Omega t)^{\gamma/2} = \omega_c(1 + m\cos\Omega t)^{\gamma/2} \tag{7-48}$$

式中，ω_c 为静态时振荡器的振荡频率，为调频信号的载波频率。

在上式中，若 $\gamma=2$，可获得理想的调频特性

$$\omega(t) = \omega_c(1 + m\cos\Omega t) = \omega_c + \Delta\omega(t) \tag{7-49}$$

一般情况下，$\gamma \neq 2$，这时，式（7-48）可以展开成幂级数

$$\omega(t) = \omega_c\left[1 + \frac{\gamma}{2}m\cos\Omega t + \frac{1}{2!} \cdot \frac{\gamma}{2}\left(\frac{\gamma}{2} - 1\right)m^2\cos^2\Omega t + \cdots\right] \tag{7-50}$$

若忽略高次项，上式可近似为

$$\omega(t) = \omega_c + \frac{\gamma}{8}\left(\frac{\gamma}{2} - 1\right)m^2\omega_c + \frac{\gamma}{2}m\omega_c\cos\Omega t + \frac{\gamma}{8}\left(\frac{\gamma}{2} - 1\right)m^2\omega_c\cos2\Omega t \tag{7-51}$$

$$= \omega_c + \Delta\omega_c + \Delta\omega_m\cos\Omega t + \Delta\omega_{2m}\cos2\Omega t$$

式中，第一项 ω_c 为无偏置电压时谐振回路的固有谐振频率；

第二项 $\Delta\omega_c$ 为偏置电压所引起的载波中心频率的偏移，$\Delta\omega_c = \dfrac{\gamma}{8}\left(\dfrac{\gamma}{2} - 1\right)m^2\omega_c$；

第三项为调制频偏，$\Delta\omega_m$ 为调制电压 $u_{\Omega}(t)$ 作用产生的最大频偏，$\Delta\omega_m = \dfrac{\gamma}{2}m\omega_c$，为理想的调频项；

第四项 $\Delta\omega_{2m}$ 为调制信号的二次谐波分量产生的最大频偏，为失真项，$\Delta\omega_{2m} = \dfrac{\gamma}{8}\left(\dfrac{\gamma}{2} - 1\right)m^2\omega_c$，

对应的二次谐波失真系数为

$$\text{THD} = \frac{\Delta\omega_{2\text{m}}}{\Delta\omega_{\text{m}}} = \frac{1}{4}\left(\frac{\gamma}{2} - 1\right)m \tag{7-52}$$

根据调频灵敏度的定义，如图 7-14 为基于变容二极管的调频电路，其调制灵敏度为

$$k_f = \frac{\Delta\omega_{\text{m}}}{U_\Omega} = \frac{\gamma}{2}\frac{m\omega_c}{U_\Omega} = \frac{\gamma}{2}\frac{\omega_c}{V_Q + V_D} \approx \frac{\gamma}{2}\frac{\omega_c}{V_Q} \tag{7-53}$$

在实际应用中，通常 $\gamma \neq 2$，C_j 作为回路总电容将会使调频特性出现非线性，输出信号的频率稳定度也将下降。因此，通常将 C_j 部分接入回路。如图 7-15 所示，利用对变容二极管串联或并联电容的方法来调整回路总电容 C 与电压 $u_r(t)$ 之间的特性。曲线②为原始变容二极管的电容-电压关系曲线；并联电容 C，在 C_j 较小时影响明显，而 C_j 较大时影响较小，如图 7-15 的曲线②；串联电容 C，情形则相反，C_j 较大时影响明显，而 C_j 较小时影响较小，如图 7-15 中曲线③。因此，当 $\gamma > 2$ 时，变容二极管可通过串并联改善其特性，使之接近 $\gamma = 2$ 情形。

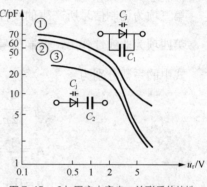

图7-15　C_j 与固定电容串、并联后的特性

图 7-16（a）为部分接入变容二极管的直接调频电路，这里变容二极管采用背对背的两个变容二极管串联，用于克服高频信号的影响，其振荡回路如图 7-16（b）所示。

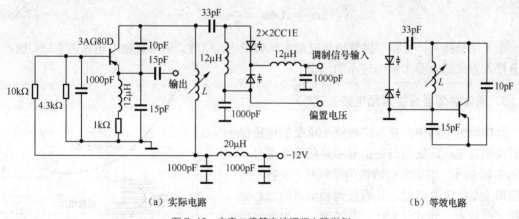

（a）实际电路　　　　　　　　　　　　　　　（b）等效电路

图 7-16　变容二极管直接调频电路举例

为便于推导部分接入的一般表达式，将图 7-16（b）的振荡回路简化为图 7-17 所示的变容管部分接入回路，回路的总电容为

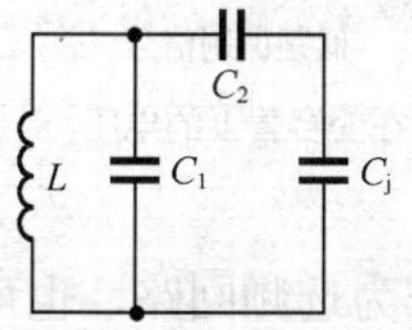

图 7-17　部分接入的振荡回路

$$C = C_1 + \frac{C_2 C_j}{C_2 + C_j} = C_1 + \frac{C_2 C_Q}{C_2(1 + m\cos\Omega t)^\gamma + C_Q} \tag{7-54}$$

振荡频率为

$$\omega(t) = \omega_c(1 + A_1 m \cos \Omega t + A_2 m^2 \cos^2 \Omega t + \cdots)$$

$$= \omega_c + \frac{A_2}{2}m^2\omega_c + A_1 m\omega_c \cos \Omega t + \frac{A_2}{2}m^2\omega_c \cos 2\Omega t + \cdots \tag{7-55}$$

式中，ω_c 为无调制信号作用时的中心频率，具体为 $\omega_c = \dfrac{1}{\sqrt{L\left(C_1 + \dfrac{C_2 C_Q}{C_2 + C_Q}\right)}}$；

第二项为调制信号作用时所引起的载波频率的偏移，$\Delta\omega_0 = \dfrac{A_2}{2}m^2\omega_c$；

第三项为调制信号所产生的线性频偏，$\Delta\omega_{1m} = A_1 m\omega_c$；

第四项为非线性作用，调制信号的二次谐波所引起的频偏 $\Delta\omega_{2m} = \dfrac{A_2}{2}m^2\omega_c$。

式中的系数分别为

$$A_1 = \frac{\gamma}{2p}$$

$$A_2 = \frac{3}{8}\frac{\gamma^2}{p^2} + \frac{1}{4}\frac{\gamma(\gamma-1)}{p} - \frac{\gamma^2}{2p}\cdot\frac{1}{1+p_1}$$

$$p = (1+p_1)(1+p_1 p_2 + p_2)$$

$$p_1 = \frac{C_Q}{C_2}, \ p_2 = \frac{C_1}{C_Q}$$

从式（7-55）可以看出，当 C_j 部分接入时，其最大频偏为

$$\Delta\omega_m = A_1 m\omega_c = \frac{\gamma}{2p}m\omega_c \tag{7-56}$$

由于部分接入，变容二极管调频时最大频偏减小，同时，调频灵敏度也随之下降，因此，部分接入方式适合要求频偏较小的场合。

3. 晶体振荡器直接调频电路

直接调频电路中，变容二极管上承受的电压包括直流偏置电压、低频调制信号和高频载波信号，如图 7-18 所示。由于变容特性的非线性，变容二极管应用于 LC 振荡器时，其直接调频电路的中心频率稳定度较差，如式（7-55）第二项。为得到高稳定度调频信号，须采取稳频措施，如增加自动频率微调电路或锁相环路。同时也可采用具有高稳定度的晶体振荡器调频。由于石英晶体的 Q 值非常高，回路参数的变化对振荡频率的影响小，因此，晶体调频具有中心频率稳定，但频偏小的特点。

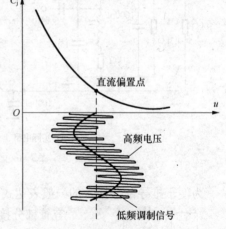

图 7-18 加在变容管上的电压

石英晶体振荡器可以串联工作方式，工作于串联谐振频率 f_q 上，作为选频回路，也可以并联工作方式，工作于 f_q 与 f_q 之间作为电感元件使用。因此，对于晶体调频振荡器，变容二

极管与石英晶体也有两种接法，改变石英晶体的 f_q 与 f_p，达到调频的功能。

（1）变容二极管与晶体串联，改变晶体的串联谐振频率 f_q，引起晶体电抗的变化，从而控制振荡频率，如图 7-19（a）所示，串联不改变晶体并联谐振频率 f_p，但增大串联谐振频 f_q，进一步减小晶体振荡频率的范围。

（2）变容二极管与晶体并联，改变了并联谐振频率 f_p，引起晶体电抗的变化，从而改变晶体振荡器的振荡频率，如图 7-19（b）所示，并联不改变晶体串联谐振频率 f_q，但减小并联谐振频率 f_p，同样减小了晶体振荡频率的范围。

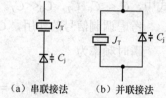

图 7-19　晶体调频的两种接法

因此，不论串联还是并联接法，均使 f_q 与 f_p 靠近，最大频偏减小。并联接法的晶体调频电路，晶体作为电感元件，其工作频率在 f_q 与 f_p 之间，但变容二极管的参数不稳定将直接影响调频信号中心频率的稳定度，因此，目前常用的晶体调频为串联接法。

图 7-20（a）为变容二极管对晶体振荡器直接调频电路，中心频率为 50MHz，LC 谐振回路工作于三倍频，该回路对基频近似短路，图 7-20（b）为其交流等效电路，由于电容 C_2 的容抗为 40Ω，远小于电阻 R_e，因此 C_2 为调频振荡回路支路。由图可知，该电路为并联型皮尔斯晶振电路，工作频率在 $f_q \sim f_p$ 间，由于 $C_1 \gg C_3$、$C_2 \gg C_3$，反馈系数由 C_1、C_2 决定，振荡频率由晶体、电容 C_3 和变容二极管等效电容 C_j 决定，等效电路如图 7-20（c）所示，这里由于晶体的静态电容 C_0 小于 10pF，因此有外接串联电容 C_T

$$C_T = \frac{C_j C_3}{C_j + C_3} \tag{7-57}$$

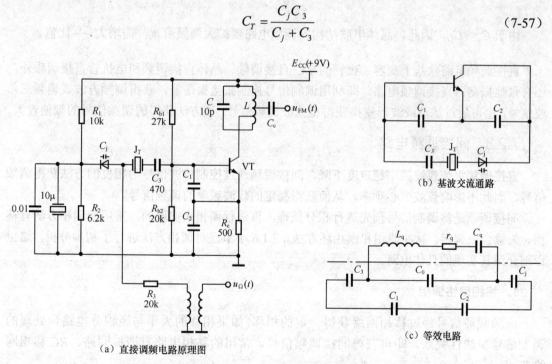

（a）直接调频电路原理图

（b）基波交流通路

（c）等效电路

图 7-20　晶体直接调频电路

根据式（7-55）～式（7-56），调频回路的振荡频率为晶体的串联谐振频率，振荡器频率为

$$f_0 = f_q \left(1 + \frac{C_q}{C_0 + C_T}\right)^{\frac{1}{2}} \approx f_q \left(1 + \frac{1}{2}\frac{C_q}{C_0 + C_T}\right) \approx f_q \left(1 + \frac{1}{2}\frac{C_q}{C_T}\right) \tag{7-58}$$

式中，$C_q \ll C_0 + C_T$，$C_0 \ll C_T$。

考虑调制信号的作用，$C_j = C_Q(1 + m\cos\Omega t)^{-\gamma}$，$C_Q$ 为变容二极管的静态等效电容。

瞬时频率为

$$f_0(t) = f_q \left(1 + \frac{1}{2}\frac{C_q}{C_3} + \frac{1}{2}\frac{C_q}{C_Q}(1 + m\cos\Omega t)^{\gamma}\right)$$

$$= f_q \left(1 + \frac{1}{2}\left(\frac{C_q}{C_3} + \frac{C_q}{C_Q}\right) + \frac{1}{2}\frac{C_q}{C_Q}\gamma m\cos\Omega t + \cdots\right) \tag{7-59}$$

式中，由于调制信号 $u_\Omega(t)$ 与电容 C_3 的影响，晶体调频的载波频率偏移为

$$\Delta f_0 = \frac{1}{2}\left(\frac{C_q}{C_3} + \frac{C_q}{C_Q}\right)f_q \tag{7-60}$$

调制信号引起的频偏为

$$\Delta f_1 = \frac{1}{2}\frac{C_q}{C_Q}\gamma m f_0 \cos\Omega t \tag{7-61}$$

由于 $C_q \ll C_Q$，因此，晶体串联结构的调频电路要扩大调频带宽，需增大 $\frac{C_q}{C_Q}$ 比值。

直接调频电路除基于变容二极管的 *LC* 直接调频、晶体直接调频和电抗管直接调频外，还有张弛振荡器直接调频电路，即利用调制信号控制张弛振荡器，获得调频方波或调频三角波信号，也可通过滤波或波形变换获得正弦波调频信号，该方法获得的调频信号的频偏较大。

7.2.3 间接调频电路

直接调频将使载波频率稳定度下降。间接调频通过控制载波信号的相位的方法获得调频信号，因此不影响载波中心频率，从而获得稳定的载波频率的调频信号。

间接调频是将调制信号预先进行积分处理，再进行调相来实现的，常用的调相方法有移相、矢量合成调相、脉冲调相和锁相环方法。7.1.6 小节已对调相方法进行了初步分析，这里详细介绍其实现的具体电路。

1．移相网络调相

高频载波信号经过移相网络获得一定的相移，如果相移的大小与经积分电路预处理的调制信号呈线性关系，即可获得间接调频信号。常用的移相电路有谐振回路、*RC* 移相网络等。

图 7-21 为变容二极管调相电路。高频振荡信号经过放大和移相网络移相后输出，相移的大小由谐振回路的失谐大小决定，其中调制信号通过控制变容管来控制谐振回路的失谐程度。图中，L_{c1}、L_{c2} 为高频扼流圈，分别防止高频信号进入直流电源及调制信号源中。

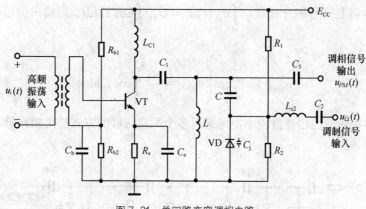

图 7-21　单回路变容调相电路

设输入的载波信号为 $u_c(t)=V_c\cos\omega_c t$

调制信号为 $u_\Omega(t)=U_\Omega\cos\Omega t$

若谐振回路的固有谐振频率为 ω_0，则频偏为 $\Delta\omega=\omega_0-\omega_c$ 时，失谐产生的相移为

$$\Delta\varphi=-\arctan\left(Q\frac{2\Delta\omega}{\omega_0}\right)\tag{7-62}$$

当 $\Delta\varphi<\pi/6$ 时，$\tan\varphi\approx\varphi$，上式可简化为

$$\Delta\varphi\approx-2Q\frac{\Delta\omega}{\omega_0}\tag{7-63}$$

图 7-22 中，静态的结电容 C_Q 使回路谐振频率偏移到 ω_c，其值为

$$\omega_c=\frac{1}{\sqrt{L\dfrac{CC_Q}{C+C_Q}}}\tag{7-64}$$

设输入调制信号为 $u_\Omega(t)=U_\Omega\cos\Omega t$，其瞬时频偏为

$$\Delta\omega(t)=\frac{1}{2p}\gamma m\omega_0\cos\Omega t\tag{7-65}$$

式中，$p=1+\dfrac{C_Q}{C}$，γ 为变容二极管的变容指数，m 为调制指数。

将上式代入式（7-63），可得瞬时相移 $\Delta\varphi(t)$ 为

$$\Delta\varphi(t)=-\frac{Q\gamma m\cos\Omega t}{p}\tag{7-66}$$

输出的调相信号 $u_{PM}(t)$ 为

$$u_{PM}(t)=V_c'\cos\left(\omega_c t-\frac{Q\gamma m}{p}\cos\Omega t\right)\tag{7-67}$$

式中，V_c' 为调相信号的幅度。由于失谐，与输入的载波信号幅度有所差别，但幅度是恒定的，与瞬时率无关。

如果预先将调制信号积分处理，$\int_{-\infty}^{t} u_\Omega(t)dt = U_\Omega \int_{-\infty}^{t} \cos\Omega t dt$，则输出的信号为调频信号，表达式为

$$u_{\text{FM}}(t) = V_c' \cos\left(\omega_c t - \frac{Q\gamma m}{p}\int_{-\infty}^{t}\cos\Omega t dt\right) \tag{7-68}$$

如果单个移相环节的相移量较小，可采用多个回路级联的方式扩大相移量，如图 7-22 所示。

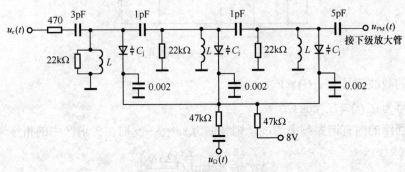

图 7-22　三级回路级联的移相器

实际应用中，阻容移相网络也是常用的移相网络形式，此外，电抗管、可控电阻元件也可用于调相。

2. 矢量合成调相

将调相波的一般数学表达式展开，即有

$$\begin{aligned} u_{\text{PM}}(t) &= V_c \cos(\omega_c t + k_p u_\Omega(t)) \\ &= V_c \cos\omega_c t \cos(k_p u_\Omega(t)) - V_c \sin\omega_c t \sin(k_p u_\Omega(t)) \end{aligned} \tag{7-69}$$

当最大相移较小时，如 $|k_p u_\Omega(t)|_{\max} \leqslant \frac{\pi}{6}$，则上式可近似为

$$u_{\text{PM}}(t) = V_c \cos\omega_c t - k_p V_c u_\Omega(t)\sin\omega_c t \tag{7-70}$$

从式（7-70）可以看出，在最大相移较小时，调相信号可以看作是由两个信号合成的：载波信号 $V_c\cos\omega_c t$，和双边带调幅信号 $k_p V_c u_\Omega(t)\sin\omega_c t$，两者相位差为 $\frac{\pi}{2}$。这种将信号先进行调幅而获得的调相方法是 1933 年由 E.H.阿姆斯特朗发明的，称为阿姆斯特朗方式。

式（7-70）信号的幅度和相位分别为

$$\begin{aligned} V_{\text{PM}} &= \sqrt{V_c^2 + (k_p V_c u_\Omega(t))^2} \\ \varphi &= -\arctan k_p V_c u_\Omega(t) \approx -k_p V_c u_\Omega(t) \end{aligned} \tag{7-71}$$

显然，当最大相移较小时，相移大小与调制信号成正比，但调相信号的幅度也被调制，称为寄生调幅，需通过限幅的方法消除，后文将专门介绍。

根据式（7-70），其调相的框图如图 7-23 所示。

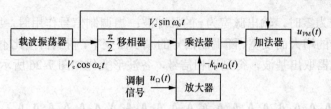

图 7-23 矢量合成相位调制框图

上述两类调相方法，其缺点是调相系数小，为了提高调相系数，需要采用多级移相网络或倍频电路实现，这将致使整个电路变得复杂；同时还存在寄生调幅，需加限幅电路处理；为了获得大的相移，可采用脉冲调相、锁相技术调相等。

3．可变延时法调相电路

将载波信号通过一个可控延时网络，而延时时间 τ 受调制信号控制，从而获得调相信号。常见的可控延时调相电路框图如图 7-24 所示。

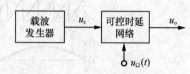

图 7-24 可变延时调相框图

载波振荡器产生高频载波

$$u_c(t) = V_C \cos \omega_c t$$

经延时网络，如延时时间为 τ，输出电压为

$$u_o(t) = V_C \cos[\omega_c(t-\tau)] \tag{7-72}$$

如果延时时间 τ 受调制信号控制，且呈线性关系，即

$$\tau = k_d u_\Omega(t) = k_d U_\Omega \cos \Omega t \tag{7-73}$$

则可控时延网络的输出电压为

$$\begin{aligned}u_o(t) &= V_c \cos \omega_c[t - k_d u_\Omega(t)] \\ &= V_c \cos(\omega_c t - m_p \cos \Omega t)\end{aligned} \tag{7-74}$$

式中，$m_p = k_d U_\Omega$。

显然，$u_o(t)$ 是对 $u_\Omega(t)$ 的调相波，若预先对调制信号进行积分处理，则输出为调频信号。可控时延的调相电路广泛用于调频发射机中，具有线性相移较大的优点。

4．脉冲调相

脉冲调相（pulse phase modulation）电路是对脉冲波进行可控时延的调相电路，调制信号通过控制脉冲出现的位置来实现调相，其组成方框原理图如图 7-25 所示。

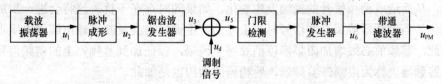

图 7-25 脉冲调相框图

载波振荡器产生信号 u_1 经过整形得到窄脉冲波形 u_2，触发锯齿波发生器产生锯齿波形 u_3，锯齿波与调制信号 $u_\Omega(t)$ 叠加，再与固定的门限比较，若选择锯齿波的平均电压点为门限

电压，当调制信号为零时，输出脉宽为 τ 的脉冲波；当调制信号作用时，则产生的脉冲波形的脉宽随调制信号的增大而变宽、随调制信号的减小而变窄，得到占空比不同的脉冲波形 u_5。最后通过带通滤波器取出基波，得到调相信号，各波形变化如图 7-26 所示。

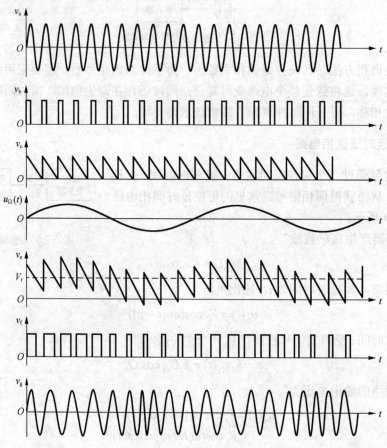

图 7-26　脉冲调相波形

7.3　调频信号的解调

　　调频波的解调称为频率检波，简称鉴频；调相波的解调称为相位检波，简称鉴相。两者都是从已调波中检出反映频率（或相位）变化上的调制信号，即具有频率（相位）—电压的转换特性。在调频接收机中，等幅调频信号通过鉴频器前的各级电路时，由于电路的频率特性不均衡，从而造成调频信号的振幅发生变化。如果同时存在干扰，这将会进一步加重这种振幅的变化。当鉴频器解调这些信号时，上述的寄生调幅将会反映在输出解调电压上，造成失真。因此，鉴频前必须增加限幅器以消除寄生调幅，保证加到鉴频器上的调频信号为等幅信号，故鉴频器也称为限幅—鉴频器，鉴相器的结构也是如此。

　　角度调制信号的解调，包括鉴频和鉴相，它们的主要指标包括解调特性、灵敏度、线性范围、抑制寄生调幅的能力、输入已调波的幅度和非线性失真，如表 7-4 所示。解调特性俗称为 S 曲线，解调特性在一定范围内是线性的，超出范围后解调输出大小将呈现下降趋势，线性部分的斜率为解调的灵敏度，线性范围决定了能够正常解调的调制信号范围，我国规定伴音信号的最大频偏$\Delta f_{\max}=\pm 50\text{kHz}$，一般要求 S 形曲线正负峰间频率宽度$BW=f_2-f_1=250\text{kHz}$。同时由于调制信号均在频率或相位上，与已调波的幅度无关，因此要求解调器的抑制寄生调幅能力尽可能高、输入已调波的幅度越小越好。

表 7-4　　　　　　　　　　　　调角波解调的主要指标

指　标	鉴　频　器	鉴　相　器
解调特性 （S 曲线）		
解调灵敏度	鉴频跨导：$S_d=\dfrac{\mathrm{d}u_0}{\mathrm{d}f}\Big\|_{f=f_0}$	鉴相跨导：$S_d=\dfrac{\mathrm{d}u_0}{\mathrm{d}\varphi}\Big\|_{\varphi=\varphi_0}$
线性范围	鉴频带宽：$2\Delta f_{\max}\geqslant 2f_m$ f_m为调频波最大频偏	鉴相线性：$2\Delta\varphi_{\max}\geqslant 2\varphi_m$ φ_m为调相波最大相移
抑制寄生调幅的能力	尽可能高	尽可能高
输入已调波的幅度	越小越好	越小越好
非线性失真	尽可能小	尽可能小

调角波是调制信号控制频率（或相位）的瞬时变化，解调则要求将瞬时频率（或相位）的变化转换为电压信号，因此必须将频率（或相位）的变化转换为信号幅度的变化，才能合理地恢复控制频率（或相位）变化的原始调制信号。以频率解调为例，对瞬时频率信号的处理方法可分为两类：第一类是利用反馈环路进行鉴频，即锁相鉴频技术；第二类是利用波形变换，将输入的调频信号进行特定的波形变换，使变换后的波形含有反映瞬时频率变化的平均分量，再经过检波、低通滤波等处理输出所需的解调电压。常用的波形变换方法有：1）将调频波变换为调频—调幅波，使调频信号的振幅反映瞬时频率变化，经过包络检波可获得调制信号，该方法称为斜率鉴频器；2）将调频波变换为调频—调相波，使调频信号的相位反映瞬时频率的变化，经过相位检波器可获得调制信号，该方法称为相位鉴频器；3）将调频波经过非线性变换为调频等宽脉冲序列，经过低通滤波器获得反映瞬时频率变化的解调电压，称为直接脉冲计数式鉴频。其中，锁相鉴频、直接脉冲计数式鉴频为直接鉴频，斜率鉴频、相位鉴频为间接鉴频。

7.3.1　限幅电路概述

调频波在产生过程中或传输过程中可能带有寄生调幅或干扰。由于寄生调幅对调频波的解调非常不利，一般在解调器前增加限幅电路，消除调频波的寄生调幅，将调角信号变换为等幅波。

根据限幅的波形，可将限幅器分为硬限幅和软限幅。前者是将信号超过门限的幅度钳位在设置的门限上，因此输出波形是失真的，如二极管限幅。对调频波而言，由于波形失真，需要谐振回路选频；软限幅是将超过门限的幅度减小，仍保持输入信号的波形，特别适合抑制寄生调幅，如处于过压状态的丙类放大器。因此，不论硬限幅或软限幅，均由非线性器件和谐振回路组成，非线性器件负责削去幅度变化部分，但同时带来波形失真，出现新的谐波分量，需要谐振回路滤除这些谐波分量。

由于调频波的信息均在频率变化中，与幅度无关，因此限幅器的门限可尽量低，有利于削去幅度起伏较大的寄生调幅，使残余调幅尽量小。同时，限幅器的引入不应影响原电路的性能，如当有强信号进入时，不应引起自激式不稳定现象；在整个限幅过程中，也不引起限幅器输入端和输出端的谐振电路的有载品质因数发生变化，以及失配和失谐现象。

常用的限幅器有晶体二极管限幅、晶体三极管限幅和差分对管限幅等。

1. 二极管限幅器

二极管限幅电路如图 7-27 所示，若二极管为理想开关二极管，其限幅特性具有对称性，且无直流成分和偶次谐波分量。图 7-27（a）为静态限幅器，其门限是固定的，因此当信号幅度小于门限时，就不能抑制寄生调幅了。图 7-27（b）为动态限幅器，利用 R_0C_0 的充放电形成的自偏压，由于放电时间常数 $\tau = R_0C_0$ 很大，因此，自偏压的大小取决于输出信号电压的平均振幅，而与瞬时振幅无关，即只随输入电压 u_i 的包络变化而变化，与 u_i 的快速变化无关。为了有效抑制寄生调幅，根据寄生调幅的最低频率 f_{min} 选取合适的参数。

$$\tau = R_0 C_0 > \frac{10}{\Omega_{min}} \approx \frac{1.6}{f_{min}} \tag{7-75}$$

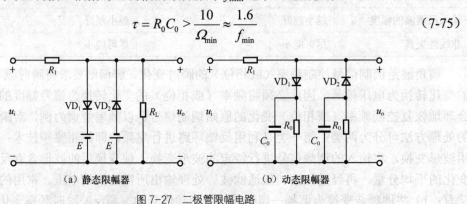

（a）静态限幅器　　（b）动态限幅器

图 7-27　二极管限幅电路

由于二极管本身具有非线性特性，在其导通区域也存在非线性失真，无放大能力，因此后一级需要谐振放大电路。

2. 三极管限幅器

通过设置三极管的工作点和工作状态，也可实现硬限幅和软限幅。

对于小信号调频波而言，三极管工作在线性状态，如图 7-28 所示，与一般的小信号调谐放大器相同，但工作点不同。负载线 I 为小信号放大器的工作状态，为保证信号不失真，工作点 Q 处于放大区的中间；当小信号放大器工作于限幅时，采用负载线 II，工作点尽量低，利用截止与饱和效应进行限幅，因此，应降低集电极电源 E_{CC}，增大集电极谐振电阻 R_P，同时偏置电流 I_B、I_C 适当减小。

处于小信号工作的三极管限幅，其工作频率上限比二极管的要低，具有较好的放大功能。当输入信号幅度较小时，三极管处于线性工作状态，此时并没有限幅功能，只有当信号幅度达到设定的门限后，三极管才开始限幅。

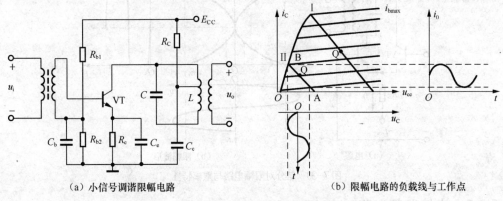

（a）小信号调谐限幅电路　　　　　　　（b）限幅电路的负载线与工作点

图 7-28　小信号调谐限幅电路

载波在三极管发射极的电阻电容 R_eC_e 上，经过充放电形成稳定的自偏压 V_E，该电压为三极管进入饱和或截止的门限电压。当信号向正半周逐渐增大时，基极趋正（$u_{BE}=u_B-V_E$），u_{BE} 增大，i_B 增大，i_C 随之增大，于是输出 i_CR_c 增大，很快进入饱和点 B，达到 $i_C=i_{cmax}$，这样随信号增大，i_C 就受到限幅。当信号向负半周逐渐增大时，基极趋负（$u_{BE}=u_B-V_E$），u_{BE} 下降，i_B 减小，i_C 随之减小，很快进入截止点 A，$i_B=0$，$i_C=0$，这样在信号负半周，i_C 也受到限幅。

但当信号幅度进一步增大时，发射极的电压 V_E 增大，工作点 Q 下移，导致三极管工作于丙类工作状态，集电极电流 i_C 出现下凹，其基波分量反而下降。

对于大信号而言，如调频信号在馈入发射天线前，应抑制寄生调幅信号，此时常利用谐振功率放大器的放大特性进行限幅。若输入高频电压振幅 V_{im} 足够大，放大器工作在过压状态，则输出高频电压振幅 V_{om} 几乎不随 V_{im} 而变化。因此，工作在过压状态的谐振功率放大器称为晶体三极管振幅限幅器，如图 7-29 所示。

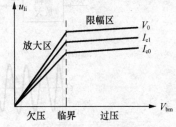

图 7-29　谐振功率放大器的放大特性

在欠压状态，输出信号幅度与输入信号幅度成正比，呈现线性放大特性；而在过压区，输出基波信号幅度与输入信号大小基本无关，因此，可以比较好地抑制寄生调幅。

3．差分对振幅限幅器

由于差分对管的差模特性，当其输入较大振幅的高频电压时，集电极电流波形的顶部将被削平，如果在集电极上接入谐振回路，使其调谐在输入调频信号载波频率上，且其通频带大于输入调频信号的频谱宽度，则可输出等幅的调频电压。

差分对限幅器由单端输入、单端输出的差分放大器组成，如图 7-30（a）所示，图 7-30（b）为差分对放大器差模传输特性，其中 E_r 为门限电压。当输入信号 u_i 大于门限电压，输出集电极电流 i_{c2} 的波形上端被削平，此后继续增大 u_i，集电极电流 i_{c2} 趋于恒定幅度的方波，因此，其中包含的基波分量振幅也基本恒定，通过调谐回路，可在输出端获得已限幅的调频波。差分对限幅器的门限电压 Er 低，约为 0.2～1mV，对前一级电路的要求低，若用恒流源替代电阻 R_E，该电路易于集成化。

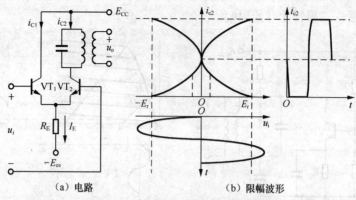

（a）电路　　　　　　　　　　（b）限幅波形

图 7-30　差分对限幅电路与限幅特性

7.3.2　直接鉴频电路

调频信号的瞬时频率变化直接反映了调制信号的变化规律，瞬时频率变化越大，则调制信号的幅度越大，反之，表明调制信号的幅度越小。直接将瞬时频率的变化转化为一个随频率线性变化的电压，即恢复出调制信号，称为直接鉴频。常用的直接鉴频方法有脉冲计数式鉴频和锁相环直接鉴频。

脉冲计数式直接鉴频是将已调波信号经过限幅转换为调频脉冲序列，再直接统计单位时间内的脉冲数，并转换为对应的电压信号，从而获得解调信号，其典型结构与波形变换如图 7-31 所示。

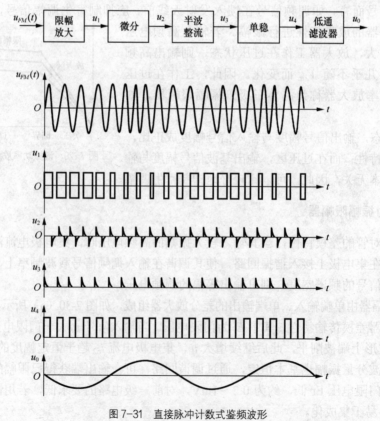

图 7-31　直接脉冲计数式鉴频波形

如图 7-31 所示，直接脉冲计数式鉴频是先将输入的调频信号进行放大和限幅，得到调频的方波信号，再进行微分处理，在脉冲的上升沿和下降沿得到脉冲串，再经过半波整流，得到反映调频信号瞬时频率变化的单向脉冲序列，此时脉冲序列的疏密反映了瞬时频率的高低。将脉冲作为单稳态触发信号，获得等脉宽的矩形信号，最后通过低通滤波，可获得反映瞬时频率变化的原调制信号。

直接脉冲计数式鉴频法的鉴频特性的线性度高，其鉴频范围宽，也便于集成处理。其缺点是最高调制频率受脉冲序列的最小脉宽限制。

7.3.3 斜率鉴频电路

间接鉴频包括斜率鉴频器、相位鉴频器两类，斜率鉴频是将调频信号转化为调频-调幅波，再进行包络检波，其结构如图 7-32 所示。

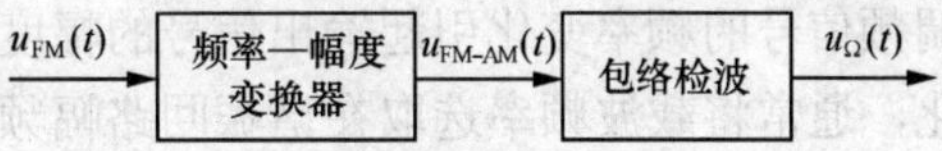

$$u_{FM}(t) \rightarrow \boxed{\text{频率—幅度变换器}} \xrightarrow{u_{FM-AM}(t)} \boxed{\text{包络检波}} \xrightarrow{u_{\Omega}(t)}$$

图 7-32 斜率鉴频器框图

将调频波转化为调频—调幅波，最简单的方法是对调频信号进行微分处理，如调频波为

$$u_{FM}(t) = V_c \cos\left(\omega_c t + k_f \int u_{\Omega}(t)dt + \varphi\right)$$

经过微分处理，得

$$
\begin{aligned}
\frac{du_{FM}(t)}{dt} &= -V_c(\omega_c + k_f u_{\Omega}(t))\sin\left(\omega_c t + k_f \int u_{\Omega}(t)dt + \varphi_0\right) \\
&= -V_c \omega_c \left(1 + \frac{k_f}{\omega_c} u_{\Omega}(t)\right)\sin\left(\omega_c t + k_f \int u_{\Omega}(t)dt + \varphi_0\right)
\end{aligned}
\tag{7-76}
$$

显然，式（7-76）为调频调幅波。

实际电路中，微分电路具有高通频率特性，在将调频波转换为调频—调幅波的同时，由于宽带调频信号频率分量的传输特性不一致，会导致波形失真，实际中已较少使用，大多采用谐振回路的失谐获得调频—调幅波，如图 7-33 所示为单调谐失谐与包络检波的电路及其波形。

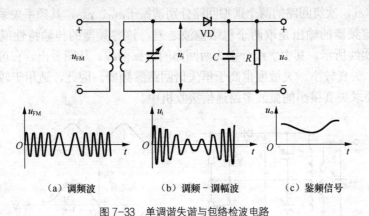

(a) 调频波　　　　　(b) 调频－调幅波　　　　　(c) 鉴频信号

图 7-33 单调谐失谐与包络检波电路

1. 单调谐失谐回路斜率鉴频电路

在满足准静态的条件下，最简单的斜率鉴频器可由单失谐回路和二极管包络检波器组成。所谓的单失谐回路是指输入谐振回路对输入调频波的载波频率是失谐的。

输入调频信号为

$$u_{FM}(t) = V_c \cos\left(\omega_c t + k_f \int u_\Omega(t)dt + \varphi_0\right)$$

谐振回路的归一化幅频特性为

$$H(j\omega) = \frac{1}{\sqrt{1 + \left(Q\left(\dfrac{\omega}{\omega_0} - \dfrac{\omega_0}{\omega}\right)\right)^2}} \tag{7-77}$$

式（7-77）中，ω_0 为谐振回路的谐振频率，实际输入信号的中心频率为 ω_c（载波频率），因此处于失谐状态，如图 7-34 所示，此时，调频信号的频率变化引起输出信号的幅度变化，通常将载波频率选取在谐振回路幅频特性曲线的失谐中点（近似线性区域），当频偏增大时，输出信号幅度线性下降，当频偏减小时，输出信号幅度增大，从而获得调频—调幅波，然后再通过二极管峰值包络检波还原出原调制信号。

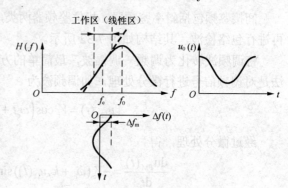

单调谐失谐回路的载波频率设置在失谐曲线的中间点，其线性区域有限，因此鉴频器的线性范围较小，只能用于要求不高的 FM 接收机中，同时输出信号中含有直流成分。为

图 7-34 单调谐失谐的频偏电压转换

此，经过改进采用双失谐回路进行调频波的波形转换，可扩大线性解调的范围。

2. 双失谐回路的斜率鉴频

如图 7-35（a）所示，斜率鉴频由两个谐振回路和包络检波电路组成，输入回路谐振于已调波的载波频率 ω_c，次级回路的两个谐振回路分别谐振于 ω_{01}、ω_{02}，其频率关系如图 7-35（b）所示，双失谐鉴频器的输出是取两个包络检波之差，该鉴频器的传输特性或鉴频特性如图 7-35（c）中的实线所示。其中虚线分别为两回路的谐振曲线。从图看出，它可获得较好的线性响应和带宽，失真较小，灵敏度也高于单失谐回路鉴频器。因此，适用于较大频偏情况，目前主要用于要求失真很小的微波多路通信接收机中。

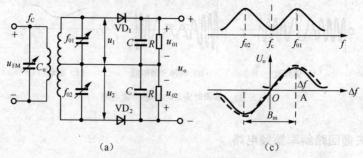

图 7-35 双失谐斜率鉴频器电路与鉴频曲线

实际工作时，为了保证工作的线性范围，应调整 ω_{01}、ω_{02}，使 $\omega_{01} - \omega_{02}$ 大于调频波最大频

偏$\Delta\omega_m$的两倍，且ω_{01}、ω_{02}关于ω_0对称。

3. 集成电路用斜率鉴频器

集成电路中常用的振幅鉴频器又称为差分峰值斜率鉴频器，其结构如图 7-36（a）所示，常用于电视接收机中的伴音信号处理电路，如 D7176AP、TA7243P 等集成电路。

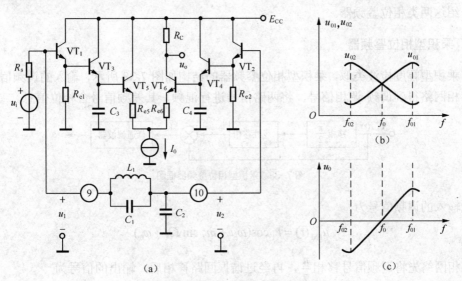

图 7-36　差分峰值斜率鉴频器电路

图 7-36（a）电路由两个谐振回路、两个包络检波和差分放大电路组成。输入调频信号u_i，其载波频率为f_c，一路经过谐振回路L_1C_1选频（中心频率为f_{01}，此时并联谐振的阻抗远大于电容C_2的容抗，忽略电容C_2），得到移相信号u_1，加在T_1管的基极；另一路经过移相网络L_1C_1与C_2（中心频率为f_{02}，此时电容C_2为移相元件），得到移相信号u_2，加在T_2管的基极，其幅频特性如图 7-36（b）所示。因此，移相网络接在集成电路的⑨、⑩脚之间。设从⑨脚向右看的移相电路的谐振频率为f_{01}，从⑩脚向左看的移相电路的谐振频率为f_{02}，其值分别为

$$f_{01} = \frac{1}{2\pi\sqrt{L_1C_1}}$$

$$f_{02} = \frac{1}{2\pi\sqrt{L_1(C_1+C_2)}}$$

（7-78）

三极管VT_1和VT_2分别为射极跟随电路，VT_3与C_3、VT_4与C_4分别构成包络检波电路（这里利用三极管发射结的二极管特性检波，也称为三极管检波，具有更高的检波效率），VT_5、VT_6管的输入电阻为检波电路的滤波电阻；VT_5、VT_6为差分对，其输出与激励信号的差值成正比例关系，获得如图 7-36（c）所示的鉴频曲线。

7.4　相位鉴频电路

7.4.1　相位鉴频原理

相位鉴频器是通过一线性网络，使输出调频波信号的附加相移按照瞬时频率的规律变化，

并经过相位检波器进行瞬时相位检测，获得解调电压。其框图如图 7-37 所示。

相位鉴频器由两部分组成：一是将调频信号的瞬时频率变化变换到附加相移上的相频转换网络；二是检出附加相移变化的相位检波器。根据

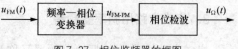

图 7-37　相位鉴频器的框图

频率—相位转换电路的不同，相位鉴频器分为乘积型相位鉴频器和叠加型相位鉴频器。下面分别介绍这两类相位鉴频器。

1. 乘积型相位鉴频器

与乘积型幅度检波类似，乘积型相位鉴频器的结构如图 7-38 所示，输入的调频信号经过线性移相网络得到调频-调相信号，将两路信号进行混频，其差频信号含相位信息。

图 7-38　乘积型相位鉴频器框图

设输入的调频信号为

$$u_{FM}(t) = V_1 \cos(\omega_c t + m_f \sin \Omega t + \varphi_0)$$

移相网络先将调频信号移相 $\dfrac{\pi}{2}$，再经过谐振回路移相后，输出的信号为

$$u_{FM\text{-}PM}(t) = V_2 \cos\left(\omega_c t + m_f \sin \Omega t + \frac{\pi}{2} + \Delta\varphi(t) + \varphi_0\right) \tag{7-79}$$

式中，经过谐振回路后的移相大小 $\Delta\varphi(t)$ 与输入信号的瞬时频率有关，当频偏较小时，有

$$\Delta\varphi(t) = -\arctan 2Q\frac{\Delta f}{f_c} \approx -2Q\frac{\Delta f}{f_c} \tag{7-80}$$

因此，调频波经过线性移相后，得到的信号为调频—调相波，其中相位的变化与频偏成正比。

设乘法器的乘积因子为 K，则经过乘法器混频和低通滤波后的输出为

$$u_0(t) = \frac{1}{2}KV_1V_2 \sin \Delta\varphi(t) \approx \frac{1}{2}KV_1V_2\Delta\varphi(t) \tag{7-81}$$

因此，鉴相器的输出与两个信号的相位差成正比，实现了相位检波。由于相位与调频信号的瞬时频偏成正比，因此有

$$u_0(t) \propto \Delta\varphi(t) \propto \Delta f \propto u_\Omega(t) \tag{7-82}$$

由此，乘积型相位鉴频器完成了频率检波功能。但根据式（7-80），谐振回路只有在较小频偏时，其相移才是线性相移的；因此只有相移较小时，相位检波才是线性的。

2. 叠加型相位鉴频器

图 7-39 为叠加型相位鉴频器的框图，调频信号经过移相，得到调频-调相波，两者相加获得调频-调相-调幅波，经过包络检波，获得原始的调制信号。

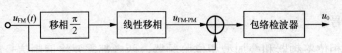

图 7-39 叠加型相位鉴频器框图

设输入的调频信号为

$$u_{FM}(t) = V_1 \cos(\omega_c t + m_f \sin \Omega t + \varphi_0)$$

移相网络先将已调频信号移相 $\frac{\pi}{2}$，再经过谐振回路移相后，输出的信号为

$$u_{FM-PM}(t) = u_2(t) = V_2 \cos\left(\omega_c t + m_f \sin \Omega t + \frac{\pi}{2} + \Delta\varphi(t) + \varphi_0\right) \tag{7-83}$$

叠加后的信号为

$$
\begin{aligned}
u(t) &= V_1 \cos(\omega_c t + m_f \sin \Omega t + \varphi_0) + V_2 \cos\left(\omega_c t + m_f \sin \Omega t + \frac{\pi}{2} + \Delta\varphi(t) + \varphi_0\right) \\
&= V_1 \cos(\omega_c t + m_f \sin \Omega t + \varphi_0) - V_2 \sin(\omega_c t + m_f \sin \Omega t + \Delta\varphi(t) + \varphi_0) \\
&= V_1 \cos(\omega_c t + m_f \sin \Omega t + \varphi_0) - V_2 \sin(\omega_c t + m_f \sin \Omega t + \varphi_0) \cos \Delta\varphi(t) \\
&\quad - V_2 \cos(\omega_c t + m_f \sin \Omega t + \varphi_0) \sin \Delta\varphi(t) \\
&= (V_1 - V_2 \sin \Delta\varphi(t)) \cos(\omega_c t + m_f \sin \Omega t + \varphi_0) - V_2 \cos \Delta\varphi(t) \sin(\omega_c t + m_f \sin \Omega t + \varphi_0) \\
&= A \cos(\omega_c t + m_f \sin \Omega t + \varphi_A + \varphi_0)
\end{aligned}
\tag{7-84}
$$

式中，

$$
\begin{aligned}
A &= \sqrt{(V_1 - V_2 \sin \Delta\varphi(t))^2 + (V_2 \cos \Delta\varphi(t))^2} \\
&= \sqrt{V_1^2 + V_2^2 - 2V_1 V_2 \sin \Delta\varphi(t)} \\
&= \sqrt{V_1^2 + V_2^2}\left(1 - \frac{2V_1 V_2}{V_1^2 + V_2^2} \sin \Delta\varphi(t)\right)^{\frac{1}{2}}
\end{aligned}
\tag{7-85}
$$

$$\varphi_A = -\arctan \frac{V_2 \cos \Delta\varphi(t)}{V_1 - V_2 \sin \Delta\varphi(t)} \tag{7-86}$$

显然，通过叠加的信号幅度、相位和频率均在变化，由于后续电路为包络检波，因此，忽略频率和相位的变化，重点观察其幅度的变化。

当相移较小时，式（7-85）简化为

$$
\begin{aligned}
A &= \sqrt{V_1^2 + V_2^2}\left(1 - \frac{2V_1 V_2}{V_1^2 + V_2^2} \sin \Delta\varphi(t)\right)^{\frac{1}{2}} \\
&= \sqrt{V_1^2 + V_2^2}\left(1 - \frac{1}{2}\frac{2V_1 V_2}{V_1^2 + V_2^2} \sin \Delta\varphi(t)\right) \\
&= \sqrt{V_1^2 + V_2^2}\left(1 - \frac{V_1 V_2}{V_1^2 + V_2^2} \Delta\varphi(t)\right)
\end{aligned}
\tag{7-87}
$$

显然，当输入的调频波和移相调频波为等幅信号时，通过包络检波，可获得与相位成正比的原始调制信号。

比较乘积型相位鉴频器和叠加型相位鉴频器，两者都需要将调频信号移相 $\frac{\pi}{2}$，再线性移相，同时，为了减小失真，无论乘积检波还是包络检波，均要求相移量不宜过大。由于乘法器的非线性变换，产生大量的干扰，因此实际应用中大多采用低成本的叠加型相位鉴频器结构。根据移相结构和耦合方式不同，进一步可分为电感耦合相位鉴频器、电容耦合相位鉴频器、比例鉴频器和集成正交鉴频器等。

需要说明的是，叠加型相位鉴频器也是检测包络，但与斜率幅度鉴频器不同，前者是包络为调频信号及其移相信号之和的包络检波，所用的谐振回路的谐振频率为调频信号的载波频率，回路工作在谐振状态，频偏所产生的包络变化越小越好，减小寄生调幅对鉴频的影响；后者是将谐振回路设定在失谐状态，谐振频率偏离调频信号的载波频率，载波频率处于谐振回路的幅频曲线的线性衰减处，希望衰减特性越陡越好，即鉴频效率越大。

7.4.2 互感耦合相位鉴频器

电感耦合相位鉴频器，又称福斯特-西利（Foster-Seeley）鉴频器，如图 7-40 所示，L_1C_1、L_2C_2 分别组成为输入初、次级谐振回路，均调谐在输入调频波信号的载频 ω_c 上，因此初次级回路元件参数关系相同，即 $L_1=L_2=L$、$C_1=C_2=C$、$r_1=r_2=r$、$k = \dfrac{M}{\sqrt{L_1L_2}} = \dfrac{M}{L}$、$f_0=f_c$，初次级间有两种耦合：一路信号经过 L_1、L_2 之间的互感耦合进入次级谐振回路，信号呈现在电感 L_2 端；一路通过电容 C_0（对输入高频信号时接近短路）的耦合，信号呈现在高频扼流圈 L_c 上。L_c 对输入信号频率近似开路，但为两只二极管的平均电流提供了通路。二极管 VD_1、VD_2，电阻 R_L 和电容 C 构成两个对称的包络检波器。因此，电感耦合相位鉴频器分为三部分：频率—相位变换的移相、相位—幅度变换的加法器和差分检波。

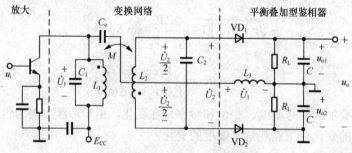

图 7-40　互感耦合相位鉴频器电路

1. 频率—相位转换

输入的调频信号 u_i 经三极管放大后加到初级谐振回路，输出端电压为 $\dot{U}_1$，经电容 C_0 耦合到扼流圈 L_c 上的电压为 $\dot{U}_1$，电压极性如图所示，次级回路上的电压为 $\dot{U}_2$。

下面先分析 $\dot{U}_1$、$\dot{U}_2$ 信号的相位关系。为了简化分析，假设初次级回路的品质因数均较高、初次级回路间的互感耦合较弱，因此不考虑初级回路的损耗以及次级回路的反射电阻的影响，可得到近似的等效电路如图 7-41 所示。图 7-41（a）考虑初、次级回路的损耗电阻，

图 7-41（b）中，利用感应电动势表示初、次级回路的耦合影响，图 7-41（c）忽略了初级回路的损耗电阻，以及次级回路对初级回路的影响，为简化的电路模型。

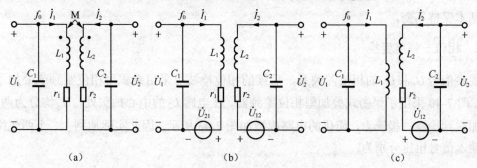

图 7-41 次级回路的等效电路

图中初级回路的电流 $\dot{I}_1$ 为

$$\dot{I}_1 = \frac{\dot{U}_1}{j\omega L_1} \tag{7-88}$$

初级电流在次级回路中产生的感应电压为 $\dot{U}_{12}$

$$\dot{U}_{12} = j\omega M \dot{I}_1 = \frac{M}{L_1}\dot{U}_1 = k\dot{U}_1 \tag{7-89}$$

则次级回路的端电压 $\dot{U}_2$ 为

$$\dot{U}_2 = -\dot{U}_{12}\frac{\dfrac{1}{j\omega C_2}}{r_2 + j\omega L_2 + \dfrac{1}{j\omega C_2}} = j\frac{1}{\omega C_2}\frac{M}{L_1}\frac{1}{r_2 + j(\omega L_2 - \dfrac{1}{j\omega C_2})}\dot{U}_1 \tag{7-90}$$

$$= \frac{j\eta}{1+j\xi}\dot{U}_1 = \frac{\eta\dot{U}_1}{\sqrt{1+\xi^2}}e^{j(\frac{\pi}{2}-\varphi)}$$

式中，$\eta = kQ$ 为耦合因数，$Q = \dfrac{\omega L_2}{r_2} = \dfrac{1}{r_2\omega C_2}$ 为次级回路品质因数，$\xi = 2Q\dfrac{\Delta\omega}{\omega_0}$ 为次级回路的广义失谐，$\varphi = \arctan\xi$ 为次级回路的阻抗角。

从式（7-90）可以看出，次级回路电压 $\dot{U}_2$ 与初级回路电压 $\dot{U}_1$ 间的幅值关系、相位关系均与输入信号的频率 f_i 有关，特别是在中心频率 f_0 附近，幅值变化不大，但相位变化明显。

当信号频率 f_i 等于中心频率 f_0 时，次级回路处于谐振状态，此时 $\xi = 0$、$\varphi = 0$，有

$$\dot{U}_2 = \eta\dot{U}_1 e^{j\frac{\pi}{2}} \tag{7-91}$$

式（7-91）表明，当次级回路谐振时，次级回路电压比初级回路电压超前 $\dfrac{\pi}{2}$。

当信号频率 f_i 不等于中心频率 f_0，次级回路处于失谐状态，次级回路电压 $\dot{U}_2$ 与初级回路电压 $\dot{U}_1$ 的相位差 $\Delta\varphi = \dfrac{\pi}{2} - \varphi$，当频偏较小时有

$$\Delta\varphi = \frac{\pi}{2} - \arctan 2Q\frac{\Delta f}{f_0} \approx \frac{\pi}{2} - 2Q\frac{\Delta f}{f_0} \tag{7-92}$$

式（7-92）表明，耦合电路实现了频率—相位变换，相-频曲线如图 7-42 所示。

由于信号 $\dot{U}_2$ 谐振于次级回路中心频率，其幅度是随频率变化的，但在回路的通带之内，幅度基本保持不变。

2．相位—幅度变换

观察信号 $\dot{U}_1$ 和 $\dot{U}_2$ 的相位差关系，后续的相位检波可采用乘积型相位鉴频或叠加型相位鉴频，图 7-40 采用了平衡式叠加型相位鉴频器，在电感 L_2 的中心抽头处，$\dot{U}_2$ 均分为两部分，分别加载到检波二极管上，简化的电路模型如图 7-43 所示，因此实际加到上、下两包络检波器的输入信号电压分别为：

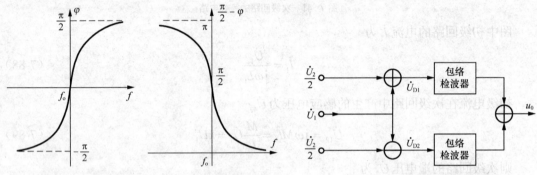

图 7-42　耦合回路的频率–相位转换特性曲线　　　图 7-43　平衡式叠加型相位鉴频器

$$\dot{U}_{D1} = \dot{U}_1 + \frac{1}{2}\dot{U}_2$$

$$\dot{U}_{D1} = \dot{U}_1 - \frac{1}{2}\dot{U}_2$$

（7-93）

上式说明，$\dot{U}_{D1}$ 和 $\dot{U}_{D2}$ 均由两个电压矢量合成，即调频信号及其线性移相信号的叠加，因此加载在检波二极管上的电压 $\dot{U}_{D1}$、$\dot{U}_{D2}$ 为调频—调幅波。根据叠加型相位鉴频器的工作原理，这里两个包络检波器可独立完成相位鉴频，获得原始的调制信号。为了提高鉴频效率与鉴频频率范围，这里采用差分包络检波，消除相位鉴频器中的直流成分。

包络检波将检测向量 $\dot{U}_{D1}$ 和 $\dot{U}_{D2}$ 的模值大小，输出 U_0 为两个包络检波的差值，即模值的差。在耦合电路的通频带内，瞬时频率变化时，$\dot{U}_1$、$\dot{U}_2$ 信号的振幅都是恒定的，但两者的相位随频率变化而变化，从而导致向量 $\dot{U}_{D1}$ 和 $\dot{U}_{D2}$ 的模值差变化。

下面分析瞬时频率 f_i 变化时，两个包络检波器的输出与鉴频特性。

（1）当输入的信号频率 f_i 与载波频率 f_c（谐振频率 $f_0=f_c$）相等时，此时，$\dot{U}_1$ 与 $\dot{U}_2$ 的相位差为 $\frac{\pi}{2}$，则检波二极管上的电压振幅相等，即 $|\dot{U}_{D1}|=|\dot{U}_{D2}|$，两者的差值为零；

（2）当瞬时频率 f_i 大于载波频率 f_c（谐振频率 $f_0=f_c$）时，此时频偏 $\Delta f>0$，相移 $0<\Delta\varphi<\frac{\pi}{2}$，$\dot{U}_2$ 超前 $\dot{U}_1$ 的相位为 $\Delta\varphi$，有 $|\dot{U}_{D1}|>|\dot{U}_{D2}|$，随着瞬时频率 f 增大，两者的差值将增大；

（3）当瞬时频率 f 小于载波频率 f_c（谐振频率 $f_0=f_c$）时，此时频偏 $\Delta f<0$，相移 $0>\Delta\varphi>-\frac{\pi}{2}$，

$\dot{U}_2$ 滞后 $\dot{U}_1$ 的相位为 $\Delta\varphi$，有 $|\dot{U}_{D1}| < |\dot{U}_{D2}|$，随着瞬时频率 f_i 增大，两者的向量差值也将增大。

根据式（7-92）和上面的分析，叠加合成的向量 $\dot{U}_{D1}$、$\dot{U}_{D2}$ 随相位变化的矢量图如图 7-44 所示。

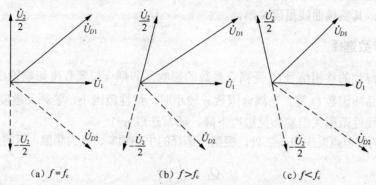

(a) $f = f_c$　　　　　　(b) $f > f_c$　　　　　　(c) $f < f_c$

图 7-44　不同频率时的检波二极管上的电压向量

3. 差分检波输出

由于鉴频器的输出电压等于两个检波器输出电压的差，而每个检波器的输出又正比于其输入电压的振幅，即合成信号的包络 $|\dot{U}_{D1}|$、$|\dot{U}_{D2}|$，因此，鉴频器的输出为

$$u_0 = K_d \left(|\dot{U}_{D1}| - |\dot{U}_{D2}| \right) \tag{7-94}$$

式中，K_d 为检波系数。

根据图 7-44 的矢量图的相位差与信号模值关系，可以看出：

（1）当 $f = f_c$ 时，此时，$|\dot{U}_{D1}| = |\dot{U}_{D2}|$，输出 $u_0 = K_d \left(|\dot{U}_{D1}| - |\dot{U}_{D2}| \right) = 0$；

（2）当 $f > f_c$ 时，此时，$|\dot{U}_{D1}| > |\dot{U}_{D2}|$，输出 $u_0 = K_d \left(|\dot{U}_{D1}| - |\dot{U}_{D2}| \right) > 0$；

（3）当 $f < f_c$ 时，此时，$|\dot{U}_{D1}| < |\dot{U}_{D2}|$，输出 $u_0 = K_d \left(|\dot{U}_{D1}| - |\dot{U}_{D2}| \right) < 0$。

因此有鉴频曲线如图 7-45 所示。

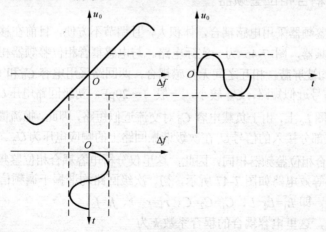

图 7-45　鉴频特性曲线

理想情况下，鉴频曲线应与频偏大小成线性关系，但实际其线性特性只在频偏较小时存

在。这是由于频偏较大时，通过谐振回路后的信号 $\dot{U}_1$、$\dot{U}_2$ 的幅度将不再是等幅信号，而有所下降，同时，通过谐振回路的移相也并非理想的线性移相，当频偏较大时，谐振回路的相频曲线也不再是线性的，相位变化趋于平缓，因此，鉴频曲线实际是受谐振回路的幅频、相频特性影响的，其鉴频曲线呈现 S 形。

4．回路参数选择

电感耦合得到的移相信号 $\dot{U}_2$ 受耦合系数的影响，即耦合松紧程度影响输出信号的大小，还影响回路的品质因数 Q 等。当耦合因数 η 较小时，线性范围小，鉴频灵敏度高；反之，耦合比较紧时，线性范围大但鉴频灵敏度下降，通常选取 $\eta = 1 \sim 3$。

鉴频曲线的峰值点发生在 $\eta = \zeta$ 处，根据所选择的中心频率、最大频偏，可得到回路 Q_L 值为

$$Q_L = \frac{f_0}{2\Delta f}\eta \tag{7-95}$$

因此，初、次级回路的耦合系数 k 为

$$k = \frac{\eta}{Q_L} = \frac{2\Delta f}{f_0} \tag{7-96}$$

同时，考虑到回路谐振电阻 $R_p = Q_L \sqrt{\dfrac{L}{C}}$，希望 R_p 越大，输出电压越大，因此通常回路电容 C 尽量小，但电容 C 过小，分布参数的影响将导致电路工作不稳定，一般取 $C = 20 \sim 30\text{pF}$，根据回路谐振频率 f_0，可计算出回路电感 L 和互感量 M

$$\begin{cases} L = \dfrac{1}{(2\pi f_0)^2 C} \\ M = \eta L \end{cases} \tag{7-97}$$

电感耦合相位鉴频器，采用差分包络检波结构，与斜率鉴频器相比，具有线性较好、鉴频跨导大的优点，但其鉴频带宽较窄，一般用于频偏较小的调频无线电接收设备中，如调频接收机。

7.4.3　电容耦合相位鉴频器

电感耦合相位鉴频器采用电感耦合，体积大，且调节不方便，目前在移动通信中广泛地应用电容耦合相位鉴频器，图 7-46 为一实际电路。与电感耦合相位鉴频器相比，初级、次级回路的电感 L_1 和 L_2 均被屏蔽，相互之间无互感耦合，两回路采用电容 C_0 和 C_M 耦合，通常电容 C_0 较大，对高频信号近似短路，C_M 较小，一般 $1 \sim 20\text{pF}$。初级回路电压 $\dot{U}_1$ 经过耦合电容 C_0 直接加在高频扼流圈 L_c 上，由于负载电容 C_0 对交流近似短路，因此，扼流圈 L_c 上的电压为 u_1；同时，在电感 L_2 上部分接入的信号 $\dot{U}_1$ 在次级谐振回路上的响应电压为 $\dot{U}_2$。而叠加与差分包络检波结构与电感耦合相位鉴频器相同，因此，这里仅分析电容耦合相位鉴频器的移相原理。

耦合电路及其等效电路如图 7-47 所示，初、次级回路均谐振于调频信号的载波频率，初次级元件参数相同，即 $L_1 = L_2 = L$、$C_1 = C_2 = C$、$r_1 = r_2 = r$、$f_0 = f_c$。

根据耦合理论，这里电容耦合的耦合系数 k 为

$$k = \frac{C_M}{\sqrt{(C_1 + C_M)(4C_2 + C_M)}} \approx \frac{C_M}{2C} \tag{7-98}$$

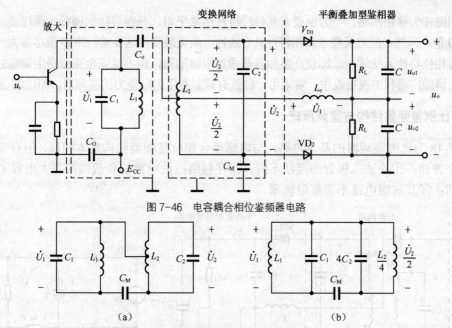

图7-46 电容耦合相位鉴频器电路

图7-47 耦合电路与等效电路

考虑耦合电容 C_M 较小，其容抗远大于谐振回路的阻抗，将次级谐振回路阻抗折算到低端，如图7-47（b）所示，有

$$
\frac{1}{2}\dot{U}_2 = \frac{\dfrac{1}{4}((r_2+j\omega L_2)//\dfrac{1}{j\omega C_2})}{\dfrac{1}{j\omega C_M}+\dfrac{1}{4}((r_2+j\omega L_2)//\dfrac{1}{j\omega C_2})}\dot{U}_1
$$

$$
= \frac{\dfrac{1}{4}\dfrac{R_p}{1+j\xi}}{\dfrac{1}{j\omega C_M}+\dfrac{1}{4}\dfrac{R_p}{1+j\xi}}\dot{U}_1 \approx j\omega C_M \frac{\dfrac{1}{4}R_p}{1+j\xi}\dot{U}_1
\tag{7-99}
$$

式中，谐振电阻 $Rp=\dfrac{(\omega I_2)^2}{r_2}$。

故有

$$
\dot{U}_2 = \frac{1}{2}j\omega Cn \frac{Rp}{HjS}\dot{U}_1 = j\frac{Cn}{2C}\frac{Q}{1+jS}\dot{U}_1
$$

$$
= j\frac{kO}{HjS}\dot{U}_1 = j\frac{\eta}{HjS}\dot{U}_1
\tag{7-100}
$$

显然，式（7-100）与式（7-90）完全相同，说明其鉴频特性曲线与电感耦合相位鉴频器相同。

7.4.4 比例鉴频器

不论斜率鉴频器，还是相位鉴频器，都是将调频波转为调频—调幅波，再进行包络检波，因此，鉴频器的输出电压不仅与输入信号的瞬时频率有关，还与输入信号的振幅有关。为了克服寄生调幅的干扰，往往在鉴频器前增加一级限幅放大，以消除寄生调幅。特别是在相位鉴频器中采用谐振回路作为移相网络，一方面要求其幅频特性尽量平坦，获得等幅的调频—调相波，这样要求回路 Q 值小一些；同时又要求移相特性具有线性、高灵敏度，这要求回路 Q 值尽量大一些，因此幅度与相位特性无法统一。即使在鉴频器前增加限幅措施，也不能完全克服寄生调幅的影响，为此，在调频广播和电视接收中，常采用一种兼有抑制寄生调幅能力的鉴频器，即比例鉴频器。

1. 比例鉴频器结构与鉴频原理

图 7-48 为比例鉴频器的基本电路，与电感耦合相位鉴频器结构基本相似，但有差别，主要有四个方面：①检波二极管的接法不同；②在包络检波电路的负载端接有大电容 C；③输出端不同；④其前级电路不需要限幅器。

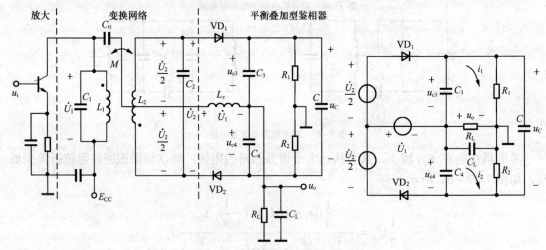

图 7-48 比例鉴频器基本电路及其等效电路

初级回路端电压 $\dot{U}_1$ 一路经过耦合电容 C_0，加在高频扼流圈 I_{C_1} 上，另一路经过电感耦合，在次级回路上形成移相信号 $\dot{U}_2$，因此，两个检波二极管上的电压为

$$\begin{cases} \dot{U}_{D1} = \dot{U}_1 + \dfrac{1}{2}\dot{U}_2 \\[2mm] \dot{U}_{D2} = -\dot{U}_1 + \dfrac{1}{2}\dot{U}_2 \end{cases} \tag{7-101}$$

图 7-48 中，电容 C_3、C_4、C_L 均为大电容，为滤波电容，对高频调频波而言为短路，对低频解调信号而言为开路，因此，上下两个包络检波器的负载电阻分别为 R_1+R_L、R_2+R_L，由于检波二极管 VD_2 的反向接法，差分包络检波的输出取于负载电阻 R_L 两端，如图 7-48（b）所示，有电流方程

$$\begin{cases} i_1(R_1 + R_L) - i_2 R_L = u_{c3} \\[2mm] i_2(R_2 + R_L) - i_1 R_L = u_{c4} \end{cases} \tag{7-102}$$

式中，u_{c3} 为电容 C_3 上的电压，即包络检波信号，u_{c4} 为 VD_2、C_4 的包络检波信号。

输出信号 u_0 为

$$u_0 = (i_2 - i_1)R_L = \frac{R_1 u_{c4} - R_2 u_{c3}}{R_1 R_L + R_2 R_L + R_1 R_2} \tag{7-103}$$

当 $R_1=R_2=R$ 时，输出电压 u_0 为

$$u_0 = \frac{R_L}{R + 2R_L}(u_{c4} - u_{c3}) \tag{7-104}$$

因此，当 $R_L \gg R$ 时，则有

$$u_0 = \frac{1}{2}(u_{c4} - u_{c3}) = \frac{1}{2}K_d\left(\left|\dot{U}_{D2}\right| - \left|\dot{U}_{D1}\right|\right) \tag{7-105}$$

式中，K_d 为检波器的检波系数。

与电感耦合相位鉴频器相比，比例鉴频器的输出减小了一半，即鉴频灵敏度下降一半，同时，由于检波二极管的接法，导致输出信号极性相反，因此有鉴频特性曲线如图 7-49 所示。

2. 自限幅原理

考察图 7-48 中由次级线圈 L_2、检波二极管与大电容 C 构成的回路，在电压 u_2 的正半周，将快速给电容 C 充电（二极管导通电阻小），在其负半周，二极管截止，电容 C 通过电阻 R_1、R_2 放电，电容 C 的取值约为 $10\mu F$，放电时间常数为 $0.1 \sim 0.2s$，这样在检波过程

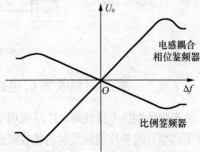

图 7-49 比例鉴频器的鉴频特性曲线

中，对于 15Hz 以上的寄生调幅变化，电容 C 上的电压 u_C 基本保持不变，同时，该电压也是两个包络检波的检波电压之和。

由此可见，比例鉴频器中的两个包络检波器的输出电压之和为常数，其差为鉴频输出。

$$u_0 = \frac{1}{2}(u_{c4} - u_{c3}) = \frac{1}{2}u_c\frac{u_{c4} - u_{c3}}{u_c}$$
$$= \frac{1}{2}u_c\frac{u_{c4} - u_{c3}}{u_{c4} + u_{c3}} = \frac{1}{2}u_c\frac{1 - \dfrac{u_{c3}}{u_{c4}}}{1 + \dfrac{u_{c3}}{u_{c4}}} \tag{7-106}$$

由此可以看出，比例鉴频器的输出取决于两个检波器输出电压的比值。当输入信号频率变化时，u_{c3}、u_{c4} 的电压一个增大，另一个减小，输出电压按调制信号的规律变化；当输入信号的幅度改变时（如增大），则 u_{c3}、u_{c4} 按相同的规律变化（如增加），这样保持两者的比值不变，因此，输出的鉴频电压基本不变，起到了自限幅的作用。

正是由于电容 C 上的电压恒定，当输入振幅瞬时增大时，导致 u_{c3}、u_{c4} 增加，检波器的导通角 θ 增大，从而导致检波系数减小，检波器输出电压减小；当输入振幅瞬时减小时，导致 u_{c3}、u_{c4} 减小，检波器的导通角 θ 相应减小，从而导致检波系数增大，检波器输出电压增大，从而保持输出的稳定。

7.5 调频技术与辅助电路

一个完整的收发信机，除功率放大器与小信号放大器、混频与调制解调器外，还有许多附属电路与特殊电路，如调幅接收机的中频增益自动调整电路（AGC 电路），在调频通信系统中，如图 7-50 所示，电路中还有自动频率控制电路（AFC 电路）、预加重与去加重、静噪电路，立体声技术等。

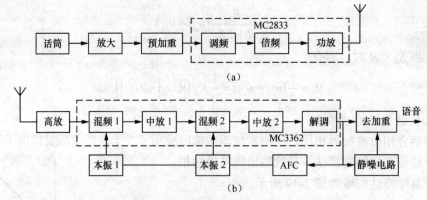

(a)

(b)

图 7-50　调频发射与接收机的结构

7.5.1　单片调频收发机电路

调频体制抗干扰性好，广泛应用于广播、移动通信、无绳电话和电视伴音等，目前已出现了各种不同型号的单片调频发射与接收集成电路，FM 发射集成电路有 MC2833 系列，接收集成电路有 MC3362、MC3363 等。图 7-50 为由集成 FM 芯片组成的调频无线话筒的发送与接收电路框图。

图 7-51 为 MC2833 调频发射机电路，语音信号从 5 脚输入，经过内部语音放大器放大，

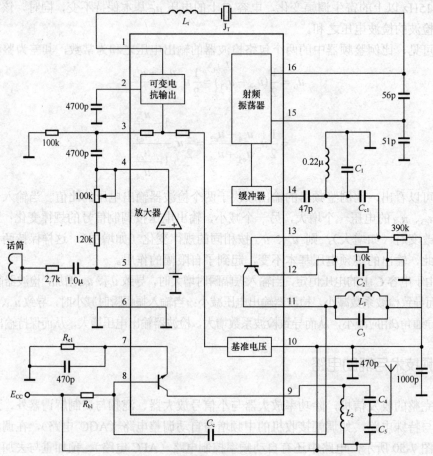

图 7-51　MC2833 调频发射机集成电路

去控制可变电抗元件，从而改变石英晶体的振荡频率，实现调频。产生的调频信号经过缓冲后，从 14 脚输出至外接的三倍频谐振网络提高载频，并扩展频偏，从 13 脚返回芯片内进行两级放大，获得足够的功率后从 9 脚输出至天线发射。

图 7-52 为 MC3363 调频接收机电路，接收的信号从第 2 脚进入，经过小信号谐振放大，变压器耦合到第一级混频器，与本振信号混频，获得中频信号，中频频率为 10.7MHz，经过集成的陶瓷滤波器滤波，接着进行第二级混频，第二本振信号频率为 10.245MHz，输出中频信号为 455kHz，再通过集成陶瓷滤波器滤除干扰与杂波；在第 9、10、11 脚输入至限幅电路处理，分为两路信号，其中一路经过移相网络移相（第 14 脚），再进行乘积型相位鉴频，获得语音信号，由第 16 脚输出，如果是数据调制信号，还可以进一步经过比较器输出，获得数据，由 18 脚输出，图中第 12 脚检测载波信号强度，经过缓冲由 13 脚输出，作为静噪控制信号给第 15 脚，经过内部比较器比较，产生静噪控制信号，由第 19 脚输出，控制语音信号的音量，即当没有信号时，控制输出音量最小。

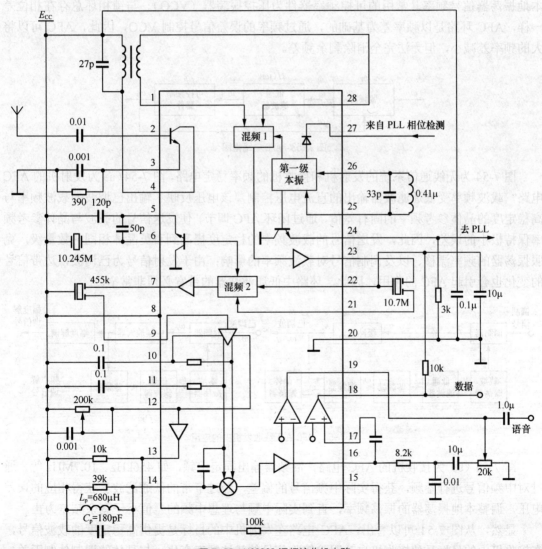

图 7-52 MC3363 调频接收机电路

7.5.2 自动频率控制

将接收的电磁波信号与本地振荡器信号进行混频、滤波，在中频上进行包络检波或鉴频，恢复原始的调制信号，称为超外差接收机，该结构可提高接收机的选择性和灵敏度。但电磁波在空中的传播过程中存在多普勒频移以及本振存在的频率漂移，致使混频得到的中频信号可能落在中频带宽外，输出端得不到原调制信号。为此，在通信系统中，发送端采用自动频率控制（AFC，Auto frequency control）电路提高载波的稳定性，接收端采用 AFC 电路使得本地振荡器能自动跟踪接收信号的载波频率变化，使其混频后的中频信号总在中频带宽内。

与 AGC 电路一样，AFC 也是一个闭环的反馈系统，其结构类似于锁相环结构，但用鉴频器取代鉴相器，由鉴频器、低通滤波器和可控频率器件三部分组成，如图 7-53 所示。鉴频器将频率误差转化为电压信号，经过低通滤波获取频率误差信号，控制可控频率器件，调整本地振荡器信号频率。常用的可控频率器件为压控振荡器（VCO）。与锁相环总存在相位差一样，AFC 环路是以频率差为基础的，通过频率的误差信号控制 VCO，因此，AFC 可以将大的频率差减小，但无法完全消除剩余频差。

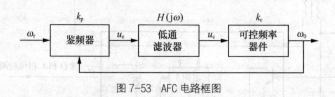

图 7-53　AFC 电路框图

图 7-54 为无线通信系统的发射机和接收机的频率稳定电路，图 7-54（a）为发射机的 AFC 电路，载波频率受低通滤波器输出的直流电压控制，该电压反映了输出已调波的载波频率与高稳定度的晶体参考频率的固有差值，通过闭环 AFC 调节，使发送信号的载波与晶体参考频率保持极小的误差，因此，发送信号的载波频率的稳定度提高到石英晶体相同的数量级，克服振荡器的频率漂移、以及调制信号对载波频率的影响；由于发射信号为已调波，边带信号的变化也会引起 AFC 的作用，因此，环路中低通滤波器的带宽必须非常窄。

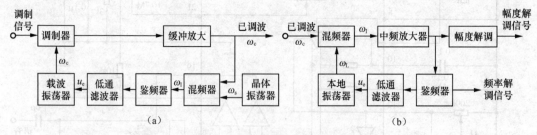

图 7-54　AFC 在无线收发机中的应用

图 7-54（b）为接收机的 AFC 电路，混频器输出固定中频，如 456kHz、10.7MHz 等，通过对中频信号进行鉴频，获得实际中频信号的偏差，经过窄带的低通滤波器获得相应的误差电压，调整本地振荡器的振荡频率，直到实际中频与理想中频的差值小于剩余频差为止。

显然，从图 7-54 可以看出，AFC 电路在发射机中的目标是提供高稳定度的载波信号，在接收机中的目标是使接收机自动跟踪接收信号的载波频率变化，与具体的调制体制无关，因此，AFC 电路广泛应用于无线通信系统。

AFC 电路在调频接收机中不仅提高接收机的频率跟踪能力，还可同步实现对调频信号的解调。图 7-54（b），具有 AFC 电路的调幅接收机，对中频信号进行解调，可获得幅度解调信号；对调频接收机，则直接从鉴频器输出频率解调信号，AFC 与频率解调同时完成，并没有增加电路的复杂性。

7.5.3 预加重与去加重电路

理论证明，输入白噪声时，调幅制输出白噪声的频谱为矩形，在通带内仍为均匀分布；而在调频体制中，输出的噪声频谱呈现新的分布，距离载波频率越远的边频上，输出的噪声功率谱密度越高。而对信号而言，如语音、图像等为低频分布，即信号能量主要分布在低频段，频率越高，能量越少，这与调频信号中噪声谱相反，导致在低频段合适的信噪比，在高频段的信噪比大幅度下降，甚至完全被埋没在噪声中。为了改善输出信号的信噪比，可以采用预加重与去加重措施。

所谓预加重，是在发射机的调制器前，人为地提升调制信号高频部分的信号强度，提高已调波信号高频段的信噪比，经过处理的信号是失真的，因此在接收端应采取相反的措施，即在解调器后接去加重电路，将高频部分的信号强度恢复到原调制信号的比例关系。

由于预加重和去加重仅对信号的高频成分调整，对低频部分不变，因此其频率特性如图 7-55 所示，预加重电路，在频率 ω_1 处开始线性提升高频成分，而对应的去加重电路，在 ω_1 处开始衰减高频成分，调频广播的 f_1、f_2 一般取 2.1kHz 和 15kHz。常用的电路如图 7-56 所示。

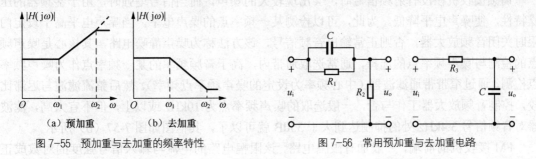

图 7-55　预加重与去加重的频率特性　　　　图 7-56　常用预加重与去加重电路

采用预加重和去加重电路，对信号的传输不会产生影响，但改善了接收信号的信噪比。

7.5.4 静噪电路

在调幅通信与调频广播中，经常会遇到无信号或弱信号的情形，这时接收机的 AGC 电路作用，使得中频增益非常大，输出噪声会急剧上升。此时，对调幅接收机而言，尽管中频增益大，但只有低频分量的噪声成分才能放大输出；而调频接收机，比调幅的中频带宽要宽得多，进入中频的所有噪声分量均被当作频偏被解调，使得噪声满幅度输出。因此，当输入信号的信噪比低于门限值时，必须采用静噪电路抑制噪声输出。静噪电路就是在没有信号或弱小信号时关闭低频放大器，实现静音，但当有信号时，能自动恢复输出。在输入低信噪比的条件下，FM 接收机的输出信噪比比 AM 接收机的要低，但当输入信噪比超过一定的门限后，FM 接收机的输出信噪比优于 AM 接收机，称为 FM 系统的门限效应。

根据信号强度的提取方法的不同，静噪电路分为三类：导频静噪、噪声静噪和载波检测静噪，如图 7-57 所示。

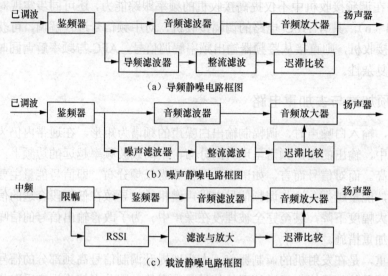

（a）导频静噪电路框图

（b）噪声静噪电路框图

（c）载波静噪电路框图

图 7-57　三种静噪电路框图

导频静噪，是在发送语音信号的同时，在语音信号的低端加入一单音导频信号，与调制信号一起发送出去。接收端解调后检测这一单音信号的强度，与门限进行迟滞比较，若导频信号强度小于门限，则关闭音频放大器，通常设置的导频频率为 150Hz，如图 7-57（a）所示。

调频接收机在没有射频信号时，会出现较大的噪声，而当信号增强时，由于鉴频器的压噪特性，使噪声电平降低。为此，可以检测某一频率点的噪声电平，当噪声电平高于设定门限时关闭音频放大器，否则正常输出音频信号，该方法称为噪声静噪电路，其核心是噪声频点的检测与噪声频率点的选择，通常选取通带内，高于音频频率的某一频率点作为噪声频率点检测，通过窄带带通滤波器（中心频率为设定的噪声频率点频率），然后整流滤波与迟滞比较，控制音频放大器工作与否，一般选取的噪声频率点为 10kHz 或以上，但不宜太高，滤波器对音频信号 3.4kHz 处的抑制达到大于 35dB 就可以了，其框图如图 7-57（b）所示。

FM 接收机的前端，一般加有限幅电路，该限幅电路的电流与输入信号强度的对数成正比，因此检测该电流即可得到输入信号的强度。许多 FM 接收集成芯片都给出了该输入信号强度指示（RSSI），该信号可以用作输出信号强度表、AGC 和载波检测静噪等，其结构如图 7-57（c）所示。前面介绍的 MC3363 的典型应用中，其第 13 脚输出即为 RSSI 信号，经过 15 脚和 17 脚控制音量大小和语音输出，三种静噪电路的性能比较见表 7-5 所示。

表 7-5　　　　　　　　　　　　　三种静噪电路的性能比较

特　　性	噪　声　静　噪	导　频　静　噪	载　波　静　噪
易使用性	差	好	好
电路复杂性	一般	复杂	简单
抗干扰性	差	好	差
信号丢失可能性	可能	不可能	不可能
兼容性	优	差	优

静噪电路除用于调频广播外，还可用于开机静噪等。

7.5.5　调频立体声技术

立体声技术是将现场声音分为左右声道传输并恢复的技术。现有国标规定，单声道的调频广播的带宽为 180kHz，最高音频频率为 15kHz，若传输立体声广播，带宽为 256kHz，最高音频频率可达 53kHz，因此该信道带宽可用于传输左（L）、右（R）声道的立体声信号。由于语音信号的频率主要分布在 300～3 000Hz，最高达到 15kHz。同时考虑到单声道、立体声的兼容性，目前的调频立体声广播是利用矩阵电路将左右声道信号进行处理，得到其和信号（L+R）和差信号（L-R），其中和信号为主信道信号，差信号经过平衡调制到副载波信道上，为副信道信号，如图 7-58 所示，并将载波振荡器的二分频信号作为导频信号，便于接收端恢复副载波信号。将主信道信号、副信道信号、导频信号一并合成为复合信号，再进行调频，形成调频立体声信号。

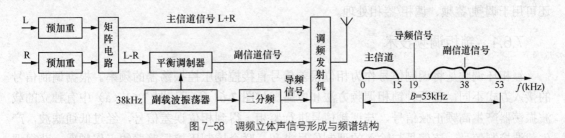

图 7-58　调频立体声信号形成与频谱结构

调频立体声接收机的结构框图如图 7-59 所示，在鉴频器之前的结构与单声道调频接收机的组成相同。

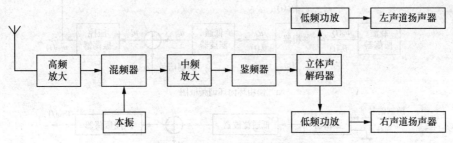

图 7-59　调频立体声接收机的框图

接收立体声广播时，鉴频器输出的是立体声复合信号，经过立体声解码器恢复出左右声道信号。

如图 7-60 所示，立体声解码器将接收的复合信号放大，分为三路处理：一路经过低通滤波器滤波，恢复 L+R 信号；导频信号用于产生 38kHz 的副载波信号，而带通滤波器滤波得到副载波调制信号，两者进行同步检波，获得 L-R 信号，经过矩阵电路运算，即两路信号进行求和和求差运算，恢复左右声道的信号。显然，若接收单声道广播时，信号频带处于低通频带内，带通滤波器没有输出，副信道信号解调电路也没有输出，左右声道输出单声道信号。

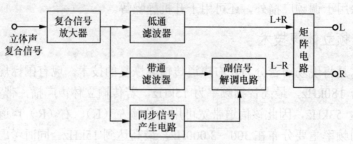

图 7-60　立体声解码器电路框图

7.6　集成锁相技术应用

集成锁相环内部包括压控振荡器、环路滤波与鉴相器环节，除应用于频率合成、同步外，还可用于调频/鉴频、调相/鉴相处理。

7.6.1　锁相调频技术

锁相环调频是将调制信号作为相位误差信号直接控制压控振荡器的频率。根据调制信号的接入方式不同，有两种锁相调频方法和电路。如图 7-61 所示，图 7-61（a）中有独立的载波振荡器产生高频正弦信号，与调频信号进行鉴相，得到相位误差信号，经过低通滤波，产生载波控制信号，该信号与输入的调制信号求和，联合控制压控振荡器的工作频率，获得调频信号。图 7-61（b）为开环的调频方法，控制电压 U_0 决定了调频波的载波频率，而调制信号直接控制调频波的频偏。

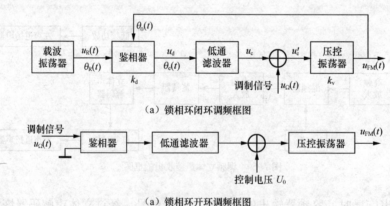

（a）锁相环闭环调频框图

（a）锁相环开环调频框图

图 7-61　基于锁相环的调频框图

比较图 7-61 的开环和闭环调频方法，均属于直接调频，具有频偏大、线路简单的优点，但闭环使用的载波稳定度高，需要独立的高稳定度载波振荡器；开环使用会降低载波稳定度，但电路简单；同时，两者对低通滤波器的要求不同，闭环的低通滤波器必须滤除调制信号成分，构成窄带载波跟踪环路，提高载波稳定性；而开环环路的低通滤波器必须保留调制信号，滤除高频的干扰信号。

图 7-62 为锁相调频电路，其中图 7-62（a）采用 NE564 集成锁相环，其相位比较输入信

号③脚接地，为开环调频，基准信号输入端⑥输入低频调制信号，环路滤波端④⑤接直流电压，控制调制调频波的载波频率，因此控制 VCO 的电压为外置直流电压和低频调制信号，VCO 输出端⑨为调频波，波形与 TTL 兼容，VCO 输出端⑪为模拟调频波；外接电容 C 为定时电容，当其取值 80pF 时，载波频率为 5MHz 左右。图 7-62（b）为 CD4046 数字锁相环实现的调频电路，外接基准载波信号，鉴相器与环路滤波器、压控振荡器构成闭环，环路滤波器输出信号与外接的低频调频信号叠加控制压控振荡器的工作频率，输出与 TTL 兼容的调频信号。

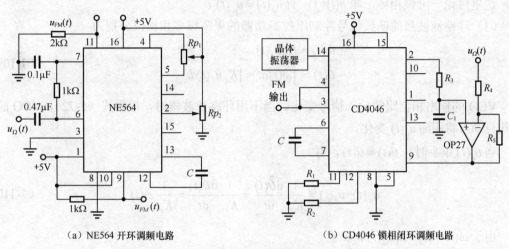

（a）NE564 开环调频电路 　　　（b）CD4046 锁相闭环调频电路

图 7-62 锁相环开环调频电路

7.6.2 锁相鉴频原理

相位鉴频分为乘积型和叠加型相位鉴频，7.4 节介绍的互感耦合相位鉴频器、电容耦合相位鉴频器，以及比例鉴频器均为叠加型相位鉴频电路，其结构简单，无需提供本地载波信号、成本低廉，但鉴频增益低，调频指数较大时存在较大的非线性失真；乘积型相位鉴频器需要提供载波信号，其结构复杂，但其具有较大的鉴频增益，适合较大调制指数的宽带调频信号的解调，特别是结合锁相环的应用，在高端接收机、无线通信中应用广泛。

当锁相环的环路滤波能跟踪输入信号的瞬时变化，此时环路不仅可以输出经过提纯的已调波信号，还可以作为解调器输出解调信号。

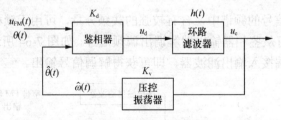

图 7-63 锁相环解调电路

锁相环法进行频率解调的系统模型如图 7-63 所示，由鉴相器、环路滤波器和压控振荡器组成，其各部分作用如下。

（1）压控振荡器的输出信号与已调波信号进行鉴相，即对两输入信号进行相位比较，其输

出电压 $u_d(t)$ 为

$$u_d(t) = K_d \left| \hat{\theta}(t) - \theta(t) \right| = K_d \theta_e(t) \tag{7-107}$$

（2）鉴相器输出的相位误差信号 $u_d(t)$ 经过环路滤波器滤波，平滑鉴相器输出电压，并抑制鉴相器输出电压中的噪声和高频分量。设滤波器的冲击响应为 $h(t)$，则输出为

$$u_c(t) = u_d(t) \times h(t) \tag{7-108}$$

这里讨论一阶锁相环，即 $h(t)=1$，有 $u_c(t) = u_d(t)$。

（3）环路滤波后的低频信号控制压控振荡器的振荡频率和相位分别为

$$\hat{\omega}(t) = K_V u_c(t)$$
$$\hat{\theta}(t) = \int \hat{\omega}(t) dt = \int K_V u_c(t) dt \tag{7-109}$$

VCO 的输出相位跟随输入信号变化。当不用环路滤波器时，根据式（5-72），VCO 的输出相位 $\hat{\theta}(t)$ 将跟随 $u_c(t)$ 变化。

当 $\theta_e(t)$ 很小时，$\hat{\theta}(t) = \theta(t)$，有

$$u_d(t) = u_c(t) = \frac{1}{K_V} \frac{\mathrm{d}\hat{\theta}(t)}{\mathrm{d}t} = \frac{1}{K_V} \frac{\mathrm{d}\theta(t)}{\mathrm{d}t} = \frac{1}{K_V} \omega(t) \tag{7-110}$$

由于 $\omega(t) = \omega_0 + k_f u_\Omega(t)$，故有

$$u_d(t) = \frac{1}{K_V}(\omega_0 + k_f u_\Omega(t)) = \frac{1}{K_V} \omega_0 + \frac{k_f}{K_V} u_\Omega(t) \tag{7-111}$$

经过隔直滤波，可恢复原调制信号 $u_\Omega(t)$。

锁相鉴频直接获得瞬时频率的变化规律，与输入的已调波信号幅度无关，电路结构较简单，具有较好的线性特性和较大的鉴频范围。

7.6.3 锁相鉴频电路

按环路带宽划分，调频信号可分为窄带和宽带两类，由于宽带调频信号和窄带调频信号的不同特性，对环路滤波器的要求也不相同，因此两者的电路结构也有差别。

1. 窄带调频信号的锁相鉴频

在窄带模拟调频信号的频谱中，含有较强的载频分量，可用于锁相环路的载波跟踪，利用环路的窄带特性，可从鉴相器输出端解调出调频信号。如图 7-64 所示，输入为窄带调频信号，在鉴相器的输出端接入输出滤波器，即可获得解调信号输出。

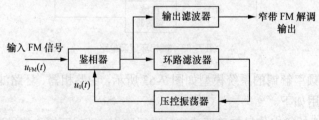

图 7-64　窄带调频信号的解调电路框图

窄带调频信号鉴频，为减小调制信号对本地载波的影响，锁相环路必须通过环路滤波器滤除随调制信号变化的低频交流成分，压控振荡器的频率由载波与压控振荡器产生的本地振荡信号之间相位误差的直流成分控制，保持输出本振信号频率的稳定，而不随调制信号的变化而变化。因此，解调信号不能取自环路滤波器的输出，而由鉴相器输出，并经过微分电路恢复原始的调制信号。

2. 宽带调频信号的锁相鉴频

与窄带调频信号不同，宽带模拟调频信号，其载频分量比较弱，锁相环路无法进行载波跟踪，同时，宽带调频的调制指数较大，若将环路设计为载波跟踪环时，调制信号将成为鉴相器的输出误差信号的一部分，且容易工作在非线性区域。因此，解调宽带调制信号时，采用调制跟踪环路解调调频信号，此时，环路滤波器亦为宽带滤波，其输出端包含解调信号，如图 7-65 所示。为减小非线性失真，宽带鉴频时，要求环路的捕捉带大于调频波的最大频偏，同时环路的带宽也必须大于调制信号的频谱宽度。

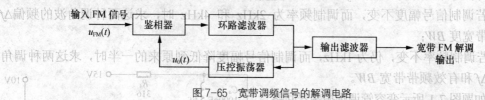

图 7-65　宽带调频信号的解调电路

3. 集成锁相环的鉴频电路

集成锁相环 NE564、CD4046 均可以鉴频解调，其差别是载波工作频率范围和输入信号的灵敏度不同，图 7-66 为相应的鉴频电路，其中图 7-66（a）为 NE564 鉴频电路，为窄带鉴频；图 7-66（b）为 CD4046 组成的鉴频电路。

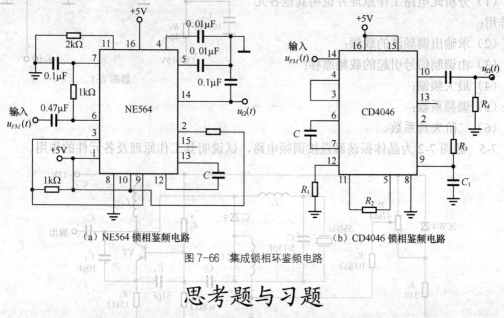

（a）NE564 锁相鉴频电路　　　　　　　　（b）CD4046 锁相鉴频电路

图 7-66　集成锁相环鉴频电路

思考题与习题

7-1　载波振荡频率 f_c=20MHz，振幅 V_c=2V；调制信号为单频余弦波，其频率为 f=1kHz；

最大频偏Δf_{m}=10kHz。

（1）分别写出调频波和调相波的数学表达式。

（2）若调制频率变为2kHz，其他参数均不变，再分别写出调频波和调相波的数学表达式。

7-2　设调制信号$u_{\Omega}(t)=U_{\Omega}\cos\Omega t$，载波信号为$u_c(t)=V_c\cos\omega_c t$，调频的比例系数为$k_f$（弧度/秒伏）。试写出调频波的

（1）瞬时角频率$\omega(t)$；

（2）瞬时相位$\varphi(t)$；

（3）最大频移$\Delta\omega_m$；

（4）调制指数m_f；

（5）已调频波的$u_{FM}(t)$的数学表达式。

7-3　若有调制频率为1kHz、调频指数$m_f=10$的单音频调频波和调制频率为1kHz、调相指数$m_p=10$的单音频调相波。

（1）试求这种调角波的频偏Δf和有效频带宽度BW；

（2）若调制信号幅度不变，而调制频率为2kHz和4kHz时，求这两种调角波的频偏Δf和有效频带宽度BW；

（3）若调制频率不变，仍为1kHz，而调制信号幅度降低到原来的一半时，求这两种调角波的频偏Δf和有效频带带宽BW。

7-4　如题图7-1所示变容管调频振荡器回路由电感L和变容二极管组成。L=2μH，变容二极管参数为：C_{j0}=200pF，γ=0.5，V_D=0.6V，V_Q=−6V，调制电压为$u_{\Omega}(t)=2\cos(2\pi\times10^4 t)$（V）。图中$L_C$为高频扼流圈，$C_3$、$C_4$和$C_5$为高频旁路电容。

（1）分析此电路工作原理并说明其他各元件作用；

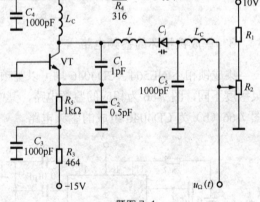

题图 7-1

（2）求输出调频波的载频；

（3）由调制信号引起的载频漂移；

（4）最大频偏；

（5）调频系数；

（6）二阶失真系数。

7-5　题图7-2为晶体振荡器直接调频电路，试说明其工作原理及各元件的作用。

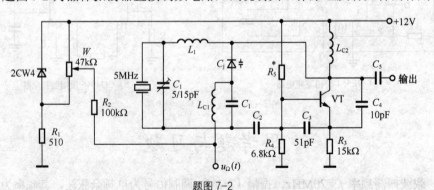

题图 7-2

7-6　已知某互感耦合相位鉴频器的耦合因数 $\eta=2$，$f_0=20\text{MHz}$，晶体管的 $Y_{\text{fe}}=30\text{mA/V}$，回路电容 $C=20\text{pF}$，$Q_{\text{L}}=50$，二极管检波器的电流导通角 $\theta=25°$，输入信号振幅为 $V_{im}=25\text{mV}$。求：

（1）最大鉴频带宽 BW_{m}；

（2）鉴频跨导 S_{D}。

7-7　题图 7-3 所示为一正交鉴频器，输入为调频波。

（1）画出时延网络的 $\varphi-f$ 曲线；

（2）说明电路的鉴频工作原理；

（3）输出电压的表达式。

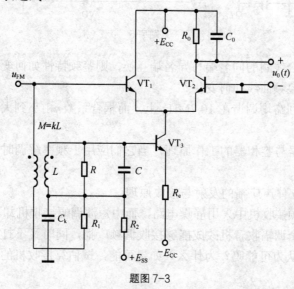

题图 7-3

7-8　题图 7-4 所示不对称电容耦合相位鉴频器电路，其初级、次级回路均调谐在 10.7MHz 上。

（1）若初级或者次级未调谐在 10.7MHz 频率上，鉴频曲线如何变化？

（2）采用哪些方法可使鉴频特性翻转 180°？

（3）任一只晶体二极管断开时会产生什么后果？

（4）若次级回路的总电容保持不变，而使上下两个电容分别为 300pF 和 600pF 时会产生什么后果？

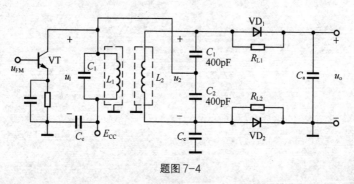

题图 7-4

7-9　题图 7-5 为互感耦合叠加型相位鉴频器，试回答下列问题：

（1）若鉴频器的输入端电压 $u_1(t)=V_c\cos(\omega_c t+m_f\sin\Omega t)$(V)，试画出 $u_1(t)$、次级回路电压 $u_2(t)$、二极管的端电压 $u_{D1}(t)$ 和 $u_{D2}(t)$ 的波形，以及两个检波器的输出电压 $u_{01}(t)$ 与 $u_{02}(t)$、鉴频器的输出电压 $u_0(t)$ 波形。

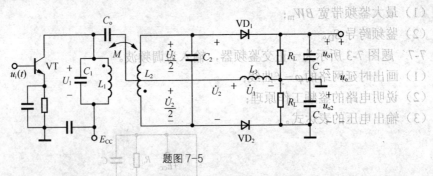

题图 7-5

（2）若将互感耦合线圈的同名端与异名端互换，则鉴频特性如何变化？若线圈次级的中心抽头偏离中心，则鉴频曲线如何变化？

（3）若初、次级回路均调谐在 10.7MHz 上，而耦合系数 η 由小到大变化，鉴频曲线如何变化？

7-10　简述鉴频器与鉴相器的工作原理，当它们应用于频率解调时，电路和性能上各有什么特点与差异？

7-11　简述调频立体声广播的发射与接收原理。

7-12　为何在调频接收机中采用静噪电路，而中短波调幅接收机却不采用？

7-13　若想把一个调幅收音机改成能够接收调频广播，同时又不打算做大的改动，而只是改变本振频率。你认为可能吗？为什么？如果可能，试估算接收机的通频带宽度，并与改动前比较。

7-14　采用仿真工具软件，对教材列出的三种相位鉴频器进行仿真，观察初级、次级线圈的电压波形、检波二极管上电流波形以及输出电压波形等，并进行性能比较。

7-15　锁相环调频与锁相环鉴频环路中均有低通滤波器，说明它们有何不同。

7-16　试分析 FM 信号分别经过 AFC 和 PLL 解调的差别。

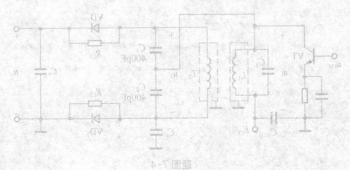

第 8 章　高频辅助电路

完整的无线电通信系统，除了振荡器、选频放大器和调制解调器外，还需要一些辅助电路，如匹配滤波器、衰减器、天线等，构成完整的发射和接收链路。

8.1　高频滤波器

滤波器用于选择性地通过或抑制某些特定频带的信号或噪声。滤波器有不同的类别，按信号类型分为模拟滤波器与离散滤波器；按频域通带可分为低通、高通、带通和带阻、全通五类。由于有源器件的工作频率限制，高频滤波器大多为无源滤波器，由电感、电容组成，这种由集总元件构成的滤波器称为集总滤波器。如前面介绍的 LC 选频回路为典型的窄带滤波器。此外，声表面滤波器、陶瓷滤波器和晶体滤波器在无线通信中的应用也非常广泛。

8.1.1　集总滤波器类型

常见的无源滤波器有通用的 LC 滤波器、声表面滤波器、陶瓷滤波器和晶体滤波器等。在通带内，要求信号无衰减地通过，且特性阻抗为常数，在阻带内信号的衰减要大。根据通带、阻带与过渡带的特性，滤波器可分为切比雪夫（Chebyshev）滤波器、巴特沃斯（Butterworth）滤波器、椭圆函数滤波器（Elliptic filter，又称考尔滤波器）等类型。

1．切比雪夫滤波器

切比雪夫滤波器，又称等波纹响应滤波器，在其通带或阻带上频率响应幅度为等波纹波动。在通带波动的称为"第一类切比雪夫滤波器"，在阻带波动的称为"第二类切比雪夫滤波器"。切比雪夫滤波器在过渡带比巴特沃斯滤波器的衰减要快，但频率响应的幅频特性不如后者平坦，而切比雪夫滤波器和理想滤波器的频率响应曲线之间的误差最小。

n 阶第一类切比雪夫滤波器的幅频关系为

$$G_n(\omega) = |H_n(j\omega)| = \frac{1}{\sqrt{1 + \varepsilon^2 T_n^2\left(\dfrac{\omega}{\omega_0}\right)}}$$

$$(8\text{-}1)$$

式中，纹波系数$|\varepsilon|<1$，$|H_n(j\omega_0)|=\dfrac{1}{\sqrt{1+\varepsilon^2}}$是滤波器在截止频率$\omega_0$处的增益，$T_n\left(\dfrac{\omega}{\omega_0}\right)$为$n$阶切比雪夫多行式：

$$T_n\left(\frac{\omega}{\omega_0}\right)=\begin{cases}\cos\left(n\bullet\arccos\dfrac{\omega}{\omega_0}\right); & 0\leqslant\omega\leqslant\omega_0\\[3mm]\cosh\left(n\bullet\arccos\dfrac{\omega}{\omega_0}\right); & \omega>\omega_0\end{cases}\qquad(8\text{-}2)$$

实际上，切比雪夫滤波器的阶数就是其电路中的电抗元件数目，其幅度波动为$20\lg\sqrt{1+\varepsilon^2}(\text{dB})$。

如果需要快速衰减而允许在通带内存在少许幅度波动，可选用第一类切比雪夫滤波器；如果需要快速衰减而不允许通带内的幅度波动，可选用第二类切比雪夫滤波器，但其频率截止速率不如第一类的衰减快，且需要更多的元件。

n阶第二类切比雪夫滤波器的幅频关系为

$$|H_n(j\omega)|=\frac{1}{\sqrt{1+\dfrac{1}{\varepsilon^2 T_n^2\left(\dfrac{\omega_0}{\omega}\right)}}}\qquad(8\text{-}3)$$

式中，参数ε与阻带的衰减度γ的关系为

$$\varepsilon=\frac{1}{\sqrt{10^{0.1\gamma}-1}}\qquad(8\text{-}4)$$

即 5dB 衰减度相当于$\varepsilon=0.680\ 1$，10dB 衰减度相当于$\varepsilon=0.333\ 3$。

需要说明的是，切比雪夫滤波器中，截止频率f_0并非衰减 3dB 的频率$f_{c(3\text{dB})}$，两者的关系为

$$f_{c(3\text{dB})}=f_0\cosh\left(\frac{1}{n}\cosh^{-1}\frac{1}{\varepsilon}\right)\qquad(8\text{-}5)$$

两类切比雪夫滤波器的幅频曲线均比巴特沃斯滤波器陡峭，但不如椭圆函数滤波器的陡峭，而后者幅度波动较大。

2. 巴特沃斯滤波器

巴特沃斯滤波器，又称最平坦响应滤波器，其通频带内的频率响应曲线最大限度平坦，没有起伏，而在阻频带则逐渐下降。巴特沃斯滤波器的衰减为单调下降，滤波器阶数越高，在阻带振幅衰减速度越快。

巴特沃斯低通滤波器的传输函数为

$$|H(\omega)|^2=\frac{1}{1+\left(\dfrac{\omega}{\omega_c}\right)^{2n}}=\frac{1}{1+\varepsilon^2\left(\dfrac{\omega}{\omega_p}\right)^{2n}}\qquad(8\text{-}6)$$

式中，n 为滤波器的阶数，ω_c 为通带 3dB 截止频率，ω_p 为通带边缘频率，满足 $|H(\omega_p)|^2 = \dfrac{1}{1+\varepsilon^2}$。

滤波器的阶数 n 与衰减度 γ 的关系为

$$n = \frac{\lg(\gamma^2 - 1)}{2\lg \omega} \tag{8-7}$$

3．椭圆滤波器（Elliptic filter）

椭圆滤波器，又称通阻带等波纹响应滤波器、考尔滤波器（Cohn filter），其在通带和阻带均为等波纹。与其他类型的滤波器相比，在阶数相同的条件下具有最小的通带和阻带波动，且在通带和阻带的波动相同。

四阶椭圆低通滤波器的频率响应为

$$|H_n(\mathrm{j}\omega)| = \frac{1}{\sqrt{1 + \varepsilon^2 R_n^2(\omega)}} \tag{8-8}$$

式中，$R_n(\omega)$ 为 n 阶雅可比椭圆函数。

椭圆滤波器比其他滤波器更陡，因此在选择滤波器的时候，椭圆滤波器能够以较低的阶数获得较窄的过渡带宽，但是它在通带和阻带上都有波动。

图 8-1 所示滤波器电路与幅频特性曲线，为不同结构的 5 阶带通滤波器（中心频率 10MHz，带宽 1MHz）的电路与幅频特性比较。

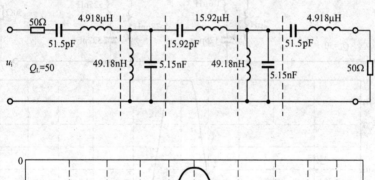

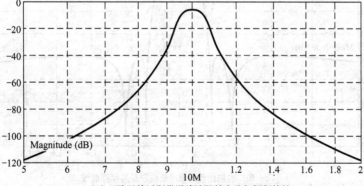

（a）5 阶巴特沃斯带通滤波器的电路与幅频特性

图 8-1 四类 5 阶带通滤波器的性能比较

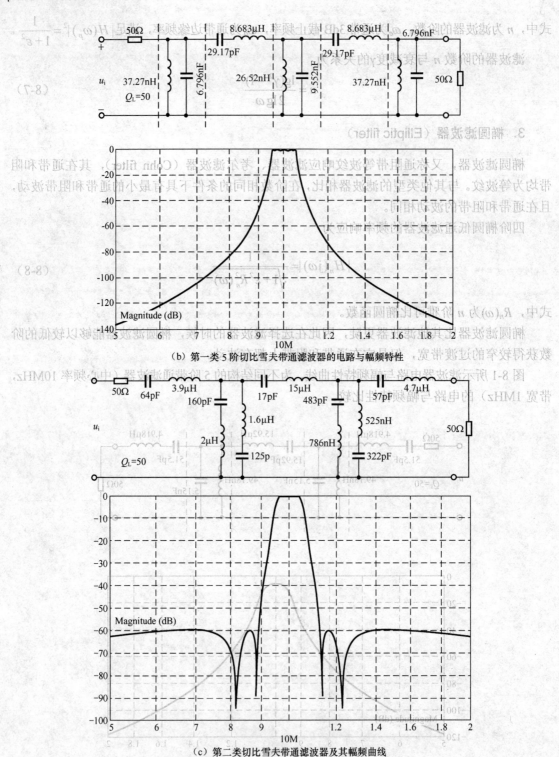

（b）第一类 5 阶切比雪夫带通滤波器的电路与幅频特性

（c）第二类切比雪夫带通滤波器及其幅频曲线

图 8-1 四类 5 阶带通滤波器的性能比较(续)

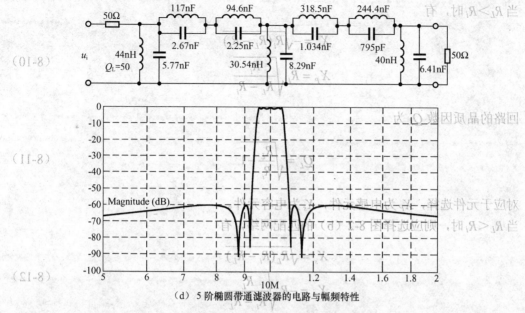

（d）5 阶椭圆带通滤波器的电路与幅频特性

图 8-1 四类 5 阶带通滤波器的性能比较(续)

比较图 8-1 的幅频特性，从矩形系数看，巴特沃斯滤波器的最大，第二类切比雪夫滤波器次之，而椭圆滤波器的最小。

根据上面的分析，滤波器的主要指标有中心频率、通带纹波系数与带宽、阻带衰减，以及输入/输出阻抗等参数。

8.1.2 匹配网络分析

第 4 章高频放大器中，分析了功率放大器的负载特性，以及天线耦合回路。当放大器的输出阻抗与负载阻抗相匹配时（两者共轭），负载可以获得最大输出功率，同时电路中不存在反射。当两者完全匹配时，可获得最大输出功率，但这并不意味着放大器具有最高的工作效率。

在无线通信系统中，匹配网络的输入阻抗与输出负载不一定相等，因此需要匹配和耦合电路，使信号传输给负载最大功率，同时在射频放大器之间进行滤波。因此，匹配网络是一类特殊的滤波器，除滤波器功能外，还有阻抗匹配功能。除第 2 章介绍的传输线变压器宽带匹配网络外，常用的 LC 窄带匹配网络有 L 型、T 型和 π 型。

1. L 型匹配网络

L 型匹配网络是最基本的匹配网络，其结构如图 8-2 所示，其输入电阻 R_i、负载 R_L，工作频率为 ω_0。

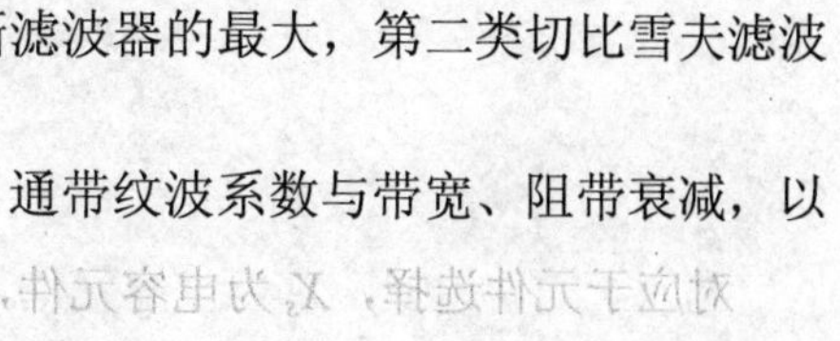

如图 8-2（a）所示，等效输入阻抗为

图 8-2 L 型匹配网络

$$Z_i = jX_s + \frac{jR_L X_p}{R_L + jX_p} = R_i \tag{8-9}$$

当 $R_L > R_i$ 时，有

$$X_s = -\sqrt{R_i(R_L - R_i)}$$
$$X_P = R_L\sqrt{\frac{R_i}{R_L - R_i}}$$

(8-10)

回路的品质因数 Q_L 为

$$Q_L = \sqrt{\frac{R_L}{R_i} - 1}$$

(8-11)

对应于元件选择，X_P 为电感元件，X_s 为电容元件。

当 $R_L < R_i$ 时，则应选择图 8-2（b）的匹配网络，有

$$X_s = \sqrt{R_L(R_i - R_L)}$$
$$X_P = -R_i\sqrt{\frac{R_L}{R_i - R_L}}$$

(8-12)

回路的品质因数 Q_L 为

$$Q_L = \sqrt{\frac{R_i}{R_L} - 1}$$

(8-13)

对应于元件选择，X_s 为电容元件，X_P 为电感元件。

需要说明的是，上述的输入阻抗，实际就是上一级电路的输出阻抗，有时不完全是纯电阻，可能呈感性或容性，在设计取值 X_P、X_s 时需要考虑。

前面介绍的 L 型匹配网络，根据输入阻抗、输出阻抗和谐振频率可确定匹配网络的元件参数，但网络的品质因数 Q_L 不可能达到很高，即网络的选择性不强。为了改善匹配网络的选择性，可将两个 L 型匹配网络串接，分别构成 T 型匹配网络和π型匹配网络。

2. T 型匹配网络

当输入阻抗和负载均为低阻抗时，可将两个 L 型匹配网络对接构成如图 8-3 所示的 T 型匹配网络。

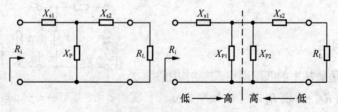

图 8-3 T 型匹配网络与等效电路

利用网络的阻抗匹配、回路谐振的条件，可通过下式计算元件参数。

$$|X_{s1}| = R_i\sqrt{\frac{R_L}{R_i}(1+Q_L^2)-1}$$

$$|X_{s2}| = Q_L^2 R_L \qquad\qquad (8\text{-}14)$$

$$|X_p| = \frac{X_{P1}X_{P2}}{X_{P1}+X_{P2}}$$

式中

$$|X_{P1}| = \frac{R_L(1+Q_L^2)}{\sqrt{\frac{R_L{'}}{R_i}(1+Q_L^2)-1}} \qquad\qquad (8\text{-}15)$$

$$|X_{P2}| = \frac{R_L(1+Q_L^2)}{Q_L}$$

式（8-15）的条件为 $\dfrac{R_L}{R_i}(1+Q_L^2)>1$

3. π型匹配网络

当输入阻抗和负载均为高阻抗时，两个 L 型匹配网络对接，如图 8-4 所示，构成π型匹配网络。

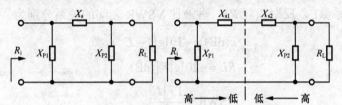

高 → 低　低 ← 高

图 8-4 π型匹配网络与等效电路

由匹配网络的阻抗匹配、回路谐振的条件，可得到元件参数的表达式

$$|X_S| = R_i\frac{Q_L+\sqrt{\frac{R_L}{R_i}(1+Q_L^2)-1}}{1+Q_L^2}$$

$$|X_{P1}| = \frac{R_i}{Q_L}$$

$$|X_{P2}| = \frac{1}{\sqrt{\frac{R_L}{R_i}(1+Q_L^2)-1}} \qquad\qquad (8\text{-}16)$$

显然，上式的条件为 $\dfrac{R_L}{R_i}(1+Q_L^2)>1$。

对 T 型和π型匹配网络，品质因数 Q_L 由中心频率 ω_0 和宽带 B_{3dB} 决定，$Q_L = \dfrac{\omega_0}{B_{3dB}}$，因此可以根据网络选择性的要求选取合适的品质因数，确定电抗参数。

对于上述 L 型、T 型和π型匹配网络，元件 X_P 和 X_s 为电抗特性相异的器件，因此，上述的网络模型实际上分别有两种取值模型，即元件 X_P 和 X_s 分别取电感与电容或电容与电感，理论上对于给定的输入阻抗和负载，无论哪种取值均可以匹配和谐振，但考虑元件取值的大小，一般结合输入和负载的电抗特性考虑，如输入阻抗为容性，则考虑与其并联（π 型）或串联（T 型）的电抗元件为电感。

8.1.3 集总滤波器的设计

滤波器的设计有多种方法，有传统的查表综合法、映像参数设计法和基于计算机辅助的设计方法。

1. 传统的设计方法

首先根据给定技术参数条件，确定滤波器的曲线和类型以及滤波器的阶数，根据设计参数确定具体曲线和归一化元件参数值，再根据实际去归一化得到实际值。高通、带通、带阻滤波器都通过低通滤波器映射获得。下面以低通切比雪夫滤波器设计为例，介绍该设计方法。

例设计特征阻抗为 50Ω，等效起伏带宽（即通带带宽）为 165MHz、纹波为 1.0dB 的 3 阶切比雪夫低通滤波器。

（1）纹波大小的确定

通带内的起伏量，既可以作为设计指标直接获得，也可通过反射系数Γ和反射损耗 RL 获得。纹波ε与反射系数Γ、反射损耗 RL、驻波比 VSWR 之间的关系分别为

$$\varepsilon(\text{dB}) = -10\lg\left(1-\Gamma^2\right)$$
$$RL = -20\lg\left|\Gamma\right|(\text{dB})$$
$$\text{VSWR} = \frac{1+\left|\Gamma\right|}{1-\left|\Gamma\right|}$$

（8-17）

（2）根据纹波大小和阻带衰减，选择合适的滤波器阶数

如图 8-5 所示，图（a）为阻带衰减特性，图（b）为-1dB 纹波特性。如 3 阶滤波器的 2 倍频处衰减-15dB 左右，5 阶滤波器的衰减大约为-20dB，并通过查表获得归一化的元件参数值，如这里选用-1dB 纹波、3 阶滤波器的归一化元件值与电路如图 8-6（a）所示。

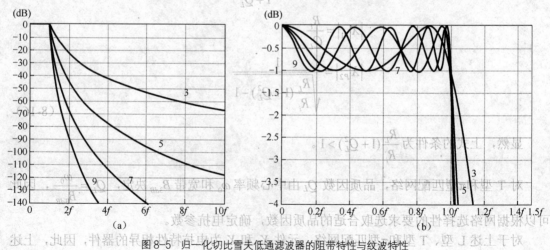

图 8-5 归一化切比雪夫低通滤波器的阻带特性与纹波特性

（3）归一化频率变换比值 M

$$M = \frac{\text{待设计的滤波器的等起伏带宽截止频率}}{\text{基准滤波器的等起伏带宽截止频率}} = \frac{165\text{MHz}}{\left(\frac{1}{2\pi}\right)\text{Hz}} = 1.036\,72 \times 10^9 \quad (8\text{-}18)$$

（4）将 3 阶归一化切比雪夫低通滤波器的所有元件值除以 M 来实现截止频率变换，得到

$$L_{\text{阻抗归一化}} = \frac{L_{\text{频率归一化}}}{M} = \frac{2.025\,39}{1.036\,726 \times 10^9} \approx 1.953\,6 \times 10^{-9}(\text{H}) \quad (8\text{-}19\text{a})$$

$$C_{\text{阻抗归一化}} = \frac{C_{\text{频率归一化}}}{M} = \frac{0.994\,10}{1.036\,72 \times 10^9} \approx 0.958\,88 \times 10^{-9}(\text{F}) \quad (8\text{-}19\text{b})$$

（5）将特征阻抗 1Ω 变换为设计指标 50Ω，电阻去归一化系数 K

$$K = \frac{\text{待设计的滤波器的特征阻抗}}{\text{基准滤波器的特征阻抗}} = 50 \quad (8\text{-}20)$$

（6）将所有电感值除 K，电容乘以 K，获得实际的电感与电容量。

$$L_{\text{实际}} = \frac{L_{\text{阻抗归一化}}}{K} = \frac{1.953\,6 \times 10^{-9}(\text{H})}{50} = 97.68\text{nH} \quad (8\text{-}21\text{a})$$

$$C_{\text{实际}} = KC_{\text{阻抗归一化}} = 50 \times 0.958\,88 \times 10^{-9}(\text{F}) = 19.18\text{pF} \quad (8\text{-}21\text{b})$$

实际的电路与参数如图 8-6（b）所示。这里根据式（2-6），选用直径 5.0mm，绕制 5 匝、长 4.05mm 的空心线圈，可获得 97.68nH 的电感量。

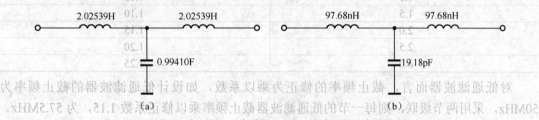

图 8-6　归一化元件参数值与去归一化实际设计参数值

2．映像参数设计法

映像参数设计，是以 L 型低通或高通滤波器为基础，通过翻转对接一级联组成多级低通、多级高通或多级带通滤波器的设计方法，该方法不需要计算机辅助分析或查表，设计简单。

（1）半节低通滤波器与对接

常用的低通滤波器半节有两种类型，如图 8-7 所示。

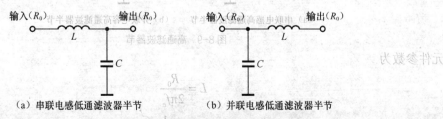

（a）串联电感低通滤波器半节　　（b）并联电感低通滤波器半节

图 8-7　低通滤波器节

元件参数为

$$L = \frac{R_0}{2\pi f_c}$$

$$C = \frac{1}{2\pi f_c R_0}$$

$$(8\text{-}22)$$

通过级联可构成任意边沿陡峭的低通滤波器，图 8-8 为低通滤波器半节级联组成的 T 型和π型滤波器。

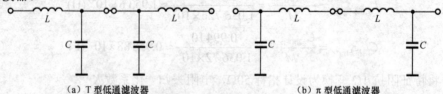

(a) T 型低通滤波器　　　　　　　　(b) π 型低通滤波器

图 8-8　低通滤波器节的级联

显然，通过连接半节，可增加电容或增加电感，改善滤波器的通带与阻带特性，但随着滤波器节数的增加，实际滤波器的截止频率会不断下降，因此，对级联的滤波器元件参数与截止频率需要进行修正，如提高半节滤波器的截止频率，经过多级级联后恰好下降到所需的频率点，表 8-1 为级联低通滤波器的修正系数。

表 8-1　　　　　　　　　　　　　　级联低通滤波器修正系数

节　　数	修　正　系　数
0.5	1.00
1.0	1.05
1.5	1.10
2.0	1.15
2.5	1.20
3.0	1.25

对低通滤波器而言，截止频率的修正为乘以系数，如设计低通滤波器的截止频率为50MHz，采用两节级联，则每一节的低通滤波器截止频率乘以修正系数 1.15，为 57.5MHz。

（2）高通滤波器

交换低通滤波器的电感与电容位置，可获得高通滤波器，如图 8-9 所示。

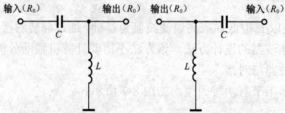

(a) 串联电感高通滤波器半节　　　(b) 并联电容高通滤波器半节

图 8-9　高通滤波器节

元件参数为

$$L = \frac{R_0}{2\pi f_c}$$

$$C = \frac{1}{2\pi f_c R_0}$$

$$(8\text{-}23)$$

通过级联可构成任意边沿陡峭的高通滤波器，图 8-10 为高通滤波器半节级联组成的 T 型和π型滤波器。

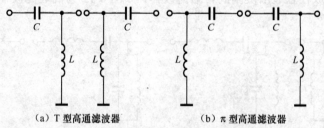

（a）T 型高通滤波器　　　　　　（b）π 型高通滤波器

图 8-10　高通滤波器节的级联

高通滤波器节的级联设计，其参数也需要考虑修正系数，但与低通滤波器的级联修正系数不同，如表 8-2 所示。

表 8-2　　　　　　　　　**级联高通滤波器修正系数**

节　　数	修 正 系 数
0.5	1.00
1.0	0.95
1.5	0.9
2.0	0.85
2.5	0.80
3.0	0.75

（3）带通滤波器

带通滤波器的映像参数设计方法与低通和高通滤波器的设计方法类似，但要复杂得多，其基本的带通滤波器半节如图 8-11 所示。

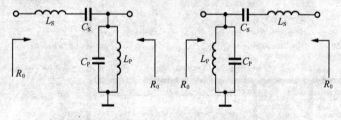

（a）串联带通滤波器半节　　　　　（b）并联带通滤波器半节

图 8-11　带通滤波器半节

半节元件参数为

$$\begin{cases} L_s = \dfrac{R_0}{2\pi(f_{ch} - f_{cl})} \\[2mm] C_s = \dfrac{f_{ch} - f_{cl}}{2\pi f_{ch} f_{cl} R_0} \\[2mm] L_P = \dfrac{R_0(f_{ch} - f_{cl})}{2\pi f_{ch} f_{cl}} \\[2mm] C_p = \dfrac{1}{2\pi R_0(f_{ch} - f_{cl})} \end{cases} \qquad (8\text{-}24)$$

式中，f_{ch}、f_{cl} 分别为滤波器的上限截止频率和下限截止频率。

通过级联可构成任意边沿陡峭的带通滤波器，如图 8-12 为高通滤波器半节级联组成的 T 型和 π 型滤波器。

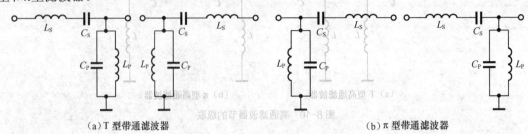

(a) T 型带通滤波器　　　　　　　　　　　　　(b) π 型带通滤波器

图 8-12　带通滤波器节的级联

3. 基于计算机辅助的设计方法

随着计算机技术的发展，滤波器的设计已经图形化，非常方便，常见的设计软件有 Filter Solutions Ver 8.1、AADE Filter Design V4.5 等。下面以 Filter Solutions Ver 8.1 为例，说明滤波器的设计过程。

其设计界面如图 8-13 所示。滤波器的曲线类型（高斯、贝塞尔、巴特沃斯、切比雪夫 I/II、椭圆滤波等）、通带类型（低通、高通、带通、带阻等）、阶数与指标（通带与阻带）、电路类型（无源、传输线、有源和数字）和电路参数（信号源类型、源内阻和负载、Q 值等）可以直接填入，设计结果可以观察幅频、相频和群时延曲线，电路与传输函数。

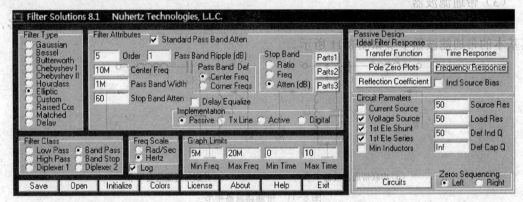

图 8-13　滤波器设计软件界面

例如，设计中心频率为 10MHz，带宽 1MHz，5 阶椭圆带通滤波器，阻带衰减 60dB，源内阻和负载均为 50Ω。经过运行，获得滤波器电路与幅频曲线如图 8-1（d）所示。

对于集总滤波器设计，尤其在高频段，为了减小插入损耗，需要使用高 Q 值电感，电容也要求高频性能与温度特性好。同时，滤波器一般采用奇数阶，以提高滤波器的终端阻抗调节能力。

8.1.4　双工器滤波器

双工器滤波器是用于分离两个或多个频段信号的滤波器，如隔离发射和接收的频率信号，常用于异频双工电台、中继台，其作用是相互隔离，保证接收和发射都能同时正常工作，而用于混频器后的双工器滤波器则是滤除不需要的干扰。双工器滤波器具有不同的组合方式，如带通/带阻、带通/低通、低通/高通等，如图 8-14 所示，由两组不同频率的带通/阻带滤波器组成，其中滤波器 1 为带通滤波器，滤波器 2 为带阻滤波器，有用信号通过滤波器 1 到达接收机中频放大器，而不需要的信号则通过滤波器 2 被吸收，不形成反射，降低混频器的交调干扰（IMD）。

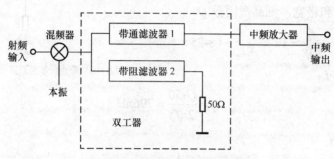

图 8-14　带通双工滤波器的应用

在双工通信系统中，发射频率与接收频率是不同的，即占用不同的信道，为避免本机发射的强信号传输到本机的接收端，一般双工器由六个带阻滤波器（陷波器）组成，分别谐振于发射和接收频率。接收端滤波器谐振于本机发射频率，在接收端吸收掉发射功率，发射端滤波器谐振于本机的接收频率，吸收掉接收频率信号。

通常，双工器根据无线通信系统的发射和接收频率定制，其主要指标有：

（1）工作频率及带宽　双工器的工作频率范围比无线通信系统本身的工作频率范围要宽，其带宽为两个等效带阻滤波器的阻带带宽。如根据我国无线电频率管理部门的规定，用作双频双工组网的双工无线电话，150MHz 工作的收发频差为 5.7MHz，450MHz 工作时为 10MHz，因此，双工器的带宽为收发频差的一半，即 150MHz 时为 2.85MHz，450MHz 时为 5MHz。

（2）隔离度　双工器的隔离度是指两个等效带阻滤波器的阻带衰减量，一般双工器的接收通道和发射通道中的阻带衰减量，与双工器的接收端和发射端至天线端的隔离度相当。发射端的衰减量，是在强接收信号的情形下，以接收频率信号对发射机不产生互调干扰为准，通常隔离度在 60dB 以上时即可。接收端的衰减度，要足以阻止发射机端到天线输出的射频功率对本振接收端的干扰，因此双工器的接收通道实际是一个对应于整机发射频率的带阻滤波器。

（3）插入损耗　双工器的插入损耗是指对应于通道中，通带频点对有用信号的损耗。对发射通道而言，插入损耗小，有利于整机的输出功率和效率的提高。

双工器除以上讨论的指标外，还有频率稳定度、特性阻抗、最大输入功率、驻波比等。最大输入功率是指双工器所能承受的最大输入功率，是双工器的使用安全性指标。为保证整机的安全性和通信效果，通常双工器的驻波比在 1.4 以下。

在双工器滤波器的设计中，要求两个滤波器的通带没有重叠，否则会增大插入损耗或降低回波损耗。通常，带通双工器滤波器的输入部分为串联谐振回路。

例如设计一吸收型集总带通双工器滤波器，其参数为：信号频率 $f_0 = 120$MHz、带宽 $BW = 10$MHz，负载 $Z_0 = 50\Omega$。

典型的双工器滤波器的结构如图 8-15 所示。

图中，L_1C_1、L_2C_2 均谐振于信号频率，但前者并联谐振，对有用信号呈现高阻抗，吸收其他频率成分，后者串联谐振，允许有用信号通过，对其他频率成分呈现高阻抗。

根据工作频率和带宽，则品质因数 Q

$$Q = \frac{f_0}{BW} = 12 \qquad (8\text{-}25)$$

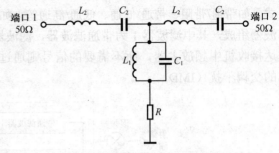

图 8-15　带通吸收型双工器滤波器的设计

串联谐振电感 L_2

$$L_2 = \frac{Q \cdot 50}{2\pi f_0} = 796\text{nH} \qquad (8\text{-}26)$$

对应的电容 C_2

$$C_2 = \frac{1}{L_2(2\pi f_0)^2} = 2.2\text{pF} \qquad (8\text{-}27)$$

并联谐振电感 L_2

$$L_2 = \frac{50}{Q \cdot 2\pi f_0} = 5.5\text{nH} \qquad (8\text{-}28)$$

对应的电容 C_2

$$C_2 = \frac{1}{L_2(2\pi f_0)^2} = 318\text{pF} \qquad (8\text{-}29)$$

电阻 R

$$R = 50\Omega \qquad (8\text{-}30)$$

8.2　射频开关与射频信号变换

8.2.1　射频开关电路

在高频长距离通信中，由于损耗、电磁干扰（EMI）以及其他问题，需要射频开关远程控制射频电流。射频开关有吸收型和反射型两种，对射频输入信号而言，吸收型开关是一个 50Ω 的终端，反射型开关则在电路处于关闭状态时，允许射频输入处于短路状态。

常用的射频开关有有源开关、无源开关和机械开关。有源开关由三极管开关电路组成，通过控制三极管的饱和或截止来控制三极管的开关状态，如图 8-16（a）所示。图中 LC 为扼流圈。

目前，应用较多的是 GaAs 场效应管，如图 8-16（b）所示，器件μPG2214TB 的开关速率可达到 3GHz，端端隔离度达到 27dB，插入损耗仅 0.25dB，因此广泛应用在数字蜂窝电话、WLAN、WLL 和 Bluetooth 等场合。

以 PIN 二极管为代表的无源开关，可以承受更高的信号峰值，常用于功率信号切换场合，如图 8-17 所示。当射频信号需要从发射端口 TX 传输到天线 ANT 端口时，V_{CNTRL} 设置为正电压，两个 PIN 二极管 VD_1、VD_2 处于导通状态，TX 信号可以到达 ANT 端，但信号被 90° 相移的 50Ω 传输线阻止，该传输线被正向偏置的二极管 VD_2 短路，因此该传输线对 TX 射频信号相当于开路。

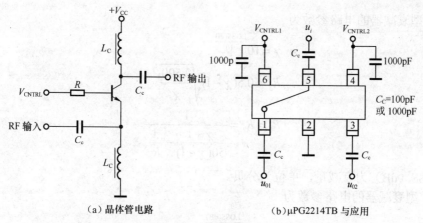

（a）晶体管电路　　　　　（b）μPG2214TB 与应用

图 8-16　三极管射频开关

在接收信号时，V_{CNTRL} 设置为 "0"，两个 PIN 二极管均处于截止状态，射频阻抗非常大，接收信号从 ANT 端口到 RX 端口，但不能到达 TX 端口，此时，90°相移的 50Ω 传输线为常规的 50Ω 传输线。

关于元件的取值，首先考虑到二极管固有的寄生电容，为了达到所需要的隔离度，需选择具有低电容值特性的串联电感型二极管 VD_2，使 RX 开关的隔离度最大，通常控制 PIN 的导通电流为 20mA，扼流圈 LC 在截止频率处的阻抗为 600Ω，旁路电容 C_B、耦合电容 C_C 在截止频率处的阻抗为 1Ω，限流电阻 R 以 1.8V/10mA 考虑。

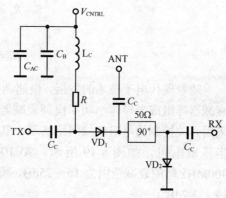

图 8-17　应用于微波频段的 SPDT PIN 二极管开关

8.2.2　衰减器

衰减器是在指定的频率范围内，通过预定的衰减电路，实现信号幅度的降低或改善回波损耗，并保持合适的输入与输出阻抗。在有线电视系统里，广泛使用衰减器实现多端口对电平的不同要求，如放大器的输入端、输出端电平的控制，分支衰减量的控制等。

衰减器的主要指标有：工作频带、衰减量、功率容量、回波损耗和功率系数等，衰减器与匹配网络不同，后者由电感、电容纯电抗元件组成，要求谐振、阻抗匹配与功率最大传输，而衰减器主要是将信号幅度降低，大多采用纯电阻网络，但两者也有相似之处，如减小回波损耗，端口阻抗匹配等。衰减器分为无源衰减器和有源衰减器两类。在高频电路中，大都采用无源衰减器。无源衰减器有固定衰减器和可变衰减器两类，常用的固定衰减器结构有 T 型和 π 型，如图 8-18 所示。

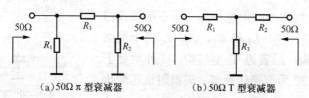

（a）50Ω π 型衰减器　　　　　（b）50Ω T 型衰减器

图 8-18　常用衰减器电路

　　50Ω π型衰减器的电路参数为

$$\chi = 10^{\frac{LOSS(dB)}{10}}$$

$$R_3 = 0.5(\chi-1)\sqrt{\frac{2\,500}{\chi}}$$

$$R_1 = R_2 = \frac{1}{\dfrac{\chi+1}{50(\chi-1)} - \dfrac{1}{R_3}}$$

（8-31）

式中，LOSS（dB）为衰减量，单位为分贝。

　　50Ω T 型衰减器的电路参数为

$$\chi = 10^{\frac{LOSS(dB)}{10}}$$

$$R_3 = \frac{100\sqrt{\chi}}{\chi-1}$$

$$R_1 = R_2 = 50 \cdot \frac{\chi+1}{\chi-1} - R_3$$

（8-32）

　　随着现代电子技术的发展，快速调整衰减器得到了广泛应用，如 PIN 管或 FET 单片集成衰减器等组成半导体小功率快调衰减器，或者采用开关控制的电阻衰减网络实现，其内部相当压敏电阻，如图 8-19 所示，AV104-12 在 900MHz 时的衰减范围为 16～25dB，插入损耗最大 3.7dB。

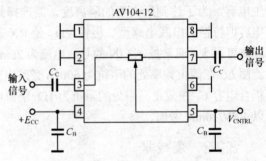

图 8-19　基于 AV104-12 的可控衰减器

8.2.3　信号转换器

　　信号转换器主要包括平衡—不平衡转换器、分路器/合路器，与前面介绍的功率合成与功率分配有所差异。

1. 平衡—不平衡转换器

　　平衡级输入或输出均为双端口组成，两个端口传输反向的信号，但幅度相等；而不平衡级接口的一个端口接地，另一端口传输信号。在信号传输中，常需要将平衡信号转换为不平衡信号传输，或反之。在第 2 章介绍了传输线变压器实现宽带的平衡—不平衡的转换，这里介绍窄带的平衡—不平衡转换器。

　　如图 8-20 所示，为常用的集总平衡—不平衡转换器电路，该转换器由 C_1、C_2、L_1 和 C_3、C_4、L_2 两个网络组成，前者为π型结构，后者为 T 型结构，工作时处于谐振状态，因此图 8-20 为窄带转换器。根据阻抗匹配传输的关系，元件参数为

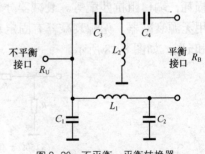

图 8-20　不平衡—平衡转换器

$$L_1 = L_2 = \frac{\sqrt{R_U R_B}}{2\pi f_0}$$

$$C_1 = C_2 = C_3 = C_4 = \frac{1}{2\pi f_0 \sqrt{R_U R_B}} \tag{8-33}$$

式中，R_U 为不平衡端口的负载电阻或源电阻，R_B 为平衡端口的负载电阻或源内阻，f_0 为信号频率。

需要指出的是，平衡—不平衡转换器是可以交换使用的，既可以作为平衡—不平衡转换，也可以作为不平衡—平衡转换器使用。

2. 分路器与合路器

分路器是将一路输入信号分为多路信号，各端口输出信号的幅度与相位均相同；而合路器是将多路输入信号进行线性混合，不产生新的频率成分，对于同频同相信号而言，其合路的插入损耗应小于 0.4dB，对于不同频率的信号，合路插入损耗应小于 3dB。

图 8-21 为三种常用的分路器/合路器的电路。

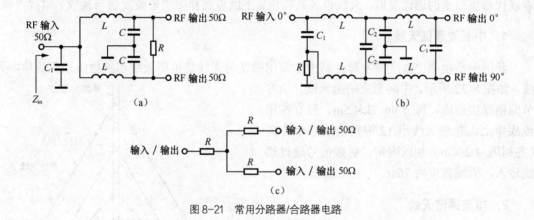

图 8-21 常用分路器/合路器电路

图 8-21 （a）为 LC 分离式射频信号分路器/合路器，其插入损耗比纯电阻的要低，端口间的隔离度至少在 20dB 以上，但电路具有电抗特性、带宽较小的缺点。其参数选择为

$$L = \frac{50}{4.4 f_0} \quad C = \frac{1}{445 f_0} \quad C_1 = 2C \quad R = 2 \cdot Z_{in} \tag{8-34}$$

图 8-21 （b）为具有相移的分路器/合路器，两路输出（入）的信号相位相差 $90°$，其带宽仍然较小，其参数选择为

$$L = \frac{R}{2\pi f_0} \quad C_1 = \frac{0.1}{2\pi f_0 R} \quad C_2 = \frac{1}{2\pi f_0 R} \quad R = 50\Omega \tag{8-35}$$

图 8-21 （c）为纯电阻分路器/合路器，其带宽非常宽，但插入损耗也很高，达 6～7dB，端口间的隔离度也较低。以 50Ω 为例，其参数选择 $R = 50/3\Omega$。

与平衡—不平衡转换器一样，分路器与合路器也可以互换使用，但输出的两路信号的相位关系是不同的。

8.3　通信天线

天线是无线电设备中辐射或接收无线电波的装置，是无线电通信装备、雷达、电子对抗设备和无线电导航设备的重要组成部分。发射天线的任务是将发射机输出的高频电流能量转换成电磁波辐射出去，即将高能的振荡信号以电磁波的形式辐射出去，形成交变的电场与磁场；接收天线是发射天线作用的逆过程，是将空间电波信号转换成高频电流能量送给接收机。通常一副天线既可作为发射天线，也可作为接收天线，配有双工器的天线可以收发同时共用，但有些天线只作接收天线或发射天线使用。

8.3.1　天线结构与分类

根据不同的结构，天线分为线天线和面天线两类，前者由金属导线（杆）组成，后者一般为金属面制成；按用途不同，分为通信天线、广播和电视天线、雷达天线、导航和测向天线等；按工作波长不同，分为长波天线、中波天线、短波天线、超短波天线和微波天线等。其中线天线主要用于长波、短波和超短波；面天线具有更强的方向性，多用于微波波段。随着现代通信技术的迅速发展，天线也各具特色。下面重点介绍中短波发送与接收、电视天线。

1．中长波通信天线

我国中小功率中波广播发射台站中，常用的发射天线是单塔天线和斜拉线顶负荷单塔天线，如图 8-22 所示，中间直立的为天线，由多节圆钢焊接而成，每节 4m 或 4.5m，竖立在绝缘底座上。单塔天线用 12 根拉线从三个方向（各相隔 1 200m）加以固定，射频信号通过馈线输入，天线高度约 76m。

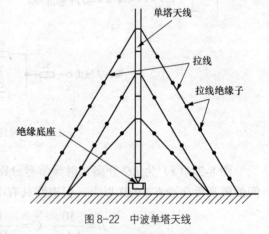

图 8-22　中波单塔天线

2．短波通信天线

短波段无线电波的频率在 3～30MHz，常用的天线有水平对称振子天线、笼形振子短波天线和 V 形对称振子天线等，图 8-23 为常用的水平对称振子天线和笼形振子天线示意图，其差别为振子结构不同。如图 8-23（a）所示水平对称振子天线的两臂为单股或多股铜线，长度为 l，一般为 3～6m。两臂之间有高频瓷材料的绝缘子相连，天线两端也通过绝缘子与支架相连。无线电信号通过双馈线从中间输入，常用于通信距离在 300km 范围内的短波通信用天线。

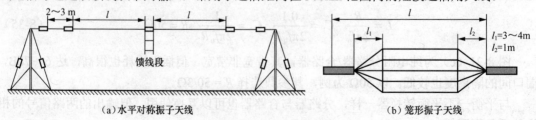

（a）水平对称振子天线　　　　　　　　　　（b）笼形振子天线

图 8-23　短波发射天线

图 8-23（b）为笼形振子短波天线，将 6～8 根导线排成圆柱形，类似两个笼子作为振子的两臂，可提高输出功率，改善输入阻抗特性及带宽。

3．中短波接收天线

中波收音机的工作频率较低，一般采用漆包沙线绕组在磁棒上构成，如图 8-24 的左半部分，感应电磁波的天线匝数较多，为 60～80 匝，次级的匝数少，为 5～10 匝，通过磁棒耦合，磁棒的材料为锰锌铁氧体（MX 系列），其初始导磁率为 400，工作频率在 1kHz～10MHz。图中 C_T 为补偿电容，C_1 为调谐电容。

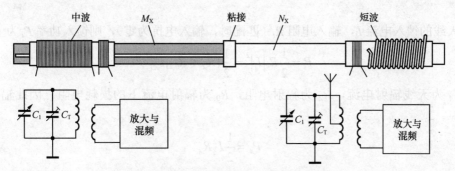

图 8-24　中短波收音机接收天线与接收回路

短波收音机的接收天线可以是拉杆天线或磁棒绕漆包铜线，磁棒材料为镍锌铁氧体（NX系列），工作频率为 1～300MHz，初始磁导率为 60 或 40，如图 8-24 所示。

4．电视及调频广播天线

电视所用的频段为超短波段，包括甚高频（VHF，频率范围 48.5～223MHz）和特高频（UHF，频率范围 470～958MHz），以空间波传播，因此，天线要架设在高大建筑物顶端或专用的电视塔上。常见的有旋转场天线、蝙蝠翼天线、环形天线、引向天线等，如图 8-25 所示。

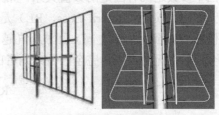

（a）双偶极子电视发射天线（b）蝙蝠翼电视发射天线

图 8-25　常用电视发射天线

调频信号，如电视伴音信号、调频广播信号，其工作频段高，因此与中短收音机天线不同，其长度大大减小，如常用的羊角拉杆天线、环形天线，以及引向天线等，其结构如图 8-26 所示。

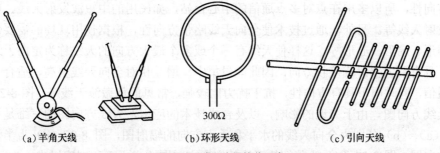

（a）羊角天线　　　　　　（b）环形天线　　　　　（c）引向天线

图 8-26　常用电视接收天线

8.3.2 天线的指标

天线的主要特性指标有输入阻抗、方向图、增益和效率，以及驻波比、极化方式等。性能良好的天线可以改善系统的信噪比，提高辐射功率等。

1. 天线的输入阻抗

天线的输入阻抗是天线馈电端输入电压与输入电流的比值。通常功率放大器输出的功率信号经过匹配网络，由馈线与天线连接，要求天线输入阻抗为纯电阻且等于馈线的特性阻抗。

设天线的馈入电流 I_i，输入电阻 R_i（匹配时，输入电抗为零），则馈入功率 P_i 为

$$P_i = \frac{1}{2} R_i |I_i|^2 = \frac{1}{2}(R_A + R_0)|I_A|^2 \tag{8-36}$$

式中，I_A 为天线辐射电流，R_A 为辐射电阻，R_0 为辐射电流下的损耗电阻。因此辐射功率 P_A 为

$$P_A = \frac{1}{2} I_A^2 R_A \tag{8-37}$$

当天线输入阻抗与馈线的特性阻抗不一致时，将产生反射波，并与入射波在馈线上叠加形成驻波，电压驻波比过大，实际发送功率降低，将缩短通信距离，而且反射功率返回发射机功放部分，容易烧坏功放管，影响通信系统正常工作。

匹配良好的天线要求在馈线终端没有功率反射和驻波，因而天线的输入阻抗随频率的变化比较平缓。衡量匹配好坏的四个参数为：驻波比与行波系数、回波损耗 RL 与反射系数Γ，四个参数之间有固定的数值关系，常用的是驻波比和回波损耗。

回波损耗（Return Loss，RL）是反射系数Γ绝对值的倒数，以分贝值表示。回波损耗的值在 0dB 到无穷大之间，回波损耗越小表示匹配越差，回波损耗越大表示匹配越好。0 表示全反射，无穷大表示完全匹配。两者的关系为

$$RL = 20 \lg \frac{VSWR + 1}{VSWR - 1} \tag{8-38}$$

2. 天线方向图与极化方式

天线对空间不同方向具有不同的辐射或接收能力，这就是天线的方向性。衡量天线方向性的工具是方向图，在水平面上，辐射与接收无最大方向的天线称为全向天线。全向天线由于其无方向性，所以多用在点对多点通信的中心台站，如民用的中短波发射天线、电视与移动通信发射天线等。另外，通过技术使全向天线略带方向性，根据使用现场的需要使方向图成为椭圆形、扇形、心形等，这样使天线有一个或多个最大方向的天线称为定向天线；定向天线由于具有最大辐射或接收方向，因此能量集中，增益相对全向天线要高，适合于远距离点对点通信，同时由于具有方向性，抗干扰力比较强，常见的如微波天线等。图 8-27 所示为常见的天线方向图。由于大地的影响，以及合成技术的应用，天线方向图的三维是不同的，图 8-27（a）、（b）分别为全向天线的水平和垂直方向的辐射图，图 8-27（c）为半波双极子天线的方向图，图 8-27（d）为某智能天线的定向方向图，由主瓣和副瓣组成。

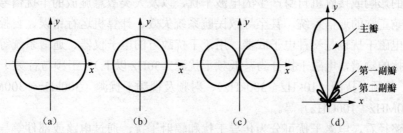

图 8-27 几种常见的天线方向图

电磁波由交变的电场和磁场组成，天线辐射时形成电磁波的电场强度方向称为天线极化。当其电场强度方向垂直于地面时，称为垂直极化；当电场强度方向平行于地面时，称为水平极化。由于水平极化电磁波在贴近地面传播时在大地表面产生极化电流，`因受大地阻抗的影响产生热能，致使电场信号迅速衰减，而垂直极化电磁波则不易产生极化电流，从而避免了电磁波能量的大幅衰减，保证了信号的有效传播，故一般采用垂直极化的传播方式。随着新技术的发展，近年来又出现了双极化天线，分为垂直/水平极化和±45°极化两种模式，性能上后者优于前者，因此目前大部分采用的是±45°极化方式。

3. 天线的增益

天线增益是指在输入功率相等的条件下，实际天线与理想的辐射单元在空间同一点处所产生的信号功率密度之比。天线增益是用来衡量天线朝一个特定方向收发信号的能力，与天线方向图有密切的关系，如图 8-27（d）所示方向图的主瓣越窄、副瓣越小，则增益越高。

天线增益的单位有 dBd 和 dBi。dBi 是相对于点源天线的增益，在各方向的辐射是均匀的，如 GSM 定向基站的天线增益为 18dBi，全向的为 11dBi。dBd 相对于对称阵子天线的增益，两者的关系为 dBi = dBd + 2.15。

天线的增益与天线的结构、工作频率密切相关。如直立全向天线的增益为

$$G(\text{dBi}) = 10\lg\frac{2L}{\lambda_0} \tag{8-39}$$

式中，L 为天线长度，λ_0 为工作波长。

抛物面天线，具有极强的方向性，其增益近似为

$$G(\text{dBi}) = 10\lg\left(\eta\left(\frac{\pi D}{\lambda_0}\right)^2\right) \tag{8-40}$$

式中，D 为抛物面的直径，单位为 m，η 为天线效率，一般为 0.5～0.75。

8.4 电磁干扰与散热

8.4.1 电磁干扰概述

电磁干扰（electro magnetic interference，EMI）是指无线电通信系统中，接收机在接收信号的同时，接收到的干扰信号，统称为电磁干扰，既包括自然界的雷电、太阳黑子活动等对电磁波产生的干扰，也包括人类活动产生的干扰，如电氧焊、电机转动产生的脉冲干扰、邻

近频道产生的影响或接收机自身产生的电波干扰，以及人类故意施放的干扰信号等。电磁干扰将严重影响正常的通信系统，甚至导致民航系统失效、计算机运行错误、自控设备误动作等；同时，电磁干扰也是一种电子武器，用于干扰敌方的电子仪器、通信系统等。

根据干扰的频谱，电磁干扰分为甚低频干扰源（30Hz 以下）、工频与音频干扰源（50Hz 及其谐波）、载频干扰源（10kHz～300kHz）、射频及视频干扰源（300kHz～300MHz）、微波干扰源（300MHz～100GHz）等。

从传播路径看，电磁干扰可分为传导干扰和辐射干扰，通过电路或部件等导介质将干扰信号逐级耦合传播，称为传导干扰，在低频电路比较常见，如通过电源线或地线传播的干扰；而辐射干扰是指干扰源通过空间把其电磁波干扰信号耦合到接收机，在高频电路中常见，如高速系统中的高频信号线、集成电路的引脚、各类接插件等都可能成为具有天线特性的辐射干扰源，能发射电磁波并影响其他系统或本系统内其他子系统的正常工作。

8.4.2　电磁干扰抑制

电子系统受电磁干扰的程度，由于干扰源、传导途径和接收机的敏感程度决定。因此抑制电磁干扰的措施可分为：抑制电磁干扰源、切断电磁干扰耦合途径和降低电磁敏感装置的敏感性。

1．抑制干扰源

根据干扰频率与频谱结构分析，首先确定是本机产生或外来电磁波所造成的干扰。

对于本机产生的干扰，有低频的电源噪声与干扰，特别是开关电源的干扰；高频脉冲干扰，如数字电路、微处理器运行产生的干扰；高频模拟干扰，如本振、接收机混频器的非线性失真与干扰等。

针对本机产生的干扰，可采取相应的措施进行抑制，如低频电源干扰，在交流部分增加T 型滤波，直流稳压部分降低接地电阻，采用扼流圈、去耦等加强滤波；对数字电路等引起的脉冲干扰，可考虑单独供电，信号隔离处理；对于高频干扰，主要从设计线路、布线布局处理，并选用低噪声、高频特性好、稳定性高的电子元件，克服器件间的干扰。

对于外部干扰，同样需要确定干扰源的频谱结构、方位与频率范围，才能选择合适的抑制措施。常见的外部干扰源有邻近发射机、附近的电机、电器的干扰，邻近信道的无线电干扰，人为的窄带或宽带干扰，天电与宇宙噪声干扰等。

电机电器的干扰，通常频率不高，在射频段的强度小，但对中频接收机，如中短波段收音机的影响较大，若距离干扰源一定的距离，干扰强度急剧下降，因此可通过地理位置的选择进行抑制；邻近信道的干扰，往往是由于其他发射机的频率与功率不合规范，或接收机的混频器引起，对于前者，可通过无线电管理委员会干预，对于后者，可通过增强天线接收回路的选择性处理，抑制外来干扰；对于人为干扰，考虑从通信体制、调制解调与编解码技术联合处理，如跳频技术、天线定向技术等来抑制。

2．切断电磁干扰耦合途径

电磁干扰的途径主要为传导和辐射两种。经导线直接耦合到电路中传导干扰，可通过串接滤波器处理，如工频干扰，可采用陷波器吸收干扰；对高频无线电干扰，可通过选频网络放大有用信号、抑制干扰信号。对于线路间的干扰，可通过改善传输线路和印刷电路板的布线设计克服，如信号线与电源线尽量分开。

对于辐射干扰，主要措施是采用屏蔽技术和分层技术。选择适当的屏蔽材料，在合适的位置进行屏蔽，如电视机的高频头、手机的射频端，均为屏蔽处理，既防止外部射频信号的干扰，又可防止本振信号对本机或其他通信系统的干扰。对于外部射频干扰，还可通过定向天线进行抑制，如天线的接收方向面向发射天线，而将干扰信号处于衰落方向，通过天线增益提高接收机的信号—干扰功率比（简称为信干比）。

3. 降低接收机的敏感度

通信接收机往往要求接收灵敏度高，提高对信号的接收能力，但高灵敏度同样也使接收机受干扰的影响更大。如果在产品开始研制时即进行电磁兼容设计，大约 90% 的传导和辐射干扰都可以得到控制，但干扰始终是存在的，因此，如何在抑制干扰的同时，提高通信系统在干扰环境下的生存能力，是电磁兼容性（electromagnetic compatibility，EMC）研究的重要内容。电磁兼容性是指电子线路、系统相互不影响，在电磁方面相互兼容的状态。因此，EMC 一方面是指设备在正常运行过程中对所在环境产生的电磁干扰不能超过一定的限值；另一方面是指系统对所在环境中存在的电磁干扰具有一定程度的抗扰度。EMC 是所有电子产品设计与生产应遵循的技术规范。

8.4.3　PCB 布局与布线

无线通信系统往往在线路设计与调试时正常，但经过制板加工后，容易出现电磁干扰，导致设计失败，这大部分是由于电路板的布局与布线不合理引起的。

根据电磁兼容性的要求，在元器件的布局方面，每个电路模块尽量不产生电磁辐射，并且具有一定的抗电磁干扰能力。根据经验，高频电路的元器件应尽可能同一方向排列，方便焊接；优先考虑较大的元器件，确定相应位置，并考虑相互间的配合问题；元器件间最少要有 0.5mm 的间距，且间距应尽可能宽。对于双面板，表面焊接元件与分立元件各为一面。

根据电路功能进行分块处理，模块间以地线隔离，各个电路模块有各自的地线，地线之间用高频磁珠连接汇总于总地线。尽可能将强电信号和弱电信号分开，将数字信号电路和模拟信号电路以地线隔离，且数字地与模拟地分离，最后也用高频磁珠连接于电源地，以减小高频干扰。电源去耦也是克服射频芯片对电源噪声敏感的必要手段，通常在每个芯片的电源端采用若干个电容和一个隔离电感滤除电源噪声，排板时电容尽量靠近芯片电源脚。电路中易受干扰的元器件在布局时应尽量避开干扰源。

在布线阶段，尽量选用低密度布线设计，并且信号走线尽量粗细一致，有利于阻抗匹配，引线尽量短，减小引线电感；电源线要尽可能宽，以减少环路电阻，同时使电源线、地线的走向和数据传递的方向一致，以提高抗干扰能力；元件间连线尽量短，减小过孔，以减少分布参数和相互间的电磁干扰；对不相容的信号线应尽量相互远离，且尽量避免平行走线，而在正反两面的信号线应相互垂直；由于过孔易产生引线电感，信号线尽量布线表层，避免使用过孔进入另一层；布线拐角的地方应以 135° 角为宜，避免拐直角。

布线时与焊盘直接相连的线条不宜太宽，走线应尽量远离不相连的元器件，以免短路；过孔不宜画在元器件上，且应尽量远离不相连的元器件，以免在生产中出现虚焊、连焊、短路等现象。在高频电路 PCB 设计中，电源线和地线的线宽不可太细，正确布线显得尤其重要，合理的设计是克服电磁干扰的最重要的手段。

PCB 上相当多的干扰源是通过电源和地线产生的，由于地线存在阻抗，地线极易引起噪声干扰。优化电源和地，从而适当抑制电磁干扰，如尽量减小电路板引线的辐射环面积，避免在电路板上出现沟槽，避免电源层的天线作用等。

有关电磁干扰抑制的详细措施，可参考相关文献。

8.4.4 射频屏蔽与散热

为了抑制电磁干扰，往往要求对高频通信设备的高频敏感元器件进行屏蔽，但屏蔽又往往带来散热的问题。

1. 射频屏蔽

当高频电磁波试图穿过屏蔽结构的金属防护时，屏蔽物通过反射，将电磁波能量转化为热能，称为射频屏蔽。屏蔽通常采用高导磁材料或导体材料制成。屏蔽物限制了设备内部的辐射电磁波形成的电磁干扰，也屏蔽了外部的辐射电磁波对屏蔽区域的干扰。屏蔽的对象为电路中的敏感元器件，如高增益和高功率芯片、VCO 芯片等，以及如电视接收机的高频头、手机内的射频接收端部件等；在无线电设备的测试中，通常采用金属网状结构覆盖测试实验室，为无线通信设备的测试提供无干扰的测试环境。

按机理分，屏蔽可分为电场屏蔽、磁场屏蔽和电磁场屏蔽。将电场感应看成分布电容间的耦合，将屏蔽板接近敏感元器件，破坏电容间的耦合，屏蔽材料通常为金属材料，称为电场屏蔽；磁场屏蔽是对直流或低频磁场的屏蔽，其效果不及电场屏蔽和电磁场屏蔽，通常选用高导磁材料，减小屏蔽体的磁阻，降低屏蔽体与敏感元器件间的磁耦合，降低屏蔽体内部的磁场强度；电磁场屏蔽是通过屏蔽体反射外部的电磁波、吸收内部电磁场实现的，当空间电磁波到达屏蔽体表面时，由于空气与金属的交界面上阻抗不连续，对入射波产生的反射，未被表面反射而进入屏蔽体的电磁波，在屏蔽体内向前传播的过程中，被屏蔽材料所衰减，在屏蔽体内尚未衰减掉的剩余电磁波，传到材料的另一表面时，遇到金属—空气阻抗不连续的交界面，会形成再次反射，并重新返回屏蔽体内。这种反射在两个金属的交界面上可能有多次的反射，最终被屏蔽体内的屏蔽材料吸收或转化为能量损耗而发散掉。

对于不同频率的电磁干扰，需要采用不同的屏蔽材料，如干扰电磁场的频率较高时，利用低电阻率的金属材料中产生的涡流，形成对外来电磁波的抵消作用，从而达到屏蔽的效果；而低频干扰电磁波，则要求采用高磁导率的材料，使磁力线限制在屏蔽体内部，防止扩散到屏蔽的空间去。因此，如果要求对高频和低频电磁场都具有良好的屏蔽效果时，往往采用不同的金属材料组成多层屏蔽体。

电路中，屏蔽盒完全焊接到电路板的接地面，可提供大约 40dB 的衰减，但电磁泄漏会导致屏蔽失效，这主要是存在直接穿透屏蔽体的导体以及屏蔽体上的不导电缝隙，前者如信号线或电源线进出屏蔽盒会使屏蔽性能下降，这可采用并接电容、串接铁氧体磁环等去耦处理；对于不导电的缝隙，如果其尺寸小于电磁波的波长是不受影响的，但如果大于电磁波长，则形成电磁泄漏，因此，中短波通信设备测试室为网状屏蔽，而手机、蓝牙设备需要采用金属板屏蔽。

对于泄漏缝隙，干扰频率超过 10MHz 时，可选用电磁密封衬垫，如导电橡胶、金属编织网等。

在屏蔽盒内部，由于电磁波的反射，极易形成共振腔，导致内部的放大器工作不稳定，这就是为什么有的电路不屏蔽时能正常工作，装上屏蔽后，反而性能变差的原因。通常在屏蔽内放置电磁波吸收材料，吸收材料一般是磁载入和电介质载入类型，前者如橡胶，后者如海绵制作的吸收器等。

2. 散热问题

无线通信设备的发射端，如发射天线、移动通信的基站等处于工作环境恶劣的场所，即使是室内设备，也由于屏蔽盒或布局不合理，致使局部温度上升，导致有源器件损坏。同时，任何电子器件的寿命与其工作温度是相关的，温度升高，也会引起元器件特性的变化，导致系统性能下降。为此，散热问题是早在通信设备的制板与元器件布局就应考虑的问题，其次在设备安装与散热保护中应采取相关措施。

在电路设计时，应考虑设备的工作环境，选择耐温合适的元器件；在制板与元器件布局时，需要进行电路工作时的热分析模拟仿真，将发热量大的元器件合理布局，对发热量特别大的元器件可采用散热片、风扇等降温；在机箱安装阶段，应选择合适的机箱，与板间保持一定的距离，通过空气对流，快速散热，对于密封机箱或温度过高，可在机箱上配置风扇散热，甚至安装电子制冷装置降温。

现代通信设备大多采用智能化控制，对重要芯片、机箱内温度等进行监控，为通信设备的正常工作提供了保证。

思考题与习题

8-1 分析有源与无源滤波器的优缺点，说明无线电通信系统中，为何多采用无源高频滤波器？

8-2 试用 Filter Solutions Ver 8.1 设计软件设计无源带通滤波器。

中心频率 15MHz，带宽 10MHz，类型为 4 阶椭圆带通滤波器，输入电阻和输出电阻均为 50Ω，通带纹波小于 1dB，带外衰减 60dB。

8-3 分析衰减器、分路器/合路器、平衡-不平衡转换、功率合成与分配的异同，说明这些部件在无线通信系统中的应用。

8-4 简述天线的分类与指标，分析中波广播与调频广播的发射与接收天线特点。

8-5 查阅相关文献，分析短波发射与接收天线的结构与特点。

8-6 分析 EMI、EMC 的含义，简述电磁兼容的措施。

8-7 调试高频部件时，时常遇到这样的现象：已经调试好的系统，一旦装入金属机箱，屏蔽外界干扰，系统却不能正常工作了，试分析其原因，如何解决？

8-8 辨析单位 dB、dBm、dBi、dBc、dBd、dBw 的含义与关系。

无线通信系统的设计，包括发射机、接收机、天线、空中接口等，信噪比、灵敏度等指标往往会由于某个环节问题而导致整个通信系统失败。因此，完整的无线通信系统设计，包括链路分析与指标分配，发射机、接收机、天线的性能，以及相应的测试工作等，这些是无线通信系统成功与否的关键。

在设计无线通信系统之前，首先要考虑的参数有：工作频段与带宽，输出功率与谐波输出。这些参数是受无线电管理委员会管理的授权使用，并有相关的规范。因此，在设计无线通信系统时，需要结合实际距离、信噪比、接收机灵敏度等参数，确定所采用的调制方式、发射功率和工作频段，按照授权的使用频段和频率，进行干扰测试，获得相应的环境参数，再进行发射机和接收机的指标分析和线路设计。下面首先介绍模拟调制系统的抗噪音性能分析。

9.1 模拟调制系统的抗噪声性能分析

模拟通信系统的评价指标是接收信号的信噪比，由于接收信号已经包含噪声，因此，以调制解调器为核心的接收机对信噪比的改善尤为重要。模拟调制接收机由带通滤波器、解调器和低通滤波器组成。

经过无线信道的传输，接收端接收的噪声以加性噪声为主，即与信号叠加一并进入接收机，带通滤波器滤除已调信号频带以外的噪声，因此经过带通滤波器后，到达解调器输入端的信号仍可认为是 $u_i(t)$，噪声为 $n_i(t)$，解调器输出的有用信号为 $u_0(t)$，噪声为 $n_0(t)$。

加性噪声以高斯白噪声为主，其双边功率谱密度为常数，$P_n(\omega) = \dfrac{1}{2}n_0$，噪声功率 $N_i = n_0 B$，这里 B 为带通滤波器的带宽。

高斯白噪声经过带通滤波器滤波，噪声是以窄带高斯信号方式混入信号中的，即

$$n_i(t) = n_c \cos \omega_c t - n_s \sin \omega_c t \tag{9-1}$$

式中，$\overline{n_i^2(t)} = \overline{n_c^2(t)} = \overline{n_s^2(t)} = N_i = n_0 B$。

9.1.1 调频信号的信噪比分析

接收的调频信号 $u_{\mathrm{FM}} = V_c \cos(\omega_c t + k_f \int u_\Omega(t)\mathrm{d}t)$，其单位电阻上的输入功率为

$$S_i = \frac{1}{2}V_c^2 \tag{9-2}$$

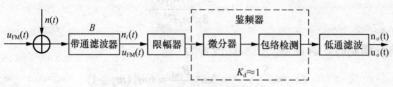

图 9-1　鉴频器模型

噪声是均值为零、单边带功率谱密度为 n_0 的高斯白噪声，经过带通滤波器后成为窄带白噪声，其功率为

$$N_i = n_0 B_{FM} = 2n_0(m_f + 1)F_{max} \tag{9-3}$$

式中，$F_{max} = \dfrac{\Omega_{max}}{2\pi}$，为最高调制信号频率。

因此，输入信噪比为

$$\frac{S_i}{N_i} = \frac{V_c^2}{2n_0 B_{FM}} = \frac{V_c^2}{4n_0(m_f + 1)F_{max}} \tag{9-4}$$

输出信噪比的大小与具体的解调方法有关，在大信噪比情况下，信号与噪声的相互作用可以忽略，直接给出解调器的输出信噪比。

输出功率为

$$S_o = \overline{u_o^2(t)} = (K_d k_f)^2 \overline{u_\Omega^2(t)} \tag{9-5}$$

考虑无调制信号时，输出信号为

$$V_c \cos\omega_c t + n_i(t) = [V_c + n_c(t)]\cos\omega_c t - n_s(t)\sin\omega_c t$$
$$= A(t)\cos[\omega_c t - \varphi(t)] \tag{9-6}$$

经过限幅器消除寄生调幅的影响，因此解调主要关注相位的变化。

$$\varphi(t) = \arctan\frac{n_s(t)}{V_c + n_c(t)} \approx \arctan\frac{n_s(t)}{V_c} \approx \frac{n_s(t)}{V_c} \tag{9-7}$$

经过鉴频器(微分与检波)，得到的输出噪声为

$$n_0(t) = K_d \frac{d\varphi(t)}{dt} = \frac{K_d}{V_c}\frac{dn_s(t)}{dt} \tag{9-8}$$

设微分器的传输函数 $H(\omega) = j\omega$，因此 $\dfrac{dn_s(t)}{dt}$ 的功率谱密度为

$$p_0(f) = |H(f)|^2 p_i(f) = (2\pi f)^2 n_0 \tag{9-9}$$

因此，经过低通滤波器后，解调器的输出噪声功率为

$$N_o = \overline{n_0^2(t)} = \left(\frac{K_d}{V_c}\right)^2 \overline{\left[\frac{dn_s(t)}{dt}\right]^2} = \left(\frac{K_d}{V_c}\right)^2 \int_{-F_{max}}^{F_{max}} p_0(f)df = \frac{8\pi^2 K_d^2 n_o F_{max}^3}{3V_c^2} \tag{9-10}$$

设大信号检波系数为 $K_d=1$，因此，输出信噪比为

$$\frac{S_o}{N_o} = \frac{3V_c^2 k_f^2 \overline{u_\Omega^2(t)}}{8\pi^2 n_0 F_{\max}^3} \qquad (9\text{-}11)$$

因此，单音调制时，解调器的信噪比改善为

$$G_{FM} = \frac{S_o / N_o}{S_i / N_i} = 3m_f^2 \frac{B_{FM}}{\Omega} = 6m_f^2(m_f + 1) \qquad (9\text{-}12)$$

显然，大信噪比时，信噪比的增益与调制指数的三次幂方成正比。由于调频的指数 m_f 较大，因此调频系统的抗噪声性能改善非常明显。

9.1.2　DSB 调制系统的抗噪声性能

双边带调制系统，在相干解调时，解调器由相乘器和低通滤波器构成，在解调过程中，输入信号及噪声可以分别单独解调，如图 9-2 所示。

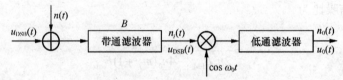

图 9-2　线性调制接收系统的一般模型

设解调器输入信号为

$$u_{DSB}(t) = u_\Omega(t)\cos\omega_0 t \qquad (9\text{-}13)$$

则其平均功率为

$$S_i = \overline{u_\Omega^2(t)\cos^2\omega_0 t} = \frac{1}{2}\overline{u_\Omega^2(t)} \qquad (9\text{-}14)$$

输入噪声功率为

$$N_i = n_0 B_{DSB} = 2n_0 F_{\max} \qquad (9\text{-}15)$$

所以，输入端信噪比为

$$\frac{S_i}{N_i} = \frac{1}{2}\frac{\overline{u_\Omega^2(t)}}{n_0 B_{DSB}} = \frac{1}{4}\frac{\overline{u_\Omega^2(t)}}{n_0 F_{\max}} \qquad (9\text{-}16)$$

经过同步解调器的乘法器后，信号与噪声的表达式为

$$
\begin{aligned}
(u_\Omega(t)\cos\omega_0 t + n_i(t))\cos\omega_0 t &= u_\Omega(t)\cos^2\omega_0 t + (n_c(t)\cos\omega_0 t - n_s(t)\sin\omega_0 t)\cos\omega_0 t \\
&= \frac{1}{2}u_\Omega(t) + \frac{1}{2}u_\Omega(t)\cos 2\omega_0 t + \frac{1}{2}n_c(t) + \\
&\quad \frac{1}{2}(n_c(t)\cos 2\omega_0 t - n_s(t)\sin 2\omega_0 t)
\end{aligned} \qquad (9\text{-}17)
$$

经过低通滤波器后，解调器输出端的信号为

$$u_o(t) + n_0(t) = \frac{1}{2}u_\Omega(t) + \frac{1}{2}n_c(t) \tag{9-18}$$

可得解调器的输出信噪比为

$$\frac{S_o}{N_0} = \frac{\frac{1}{4}u_\Omega^2(t)}{\frac{1}{4}N_i} = \frac{\overline{u_\Omega^2(t)}}{2n_0F_{max}} \tag{9-19}$$

DSB 调制系统的信噪比改善为

$$G_{DSB} = \frac{S_0/N_0}{S_i/N_i} = 2 \tag{9-20}$$

由上式可知,DSB 信号的解调器使信噪比改善一倍。这是因为采用相干解调,输入噪声中的一个正交分量 $n_s(t)$ 被消除的缘故。

9.1.3 SSB 调制系统的抗噪声性能

单边带信号的解调方法与双边带信号相同,其区别仅在于解调器之前的带通滤波器。在 SSB 调制时,带通滤波器只让一个边带信号通过;而在 DSB 调制时,带通滤波器必须让两个边带信号通过。可见,单边带解调时带通滤波器的带宽是双边带解调时的一半。

输入噪声功率为

$$N_i = n_o B_{SSB} = n_o F_{max} \tag{9-21}$$

单边带输入信号为

$$u_{SSB}(t) = \frac{1}{2}u_\Omega(t)\cos\omega_c t \mp \frac{1}{2}\hat{u}_\Omega(t)\sin\omega_c t \tag{9-22}$$

式中,$\hat{u}_\Omega(t)$ 是 $u_\Omega(t)$ 的希尔伯特变换,$\hat{u}_\Omega(t) = u_\Omega(t) * \frac{1}{\pi t}$,"−" 对应上边带信号,"+" 对应下边带信号。

因此,输入信号功率为

$$\begin{aligned}
S_i &= \overline{u_{SSB}^2(t)} = \frac{1}{4}\overline{\left[u_\Omega(t)\cos\omega_c t \mp \hat{u}_\Omega(t)\sin\omega_c t\right]^2} \\
&= \frac{1}{8}\overline{u_\Omega^2(t)} + \frac{1}{8}\overline{\hat{u}_\Omega^2(t)} \mp \frac{1}{4}\overline{u_\Omega(t)\hat{u}_\Omega(t)\sin 2\omega_c t} = \frac{1}{4}\overline{u_\Omega^2(t)}
\end{aligned} \tag{9-23}$$

式中,$\overline{u_\Omega^2(t)} = \overline{\hat{u}_\Omega^2(t)}$。

因此,输入信噪比为

$$\left(\frac{S_i}{N_i}\right)_{SSB} = \frac{\frac{1}{4}\overline{u_\Omega^2(t)}}{n_0F_{max}} = \frac{\overline{u_\Omega^2(t)}}{4n_0F_{max}} \tag{9-24}$$

经过带通滤波器后的信号与噪声表达式为

$$s_i(t) + n_i(t) = \frac{1}{2}\left[u_\Omega(t)\cos\omega_c t \mp \hat{u}_\Omega(t)\sin\omega_c t\right] + n_c(t)\cos\omega_c t - n_s(t)\sin\omega_c t \tag{9-25}$$

经过乘法器后的信号为

$$
\begin{aligned}
\left(u_{\mathrm{SSB}}(t)+n_i(t)\right)\cos\omega_c t &= \frac{1}{2}\Big[u_\Omega(t)\cos\omega_c t \mp \hat{u}_\Omega(t)\sin\omega_c t\Big]\cos\omega_c t \\
&\quad + (n_c(t)\cos\omega_c t - n_s(t)\sin\omega_c t)\cos\omega_c t \\
&= \frac{1}{4}u_\Omega(t) + \frac{1}{4}u_\Omega(t)\cos2\omega_c t \mp \frac{1}{4}\hat{u}_\Omega(t)\sin2\omega_c t \\
&\quad + \frac{1}{2}n_c(t) + \frac{1}{2}n_c(t)\cos2\omega_c t - \frac{1}{2}n_s(t)\sin2\omega_c t
\end{aligned}
\tag{9-26}
$$

经过低通滤波器后的输出表达式为

$$
u_0(t)+n_0(t) = \frac{1}{4}u_\Omega(t) + \frac{1}{2}n_c(t)
\tag{9-27}
$$

输出信噪比为

$$
\left(\frac{S_0}{N_0}\right)_{\mathrm{SSB}} = \frac{\frac{1}{16}\overline{u_\Omega^2(t)}}{\frac{1}{4}N_i} = \frac{\overline{u_\Omega^2(t)}}{4n_0 F_{\max}}
\tag{9-28}
$$

因此，单边带调制系统的信噪比改善为

$$
G_{\mathrm{SSB}} = \frac{S_o/N_o}{S_i/N_i} = 1
\tag{9-29}
$$

9.1.4 AM 调制系统的抗噪声性能

AM 信号可用相干解调和包络检波两种方法解调，不同解调方法有不同的输出信噪比。实际应用中，AM 信号的解调通常采用简单的包络解调，此时解调器为线性包络检波器，它的输出电压正比于输入信号的包络变化，其模型如图 9-3 所示。

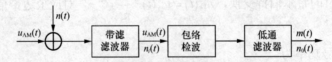

图 9-3 AM 调制系统的包络检波方框图

令解调器的输入信号为

$$
u_{AM}(t) = (A_0 + u_\Omega(t))\cos\omega_0 t
\tag{9-30}
$$

式中，$A_0 \geqslant |u_\Omega(t)|_{\max}$。

其单位电阻上的输入信号功率为

$$
S_i = \overline{u_{AM}^2(t)} = \frac{1}{2}\Big[A_0^2 + \overline{u_\Omega^2(t)}\Big]
\tag{9-31}
$$

式中，第一项为载波功率，第二项为调制信号功率，为有用信号功率。

输入噪声功率为

$$
N_i = n_o B_{\mathrm{AM}} = 2n_o F_{\max}
\tag{9-32}
$$

因此，输入信噪比为

$$\left(\frac{S_i}{N_i}\right)_{AM} = \frac{A_0^2 + \overline{u_\Omega^2(t)}}{4n_0 F_{max}} \tag{9-33}$$

经过带通滤波器后，白噪声转换为窄带高斯噪声，因此，包络检波前的信号与噪声表达式为

$$u_{AM}(t) + n_i(t) = (A_0 + u_\Omega(t))\cos\omega_c t + n_c(t)\cos\omega_c t - n_s(t)\sin\omega_c t$$
$$= A(t)\cos(\omega_c t + \varphi) \tag{9-34}$$

式中，合成包络 $A(t)$ 为

$$A(t) = \sqrt{(A_0 + u_\Omega(t) + n_c(t))^2 + n_s^2(t)} \tag{9-35}$$

相位 φ 为

$$\varphi = -\arctan\frac{A_0 + u_\Omega(t) + n_c(t)}{n_s(t)} \tag{9-36}$$

从式 (9-35) 中可以看出，包络 $A(t)$ 中的信号和噪声是非线性关系。因此，分析检波器的输出信号和噪声会有一定的困难。为讨论简明，这里考虑两种特殊情况

（1）大信噪比情况（$|A_0 + u_\Omega(t)|_{max} \gg |n_i(t)|_{max}$）

解调器输出包络

$$A(t) = A_0 + u_\Omega(t) + n_c(t) \tag{9-37}$$

经过滤波，解调器输出的信噪比

$$\left(\frac{S_o}{N_o}\right)_{AM} = \frac{\overline{u_\Omega^2(t)}}{2n_0 F_{max}} \tag{9-38}$$

信噪比改善

$$G_{AM} = \frac{S_o / N_o}{S_i / N_i} = \frac{2\overline{u_\Omega^2(t)}}{A_0^2 + \overline{u_\Omega^2(t)}} \tag{9-39}$$

可以证明，在大信噪比情况下，AM 信号包络检波器的性能几乎与同步检测器相同。

（2）小信噪比情况（$|A_0 + u_\Omega(t)|_{max} \leqslant |n_i(t)|_{max}$）

在小信噪比时，包络为

$$A(t) = \sqrt{(A_0 + u_\Omega(t) + n_c(t))^2 + n_s^2(t)}$$
$$= \sqrt{(A_0 + u_\Omega(t))^2 + 2(A_0 + u_\Omega(t))n_c(t) + n_c^2(t) + n_s^2(t)}$$
$$= \sqrt{n_c^2(t) + n_s^2(t)}\left(1 + 2(A_0 + u_\Omega(t))\frac{n_c(t)}{n_c^2(t) + n_s^2(t)}\right)^{\frac{1}{2}} \tag{9-40}$$
$$\approx \sqrt{n_c^2(t) + n_s^2(t)} + (A_0 + u_\Omega(t))\frac{n_c(t)}{\sqrt{n_c^2(t) + n_s^2(t)}}$$

显然，小信噪比时，调制信号 $u_\Omega(t)$ 无法与噪声分开，包络 $A(t)$ 中不存在单独的信号项 $u_\Omega(t)$，只有受到噪声调制的 $(A_0 + u_\Omega(t))\dfrac{n_c(t)}{\sqrt{n_c^2(t) + n_s^2(t)}}$ 项。由于 $\dfrac{n_c(t)}{\sqrt{n_c^2(t) + n_s^2(t)}}$ 是一个随机噪声，因而，有用信号 $u_\Omega(t)$ 被噪声所扰乱，致使 $(A_0 + u_\Omega(t))\dfrac{n_c(t)}{\sqrt{n_c^2(t) + n_s^2(t)}}$ 也只能看作是噪声。

这种情况下，输出信噪比不是按比例地随着输入信噪比下降，而是急剧恶化，称为调幅信号检测的门限效应。实际测试和理论计算表明，门限效应一般发生在输入端信噪比大约 10dB 左右。

这里有必要指出，采用同步检测的方法解调各种线性调制信号时，由于解调过程可视为信号与噪声分别解调，故解调器输出端总是单独存在有用信号的。因而，同步解调器不存在门限效应。

根据上面的分析，在大信噪比情况下，AM 信号包络检波器的性能几乎与同步检测器相同；但随着信噪比的减小，包络检波器将在一个特定输入信噪比值上出现门限效应。一旦出现了门限效应，解调器的输出信噪比将急剧变坏。显然，在小信噪比输入时，包络检波得到的可能只有噪声。

通过上述的分析可以看到，相干解调对所有的线性调制系统都是适用的，不存在门限效应，但电路过于复杂，非相干解调实现电路简单，但仅仅适用于 AM 调制，且存在门限效应。

9.2 无线通信系统的结构与指标

9.2.1 发射机的结构与指标

发射机发射大功率电磁波，如果设计不合理，将不但干扰其他无线设备，还会干扰自身的正常工作。在发射机的设计中，必须考虑谐波输出、寄生输出、宽带噪声与近距离噪声、频率和幅度稳定度、信号最大功率以及平均功率等；同时在频率、功率、带宽、调制、协议等方面满足接收机解调的要求。

以模拟无线通信系统为例，发射机由载波振荡器、调制器、上变频、高频放大器、信道滤波器与天线组成，其结构如图 9-4 所示。

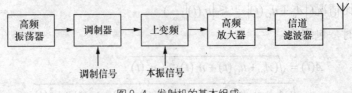

图 9-4 发射机的基本组成

调制器完成调制，输出已调波，经过上变频，将已调波搬移到所需的频段，并进行功率放大和信道滤波。信道滤波器一方面与天线阻抗匹配，同时限制所占带宽，消除对邻近信道的干扰。

将基带信号搬移到射频频段，可通过调制直接进行频谱搬移，也可将调制和变频分开，首先在中频段进行调制，再经过变频搬移到所需的频段。如图 9-4 所示，直接频谱搬移虽然结构简单，但由于载波与本振频率相同，极易形成调制器与天线间的泄漏干扰，即本振信号泄漏，未经调制就直接被天线辐射出去；或天线辐射电磁波进入本振，干扰本振，从而影响载波的稳定。采用二次变换法，克服了直接变换法的干扰问题，即先在较低的中频上进行调制，再进行变频到高频载波上，可以有效控制其非线性失真与干扰，滤除不需要的边带。

发射机的主要指标是频谱、功率与效率，具体的性能指标有：平均载波功率、发信载波包络、射频功率控制、射频输出频谱、杂散辐射、互调衰落、相位误差、频率精度等。平均载波功率为发射机输出的平均载波峰值功率，射频功率控制是指发射机能根据收发机的距离与通信质量要求，自动控制发送功率，克服通信系统的远近效应，减小对其他通信系统的干扰。考虑到对邻近频道的干扰，需要设计输出射频信号的频谱结构，减小杂散干扰。

9.2.2 接收机指标与结构

1. 接收机的结构

根据混频器结构，接收机有三种中频结构：超外差式、零中频和数字中频结构。超外差接收机是目前应用最广的一种接收机，如收音机、电视接收机等，是将输入信号与本振信号进行混频，获得固定的频差，即中频，然后在中频基础上进一步解调，恢复原始调制信号，其结构如图 9-5 所示。

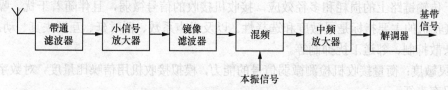

图 9-5　超外差接收机结构

带通滤波器是将天线感应的电磁波信号滤波，提取所需要频段的信号，与本振信号进行混频，在中频上进行选频、解调。由于中频信号比射频信号频率要低，因此更容易在中频对所需信号进行选择；通常超外差接收机将接收机总增益分散在高频接收端、混频和中频选频放大各项，这样增益分散在各频段，稳定性提高，降低了干扰；在固定中频上的解调，使后续电路统一，降低了接收机的成本。但混频器的非线性，将产生大量的组合干扰频率，如镜像干扰、中频干扰、组合副波道干扰等，这是超外差接收机的缺陷。

将镜像干扰信号远离有用信号，可选择更高频率的中频方案。在通信系统中，标准中频一般有：455kHz（465kHz）、10.7MHz、21.4MHz、70MHz、140MHz、720MHz 等，通常带宽越宽，所选中频频率越高。高中频使得镜像频率远离有用信号频率，滤波变得简单；而低中频在相同 Q 值条件下，相对中频滤波器的窄带，有利于选择信道，实现稳定的高增益。为了兼顾两者的优势，可采用超外差式二次混频接收机方案，如图 9-6 所示为二次混频结构的超外差接收机的频率配置，中频分别为 45MHz 和 455kHz。

零中频接收机是将中频频率设为零，即本振信号频率与载波频率相等，直接通过低通滤波器得到基带信号。因此，零中频接收机不存在镜像干扰，简化了接收机结构；但本振频率与射频信号频率相同，因此存在本振泄漏，干扰邻近频段，同时本机泄漏或强干扰信号的自混频产生直流偏差。

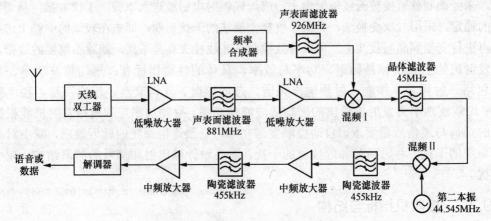

图9-6 两次混频超外差接收机

数字中频接收机是在超外差接收机的基础上，在中频上对信号进行模数转换（ADC），并通过数字正交解调，得到数字基带信号。数字中频接收机克服了超外差接收机的缺点，处理方法灵活，提高了输出信号的信噪比；但系统复杂，对 ADC 要求较高。

2．接收机的主要指标

由于传输链路上的损耗和多径效应，接收机接收的信号微弱，且伴随着干扰、噪声等，因此，接收机的主要指标是灵敏度和选择性。以及噪声系数、群时延、互调失真、动态范围、阻塞和杂散抑制、邻道干扰抑制等。

1）灵敏度：衡量接收机检测微弱信号的能力，模拟接收机用信噪比量度，对数字接收机则用误码率表征；

2）选择性与邻道干扰抑制：衡量接收机抗拒接收相邻信道信号的能力，一般要达到 70～90dB；

3）杂散响应抑制：指接收机阻止无用信号在接收机输出端产生不良影响的能力。在空中信号非常拥挤的环境下，接收机只响应有用信号而抗拒无数的无用信号。通过选择合适的中频和各式各样的滤波器，可以提供 70～80dB 的衰落能力；

4）交调抑制：在发射机、功放器、混频中存在交抗失真，如大信号时出现三阶交调失真；

5）频率稳定性：本振的频率稳定性有利于降低频率调制、相位噪声等，常用的频率稳定措施有介质谐振器、锁相环、频率综合器等；

6）杂散辐射：本振信号经过混频器泄漏到天线，并经天线辐射到自由空间引起的干扰。

通信系统中，接收机的设计是最困难的，接收机必须具备低噪系系数、较小的互调失真、较大的频率动态范围、稳定的自动增益控制、适当的射频增益和中频增益、极好的频率特性(频率稳定度、相位噪声、带内干扰)。

3．接收机镜像干扰

超外差式接收机的镜像频率干扰经过混频后在中频通道中放大，形成镜像干扰，因此镜像干扰是超外差接收机的重要技术指标。由于镜像干扰信号一旦落入中频带宽内就无法滤除，一般采用前端滤波，在混频前滤除镜像频率，同时尽可能使用高的中频，使镜像干扰频率距离所需信号的频率尽可能远。如采用三级混频结构，第一中频为高中频，滤除镜像频率，衰减镜像频率 20dB 就可忽略其影响，第二、三级中频为低中频，提供选择性和增益。为了克服第一中频信号与第二级混频器产生第二镜像频率，常采用窄带的声表面波滤波器处理第一中频信号，抑制第二镜像频率。图 9-7 为两级混频结构与镜像干扰的分布示意图。

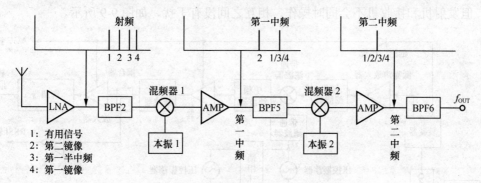

图 9-7 接收机的第一、第二镜像干扰响应

超外差式接收机存在镜像频率干扰，当中频信号频率低于接收的射频信号频率时，还存在半中频频率干扰，即 $f_J = f_S - f_{IF}/2$，其干扰原理如图 9-8 所示。

高中频混频，得到混频后的中频信号为 $f_{IF} = f_S - f_L$，如果存在干扰信号 $f_J = f_S - f_{IF}/2$，该信号经过混频器的四阶特性产生的干扰为

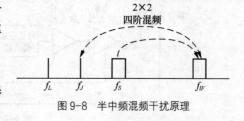

图 9-8 半中频混频干扰原理

$$f = 2f_J - 2f_L = 2(f_S - f_{IF}/2) - 2f_L$$
$$= 2f_S - f_{IF} - 2f_L = f_{IF}$$

(9-41)

显然，干扰信号经过四阶混频后落入中频，形成对中频信号的干扰。

4. 接收机噪声系数

降低接收机的噪声系数，必须在接收机前端接入低噪声、高增益放大器。但前置滤波器的损耗意味着噪声系数增大。如接收机的噪声系数 N_F 为 12dB，输出信噪比 SNR 为 20dB，若将接收机的噪声系数减小为 2dB，在保持输入信号功率和增益不变的情况下，输出信噪比提高到 30dB；若接收机噪声系数为 5dB，维持输出信噪比 20dB 不变，则输入接收机的信噪比为 25dB。总之，降低接收机的噪声系数，可以提高其输出信噪不，或降低对接收信号信噪比的要求。

9.3 典型通信系统

目前，典型的无线通信系统有广播与电视传输系统、移动通信系统、微波传输系统、卫星通信系统和光纤通信系统等，彼此通过联网构成互联互通的通信网，其中移动通信系统已经从模拟的 GSM 第二代发展到第三代数字 CDMA，在短距离无线通信领域，目前无线传感

网络、物联网、蓝牙等发展日新月异。但从通信体制上看，通信系统的物理层，特别是射频部分的发射与接收并没有大的改变。根据收发双方的工作方式划分，无线模拟通信可分为时分双工（TDD）和频分双工（FDD）。

9.3.1 时分双工收发信机

时分双工（TDD），也称为半双工，上行或下行通道分时工作，共用同一副天线和同一信道，但发射机和接收机不会同时操作，相互之间没有干扰，如图9-9所示。

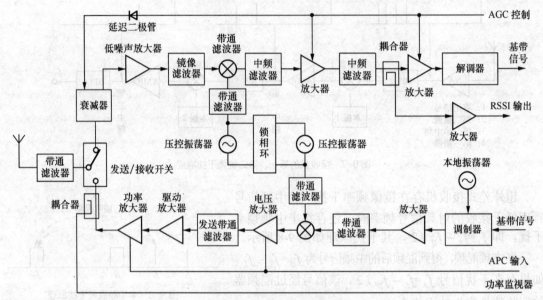

图9-9　TDD双工无线通信系统

图9-9中，发送端基带信号经过调制器，与本振载波调制获得调制波，经过放大和滤波，进行变频，将已调波的频谱搬移到选择的信道，并进行电压放大、带限信道滤波、驱动放大和功率放大，定时选通发射/接收开关，通过天线辐射出去。同时，在天线馈电线路上采样发射功率，根据发射功率大小，自动控制电压放大器和功率放大器的增益，调整输出功率；而在接收端，电磁波经过天线馈入，进行滤波后，由发送/接收开关选择进入接收通道，首先经过低插入损耗的衰减器和低噪声前置放大器，将射频信号进行低噪声放大。通过镜像滤波，再进行混频，获得中频，经过多级中频滤波和中频放大，再进行解调，获得基带信号。接收机根据中频强度指示（RSSI），实现AGC控制。

9.3.2 频分双工收发信机

频分双工（FDD），也称为全双工，两个信道独立地工作，一个信道用来向下传送信息，所使用的频率称为下行频率，另一个信道用来向上传送信息，所使用的频率称为上行频率，两个信道之间留有一个保护频段，防止邻近的发射机和接收机之间产生相互干扰。

如图9-10所示，双工器是FDD工作方式的核心。双工器在收发信机的前端，通过双工器使用同一天线发送和接收不同频率的信号。对接收机而言，双工器必须具有较高的衰减系数，以防止大功率放大器的发射频率以及噪声对灵敏度很高的接收前端造成影响，并衰减发射机所产生的所有谐波和接收机本身的一些镜像干扰。

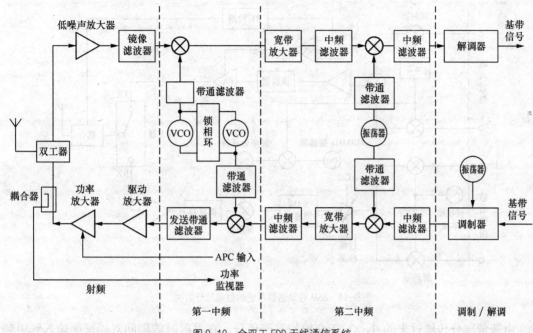

图 9-10 全双工 FDD 无线通信系统

在接收端,前置的低噪声放大器(LNA)具有高增益和低内部噪声的特点,决定了接收机的性能,如噪声系数、灵敏度等。由于第一级混频器的 IP3 会因 LNA 的增益过大而降低,因此对 LNA 和混频管的选择至关重要。一般选取 IP3 高的二极管双平衡混频器(DBM),允许 LNA 具有较大的增益,降低对后级电路的噪声影响。镜像滤波器消除 LNA 自身产生的镜像噪声,提高接收机 SNR,第一级混频后的宽带放大器具有很高的反向隔离特性,抑制反射回混频器的信号(混频器的中频输出端口与中频带通滤波器的阻带不匹配时,会导致阻带频率成分的反射,引起混频器的交调干扰),降低混频器的 IMD。

两级混频器结构,可以方便地滤除和频(或差频)附近的频率成分,防止本振馈通,降低发射机的杂散与邻道干扰。

9.3.3 GSM 移动通信系统

GSM 为第二代全球移动通信系统。其射频结构如图 9-11 所示,为典型的全双工 FDD 通信方式。GSM900 频段的上行频率为 890～915MHz,下行频率为 935～960MHz,双工频率间隔为 45MHz;GSM1800 频段的上行频率为 1 710～1 755MHz,下行频率为 1 805～1 850MHz,双工频率间隔为 95MHz。

由蜂窝小区基站发出的已调载波的载波为下行频率,通过无线接口,到达手机天线端。在接收时隙接收到的信号先通过收发隔离器,再经过 GSM900MHz 的低噪声放大器(LNA),将微伏量级的弱信号放大滤波;放大后的信号经过 GSM900 的第一 RF 混频器后,将得到的第一中频信号由声表面波滤波器进行窄带(宽带为 200kHz)滤波,以滤除带外噪声,保证接收机选择性指标;然后信号经过具有 AGC 功能的第一中频放大器放大,放大后的信号进入 I/Q 正交解调器解调,正交解调后的模拟 I、Q 信号平衡输出到后面的基带、音频部分等作进一步的信道译码和信源译码处理。

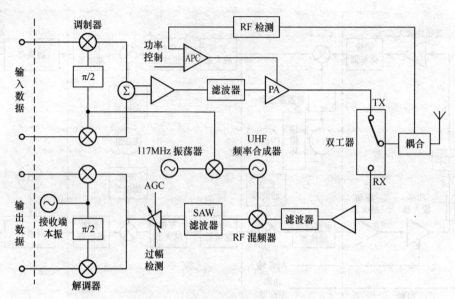

图 9-11　GSM 移动通信系统的射频部分结构

由基带部分传输过来的 I、Q 正交模拟基带信号，在发射时隙期间双端平衡输入到中频 I/Q 正交调制器，直接调制到 GSM900MHz 上行频率上，经过滤波和功率放大，通过天线把已调载波发射出去。在功率放大时，采用自动功率控制电路（APC）保证发射功率电平等级满足 5～33dBm 的变化要求，以避免在多用户组网时发生"远近"干扰。

9.4　通信线路设计与测试

要建立一条高质量的通信线路，首先根据所采用的接收机结构与解调方式确定收灵敏度和输出信噪比，进行室外链路分析和接收机的增益分配，无线通信线路的模型如图 9-12 所示。

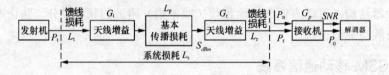

图 9-12　无线通信系统模型

9.4.1　链路分析

链路分析是根据无线通信系统所选用的工作频率、带宽，以及接收机的接收灵敏度、接收机选用解调器的最小信噪比，分析自由空间的路径损耗，确定频率裕量和衰落裕量，合理选择天线增益，计算系统损耗，从信号的无线传输确定接收机的增益大小，从信噪比的角度分析接收机的噪声系数冗余。

1.　自由空间的路径损耗

自由空间的损耗不包括大气和多径衰落引起的损耗，仅考虑从发射天线输出到接收天线

的空间传输损耗。自由空间的传输损耗与传播距离有关，传播距离越远，则电磁波的场强越来越小。损耗大小为

$$L_{p0} = 32.4 + 20\lg f + 20\lg d \text{ (dB)} \tag{9-42}$$

式中，f 为载波频率，单位 MHz，d 为传播距离，单位 km。

显然，传播距离增加一倍，传播损耗增加 6dB。

短波信道的传播损耗包括自由空间传播损耗、电离层的吸收损耗、多跳地面的反射损耗和额外系统损耗，电离层的吸收损耗和多跳地面反射损耗（远距离传输经过电离层与地面的多次反射传播）是短波信道特有的，而移动信道只考虑自由空间的传播损耗。

电离层的吸收损耗 L_α 分为非偏离吸收和偏离吸收，前者是指电离层 D、E 区的吸收，后者指反射区附近的吸收，通常可忽略不计。非偏离吸收与太阳位置有关，夜间的吸收损耗非常小，可以忽略，白天的损耗可通过相关表格获得。

地面反射损耗 L_R 与电波的极化、工作频率、射线仰角以及地面参数有关，如与地面的介电常数、电导率等有关。

$$L_R = 10\lg \frac{|R_V|^2 + |R_H|^2}{2} \text{(dB)} \tag{9-43}$$

式中，R_V、R_H 分别为垂直极化和水平极化的反射系数。

额外损耗 Y_P 既是对其他损耗的总和，也是通信系统损耗的冗余量。

因此，短波信道的传播损耗为

$$L_p = L_{p0} + L_\alpha + L_R + Y_p \text{(dB)} \tag{9-44}$$

2. 频率裕量

电磁波在空间传播的衰减与工作频率、传播路径有关，前者为频率衰减，后者为路径衰减，因此，选择不同的载波频率，需要考虑频率裕量抵消不同频率引起的衰减。如 20km 的微波链路要求频率衰减裕量为 10～20dB，频率更高，要求的衰减裕量可达到 30dB。

3. 接收天线输入端的噪声功率

考虑接收机的输入噪声，一般只考虑接收机天线引入的大气热噪声，不考虑人为干扰，信道的其他影响作为预留衰落冗余考虑，同时认为发射天线辐射的信号具有很高的信噪比，因此，不考虑发送信号中的噪声、以及发送端馈线、发送天线、自由空间对发送信号的信噪比的影响。

若大气噪声功率为 P_{an}，也称为基底噪声，有效天线噪声系数 N_F 为

$$N_F = \frac{P_{an}}{kT_0 B} \tag{9-45}$$

式中，k 为玻尔兹曼常数，$k = 1.38 \times 10^{-23}$J/K，T_0 为绝对温度，B 为接收机的有效噪声带宽，单位为 Hz。

常温下（25℃），大气噪声功率 P_{an} 为

$$P_{an} = N_F \text{(dB)} + 10\lg B \text{(Hz)} - 204 \text{(dBW)} \tag{9-46}$$

或

$$P_{an} = N_F \text{ (dB)} + 10\lg B \text{(Hz)} - 174 \text{(dBm)}$$

大气噪声功率与工作频率、工作时间、地理位置密切相关。如以 14.5MHz 工作，噪声通带为 180Hz，北京和广州的大气噪声功率分别达到−138.85dBW 和−128.85dBW。若天线端没经过有源设备，天线噪声系数 $N_F=0(dB)$。

4．接收天线输入端的信号强度

考虑接收机输入端的热噪声、接收机的噪声系数 N_F，以及接收机输出端信噪比 SNR 的要求，天线接收端所需信号强度 S_{dBm} 为

$$S_{dBm} = -174 + 10\lg B + N_F + SNR \,(\text{dBm}) \tag{9-47}$$

式中，SNR 为解调器所需信噪比，与调制类型有关；B 为噪声带宽，单位 Hz；N_F 为接收机的噪声系数，单位 dB，包括低噪声放大器、混频器等引入的噪声系数。

5．天线增益

不同的天线，其增益不同。远距离数据传输时，选择增益大的天线，而对于传输距离较近的无线网络，选择增益小的天线。室内天线的增益大多为 4～5dBi，室外天线的增益大多为 8.5～14dBi。实际天线的增益需要结合频率和仰角的分布图来确定，如直立全向天线的增益为

$$G_t = 10\lg \frac{2L}{\lambda_0} (\text{dBi}) \tag{9-48}$$

因此，根据天线高度 L 和工作频率 f_0 可确定天线增益，也可根据天线增益确定天线长度。

6．接收机输入端的信号功率

如图 9-12 所示，发射机输出到发射天线的功率为 P_t，发射天线和接收天线的增益分别为 G_t 和 G_r，空间传播损耗为 L_p，到达接收机输入端的信号功率为

$$P_r = P_t - L_p + G_t + G_r (\text{dBm}) \tag{9-49}$$

式中，P_t 单位为 dBm，天线增益单位为 dBi，路径损耗的单位为 dB，这里没有考虑馈线损耗。

7．接收机输出端的信号功率

考虑发射机输出端与天线间的馈线损耗 L_t，接收天线与接收机间的馈线损耗 L_t，接收机部分的增益为 G_p，接收机输出端的信号功率为

$$\begin{aligned} P_0 &= P_r - L_t - L_r + G_p \\ &= P_t - L_t + G_t - L_p + G_r - L_r + G_p (\text{dBm}) \end{aligned} \tag{9-50}$$

8．接收机输出端的信噪比

接收机输出端的信号功率为 P_0，接收机输出的噪声功率为

$$P_n' = P_n + G_p + N_F (\text{dBm}) \tag{9-51}$$

对应接收机输出端的信噪比为

$$SNR = P_0 - P_n'$$
$$= P_0 - (-174 + 10\lg B + N_F + L_r + G_p)(\text{dB})$$

(9-52)

比较式（9-50）、式（9-52），馈线损耗 L_r 对信号和噪声的影响是不同的，对信号的衰落是降低信号功率，对噪声的衰落是增大噪声功率。

对模拟通信系统，接收机的目的是恢复基带信号，衡量标准为信噪比；对数字通信系统，目标是恢复数字信号，衡量标准为误码率。不同的调制/解调、编解码技术对输入信号的最低信噪比的要求是不同的，如语音信号，达到可懂级别的信噪比为 20dB 左右，而数字接收机的信噪比要低得多。

例如，某模拟通信系统，要求发射功率 50W(47dBm)的 GSM 信号，以 900MHz 的信号传播 40km 无障碍空间，接收机的输出到解调器的信号，在带宽 1MHz、最小信噪比 SNR 为 20dB 时，维持信号功率为 10dBm。试分析该系统的链路设计过程。

根据上述分析过程，计算参数如表 9-1 所示，表中信号功率和噪声功率均为各模块的输出端结果，但解调器的信号功率和信噪比为输入端参数。根据发射机输出功率和线路损耗，结合解调器的最小信号强度（解调器的灵敏度），接收机的增益为 100dB，接收机输出信噪比为 21dB。

表 9-1 链路分析结果

	发射机输出	馈线损耗	发射天线增益	自由空间损耗	衰减裕量	接收天线增益	馈线损耗	接收机	解调器
基本参数		-3dB	+20dBi	−132dBm	20dB	+20dBi	−3dB	带宽：1MHz 噪声系数：2dB	SNR：20dB 信号：10dBm
信号功率	+30dBm (1W)	+27dBm (0.5W)	+47dBm (50W)	−105dBm		−85dBm	−88dBm（信号衰减）	增益：100dB 信号：12dBm	（附加损耗 2dB） 实际：11.9dBm
噪声功率				基底噪声：$-174 + 10\lg B = -114\text{dBm}$（天线 $N_F = 0$ dB）			−111dBm（噪声增强）	-9dBm	SNR=21dB 实际：20.9dB

9.4.2 接收机前端增益分配

根据发射机的最小输出功率、接收机的输出信噪比和解调器的灵敏度，通过链路分析，确定了接收机的增益与噪声系数上限，接下来具体选择接收机的结构与指标分配，合理进行增益分配，控制前端噪声系数。以短波通信为例，由于短波段频率资源有限，世界无线电行政大会（WARC-84）规定双边带调幅短波广播系统的频道间隔为 10kHz，标称载频为 5kHz 的整数倍，发射机音频带宽的上限为 4.5kHz，下限为 150Hz，辐射带宽不应超过 9kHz，为了减轻对邻频的干扰，通过压缩音频信号的动态范围小于 20dB。在短波广播频段，音频信噪比的最低值为 24dB，要求的射频（输入端）信噪比大于音频（输出端）信噪比 10dB。因此，射频信噪比最低为 34dB。

针对某短波接收机的主要设计指标，灵敏度为−110dBm，输入射频信号动态范围为 120dB，下面详细介绍接收机的增益分配方法。

1. 输出信噪比的确定

接收机的总增益由接收灵敏度和输出信号信噪比确定，灵敏度取决于接收滤波器和 LNA 的滤除噪声、选择放大信号的能力。输出信号信噪比与输出信号形式有关，若为语音输出，信噪比 10dB 为刚刚可辨水平，20dB 为轻松可听水平，大于 30dB 为电话级水平，而 Hi-Fi 音响要求信噪比大于 70dB，CD 机要求信噪比大于 90dB，而对于数字化处理，则根据误码率要求换算为对应的信噪比，其中包含引入的量化噪声，如移动通信只需信噪比大于 15dB。

以语音通信为例，国际标准输出语音信噪比取 24dB，对应的中频输出信噪比为 34dB。

2. 接收机灵敏度确定

接收机尽管可以有很高的增益，但由于输出信噪比的限制，不可能无限制的放大，因此存在最小接收信号强度，即灵敏度，由接收机的噪声功率和输出信噪比决定。接收机的增益并不能改变信噪比。

根据链路分析的结果，接收机的灵敏度由环境温度下的基底噪声和输出信噪比决定，在标准室温下可表示为

$$P_{r\min} = -174(\text{dBm}) + 10\lg BW(\text{Hz})\,(\text{dB}) + (\text{SNR})_{out(\min)}(\text{dBm}) \qquad (9\text{-}53)$$

这里灵敏度取 -92dBm，输出信噪比为 34dB，带宽为 10kHz，整机引入噪声 8dB（主要由低噪声放大器和混频器产生）。

3. 接收机增益分配

接收机从前端天线输入到最后一级中频输出，整个射频和中频增益通常在 125dB 左右，最小增益为 90dB。考虑到最低接收灵敏度和输出信噪比要求，接收机的总增益设为 126dB。这里采用两级中频方案，第一级采用高中频克服镜像干扰，第二级为低中频。具体的增益分配如图 9-13 所示，通常在前置级采用低噪声、低增益的策略，重点是抗干扰；第二级重点是放大信号，获得所需的通道增益。

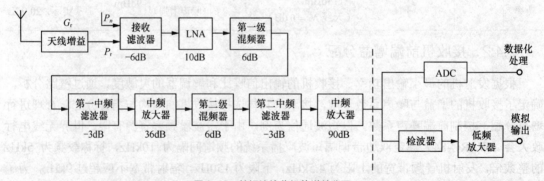

图 9-13 某短波接收机的增益分配

在增益分配过程中，必须考虑接收机的动态范围。对于无线接收机，由于信道衰落的影响，中频放大器一般设计具有 AGC 的功能，满足接收机动态范围的要求，以通道 80dB 动态范围的要求为例，LNA 的 AGC 控制增益 0～10dB，第一级中频放大器的 AGC 控制增益 10～

20dB，第二级中频放大器的 AGC 控制增益 40～50dB。

9.4.3　无线通信系统测试

无线通信系统的测试，包括发射系统和接收系统的测试。目前无线电测试包括试验台测试和自动测试设备(Automated Test Equiment，ATE)，本节简要讨论基于试验台的基本测试方法。无线电测试的设备除包括通用的信号发生器、示波器、超高频毫伏表外，还包括频谱分析仪、RF 功率计，以及其他辅助测试设备。

为保证无线电通信系统的正常工作，需要对发射机、接收机进行功能和指标的测试。测试的主要项目如表 9-2 所示，实际的标准测试内容远不止这些，如抗干扰能力、电磁兼容等，详细的测试方法可参考相关标准与规定。

表 9-2　　　　　　　　　　无线通信系统的射频测试部分项目

类别	发射机测试	接收机测试
增益与功率	射频输出功率与辐射输出功率	接收机灵敏度与最小可识别信号 MDS
	发射机通道增益与信道增益平坦度	信道级联增益与增益平坦度
	发射机输出功率平坦度	接收机动态范围与输出信噪比
	单一频道的 3dB 点带宽	单一频道的 3dB 带宽
本地振荡器	载波频率稳定度	载波频率稳定度
	精度与偏移	精度与偏移
	频偏 10kHz 处的相位噪声	频偏 10kHz 处的相位噪声
失真	RF 输出处两个音频互调失真	邻信道抑制（ACR）与镜像抑制
	无输入信号时内部产生的带内激励与 NF	无激励信号时内部产生的带内激励与 NF
	本振泄漏	接收机 P1dB 与 IP3 测试
信道	信道的电压驻波比（VSWR）	信道的电压驻波比（VSWR）
	群延迟变化（GDV）	群延迟变化（GDV）

思考题与习题

9-1　比较短波信道与移动信道的差异，如何进行短波信道和移动信道的链路分析？

9-2　若采用短波传输技术，选取传输载波为 20MHz，通过天波传输 1 000km，试分析其路径损耗。

9-3　在接收机设计中，除计算路径损耗、增益分配外，对噪声也需要进行分配，以获得满意的信噪比。考虑一级混频、三级中放的超外差接收机，如何进行噪声分配和增益分配。

9-4　分析无线收发系统的性能指标及其物理意义。

9-5 简述相位噪声测试的意义与方法。

9-6 简述 P1dB 和 IP3 的测试方法与步骤。

9-7 查阅 GSM 手机和 CDMA 手机资料，列出其中模拟组件及其完成的功能。

9-8 采用仿真软件 CASCADE7.0，选用合适的器件，设计并仿真一两级混频的短波接收机，并进行增益与噪声分配。

θ°	cosθ	α_0	α_1	α_2	g_1	g_2	θ°	cosθ	α_0	α_1	α_2	g_1	g_2
0	1	—	—	—	—	—	38	0.788	0.14	0.267	0.234	1.91	1.67
1	0.999	0.004	0.007	0.007	2	2	39	0.777	0.143	0.274	0.237	1.91	1.66
2	0.999	0.007	0.015	0.015	2	2	40	0.766	0.147	0.28	0.241	1.91	1.64
3	0.998	0.011	0.022	0.022	2	2	41	0.754	0.151	0.286	0.244	1.9	1.62
4	0.997	0.015	0.03	0.03	2	2	42	0.743	0.154	0.292	0.248	1.9	1.61
5	0.996	0.019	0.037	0.037	2	1.99	43	0.731	0.158	0.298	0.251	1.89	1.59
6	0.994	0.022	0.044	0.044	2	1.99	44	0.719	0.161	0.304	0.253	1.89	1.57
7	0.992	0.026	0.052	0.052	2	1.99	45	0.707	0.165	0.31	0.256	1.88	1.55
8	0.990	0.030	0.059	0.059	2	1.98	46	0.694	0.168	0.316	0.259	1.88	1.54
9	0.987	0.033	0.066	0.066	2	1.98	47	0.681	0.172	0.322	0.261	1.87	1.52
10	0.984	0.037	0.074	0.073	1.99	1.98	48	0.669	0.176	0.328	0.263	1.86	1.5
11	0.981	0.041	0.081	0.08	1.99	1.97	49	0.656	0.179	0.333	0.265	1.86	1.48
12	0.978	0.044	0.088	0.087	1.99	1.97	50	0.642	0.183	0.339	0.267	1.85	1.46
13	0.974	0.048	0.096	0.094	1.99	1.96	51	0.629	0.186	0.344	0.269	1.85	1.44
14	0.97	0.052	0.103	0.101	1.99	1.95	52	0.615	0.19	0.35	0.27	1.84	1.42
15	0.965	0.055	0.11	0.108	1.99	1.95	53	0.601	0.193	0.355	0.271	1.84	1.4
16	0.961	0.059	0.117	0.115	1.98	1.94	54	0.587	0.197	0.361	0.273	1.83	1.38
17	0.956	0.063	0.125	0.121	1.98	1.93	55	0.573	0.2	0.366	0.274	1.82	1.36
18	0.951	0.067	0.132	0.128	1.98	1.92	56	0.559	0.204	0.371	0.274	1.82	1.34
19	0.945	0.07	0.139	0.134	1.98	1.91	57	0.544	0.208	0.376	0.275	1.81	1.32
20	0.939	0.074	0.146	0.141	1.98	1.9	58	0.529	0.211	0.381	0.275	1.81	1.3
21	0.933	0.078	0.153	0.147	1.97	1.89	59	0.515	0.215	0.386	0.276	1.8	1.28
22	0.927	0.081	0.16	0.153	1.97	1.88	60	0.5	0.218	0.391	0.276	1.79	1.26
23	0.92	0.085	0.167	0.159	1.97	1.87	61	0.484	0.221	0.396	0.276	1.79	1.24
24	0.913	0.089	0.174	0.165	1.97	1.86	62	0.469	0.225	0.401	0.275	1.78	1.22
25	0.906	0.092	0.181	0.171	1.96	1.85	63	0.453	0.228	0.405	0.275	1.77	1.2
26	0.898	0.096	0.188	0.177	1.96	1.84	64	0.438	0.232	0.41	0.274	1.77	1.18
27	0.891	0.1	0.195	0.182	1.96	1.83	65	0.422	0.235	0.414	0.274	1.76	1.16
28	0.882	0.103	0.202	0.188	1.95	1.82	66	0.406	0.239	0.419	0.273	1.75	1.14
29	0.874	0.107	0.208	0.193	1.95	1.8	67	0.39	0.242	0.423	0.272	1.75	1.12
30	0.866	0.111	0.215	0.198	1.95	1.79	68	0.374	0.246	0.427	0.27	1.74	1.1
31	0.857	0.114	0.222	0.203	1.94	1.78	69	0.358	0.249	0.431	0.269	1.73	1.08
32	0.848	0.118	0.229	0.208	1.94	1.76	70	0.342	0.252	0.436	0.268	1.73	1.06
33	0.838	0.122	0.235	0.213	1.93	1.75	71	0.325	0.256	0.44	0.266	1.72	1.04
34	0.829	0.125	0.242	0.217	1.93	1.73	72	0.309	0.259	0.444	0.264	1.71	1.02
35	0.819	0.129	0.248	0.221	1.93	1.72	73	0.292	0.263	0.447	0.262	1.7	1
36	0.809	0.132	0.255	0.226	1.92	1.7	74	0.275	0.266	0.451	0.26	1.7	0.98
37	0.798	0.136	0.261	0.23	1.92	1.69	75	0.258	0.269	0.455	0.258	1.69	0.96

$\theta°$	$\cos\theta$	α_0	α_1	α_2	g_1	g_2	$\theta°$	$\cos\theta$	α_0	α_1	α_2	g_1	g_2
76	0.241	0.273	0.458	0.256	1.68	0.94	129	−0.63	0.429	0.535	0.061	1.25	0.14
77	0.224	0.276	0.462	0.253	1.67	0.92	130	−0.643	0.431	0.535	0.058	1.24	0.13
78	0.207	0.279	0.465	0.251	1.67	0.9	131	−0.657	0.433	0.535	0.055	1.23	0.13
79	0.19	0.283	0.469	0.248	1.66	0.88	132	−0.67	0.436	0.534	0.052	1.23	0.12
80	0.173	0.286	0.472	0.245	1.65	0.86	133	−0.682	0.438	0.534	0.049	1.22	0.11
81	0.156	0.289	0.475	0.242	1.64	0.84	134	−0.695	0.44	0.533	0.047	1.21	0.11
82	0.139	0.293	0.478	0.239	1.63	0.82	135	−0.708	0.443	0.533	0.044	1.2	0.1
83	0.121	0.296	0.481	0.236	1.63	0.8	136	−0.72	0.445	0.532	0.041	1.2	0.09
84	0.104	0.299	0.484	0.233	1.62	0.78	137	−0.732	0.447	0.531	0.039	1.19	0.09
85	0.087	0.302	0.487	0.23	1.61	0.76	138	−0.744	0.449	0.531	0.036	1.18	0.08
86	0.069	0.306	0.49	0.226	1.6	0.74	139	−0.755	0.451	0.53	0.034	1.17	0.08
87	0.052	0.309	0.492	0.223	1.6	0.72	140	−0.767	0.453	0.529	0.032	1.17	0.07
88	0.034	0.312	0.495	0.219	1.59	0.7	141	−0.778	0.455	0.528	0.03	1.16	0.07
89	0.017	0.315	0.498	0.216	1.58	0.69	142	−0.789	0.457	0.528	0.028	1.15	0.06
90	0	0.318	0.5	0.212	1.57	0.67	143	−0.799	0.459	0.527	0.026	1.15	0.06
91	−0.018	0.321	0.502	0.208	1.56	0.65	144	−0.81	0.461	0.526	0.024	1.14	0.05
92	−0.035	0.325	0.505	0.205	1.55	0.63	145	−0.82	0.463	0.525	0.022	1.13	0.05
93	−0.053	0.328	0.507	0.201	1.55	0.61	146	−0.83	0.465	0.524	0.02	1.13	0.04
94	−0.07	0.331	0.509	0.197	1.54	0.6	147	−0.839	0.467	0.523	0.019	1.12	0.04
95	−0.088	0.334	0.511	0.193	1.53	0.58	148	−0.849	0.469	0.522	0.017	1.11	0.04
96	−0.105	0.337	0.513	0.189	1.52	0.56	149	−0.858	0.47	0.521	0.016	1.11	0.03
97	−0.122	0.34	0.515	0.185	1.51	0.54	150	−0.867	0.472	0.52	0.014	1.1	0.03
98	−0.14	0.343	0.516	0.181	1.50	0.53	151	−0.875	0.474	0.519	0.013	1.1	0.03
99	−0.157	0.346	0.518	0.177	1.50	0.51	152	−0.883	0.475	0.519	0.012	1.09	0.02
100	−0.174	0.349	0.52	0.173	1.49	0.49	153	−0.892	0.477	0.518	0.011	1.09	0.02
101	−0.191	0.352	0.521	0.169	1.48	0.48	154	−0.899	0.478	0.517	0.009	1.08	0.02
102	−0.208	0.355	0.523	0.164	1.47	0.46	155	−0.907	0.48	0.516	0.008	1.07	0.02
103	−0.225	0.358	0.524	0.16	1.46	0.45	156	−0.914	0.481	0.515	0.007	1.07	0.02
104	−0.242	0.361	0.525	0.156	1.45	0.43	157	−0.921	0.483	0.514	0.007	1.06	0.01
105	−0.259	0.364	0.527	0.152	1.45	0.42	158	−0.928	0.484	0.513	0.006	1.06	0.01
106	−0.276	0.367	0.528	0.148	1.44	0.4	159	−0.934	0.485	0.512	0.005	1.05	0.01
107	−0.293	0.37	0.529	0.144	1.43	0.39	160	−0.94	0.487	0.511	0.004	1.05	0.01
108	−0.31	0.373	0.53	0.139	1.42	0.37	161	−0.946	0.488	0.51	0.004	1.05	0.01
109	−0.326	0.376	0.531	0.135	1.41	0.36	162	−0.952	0.489	0.509	0.003	1.04	0.01
110	−0.343	0.379	0.532	0.131	1.4	0.35	163	−0.957	0.49	0.508	0.003	1.04	0.01
111	−0.359	0.381	0.532	0.127	1.4	0.33	164	−0.962	0.491	0.508	0.002	1.03	0
112	−0.375	0.384	0.533	0.123	1.39	0.32	165	−0.966	0.492	0.507	0.002	1.03	0
113	−0.391	0.387	0.534	0.119	1.38	0.31	166	−0.971	0.493	0.506	0.002	1.03	0
114	−0.407	0.39	0.534	0.115	1.37	0.3	167	−0.975	0.494	0.505	0.001	1.02	0
115	−0.423	0.393	0.535	0.111	1.36	0.28	168	−0.979	0.495	0.505	0.001	1.02	0
116	−0.439	0.395	0.535	0.107	1.35	0.27	169	−0.982	0.496	0.504	0.001	1.02	0
117	−0.454	0.398	0.536	0.103	1.35	0.26	170	−0.985	0.496	0.503	0.001	1.01	0
118	−0.47	0.401	0.536	0.099	1.34	0.25	171	−0.988	0.497	0.503	0	1.01	0
119	−0.485	0.403	0.536	0.096	1.33	0.24	172	−0.991	0.498	0.502	0	1.01	0
120	−0.5	0.406	0.536	0.092	1.32	0.23	173	−0.993	0.498	0.502	0	1.01	0
121	−0.516	0.409	0.536	0.088	1.31	0.22	174	−0.995	0.499	0.501	0	1.01	0
122	−0.53	0.411	0.537	0.085	1.3	0.21	175	−0.997	0.499	0.501	0	1	0
123	−0.545	0.414	0.537	0.081	1.3	0.2	176	−0.998	0.499	0.501	0	1	0
124	−0.56	0.416	0.536	0.078	1.29	0.19	177	−0.999	0.5	0.5	0	1	0
125	−0.574	0.419	0.536	0.074	1.28	0.18	178	−1	0.5	0.5	0	1	0
126	−0.588	0.421	0.536	0.071	1.27	0.17	179	−1	0.5	0.5	0	1	0
127	−0.602	0.424	0.536	0.067	1.26	0.16	180	−1	0.5	0.5	0	1	0
128	−0.616	0.426	0.536	0.064	1.26	0.15							

1. 贝塞尔方程

贝塞尔函数（Bessel functions），是一类特殊函数的总称。一般贝塞尔函数是下列常微分方程（一般称为贝塞尔方程）的标准解函数 $y(x)$：

$$x^2 \frac{d^2 y}{dx^2} + x \frac{dy}{dx} + (x^2 - \alpha^2) y = 0$$

该方程为二阶常微分方程，需要由两个独立的函数来表示其标准解函数。典型的是使用第一类贝塞尔函数和第二类贝塞尔函数来表示标准解函数：

$$y(x) = c_1 J_\alpha(x) + c_2 Y_\alpha(x)$$

贝塞尔函数的具体形式随上述方程中任意实数或复数 α 变化而变化，相应地，α 被称为其对应贝塞尔函数的阶数。实际应用中 α 通常为整数 n，对应解称为 n 阶贝塞尔函数。贝塞尔函数主要用于：圆柱形波导中的电磁波传播问题、圆柱体中的热传导问题、圆形（或环形）薄膜的振动模态分析问题，以及信号处理中的调频信号分析。

根据 α 的取值，贝塞尔方程的解有三种形式：第一类贝塞尔函数（Jn(x)）、第二类贝塞尔函数（$Y_n(x)$，也称为诺依曼（Neumann）函数）和第三类贝塞尔函数（也称为汉克尔（Hankel）函数），第二类和第三类贝塞尔函数的详细内容可参考相关资料。

2. 第一类贝塞尔函数

当 α 为整数 n 或非负时，贝塞尔方程的解称为第一类 n 阶贝塞尔函数 Jn(x)：

$$J_\alpha(x) = \sum_{m=0}^{\infty} \frac{(-1)^m}{m!\,\Gamma(m+\alpha+1)} \left(\frac{x}{2}\right)^{2m+\alpha}$$

图附 3-1 所示为 0 阶、1 阶和 2 阶第一类贝塞尔函数 Jn(x)的曲线（$n = 0,1,2$）

3. 第一类贝塞尔函数的重要性质与恒等式

$$J_n(x) = \sum_{m=0}^{\infty} \frac{(-1)^m \left(\dfrac{x}{2}\right)^{2m+n}}{m!(m+n)!}$$

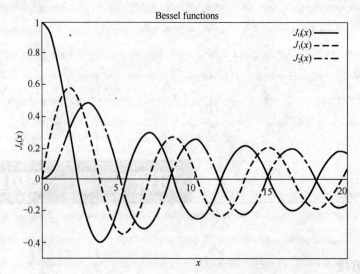

图附 3-1　为 0 阶、1 阶和 2 阶第一类贝塞尔函数 $J_n(x)$ 的曲线

$$J_n(-x) = (-1)^n J_n(x)$$

$$J_{-n}(x) = (-1)^n J_n(x)$$

$$e^{jx\sin\theta} = \sum_{n=-\infty}^{\infty} J_n(x)e^{jn\theta}$$

$$e^{jx\cos\theta} = \sum_{n=-\infty}^{\infty} (j)^n J_n(x)e^{jn\theta}$$

$$e^{j\omega t + jx\sin\theta} = \sum_{n=-\infty}^{\infty} J_n(x)e^{j(\omega t + n\theta)}$$

$$\cos(\omega t + x\sin\theta) = \sum_{n=-\infty}^{\infty} J_n(x)\cos(\omega t + n\theta)$$

$$\cos(\omega t + x\sin\theta) = \sum_{n=-\infty}^{\infty} J_n(x)\sin(\omega t + n\theta)$$

$$\cos(x\sin\theta) = J_0(x) + 2\sum_{n=1}^{\infty} J_{2n}(x)\cos(2n\theta)$$

$$\sin(x\sin\theta) = 2\sum_{n=1}^{\infty} J_{2n+1}(x)\sin(2n+1)\theta$$

$$\cos(x\cos\theta) = J_0(x) + 2\sum_{n=1}^{\infty} (-1)^n J_{2n}(x)\cos(2n\theta)$$

$$\cos(x\cos\theta) = 2\sum_{n=1}^{\infty} (-1)^n J_{2n+1}(x)\cos(2n+1)\theta$$

当 x 很小时

$$J_n(x) \approx \left(\frac{x}{2}\right)^n \frac{1}{\Gamma(n+1)}, \quad (n \neq -1, -2, -3, \cdots)$$

特别是　$J_0(0) = 1, \quad J_n(0) = 0 \quad (n = 1, 2, 3, \cdots)$

当 x 很大时

$$J_n(x) \approx \sqrt{\frac{2}{\pi x}} \cos\left(x - \frac{\pi}{4} - \frac{n\pi}{2}\right) + o\left(x - \frac{3}{2}\right)$$

4. 第一类贝塞尔函数表

阶数	$J_n(0.5)$	$J_n(1)$	$J_n(2)$	$J_n(3)$	$J_n(4)$	$J_n(5)$	$J_n(6)$	$J_n(7)$	$J_n(8)$	$J_n(9)$	$J_n(10)$
0	0.9385	0.7652	0.2239	−0.2601	−0.3971	−0.1776	0.1506	0.3001	0.1717	−0.0903	−0.2459
1	0.2423	0.4401	0.5767	0.3391	−0.0660	−0.3276	−0.2767	−0.0047	0.2346	0.2453	0.0435
2	0.0306	0.1149	0.3528	0.4861	0.3641	0.0466	−0.2429	−0.3014	−0.1130	0.1448	0.2546
3	0.0026	0.0196	0.1289	0.3091	0.4302	0.3648	0.1148	−0.1676	−0.2911	−0.1809	0.0584
4		0.0025	0.0340	0.1320	0.2811	0.3912	0.3576	0.1578	−0.1054	−0.2655	−0.2196
5		0.0002	0.0070	0.0430	0.1321	0.2611	0.3621	0.3479	0.1858	−0.0550	−0.2341
6			0.0012	0.0114	0.0491	0.1310	0.2458	0.3392	0.3376	0.2043	−0.0145
7			0.0002	0.0025	0.0152	0.0534	0.1296	0.2336	0.3206	0.3275	0.2167
8				0.0005	0.0040	0.0184	0.0565	0.1280	0.2235	0.3051	0.3179
9				0.0001	0.0009	0.0055	0.0212	0.0589	0.1263	0.2149	0.2919
10					0.0002	0.0015	0.0070	0.0235	0.0608	0.1247	0.2075
11						0.0004	0.0020	0.0083	0.0256	0.0622	0.1231
12						0.0001	0.0005	0.0027	0.0096	0.0274	0.0634
13							0.0001	0.0008	0.0033	0.0108	0.0290
14								0.0002	0.0010	0.0039	0.0120
15								0.0001	0.0003	0.0013	0.0045
16									0.0001	0.0004	0.0016
17										0.0001	0.0005
18											0.0002
19											

说明：利用 MATLAB7.0 的第一类贝塞尔函数 y=besselj(n,x)可获得上述表中数据。第二类贝塞尔函数工具为 y=bessely(n,x)。

电视信号的频谱很宽，必须采用调制的方法，将低频的图像和语音信号搬移到不同的高频载波上发送，其视频信号采用调幅方式，伴音采用调频方法。

视频信号的最高频率为 6MHz，采用调幅时，其带宽为 12MHz。为了节省频带资源，通常采用残留边带调制，即发送上边带的 6MHz、载波，下边带残留 1.25MHz，总带宽为 7.25MHz。

伴音信号带宽为 20Hz～15kHz，采用调频方式，其带宽为 B=2（50+15）kHz=130kHz，其载波比图像信号的载波高 6.5MHz，因此，一个频道的带宽为 8MHz。

电视波段分为 VHF（12 个）频道和 UHF（63 个）频道，其中 VHF 的频带为 48MHz～220MHz，UHF 为 470MHz～960MHz，其频段是不连续的，其中部分频率被用于调频广播、电信业务和军事通信等，而在有线电视系统中，这部分频率资源作为有线电视增补频道扩展电视节目数量，频段为 115MHz～440MHz（共 35 个频道）。

电视接收机包括高频头、图像通道、视频放大器、伴音通道、同步分离与场行扫描电路等。高频头即高频调谐器，对接收的各种频率的微弱信号进行滤波、选频放大、混频，获得中频信号输出。典型的 VHF 频段高频头如附图 4-1 所示。

图附 4-2 为接收机的主要电路，包括中放通道、信号分离电路、视频放大、伴音低频功放，以及帧扫描、行扫描电路。

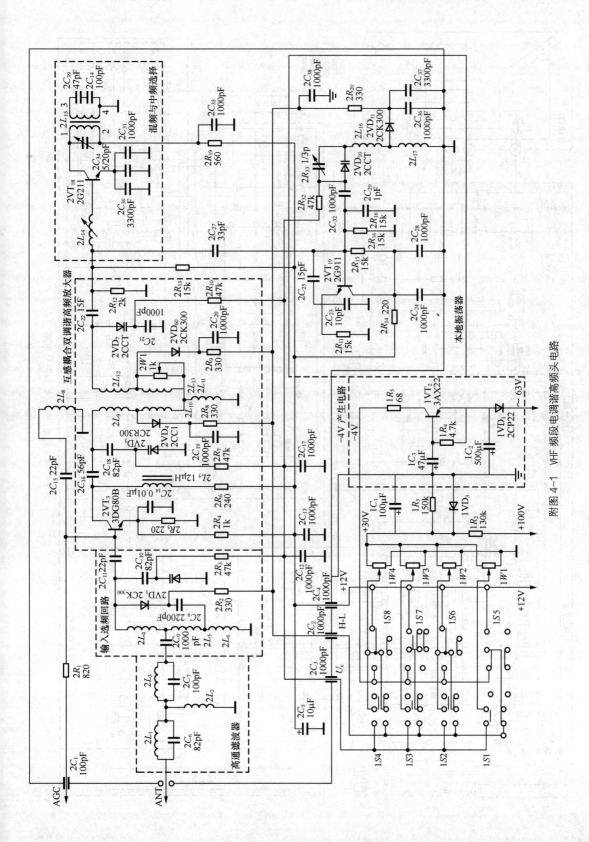

附图 4-1　VHF 频段电调谐高频头电路

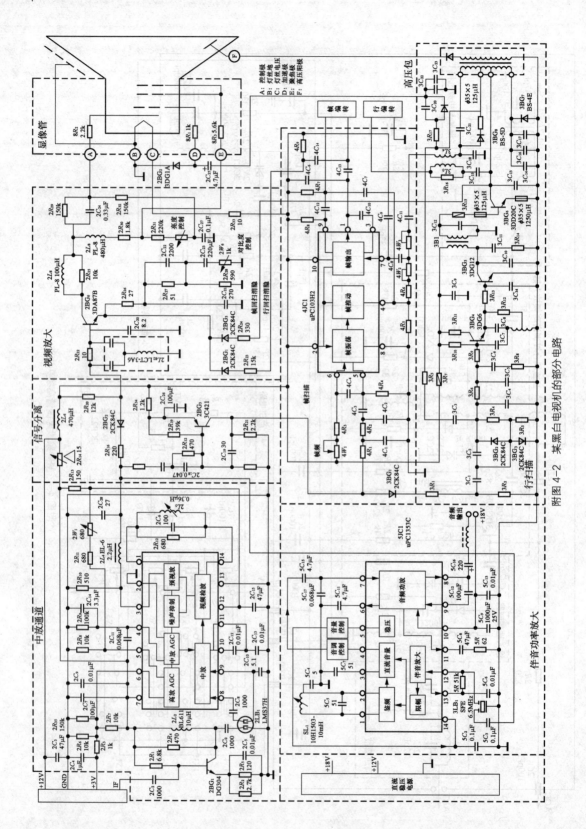

附图 4-2 某黑白电视机的部分电路

附录 5　三极管模型与参数

5.1　三极管的 Mextram 模型

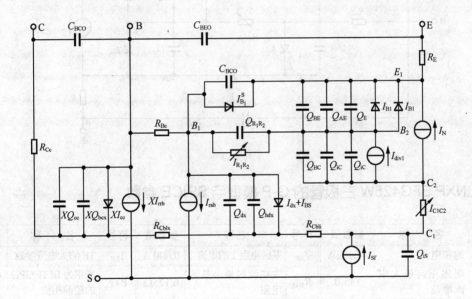

5.2 三极管的 VBIC 模型

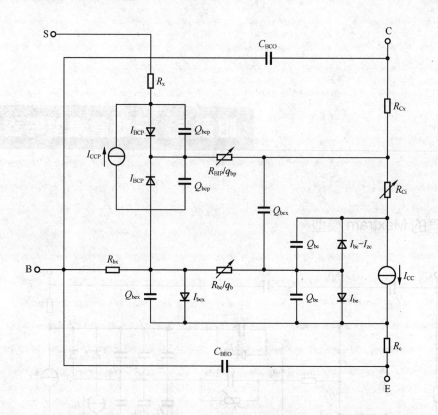

5.3 NXP BFG425W 三极管的 G-P 模型与 SPICE 参数

符号	名 称	参数值	符号	名称	参数值	符号	名 称	参数值
I_S	饱和电流	47.17aA	I_{RB}	基区电阻上的电流	0.000 A	I_{TF}	TF 的大电流参数	1.525A
BF	理想正向最大电流增益	145.0	R_{BM}	大电流时最小基区电阻	6.175Ω	PTF	频率为 1/(TF*2PI) 的超前相位	0.000deg
NF	前向电流发射因子	0.993	R_e	发射区电阻	177.9Ω	C_{jc}	零偏集电结电容	137.7fF
V_{AF}	正向厄尔利电压	31.12V	R_c	集电区电阻	1.780Ω	V_{jc}	集电结内建电势	556.9mV
I_{KF}	正向 β 大电流下降点	304.0mA	XTB	正向/反向温度-β因子	1.500	MJC	集电结梯度因子	0.207
I_{SE}	发射结泄漏饱和电流	300.2fA	EG	I_S 温度效应中禁带宽度	1.110eV	XCJC	集电结耗尽电容连接到基极内节点的百分数	0.500
NE	发射结泄漏发射系数	3.000	XTI	温度—饱和电流因子	3.000	TR	理想反向渡越时间	0.00ns
B_R	理想反向最大电流增益	11.37	C_{je}	零偏发射结电容	310.9fF	C_{js}	零偏 C-衬底电容	667.5fF
NR	反向电流发射因子	0.987	V_{je}	发射结内建电势	900mV	V_{js}	衬底结内建电势	418.3mV

符号	名　称	参数值	符号	名称	参数值	符号	名　称	参数值
VAR	反向厄尔利电压	1.874V	MJE	发射结梯度因子	0.346	MJS	衬底结梯度因子	0.239
IKR	反向 β 大电流下降点	0.121A	TF	理想正向渡越时间	4.122ps	FC	正偏压耗尽电容系数	0.550
I_{SC}	集电结泄漏饱和电流	484.4aA	XTF	TF 随偏置变化系数	68.20	R_B	零偏基区电阻	14.41Ω
NC	集电结泄漏发射系数	1.546	V_{TF}	TF 随电压 V_{BC} 变化电压	2.004V	N_F	噪声系数	1.2dB

*表中单位前缀为：$f(\times 10^{-15})$，$p(\times 10^{-12})$，$a(\times 10^{-10})$，$n(\times 10^{-9})$，$\mu(\times 10^{-6})$，$m(\times 10^{-3})$。

5.4　三极管 BFG425W 在设定频率下的 S 参数

频率 (GHz)	S_{11}		S_{21}		S_{12}		S_{22}	
	模值	角度	模值	角度	模值	角度	模值	角度
0.040	0.950	−1.927	3.575	177.729	0.003	83.537	0.996	−1.116
0.100	0.954	−5.309	3.518	175.247	0.007	87.057	0.996	−3.082
0.200	0.951	−10.517	3.504	170.441	0.014	82.341	0.991	−6.343
0.300	0.947	−15.891	3.496	166.534	0.020	78.681	0.988	−9.405
0.400	0.941	−20.987	3.493	161.221	0.027	75.109	0.982	−12.576
0.500	0.935	−26.297	3.476	156.531	0.033	71.254	0.974	−15.593
0.600	0.928	−31.508	3.433	151.954	0.040	67.636	0.965	−18.605
0.700	0.919	−36.669	3.384	147.515	0.046	63.875	0.954	−21.674
0.800	0.910	−41.871	3.350	143.152	0.051	60.357	0.943	−24.600
0.900	0.898	−46.948	3.317	138.801	0.057	56.929	0.930	−27.559
1.000	0.886	−52.161	3.272	134.309	0.062	53.488	0.916	−30.396
1.100	0.874	−57.181	3.223	130.114	0.067	50.181	0.903	−33.098
1.200	0.861	−62.218	3.171	125.837	0.071	46.955	0.888	−35.859
1.300	0.849	−67.154	3.119	121.786	0.075	43.791	0.873	−38.531
1.400	0.835	−72.157	3.072	117.682	0.079	40.631	0.857	−41.151
11.500	0.845	−2.938	0.375	−130.163	0.134	−104.397	0.607	14.337
12.000	0.848	−9.981	0.326	−139.789	0.124	−115.184	0.658	4.326

偏置条件：$V_{CE} = 2\text{V}, I_c = 1\text{mA}$

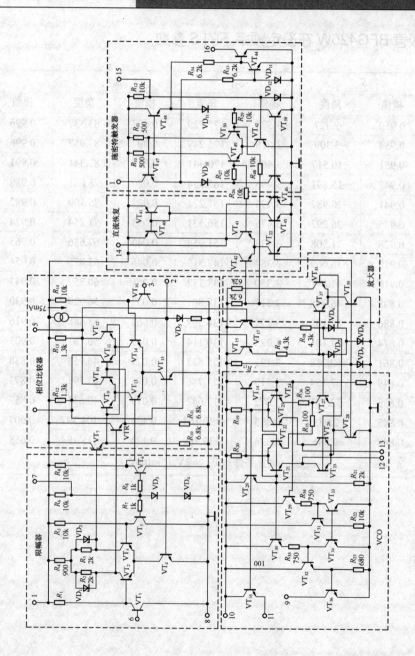

1. 微波频段划分

波段符号	标称频率（GHz）	波段符号	标称频率（GHz）	波段符号	标称频率（GHz）
UHF	0.3-1.12	X	8.2～12.4	M	50.0～75.0
L	1.12-1.7	Ku	12.4～18.0	E	60.0～90.0
LS	1.7～2.6	K	18.0～26.5	F	90.0～140.0
S	2.6～3.95	Ka	26.5～40.0	G	140.0～220.0
C	3.95～5.85	Q	30.0～50.0	R	220.0～325.0
XC	5.85～8.2	U	40.0～60.0		

2. 卫星频段与卫星电视频段划分

1979 年，世界无线电行政大会对卫星广播的频段进行了分配，我国为第三区，即卫星广播与卫星电视为 Ku 和 Ka 波段，我国目前使用 C 波段和 Ku 波段。

C 波段频道划分表				第二、三区 Ku 波段频道划分表			
频道	中心频率（MHz）	频道	中心频率（MHz）	频道	中心频率（MHz）	频道	中心频率（MHz）
1	3727.48	13	3957.64	1	11727.48	13	11957.64
2	3746.66	14	3976.82	2	11746.66	14	11976.82
3	3765.84	15	3996.00	3	11765.84	15	11996.00
4	3785.02	16	4015.18	4	11785.02	16	12015.18
5	3804.20	17	4034.36	5	11804.20	17	12034.36
6	3823.38	18	4053.54	6	11823.38	18	12053.54
7	3842.56	19	4072.72	7	11842.56	19	12072.72
8	3861.74	20	4091.90	8	11861.74	20	12091.90
9	3880.92	21	4111.08	9	11880.92	21	12111.08
10	3900.10	22	4130.26	10	11900.10	22	12130.25
11	3919.28	23	4149.44	11	11929.28	23	12149.44
12	3938.46	24	4163.62	12	11938.46	24	12168.62

参 考 文 献

[1] 信息产业部无线电管理局．中华人民共和国无线电频率划分规定（2006）[R]．北京：人民邮电出版社，2006．

[2] G.W.A.达墨编．李超云，郑文浩，冯义濂编译．电子发明[M]．北京：科学出版社，1985．

[3] 张肃文．高频电子线路（第五版）[M]．北京：高等教育出版社，2009．

[4] 谢家奎．电子线路（非线性部分）（第三版）[M].北京：高等教育出版社，1988．

[5] 卢淦．高频电子电路[M]．北京：中国铁道出版社，1986

[6] 李棠之．通信电子线路[M]．北京：电子工业出版社，2001．

[7] 曾兴雯．高频电路原理与分析（第二版）[M]．北京：高等教育出版社，2009．

[8] Cotter W.Sayre 著．郭洁等译．无线通信电路设计分析与仿真（第二版）[M]．北京：电子工业出版社，2010．

[9] Reinhold Ludwig（美）著．王子宇译．射频电路设计——理论与应用[M]．北京：电子工业出版社，2002．

[10] Thomas H. Lee．CMOS 射频集成电路设计[M]．北京：电子工业出版社，2005．

[11] 陈邦媛．射频通信电路[M]．北京：科学出版社，2004．

[12] 信息产业部电子 41 研究所．现代通信测量仪器[M]．北京：军事科学出版社，1999．

[13] R.van der Toorn, J.C.J.PAASSCHENS, AND W.J.Kloosterman.the Mextram bipolar transistor model (level 504.7)[C].Delft university of technology, march 2008．

[14] 赵声衡，赵英．晶体振荡器[M]．北京：科学出版社，2008．

[15] 谢处方，邱文杰．天线原理与设计[M]．西北电讯工程学院出版社，1985．

[16] John D.Kraus, Ronald J.Marhefka 著．章文勋译．天线（第三版）[M]．电子工业出版社，2004．

[17] （联邦德国）盖哈德·布劳（Gerhard Braun）著．魏津，管叙涛，吴岫峥译．短波通信线路工程设计[M]．北京：电子工业出版社，1987．

[18] 赵阳，黄学军，陈昊．电磁兼容工程入门教程[M]．北京：机械工业出版社，2009．

[19] （美）W.O.B 亨利著．王培清等译．电子系统中噪声的抑制与衰减技术（第二版）[M]．电子工业出版社，2003．

[20] 黄争，李琰．运算放大器应用手册—基础知识篇[M]．北京：电子工业出版社，2010．

[21] 刘琼发编．彩色电视机原理与实验[M]．北京：高等教育出版社，2004．

[22] 教育部高等学校电子信息科学与工程类专业教学指导分委员会．教育部高等学校电子信息科学与工程类本科指导性专业[M]．北京：高等教育出版社，2010．

[23] 教育部高等学校电子电气基础课程教学指导分委员会．电子电气基础课程教学基本要求[M].北京：高等教育出版社，2011．